PHYSICS

大学物理学 上册

主　编　申兵辉

副主编　朱世秋　何志巍　韩　萍　刘玉颖

清华大学出版社

北京

内 容 简 介

本书是为全日制高等院校编写的教学用书. 全书分为上、下两册, 上册内容包括运动与力、热现象、电与磁、波与粒子四部分, 下册内容包括习题解答和拓展阅读两部分.

本书的内容涵盖了大学基础物理学的主要内容, 并适当突出了近代物理学的地位和作用. 在表述上力求思路清晰、结构紧凑、体系完整, 具有概念准确、详略得当等特点. 书中每章都附有一定量的精心选择的难易适中的习题, 并在下册对每一道习题均提供了一种参考解法. 另外, 拓展阅读部分既有知识拓展和技术应用, 又有思维的拓展, 通过阅读这些材料不但可以使读者开阔视野, 还可以培养物理学的研究方法和思维方式.

本书适用于高等院校非物理专业理、工、农、医、牧、水等专业使用, 也可供物理学相关工作者学习参考之用.

图书在版编目 (CIP) 数据

大学物理学. 上册/申兵辉主编. — 北京: 清华大学出版社, 2017 (2024.8重印)
ISBN 978-7-302-47230-8

I. ①大... Ⅱ. ①申... Ⅲ. ①物理学 – 高等学校 – 教材 Ⅳ. ①O4

中国版本图书馆 CIP 数据核字 (2017) 第 122577 号

责任编辑: 朱红莲
封面设计: 傅瑞学
责任校对: 刘玉霞
责任印制: 杨 艳

出版发行: 清华大学出版社
　　　　网　　　址: https://www.tup.com.cn, https://www.wqxuetang.com
　　　　地　　　址: 北京清华大学学研大厦 A 座　　　　邮　　编: 100084
　　　　社 总 机: 010–83470000　　　　邮　　购: 010-62786544
　　　　投稿与读者服务: 010-62776969, c-service@tup.tsinghua.edu.cn
　　　　质 量 反 馈: 010-62772015, zhiliang@tup.tsinghua.edu.cn
印 装 者: 三河市铭诚印务有限公司
经　　销: 全国新华书店
开　　本: 185mm × 260mm　　　**印　　张:** 20.75　　**字　　数:** 492 千字
版　　次: 2017 年 7 月第 1 版　　　**印　　次:** 2024 年 8 月第 8 次印刷
定　　价: 52.00 元

产品编号: 074327–03

前　言

物理学是研究自然界中的物质结构、物质的相互作用和运动规律的学科. 经过长期的发展, 人们在认知物质世界物理运动规律的过程中, 已建立起经典物理学完美的理论体系. 进入 20 世纪以来, 物理学又在高速运动问题和探索微观世界基本构成和运动规律的进程中取得了世人瞩目的成就, 并对其他学科的发展产生了深远的影响. 科学史告诉我们, 物理学是自然科学的核心, 是新技术的源泉. 物理学中不仅蕴涵着先进生产力, 同时也蕴涵着先进文化, 对人类的未来将起着决定性的作用. 物理学不是一切, 但是一切离不开物理学.

物理学的特征是: 简洁、和谐、对称、统一、生动、活泼. 物理学是由思维方式、研究方法和知识三个层次的内容构成的. 物理学的思维方式和研究方法是人类探索物理世界奥秘的科学思想和科学方法的宝贵结晶. 物理学中的每一个新概念的提出、新规律的建立、新理论的诞生, 人们都经历了艰苦卓绝的探索过程, 而其新成就又总是对人类社会的生产和生活产生重大影响, 并使人们看待自然世界的观念得到更新, 认识得到提升. 物理学在 20 世纪取得了令人惊讶的成功, 改变了我们对空间与时间、存在与认识的看法, 也改变了我们描述自然的基本语言, 使人类的生产方式、生活方式以及思维方式发生了深刻的变革.

20 世纪后半期, 物理学从研究简单的线性系统走向复杂的非线性系统. 非线性科学是一门新兴的学科, 它用静态非线性关系表示两个量之间的关系, 用非线性动力学关系表示两个量变化之间的关系, 用复杂的非线性关系表示部分与整体之间的关系, 从而使人们对自然界的认识更接近其本来面貌. 混沌理论、分形几何学和孤立子理论是当代非线性科学的活跃分支. 未来是不确定的, 法国著名的哲学家埃德加·莫兰把在物理科学、生命进化科学和历史科学中出现的不确定性的认识也列入了复杂性的范畴. 莫兰指出: "应该抛弃关于人类历史的确定性观念, 教授关于在物理学、生物进化学和历史科学中出现的不确定性的知识, 教授应付随机和意外的策略性知识."

非物理专业的大学物理教学, 受到学时数的限制, 我们不可能把物理学的整个理论体系完整地展现在学生们面前; 同时, 对于低年级的大学生而言, 受认知能力和理论基础方面的限制, 我们也无法讲授一些高深的物理知识. 因此, 大学物理教学的目标除了传授给学生认识自然世界和进入各自专业领域所需要的一些必备的物理学知识以外, 更重要的是让他们掌握物理学的思维方式和研究方法. 正如爱因斯坦所说, "在学校里, 教育的价值并不是学到很多知识, 而是受到如何进行思考的训练, 而这是不可能从书本上学到的." 著名的俄国科学家巴甫洛夫曾经说过: "科学是随着研究方法所获得的成就而前进的. 研究方法每前进一步, 我们就更提高一步, 随之在我们面前也就开拓了一个充满着种种新鲜事物的更辽阔的远景. 因此, 我们头等重要的任务乃是制定研究方法."

基于上面的考虑, 书中所涉及的物理概念、原理和规律, 力求从现象和实验出发, 着眼于物理内容的阐述和物理本质的揭示, 尽量描绘出清晰的物理图像. 全书分为六篇: 运动与力、热现象、电与磁、波与粒子、习题解答和拓展阅读六部分. 在拓展阅读部分, 精选了三方面的内容: 一是有关物理学在生命科学中的地位和作用, 并介绍了一些生命科学中常用的实用物理学技术; 二是通过一些实例进行物理学的研究方法和思维方式的训练; 三是若干问题的专题分析. 希望读者通过阅读这些材料, 能够开阔视野、提升思维能力或在实际工作中需要时查阅.

本书上册每章后均附有一定量的习题, 并在下册对每道习题都给出了一种参考解法, 供读者自学或复习使用.

本书的编者都是中国农业大学长期从事基础物理教学的老师. 本书上册编者分工如下: 第 1 章~第 3 章、第 9 章~第 11 章由申兵辉编写; 第 4 章、第 6 章由朱世秋编写; 第 5 章、第 12 章和第 13 章由刘玉颖编写; 第 7 章和第 8 章由何志巍编写; 第 14 章和第 15 章由韩萍编写. 下册分工如下: 贾贵儒负责拓展阅读 A~G; 申兵辉负责各章的要点归纳和第 1 章~第 3 章、第 7 章~第 11 章的习题解答以及拓展阅读 H~L; 朱世秋负责第 4 章和第 6 章的习题解答; 刘玉颖负责第 5 章、第 12 章和第 13 章的习题解答; 韩萍负责第 14 章和第 15 章的习题解答. 全书由申兵辉统稿.

由于编者水平所限, 书中难免有错误疏漏之处, 敬请广大读者不吝指正.

编 者

2017 年 5 月

目　　录

第一篇　运动与力

第 一 篇
运 动 与 力

自然界中一切物质, 大到宏观天体, 小到基本粒子, 每时每刻都在不停地运动着. 运动的形式多种多样, 物体在时间和空间中位置的变化, 包括平动、转动、变形、流动等, 都是运动的表现形式. 其中最简单的是物体的空间位置随时间的变化, 称为机械运动, 在热运动、电磁运动、微观世界的运动、化学变化、生命现象、天体运动中都包含有机械运动. 力学就是研究机械运动的物理学分支.

力学可分为静力学、运动学和动力学. 静力学研究物体静止时力的平衡, 运动学是对物体运动状态的描述, 特别是物体何时在何地以多大速率朝哪个方向运动等, 而动力学则研究引起物体运动状态改变的起因. 按研究对象的形态划分, 可分为固体力学、流体力学和一般力学; 根据研究方法和所建模型的不同, 可以把力学分为质点力学、刚体力学和连续介质力学; 按研究对象的速率和尺度, 力学还可分为经典力学、相对论力学和量子力学, 经典力学的研究对象是宏观低速 (相对于光速) 物体, 相对论力学的研究对象为高速物体, 而量子力学则研究微观粒子的运动.

本篇先以质点运动学为例介绍运动的描述方法, 再以牛顿运动定律为基础, 简述动力学的各种规律, 根据力的作用效果引入动量、角动量和动能等概念. 除此之外, 本篇还会讨论相对论力学和流体力学的基本概念和规律, 有助于读者对自然界的运动有一个普遍的认识.

力学是整个物理学的基础. 由于力学是物理学中最形象的分支学科, 所以物理学中的很多基本概念是在力学中建立起来的, 譬如上面提到的动量、角动量等概念, 一旦我们掌握了其内涵, 可以很方便地推广到量子物理学中. 本篇我们还将以力学中的机械振动为模型介绍振动的概念和表示方法, 为以后学习波动和量子物理学奠定基础.

第 1 章　质点运动学

研究某种运动的规律, 首先要对这种运动形式进行描述, 即对它进行唯象的研究, 然后再进一步研究它运动的原因和规律. 从历史上看, 人们对机械运动的研究也是先从机械运动的描述开始的. 运动学的核心问题就是用什么物理概念、物理量去描述物体机械运动的状态, 用什么方程去表示物体的运动状态的演化.

1.1　质点运动的描述

1.1.1　质点　参考系　坐标系

所谓质点, 是指没有大小和形状, 具有一定质量的几何点. 显然, 质点的密度为无限大, 而真实的物体都具有一定的大小和形状及有限大小的密度, 因此, 质点只是为了使我们研究问题得以简化而引入的一个理想模型.

在什么情况下一个真实物体可以简化成质点呢? 一般来说, 有下面两种情况: ① 物体不变形, 不作转动, 此时物体上任一点的运动都可代表整体的运动; ② 物体本身的线度与它活动范围相比小得多, 此时物体的形变及转动显得并不重要, 可以忽略不计. 例如, 在光滑桌面上滑动的木块就可以看作一个质点. 在平直的铁轨上行驶的火车, 虽然很长, 但由于没有转动与变形, 也可以看成质点. 再如, 研究铁饼或炮弹的运行轨道时, 尽管它们都在转动, 但相对于轨道的长度来说, 它们本身的尺度可以忽略, 因此, 如果不要求很高的精确度, 它们也可以看作质点.

一个物体能否看作质点, 不是一成不变的. 同样一个物体, 往往在某些情况下可以看成质点, 而在另外一些情况下则不能看成质点. 例如, 我们研究地球的公转时, 考虑到地球的直径远远小于地球到太阳的距离, 因而把地球简化为质点. 但是, 当我们研究地球的自转时就不能再把地球看作质点. 如果要研究空气阻力对炮弹或铁饼的飞行, 以及研究铁饼的转动时, 就不能再把铁饼或炮弹看成质点了.

质点模型的意义还在于, 当我们研究某一个物体的运动时, 常常需要将该物体分成许多部分来研究. 对其中的每一部分, 如果其上的各点的运动近似相同, 那么每一小部分就可以分别看作质点. 这样, 把整个物体看作一系列质点的集合, 通过研究各个质点的运动, 就可以描述整个物体的运动状态了.

如果我们的研究对象是多个物体构成的系统, 而每个物体都能看成质点, 也可以通过研究各个质点 (个体) 的行为来描述系统 (整体) 的行为. 由多个质点组成的系统叫做质点系.

地球上静止的物体, 在太阳看来是运动的. 相对于行进中的汽车静止的乘客, 在地面上看来是运动的. 由此看来, 一个物体的位置变化只有在和其他物体对照时才能做出判断. 被选作参考的物体称为参考系. 于是, 当我们描述太阳系中行星的运动时, 可以选太阳为参考系; 当我们描述地面上物体的运动时可以选地面为参考系. 显然, 选择不同参考系时对同一物体的运动描述是不同的, 反映了运动的相对性.

应该指出, 参考系不一定是静止的. 对于同一种运动, 由于参考系选择的不同而有不同的描述, 这反映了运动描述的相对性. 例如, 静止于地面上的观察者与行驶的汽车上的观察者对雨点的运动轨迹会做出不同的描述. 因此, 当我们研究物体的运动时, 必须首先明确是相对于哪个参考系的. 参考系选定后, 对物体运动状态的描述也就确定了. 至于应该选择什么物体作为参考系, 应该以方便描述物体的运动性质而定. 研究地面上物体的运动时, 以地球为参考系是最方便的, 所以, 如果不特别指明, 就以地球为参考系.

用一个物体作为参照物研究另外一个物体的运动, 只是定性的. 为了定量地描述一个力学系统的状态, 还须建立一个固定在这个参考系上的坐标系. 坐标系是固结在参考系上的, 其实质是对参照物体的数学抽象. 因此, 只要指明了坐标系也就指明了参考系. 一旦参考系确定后, 坐标系选择不改变对物体运动状态的描述, 选取何种坐标系, 原点的位置、坐标轴的方向等的选择应该尽量便于计算或描述. 综上所述, 参考系与坐标系的区别在于: ① 对物体运动的描述决定于参考系而不是坐标系; ② 参考系选定后, 选用不同的坐标系对运动的描述是相同的.

1.1.2　径矢　运动方程

质点的空间位置可以用它在坐标系中的坐标值来表示, 为了描述的简洁性, 物理学中用径矢 $\boldsymbol{r}$ 来描述质点的位置, 径矢起始于坐标系的原点, 终止于质点的当前位置, 如图 1–1 所示. 在直角坐标系中, 径矢可以表示为

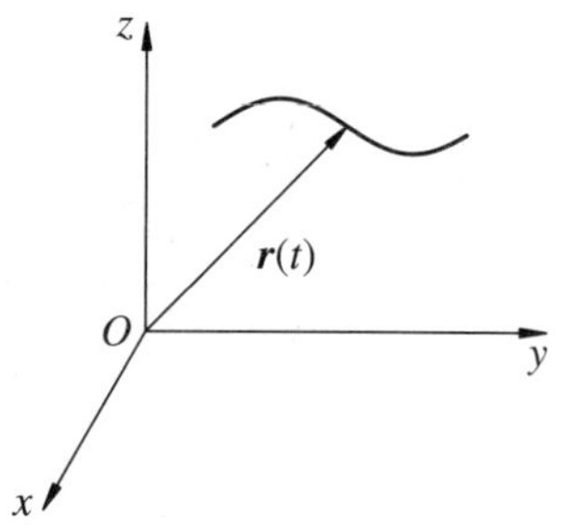

$$\boldsymbol{r} = x\boldsymbol{i} + y\boldsymbol{j} + z\boldsymbol{k}$$

它的大小为

$$r = |\boldsymbol{r}| = \sqrt{x^2 + y^2 + z^2}$$

其方向可用三个方向余弦表示:

图 1–1　径矢

$$\cos\alpha = \frac{x}{r}, \quad \cos\beta = \frac{y}{r}, \quad \cos\gamma = \frac{z}{r}$$

径矢随时间变化的函数关系式叫做运动方程. 即

$$\boldsymbol{r} = \boldsymbol{r}(t) \tag{1.1}$$

直角坐标系中, 质点的运动方程可以表示为

$$\boldsymbol{r}(t) = x(t)\boldsymbol{i} + y(t)\boldsymbol{j} + z(t)\boldsymbol{k} \tag{1.2}$$

其分量表达式为

$$x = x(t), \quad y = y(t), \quad z = z(t) \tag{1.3}$$

质点运动时所经过的空间各点的集合形成一条曲线, 称为质点的运动轨道. 表示轨道曲线的方程式称为轨道方程. 在方程 (1.3) 中消去 t, 即得直角坐标系中的轨道方程

$$f(x, y, z) = 0$$

1.1.3 速度 加速度

如图 1-2 所示, t 与 $t+\Delta t$ 时刻质点的径矢分别为 $\boldsymbol{r}(t)$ 和 $\boldsymbol{r}(t+\Delta t)$, 在 Δt 时间内质点位置的变化可以用有向线段 $\Delta \boldsymbol{r} = \boldsymbol{r}(t+\Delta t) - \boldsymbol{r}(t)$ 来表示, $\Delta \boldsymbol{r}$ 称为 Δt 时间内质点的位移. 位移的大小 $|\Delta \boldsymbol{r}|$ 是连接两个时刻质点位置的直线长度, 一般来说, 它不同于质点经历的路程 Δs, 只有当 $\Delta t \to 0$ 时它们才相等, 这可写作 $|\mathrm{d}\boldsymbol{r}| = \mathrm{d}s$, 即元位移等于元路程.

为了定量描述完成同样位移 $\Delta \boldsymbol{r}$ 质点位置变化的快慢, 引入平均速度的概念, 定义质点在 Δt 时间内的平均速度为

$$\overline{\boldsymbol{v}} = \frac{\Delta \boldsymbol{r}}{\Delta t}$$

平均速度是一个矢量, 方向与 $\Delta \boldsymbol{r}$ 相同. 需要指出的是, 平均速度的大小和方向与所取时间间隔有关, 表述时必须指明是哪一段时间间隔内的平均速度.

用平均速度描述质点运动的快慢, 其缺点是明显的. 对于曲线运动, 它并不能真正反映质点运动的快慢程度; 即使对于直线运动, 平均速度也不能反映 Δt 时间间隔内质点运动快慢随时间的变化. 可以看出, 时间间隔 Δt 越短, 平均速度越能真实反映出质点在此时间内运动的快慢. 为此, 引入瞬时速度的概念. 定义 $\Delta t \to 0$ 时的平均速度为 t 时刻的瞬时速度 (简称速度), 即

$$\boldsymbol{v} = \lim_{\Delta t \to 0} \frac{\boldsymbol{r}(t+\Delta t) - \boldsymbol{r}(t)}{\Delta t} = \frac{\mathrm{d}\boldsymbol{r}(t)}{\mathrm{d}t} \tag{1.4}$$

速度的方向为 t 时刻, $\Delta t \to 0$ 时 $\Delta \boldsymbol{r}$ 的极限方向, 它沿着运动轨道上 t 时刻质点所处位置的切线方向, 并指向质点的运动方向. 速度的大小 $v = |\boldsymbol{v}| = \left| \dfrac{\mathrm{d}\boldsymbol{r}}{\mathrm{d}t} \right|$ 反映了 t 时刻质点运动的快慢, 常称为速率. 一般情况下, $v \neq \left| \dfrac{\mathrm{d}r}{\mathrm{d}t} \right|$. 例如, 质点作圆周运动时, $v \neq 0$, 而 $\left| \dfrac{\mathrm{d}r}{\mathrm{d}t} \right| = 0$.

质点运动时, 它的速度的大小和方向都可能随时间变化. 加速度就是描述速度变化情况的物理量.

设质点沿空间曲线运动, 在时刻 t 的速度为 $\boldsymbol{v}(t)$, 在时刻 $t+\Delta t$ 时速度为 $\boldsymbol{v}(t+\Delta t)$, 如图 1-3 所示. 在时间间隔 Δt 内质点速度的增量为 $\Delta \boldsymbol{v} = \boldsymbol{v}(t+\Delta t) - \boldsymbol{v}(t)$, 比值 $\Delta \boldsymbol{v}/\Delta t$ 叫做质点在时间间隔 Δt 内的平均加速度, 用 $\overline{\boldsymbol{a}}$ 表示, 即

$$\overline{\boldsymbol{a}} = \frac{\Delta \boldsymbol{v}}{\Delta t}$$

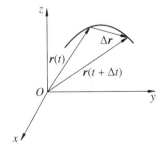

图 1-2 位移

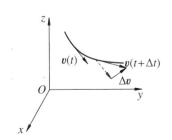

图 1-3 速度增量

平均加速度是矢量, 其方向与速度的增量 $\Delta \boldsymbol{v}$ 相同, 平均加速度的大小反映了在时间 Δt 内速度随时间的平均变化率. 一般来说, 平均加速度的大小和方向都与时间间隔 Δt 的选取有关. 因此, 表示平均加速度时, 必须首先指明是在哪个时间段内. 平均加速度只能对质点速度随时间的变化情况作粗略的描述, 而不能精确表示质点在运动轨道上各点的运动情况.

为了精确描述质点速度的变化情况, 可以将时间间隔 Δt 无限减小, 当 $\Delta t \to 0$ 时, 质点的平均加速度将会趋于一个确定的极限矢量, 这个极限矢量称为 t 时刻的瞬时加速度, 用 $\boldsymbol{a}$ 表示, 即

$$\boldsymbol{a} = \lim_{\Delta t \to 0} \frac{\Delta \boldsymbol{v}}{\Delta t} = \frac{\mathrm{d}\boldsymbol{v}(t)}{\mathrm{d}t} \tag{1.5}$$

瞬时加速度简称加速度. 根据式 (1.4), 加速度还可以表示为

$$\boldsymbol{a} = \frac{\mathrm{d}^2 \boldsymbol{r}}{\mathrm{d}t^2} \tag{1.6}$$

即加速度是速度对时间的一阶导数, 径矢对时间的二阶导数.

质点作曲线运动时, 加速度的方向总是指向轨道曲线凹的一侧, 一般情况下与同一时刻速度的方向是不同的.

用矢量描述质点运动的优点是, 矢量方程形式简洁, 便于推导. 对于给定的参考系, 矢量描述与具体坐标系的选择无关, 所以常用矢量式作一般性的理论探讨. 然而, 在进行具体计算时, 我们往往采用方程的分量形式.

1.2　速度和加速度在不同坐标系中的表示

1.2.1　直角坐标表示

根据式 (1.2) 及速度的定义式 (1.4), 在直角坐标系, 速度可以表示为

$$\boldsymbol{v} = v_x \boldsymbol{i} + v_y \boldsymbol{j} + v_z \boldsymbol{k} = \frac{\mathrm{d}x}{\mathrm{d}t}\boldsymbol{i} + \frac{\mathrm{d}y}{\mathrm{d}t}\boldsymbol{j} + \frac{\mathrm{d}z}{\mathrm{d}t}\boldsymbol{k} \tag{1.7}$$

速度的大小, 即速率, 为

$$v = |\boldsymbol{v}| = \sqrt{v_x^2 + v_y^2 + v_z^2} = \sqrt{\left(\frac{\mathrm{d}x}{\mathrm{d}t}\right)^2 + \left(\frac{\mathrm{d}y}{\mathrm{d}t}\right)^2 + \left(\frac{\mathrm{d}z}{\mathrm{d}t}\right)^2}$$

加速度在直角坐标中的表示为

$$\boldsymbol{a} = a_x \boldsymbol{i} + a_y \boldsymbol{j} + a_z \boldsymbol{k} = \frac{\mathrm{d}^2 x}{\mathrm{d}t^2}\boldsymbol{i} + \frac{\mathrm{d}^2 y}{\mathrm{d}t^2}\boldsymbol{j} + \frac{\mathrm{d}^2 z}{\mathrm{d}t^2}\boldsymbol{k} \tag{1.8}$$

加速度的大小为

$$a = |\boldsymbol{a}| = \sqrt{a_x^2 + a_y^2 + a_z^2}$$

式中

$$a_x = \frac{\mathrm{d}v_x}{\mathrm{d}t} = \frac{\mathrm{d}^2 x}{\mathrm{d}t^2}$$

$$a_y = \frac{\mathrm{d}v_y}{\mathrm{d}t} = \frac{\mathrm{d}^2 y}{\mathrm{d}t^2}$$

$$a_z = \frac{\mathrm{d}v_z}{\mathrm{d}t} = \frac{\mathrm{d}^2 z}{\mathrm{d}t^2}$$

下面我们在直角坐标系中研究抛体的运动. 投出的铅球, 射出的子弹或炮弹等都作抛体运动. 空气阻力对抛体的运动轨道影响很大, 严格分析抛体运动是比较复杂的. 在这里, 我们讨论忽略空气阻力时的抛体运动. 另外, 假定抛体运动过程最高点到地面的距离与地球半径相比小到可以忽略的程度, 这样可以认为重力加速度是一个常矢量.

在忽略空气阻力的情况下, 抛体运动是铅直平面上的二维运动. 因此, 我们在铅直平面上建立平面直角坐标系, 如图 1-4 所示, x 轴沿水平方向, y 轴沿竖直方向. 设抛体的初速度为 $\boldsymbol{v}_0$, 与水平方向的夹角为 θ, 选抛体开始运动处为坐标原点. 由于抛体在空中只受竖直向下的重力作用, 所以其加速度只有方向向下的重力加速度, 分量表达式为

$$a_x = \frac{\mathrm{d}v_x}{\mathrm{d}t} = 0$$

$$a_y = \frac{\mathrm{d}v_y}{\mathrm{d}t} = -g$$

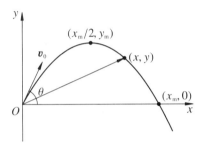

图 1-4　抛体运动

显见抛体运动在 x 轴上的投影是匀速直线运动, 在 y 轴的投影是匀加速直线运动. 以上两式积分后, 可得抛体在 t 时刻的速度分量:

$$v_x = \frac{\mathrm{d}x}{\mathrm{d}t} = v_0 \cos \theta$$

$$v_y = \frac{\mathrm{d}y}{\mathrm{d}t} = v_0 \sin \theta - gt$$

上面二式再次作定积分, 可得 t 时刻的坐标分量为

$$x = (v_0 \cos \theta)t$$

$$y = (v_0 \sin \theta)t - \frac{1}{2}gt^2$$

以上两式中消去时间 t, 即得抛体运动的轨道方程:

$$y = x \tan \theta - \frac{g x^2}{2 v_0^2 \cos^2 \theta} \tag{1.9}$$

上式表明, 抛射体的轨道是一条抛物线.

抛体从原点抛出后, 又回到发射高度时经过的水平距离称为射程, 记作 x_m. 令式 (1.9) 中的 $y = 0$, 可解出满足方程的两个解:

$$x_1 = 0$$

$$x_2 = \frac{2 v_0^2 \tan \theta \cos^2 \theta}{g} = \frac{v_0^2 \sin 2\theta}{g}$$

于是

$$x_\mathrm{m} = x_2 - x_1 = \frac{v_0^2 \sin 2\theta}{g}$$

从式中可以看出, 给定初速度的大小后, 仰角 $\theta = \dfrac{\pi}{4}$ 时抛体运动具有最大射程. 物体经过水平射程所需时间为

$$t = \frac{x_\mathrm{m}}{v_x} = \frac{2v_0 \sin \theta}{g}$$

再来讨论一下抛体所能达到的最大高度 (射高). 根据抛物线的对称性可知轨道最高点是 $x = x_\mathrm{m}/2$ 对应的 y 坐标. 将此值代入轨道方程 (1.9) 中, 得

$$y_\mathrm{m} = \frac{v_0^2 \sin^2 \theta}{2g}$$

由此可见, 当 $\theta = \pi/2$ 时, 抛体运动有最大射高.

例 1.1　如图 1–5 所示, 用枪瞄准挂在射程之内位于 P 点的靶, 当子弹以 $\boldsymbol{v}_0$ 离开枪口时, 靶由解扣机械释放而自由下落. 试证明不论子弹的初速率多大, 总会击中下落的靶.

解　设子弹射出的仰角为 θ, P 点的坐标为 (x_0, y_0), t 时刻子弹正好运动到与靶同一水平坐标 $x = x_0$ 的位置.

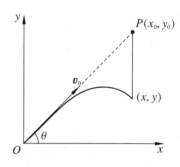

$$x = (v_0 \cos \theta) t = x_0$$

$$y = (v_0 \sin \theta) t - \frac{1}{2} g t^2$$

同一时刻靶的坐标为

$$x_1 = x_0$$

$$y_1 = y_0 - \frac{1}{2} g t^2 = x_0 \tan \theta - \frac{1}{2} g t^2$$

$$= (v_0 \cos \theta) t \tan \theta - \frac{1}{2} g t^2$$

$$= (v_0 \sin \theta) t - \frac{1}{2} g t^2$$

图 1–5　子弹击中下落的靶

这正好是子弹在 t 时刻所处的位置, 所以子弹正好击中靶.

这一例题来源于一个古老的演示实验, 名为 "猎人打猴子". 意思是: 猎人用枪口对准树上的猴子, 当猎人开枪时, 猴子正好由树上落下, 但猎人恰好击中了猴子. 当然, 为了保证在猴子落地之前子弹能到达猴子所在的位置, 必须满足 $y_1 \geqslant 0$, 即

$$t = \frac{x_0}{v_0 \cos \theta} \leqslant \frac{2v_0 \sin \theta}{g}$$

利用

$$\sin \theta = \frac{y_0}{\sqrt{x_0^2 + y_0^2}}, \quad \cos \theta = \frac{x_0}{\sqrt{x_0^2 + y_0^2}}$$

上面的不等式可以化为

$$v_0^2 \geqslant \frac{g(x_0^2 + y_0^2)}{2y_0}$$

这就是要击中猴子子弹的初速度必须满足的条件.

1.2.2　极坐标系

　　研究质点的平面曲线运动时, 有时选用平面极坐标系较为方便. 如图 1-6 所示, 在质点运动的平面上, 选一固定点 O 为坐标原点, 建立平面直角坐标系. 以 x 轴为极轴建立极坐标系. 对于质点轨道曲线上的任一点, 直角坐标系的单位矢量 $\boldsymbol{i}$, $\boldsymbol{j}$ 都是常矢量, 不随质点位置改变. 但是, 极坐标系的单位矢量 $\boldsymbol{e}_r$, $\boldsymbol{e}_\theta$ 的方向随极角 θ 的改变而变化, 其中 $\boldsymbol{e}_r$, $\boldsymbol{e}_\theta$ 分别表示径向和横向单位矢量, 它们彼此垂直.

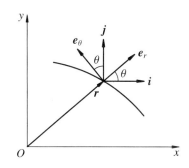

图 1-6　直角坐标与极坐标中的单位矢量

　　由于 $\boldsymbol{e}_r$ 在 x, y 轴方向的投影分别为 $\cos\theta$ 和 $\sin\theta$, $\boldsymbol{e}_\theta$ 在 x, y 轴方向的投影分别为 $-\sin\theta$ 和 $\cos\theta$, 因此可得两个坐标系单位矢量间的变换关系:

$$\boldsymbol{e}_r = \boldsymbol{i}\cos\theta + \boldsymbol{j}\sin\theta \tag{1.10a}$$

$$\boldsymbol{e}_\theta = -\boldsymbol{i}\sin\theta + \boldsymbol{j}\cos\theta \tag{1.10b}$$

上式对时间求导数, 可得极坐标系中单位矢量随时间的变化关系:

$$\frac{\mathrm{d}\boldsymbol{e}_r}{\mathrm{d}t} = (-\boldsymbol{i}\sin\theta + \boldsymbol{j}\cos\theta)\frac{\mathrm{d}\theta}{\mathrm{d}t} = \frac{\mathrm{d}\theta}{\mathrm{d}t}\boldsymbol{e}_\theta \tag{1.11a}$$

$$\frac{\mathrm{d}\boldsymbol{e}_\theta}{\mathrm{d}t} = (-\boldsymbol{i}\cos\theta - \boldsymbol{j}\sin\theta)\frac{\mathrm{d}\theta}{\mathrm{d}t} = -\frac{\mathrm{d}\theta}{\mathrm{d}t}\boldsymbol{e}_r \tag{1.11b}$$

从而, 极坐标系中的速度可以表示为

$$\boldsymbol{v} = \frac{\mathrm{d}\boldsymbol{r}}{\mathrm{d}t} = \frac{\mathrm{d}(r\boldsymbol{e}_r)}{\mathrm{d}t} = \frac{\mathrm{d}r}{\mathrm{d}t}\boldsymbol{e}_r + r\frac{\mathrm{d}\theta}{\mathrm{d}t}\boldsymbol{e}_\theta \tag{1.12}$$

同理可得加速度的极坐标表示为

$$\boldsymbol{a} = \frac{\mathrm{d}\boldsymbol{v}}{\mathrm{d}t} = \left[\frac{\mathrm{d}^2 r}{\mathrm{d}t^2} - r\left(\frac{\mathrm{d}\theta}{\mathrm{d}t}\right)^2\right]\boldsymbol{e}_r + \left(r\frac{\mathrm{d}^2\theta}{\mathrm{d}t^2} + 2\frac{\mathrm{d}r}{\mathrm{d}t}\frac{\mathrm{d}\theta}{\mathrm{d}t}\right)\boldsymbol{e}_\theta \tag{1.13}$$

1.2.3　圆周运动

　　用极坐标系可以方便地描述质点的圆周运动. 因为这种情况下, 只需一个角坐标 θ 就可确定质点的位置, 即

$$\theta = \theta(t)$$

所以常用角量描述圆周运动, 上式就是质点作圆周运动的运动学方程. 设时刻 t 质点的角坐标为 $\theta(t)$, 时刻 $t + \Delta t$ 质点的角坐标为 $\theta(t + \Delta t)$, 则 $\Delta\theta = \theta(t + \Delta t) - \theta(t)$ 称为角位移. 单位时间的角位移称为角速度, 记作 ω.

$$\omega = \frac{\mathrm{d}\theta}{\mathrm{d}t} \tag{1.14}$$

单位时间角速度的增量称为角加速度, 用 α 表示.

$$\alpha = \frac{\mathrm{d}\omega}{\mathrm{d}t} = \frac{\mathrm{d}^2\theta}{\mathrm{d}t^2} \tag{1.15}$$

于是, 对于圆周运动, 式 (1.12) 和式 (1.13) 可以简化为

$$\boldsymbol{v} = \omega r \boldsymbol{e}_\theta \tag{1.16}$$

$$\boldsymbol{a} = -\omega^2 r \boldsymbol{e}_r + \alpha r \boldsymbol{e}_\theta \tag{1.17}$$

例 1.2　设质点以匀角加速度 α 从角速度 ω_0 增加到 ω. 已知圆周的半径为 R. 求质点转过的角度.

解　根据式 (1.14) 和式 (1.15), 有

$$\mathrm{d}\theta = \omega\,\mathrm{d}t = \omega\,\frac{\mathrm{d}\omega}{\alpha}$$

上式两边作定积分, 有

$$\int_0^{\Delta\theta} \mathrm{d}\theta = \frac{1}{\alpha} \int_{\omega_0}^{\omega} \omega\,\mathrm{d}\omega$$

质点转过的角度为

$$\Delta\theta = \frac{1}{2\alpha}(\omega^2 - \omega_0^2)$$

1.2.4　自然坐标系

当质点作曲线运动时, 若已知质点运动的轨迹, 可以选曲线上任一点 O 作为原点, 用质点离开原点的曲线长度 s 来表示质点的位置, 如图 1–7 所示. 这种顺着已知轨迹建立起来的坐标系称为自然坐标系. 自然坐标包含两个方向, 即曲线上任意点的切向和法向. 用 $\boldsymbol{e}_t$ 和 $\boldsymbol{e}_n$ 分别表示切向和法向的单位矢量. 显然 $\boldsymbol{e}_t$ 和 $\boldsymbol{e}_n$ 都不是常矢量, 一般情况下它们都随时间改变方向.

为简单起见, 下面我们只讨论质点作平面曲线运动的情形.

因为轨迹曲线上任一点的切线方向就是质点在该点的速度方向, 所以自然坐标系的速度表达式为

$$\boldsymbol{v} = v\boldsymbol{e}_t = \frac{\mathrm{d}s}{\mathrm{d}t}\boldsymbol{e}_t \tag{1.18}$$

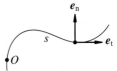

图 1–7　自然坐标系

速度没有法向分量.

为了在自然坐标系表示出加速度, 先让我们研究一种简单的情形. 如图 1–8 所示, 质点作半径为 R 的圆周运动, 在圆周上, 自然坐标系中的切向单位矢量与极坐标系中的横向单位

矢量相等, $\boldsymbol{e}_t = \boldsymbol{e}_\theta$, 法向单位矢量与极坐标系的径向单位矢量方向相反, 即 $\boldsymbol{e}_n = -\boldsymbol{e}_r$. 利用式 (1.11b) 可得

$$\frac{\mathrm{d}\boldsymbol{e}_t}{\mathrm{d}t} = \frac{\mathrm{d}\theta}{\mathrm{d}t}\boldsymbol{e}_n = \frac{v}{R}\boldsymbol{e}_n$$

将式 (1.18) 对时间 t 求导数, 并利用上式, 可得加速度

$$\boldsymbol{a} = \frac{\mathrm{d}\boldsymbol{v}}{\mathrm{d}t} = a_t\boldsymbol{e}_t + a_n\boldsymbol{e}_n = \frac{\mathrm{d}v}{\mathrm{d}t}\boldsymbol{e}_t + \frac{v^2}{R}\boldsymbol{e}_n \tag{1.19}$$

当质点作一般的平面曲线运动时, 见图 1–9, 可以过曲线上任一点 P 及其邻近的另外两点作一个圆, 如果这三个点无限接近, 则这个圆就叫做曲线在 P 点的曲率圆, 其半径 ρ 叫做曲率半径. 可以证明, 质点在 P 点的加速度可以表示为

$$\boldsymbol{a} = a_t\boldsymbol{e}_t + a_n\boldsymbol{e}_n = \frac{\mathrm{d}v}{\mathrm{d}t}\boldsymbol{e}_t + \frac{v^2}{\rho}\boldsymbol{e}_n \tag{1.20}$$

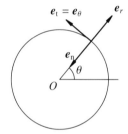
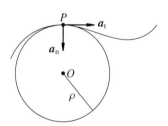

图 1–8　极坐标与自然坐标系的单位矢量　　　　图 1–9　曲率圆

平面曲线运动中的加速度的大小和方向分别为

$$a = \sqrt{a_n^2 + a_t^2} = \sqrt{\left(\frac{\mathrm{d}v}{\mathrm{d}t}\right)^2 + \left(\frac{v^2}{\rho}\right)^2} \tag{1.21}$$

$$\tan\phi = \frac{a_n}{a_t} \tag{1.22}$$

式中 ϕ 是质点加速度与速度方向间的夹角.

1.3　相对运动

1.3.1　参考系变换

对物体运动速度的测定, 总是依赖于另一物体 (或参考系). 参考系的选择在运动学中是任意的, 在不同参考系中对同一物体运动的描述也是不同的, 适当地选择参考系, 往往可以更简便地处理物体的运动学问题. 本节讨论不同参考系中同一质点的速度和加速度之间的变换关系.

设参考系 S' 相对于参考系 S 作平移运动 (简称平动), 即 S' 系的原点 O' 相对于 S 系作任意直线或曲线运动, 但它们的坐标轴的方向始终保持平行, 如图 1–10 所示. 坐标系 $Oxyz$ 固结在 S 系中, 坐标系 $O'x'y'z'$ 固结在 S' 系中.

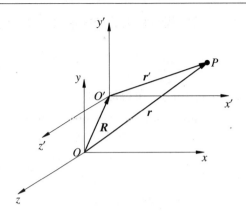

图 1-10　参考系变换

空间 P 点在 S 系中的径矢为 r, 在 S′ 系中的径矢为 r', S′ 系相对于 S 系的径矢为 R. 两个参考系的相对运动速度及加速度分别为

$$u = \frac{\mathrm{d}R}{\mathrm{d}t} \tag{1.23}$$

$$a_e = \frac{\mathrm{d}u}{\mathrm{d}t} \tag{1.24}$$

式中 u 和 a_e 称为牵连速度和牵连加速度.

从图 1-10 容易看出, 坐标变换为

$$r = r' + R \tag{1.25}$$

上式对时间求导得速度变换

$$v_a = \frac{\mathrm{d}r'}{\mathrm{d}t} + \frac{\mathrm{d}R}{\mathrm{d}t} = v_r + u \tag{1.26}$$

式中 v_a 为质点相对于坐标系 $Oxyz$ 的速度, 称为绝对速度; v_r 为质点相对于坐标系 $O'x'y'z'$ 的速度, 称为相对速度.

同理, 加速度变换为

$$a_a = \frac{\mathrm{d}v_r}{\mathrm{d}t} + \frac{\mathrm{d}u}{\mathrm{d}t} = a_r + a_e \tag{1.27}$$

即在 S 系中测得质点的加速度 a_a 等于在 S′ 系中测得该质点的加速度 a_r 与牵连加速度的矢量和.

需要指出, 上面得到的速度和加速度的变换公式仅适用于相对作平动的参考系, 而对于参考系间的相对运动还有其他形式 (如转动) 的情形, 在此不作讨论.

1.3.2　惯性系与非惯性系

实验表明, 在一个参考系中, 只要某个物体符合惯性定律, 则惯性定律将对其他物体成立. 我们把惯性系定义为对某一特定物体惯性定律成立的参考系. 在此类参考系中, 一个不受外力作用的物体总是静止或作匀速直线运动. 反之, 惯性定律不成立的参考系称为非惯性系.

按照惯性系的定义, 存在一个惯性系, 则所有相对于该惯性系作匀速直线运动的参考系也是惯性系. 在相对作匀速直线运动的所有惯性系里, 物体的运动都遵从同样的力学定律; 或者说在研究力学规律时所有惯性参考系都是平权的、等价的. 我们不可能判断哪个惯性参考系处于绝对静止状态, 哪一个又是绝对运动的. 也不可能在惯性系内部进行任何力学实验, 来确定该参考系自身的运动状态. 这就是著名的力学相对性原理. 伽利略首先对这一原理作了详细的阐述, 所以这一原理也称为伽利略相对性原理. 伽利略相对性原理也可表述为: 一个对于惯性系作匀速直线运动的其他参考系, 其内部所发生的一切物理过程, 都不受系统作为整体的匀速直线运动的影响.

鉴别一个参考系是否为惯性系, 可以采用这样一个标准: 在这个参考系中对一个未受力的物体是不是能够精确地测定出它有没有加速度. 如果测出它的加速度为零, 则这一参考系就是惯性系. 显然, 惯性系选择的精确程度取决于当时的技术水平, 是基于观察和实验的人为规定. 因此, 惯性系只具有相对的意义.

欲使图 1–10 所示的参考系变换满足伽利略相对性原理, 必须保证所选择的参考系为惯性系. 设图中 S 系与 S′ 系均为惯性系, 则牵连速度 u 为一常矢量, 牵连加速度 $a_a = 0$, S′ 系的原点 O' 在 S 系的径矢为 $R = u t$. 此时的坐标变换为

$$r' = r - u t$$

因此, 若发生在 P 点的某一事件, 在 S 系中的时空坐标为 (x, y, z, t), 则它在 S′ 系中的时空坐标 (x', y', z', t') 为

$$\left.\begin{aligned} x' &= x - u_x t \\ y' &= y - u_y t \\ z' &= z - u_z t \\ t' &= t \end{aligned}\right\} \tag{1.28}$$

这就是著名的伽利略坐标变换式. 在相对论建立以前, 人们认为这一变换是普遍正确的.

伽利略变换反映了经典力学的时空观念, 时间、空间尺度等都是绝对的, 与所在惯性系的选择无关. 还可以验证, 经典力学中的基本规律, 如动量守恒定律, 机械能守恒定律在不同的惯性系中具有相同的数学形式, 都具有这种不变性, 满足经典力学相对性原理的要求.

习　题

1–1 已知一质点沿 x 轴作直线运动, t 时刻的坐标为: $x = 4.5t^2 - 2t^3$. 求:

(1) 第 2 s 内的平均速度;

(2) 第 2 s 末的即时速度;

(3) 第 2 s 内的平均速率.

1–2 一质点沿一直线运动, 其加速度为 $a = -2x$, 式中 x 以 m 为单位, a 以 $\mathrm{m \cdot s^{-2}}$ 为单位. 试求质点的速率 v 与坐标 x 的关系式. 设当 $x = 0$ 时, $v_0 = 4 \mathrm{\ m \cdot s^{-1}}$.

1–3 质点从 $t = 0$ 时刻开始, 按 $x = t^3 - 3t^2 - 9t + 5$ 的规律沿 x 轴运动. 在哪个时间间隔它沿着 x 轴正向运动? 哪个时间间隔沿着 x 轴负方向运动? 哪个时间间隔它加速? 哪个时间间隔减速? 分别画出 x, v, a 以时间为自变量的函数图.

1-4　一质点平面运动的加速度为 $a_x = -A\cos t$, $a_y = -B\sin t$, $A \neq 0$, $B \neq 0$, 初始条件($t = 0$ 时)为 $v_{0x} = 0$, $v_{0y} = B$, $x_0 = A$, $y_0 = 0$. 求质点的运动轨迹.

1-5　一质点在平面上运动, 其位矢为 $\boldsymbol{r} = a\cos\omega t\, \boldsymbol{i} + b\sin\omega t\, \boldsymbol{j}$, 其中 a, b, ω 为常量. 求:

(1) 该质点的速度和加速度;

(2) 该质点的轨迹.

1-6　一质点从静止开始沿着圆周作匀角加速运动, 角加速度 $\alpha = 1\ \text{rad}\cdot\text{s}^{-2}$. 求质点运动一周后回到起点时速度与加速度之间的夹角.

1-7　一质点沿半径为 0.10 m 的圆周运动, 其角位置 θ (以弧度表示) 可用 $\theta = 2 + 4t^3$ 表示, 式中 t 以秒计. 问:

(1) 在 $t = 2\ \text{s}$ 时, 它的法向加速度和切向加速度是多少?

(2) 当切向加速度的大小恰是总加速度大小的一半时, θ 的值是多少?

(3) 在哪一时刻, 切向加速度和法向加速度恰有相等的值?

1-8　多个质点从某一点以同样大小的速度, 沿着同一铅直面内不同的方向, 同时抛出.

(1) 试证明在任意时刻这些质点散落在同一圆周上;

(2) 试证明各质点彼此的相对速度的方向始终不变.

1-9　某物体在 $t = 0$ 时刻以初速度 v_0 和仰角 α 斜抛出去. 求斜抛体在任一时刻的法向加速度 a_{n}、切向加速度 a_{t} 和轨道曲率半径 ρ.

1-10　质点由静止开始沿半径为 R 的圆周运动, 角加速度 α 为常量. 求:

(1) 该质点在圆上运动一周又回到出发点时, 经历的时间?

(2) 此时它的加速度的大小是多少?

1-11　雨天一辆客车以 15 m·s⁻¹ 的速率向东行驶, 雨滴以 10 m·s⁻¹ 的速率落下, 其方向与竖直方向成 15°, 已知风向为正西, 求车厢内的人观察到雨滴的速度的大小和方向.

第2章 动量 角动量

本章在牛顿运动定律的基础上,考察力对时间的积累效应,即力作用于物体一段时间的效果,引入动量、角动量的概念,并阐述与动量、角动量相关的物理规律.本章还将运用角动量的知识研究刚体绕固定轴的转动.

2.1 力与物体的运动状态

2.1.1 力

上一章阐明了如何对运动状态进行描述,讨论了质点运动的特点,但没有研究质点的运动为什么呈现这些特点.动力学正是探究物体运动状态改变起因的力学分支学科.读者通过学习中学物理已经初步建立了力的概念,知道力是物体之间的相互作用,其作用效果是改变物体的运动状态,并学习了牛顿运动定律及其对质点运动的基本应用.在此,我们把重点放在力的矢量表述方面.

通过对行星运动的观察,牛顿于 1686 年发现了引力定律:任意两个质点间存在着相互吸引的力,引力的大小与两质点的质量之积成正比,与它们之间距离的平方成反比,引力的方向沿两质点的连线.设两个质点的质量分别为 m_1 和 m_2,距离为 r,则质点 m_1 对质点 m_2 的引力可用矢量表示为

$$F = -G\frac{m_1 m_2}{r^3}r \tag{2.1}$$

式中,r 是由质点 m_1 指向质点 m_2 的矢量;比例系数 G 称为引力常量.

$$G = 6.67 \times 10^{-11} \text{ m}^2 \cdot \text{kg}^{-1} \cdot \text{s}^{-2}$$

发生形变的物体,都有恢复原状的趋势,当一个物体与其他物体接触时,一旦发生形变就会产生与之接触物体间的相互作用力,这种力叫做弹性力.弹性力有许多表现形式,最简单、最直观的是弹簧的弹性力.如图 2-1 所示,弹簧一端固定,以弹簧自然平衡位置为原点 O 沿弹簧方向建立 x 轴,当弹簧伸长至端点 B 时,$x > 0$,弹性力为拉力;压缩至其端点为 C 时,$x < 0$,弹性力为排斥力.因此,线性弹性力(胡克定律)用矢量可表示为

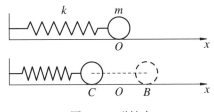

图 2-1 弹性力

$$F = -kx\boldsymbol{i} \tag{2.2}$$

式中 k 为弹簧的劲度系数.

　　自然界中, 宏观物体之间的力还有摩擦力、运动物体受到的阻力和流体中的浮力等. 尽管它们的表现形式各不相同, 但都可归结为四种基本相互作用, 按由强到弱的次序排列, 它们是强相互作用、电磁相互作用、弱相互作用和引力相互作用. 电磁相互作用和引力相互作用表现为长程力, 而强相互作用和弱相互作用则表现为短程力, 力程只有 $10^{-16} \sim 10^{-15}$ m, 强相互作用常见于原子核内部基本粒子之间的力, 弱相互作用常见于放射性元素的 β 衰变过程.

2.1.2　动量　牛顿第二定律

　　物体间的相互作用通常会引起机械运动的转移, 对每个物体而言, 它的运动状态将发生变化. 在许多问题 (例如物体间的碰撞过程) 中, 单纯用速度描述其机械运动的转移或状态的改变显得很不够, 因此有必要引入动量的概念.

　　通过对大量冲击和碰撞问题的研究, 人们逐渐认识到一个物体对其他物体的冲击效果不仅与其速度有关, 还与质量有关, 并且物体的质量和速度的乘积在运动过程中存在一定的规律. 我们把质点的质量 m 和速度 $\boldsymbol{v}$ 的乘积 $m\boldsymbol{v}$, 称为该质点的动量, 用 $\boldsymbol{p}$ 表示.

$$\boldsymbol{p} = m\boldsymbol{v} \tag{2.3}$$

可以看出, 动量是一个矢量, 它的方向与质点速度方向一致.　在 SI 制中, 动量的单位为 $\text{kg} \cdot \text{m} \cdot \text{s}^{-1}$.

　　质点动量的定义可以推广到质点系. 规定质点系内所有质点动量的矢量和, 即

$$\boldsymbol{p} = \sum_i \boldsymbol{p}_i = \sum_i m_i \boldsymbol{v}_i$$

为该质点系的动量.

　　动量是描述质点运动状态的物理量之一, 动量随时间的演化由牛顿第二定律给出:

$$\boldsymbol{F} = \frac{\mathrm{d}\boldsymbol{p}}{\mathrm{d}t} \tag{2.4}$$

它表明, 力是改变物体动量的根本原因, 并且, 任意时刻物体动量的时间变化率, 在量值上等于此时作用在物体上的合外力, 且动量变化率的方向与合外力的方向相同.

　　将式 (2.3) 代入式 (2.4) 得

$$\boldsymbol{F} = m\frac{\mathrm{d}\boldsymbol{v}}{\mathrm{d}t} + \boldsymbol{v}\frac{\mathrm{d}m}{\mathrm{d}t}$$

当质量不随时间改变时, 上式右端第二项 $\dfrac{\mathrm{d}m}{\mathrm{d}t} = 0$, 牛顿第二定律可以写成

$$\boldsymbol{F} = m\frac{\mathrm{d}\boldsymbol{v}}{\mathrm{d}t} = m\boldsymbol{a} \tag{2.5}$$

的形式. 当质量随时间改变时, 上式不再成立. 因此, 式 (2.4) 是牛顿第二定律更为普遍的形式. 这种普遍性还体现在相对论动力学中, 相对论的动量随时间的演化方程仍为式 (2.5).

例 2.1 一物体自地球表面以速率 v_0 竖直上抛. 假定物体受到的空气阻力为 $F_r = kmv^2$, 其中 m 为物体的质量, k 为常量. 试求: (1) 该物体能上升的高度; (2) 物体返回地面时速度的大小 (设重力加速度为常量).

解 (1) 物体在上抛过程中, 根据牛顿定律有

$$-mg - kmv^2 = m\frac{\mathrm{d}v}{\mathrm{d}t} = m\frac{\mathrm{d}v}{\mathrm{d}y}\frac{\mathrm{d}y}{\mathrm{d}t} = m\frac{v\,\mathrm{d}v}{\mathrm{d}y}$$

物体到达最高处时 (高度设为 y_m), $v = 0$. 依据初始条件对上式积分, 有

$$\int_0^{y_m} \mathrm{d}y = -\int_{v_0}^0 \frac{v\,\mathrm{d}v}{g + kv^2}$$

$$y_m = \frac{1}{2k}\ln\left(\frac{g + kv_0^2}{g}\right)$$

(2) 物体下落过程中, 有

$$-mg + kmv^2 = m\frac{v\,\mathrm{d}v}{\mathrm{d}y}$$

对上式积分,

$$\int_{y_m}^0 \mathrm{d}y = -\int_0^{v_1} \frac{v\,\mathrm{d}v}{g - kv^2}$$

得

$$-y_m = \frac{1}{2k}\ln\frac{g - kv_1^2}{g}$$

将 y_m 的表达式代入上式, 得物体返回地面时的速率

$$v_1 = v_0\sqrt{\frac{g}{g + kv_0^2}}$$

空气阻力致使 $v_1 < v_0$, 且 k 越大, 返回地面的速率 v_1 越小.

2.1.3 质点运动状态的描述

我们从第 1 章知道, 尽管描述运动的物理量很多, 但对于一个质点, 我们最关心的是任意时刻质点位于何处, 以何速率朝什么方向运动. 这样, 对于给定的质点, 我们确信已经掌握了该质点运动的信息. 考虑到质点运动状态的改变还与其质量有关, 经典力学引入相空间的概念来描述粒子的运动状态. 相空间是一个多维空间, 对于每一个质点, 包括 6 个分量: x, y, z, p_x, p_y, p_z, 即 3 个坐标分量与 3 个动量分量, 可以简记为 $(\boldsymbol{r}, \boldsymbol{p})$. 对于由 N 个粒子构成的系统, 我们需要 $6N$ 个独立坐标来确定系统的运动状态, 任意时刻粒子的状态可由该相空间中的一个点确定, 其中每一个点叫做一个相点. 当粒子的状态随时间变化时, 相点在相空间中沿一条曲线移动, 由这些相点的集合构成的空间曲线称为相轨. 相空间连同相轨一起称为相图. 由于相图具有直观性, 所以相图分析法得到广泛的应用.

对于作三维运动的质点而言, 我们无法将这样一个 6 维空间直观地表示出来. 但是如果质点作一维运动, 则相空间将退化为一个二维平面, 称为相平面, 因此, 作一维运动的质点的相轨就是相平面内的一条曲线.

　　以恒定速率 v 沿 x 方向作直线运动的质点的相轨如图 2-2 所示, 图中上方的直线表示质点向 x 轴正方向运动, 下方的直线表示质点向 x 轴反方向运动, 不同直线表示质点的运动速度不同. 因此, 在相平面内可以用一系列平行的直线表示质点的匀速直线运动.

　　沿 x 轴作匀加速直线运动的质点, 若初始时刻位于原点, 以恒定加速度 a 运动, 则任意时刻 t 的坐标和动量分别为

$$\begin{cases} x = \dfrac{1}{2}a\,t^2 \\ p = m\,a\,t \end{cases}$$

　　由上式绘出的相轨示于图 2-3 中. 相轨由一系列抛物线构成. 不同的曲线对应于不同的加速度 a 的值, $x > 0$ 一侧表示 $a > 0$, $x < 0$ 一侧表示 $a < 0$.

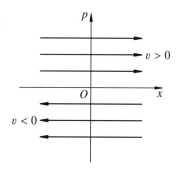

图 2-2　匀速直线运动的相轨

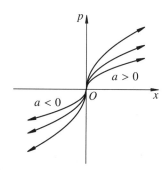

图 2-3　匀加速直线运动的相轨

　　从上面两个实例可以看出, 相平面法实际上是一种定性方法. 这种方法用于传统的质点运动学的优势并不明显, 但它却是研究一维非线性振动系统的有效方法之一. 了解系统运动性质的关键是要分析相轨的几何形状, 至于它们在定量方面如何变化, 并不重要. 如果相轨上的点都具有确定的斜率, 则同一相图上不同的相轨不会发生相交的现象. 如果在一点或几个点, 相轨的斜率具有不定值, 则相轨可以在这些点处相交, 这些特殊的点称为相图中的奇点, 对应于系统状态的一些稳定点. 按性质划分, 奇点可以分为结点、鞍点、焦点和中心等. 弄清楚各种不同类型的奇点的性质及其附近相轨的发展行为, 有助于定性了解系统的稳态及失稳后的行为.

2.2　动量　动量守恒定律

2.2.1　质点动量定理

　　将式 (2.4) 改写为

$$\boldsymbol{F}\,\mathrm{d}t = \mathrm{d}\boldsymbol{p}$$

可以看出, 改变物体的动量需要两个要素: 合外力及作用时间. 因此, 动量的改变是合外力对时间积累的结果. 对等式两边积分, 得

$$\int_{t_1}^{t_2} \boldsymbol{F}\,\mathrm{d}t = \boldsymbol{p}_2 - \boldsymbol{p}_1 = m\boldsymbol{v}_2 - m\boldsymbol{v}_1 \tag{2.6}$$

式中左端的矢量 $\boldsymbol{J} = \int_{t_1}^{t_2} \boldsymbol{F} \, \mathrm{d}t$, 称为在 $t_1 \sim t_2$ 时间间隔内作用在质点上的冲量. 式 (2.6) 表明, 一段时间内作用于质点上的冲量等于该质点动量的改变量, 这个结论叫做质点动量定理. 冲量的大小和方向取决于 t_1 到 t_2 时间内所有元冲量 $\boldsymbol{F} \, \mathrm{d}t$ 的矢量和, 对于变化的力 $\boldsymbol{F}$, 不能由某一时刻力的方向确定冲量的方向. 但是动量定理为我们提供了一种由物体初、末动量来计算冲量的方法, 在解决实际问题时, 不必考虑物体运动过程中动量变化的细节.

在处理实际问题时, 常常要用到动量定理的分量表达式. 在直角坐标系中, 动量定理的分量表达式为

$$\left. \begin{aligned} J_x &= \int_{t_1}^{t_2} F_x \, \mathrm{d}t = p_{2x} - p_{1x} \\ J_y &= \int_{t_1}^{t_2} F_y \, \mathrm{d}t = p_{2y} - p_{1y} \\ J_z &= \int_{t_1}^{t_2} F_z \, \mathrm{d}t = p_{2z} - p_{1z} \end{aligned} \right\} \tag{2.7}$$

也就是说, 质点所受合外力在某一方向上的冲量等于在该方向上质点动量的增量.

为了进一步说明冲量的意义, 设有一个变力 $\boldsymbol{F}$ 始终沿某一特定方向, 它随时间的变化曲线如图 2–4 所示. 曲线下的面积即表示从时刻 t_1 到时刻 t_2 力 $\boldsymbol{F}$ 的冲量. 根据积分的中值定理, 我们总能找到一个平均力 $\overline{\boldsymbol{F}}$, 使之满足

$$\int_{t_1}^{t_2} \boldsymbol{F} \, \mathrm{d}t = \overline{\boldsymbol{F}}(t_2 - t_1)$$

即图中曲线下的面积与虚线绘出的矩形面积相等. 我们把 $\overline{\boldsymbol{F}}$ 称为力 $\boldsymbol{F}$ 在时间 $t_1 \sim t_2$ 内的平均冲力.

$$\overline{\boldsymbol{F}} = \frac{1}{t_2 - t_1} \int_{t_1}^{t_2} \boldsymbol{F} \, \mathrm{d}t \tag{2.8}$$

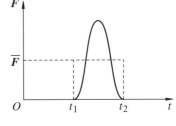

图 2–4 冲力曲线

平均冲力的概念在碰撞或击打等问题中有着重要的意义. 这类问题中, 物体间相互作用时间极短 (如两个钢球相碰撞的作用时间仅为 10^{-5} s 的数量级), 但力的峰值却很大, 而且变化极快. 一般而言, 冲力随时间的变化规律很难测定, 然而我们可以通过动量定理求出平均冲力.

例 2.2 质量为 m 的质点, 初始时刻静止, 在 $t = 0$ s 至 $t = 2$ s 的时间内, 受到方向恒定的变力 $F = F_0 [1 - (t-1)^2]$ 的作用 (其中 F_0 为常量), 此后质点不受外力. 求: (1) 质点在这段时间内受到的平均冲力; (2) $t > 0$ 任意时刻质点的速率和位移的大小.

解 选初始位置为原点, 力的方向为 x 轴, 建立坐标轴.

(1) 由式 (2.8), 可得这段时间作用于质点上的平均冲力为

$$\overline{F} = \frac{1}{2} \int_0^2 F \, \mathrm{d}t = \frac{1}{2} \int_0^2 F_0 \left[1 - (t-1)^2 \right] \, \mathrm{d}t = \frac{2}{3} F_0$$

(2) 对于质量恒定的质点, 由质点动量定理得

$$\mathrm{d}v = \frac{F}{m} \, \mathrm{d}t$$

上式两边积分可得 2 s 内质点的速率与时间的关系式:

$$\int_0^v \mathrm{d}v = \int_0^t \frac{F_0}{m} \left[1 - (t-1)^2 \right] \mathrm{d}t = \frac{F_0}{m} \left(t^2 - \frac{1}{3} t^3 \right)$$

式中 $0\,\mathrm{s} \leqslant t < 2\,\mathrm{s}$. 2 s 后, 外力消失, 质点将保持其 $t = 2\,\mathrm{s}$ 时的速率不变, 这时

$$v(t) = v(2) = \frac{4F_0}{3m}, \quad t > 2\,\mathrm{s}$$

速率函数可以表示为

$$v(t) = \begin{cases} \dfrac{F_0}{m} \left(t^2 - \dfrac{1}{3} t^3 \right), & 0\,\mathrm{s} \leqslant t < 2\,\mathrm{s} \\[3mm] \dfrac{4F_0}{3m}, & t \geqslant 2\,\mathrm{s} \end{cases}$$

质点坐标与时间的关系可以通过对速率积分得到, 即

$$x(t) = \int_0^t v(t)\,\mathrm{d}t = \begin{cases} \dfrac{F_0}{m} \left(\dfrac{1}{3} t^3 - \dfrac{1}{12} t^4 \right), & 0\,\mathrm{s} \leqslant t < 2\,\mathrm{s} \\[3mm] \dfrac{4F_0}{3m} (t-1), & t \geqslant 2\,\mathrm{s} \end{cases}$$

质点的 $v(t)$ 及 $x(t)$ 曲线见图 2-5.

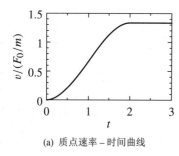

(a) 质点速率 – 时间曲线

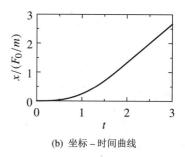

(b) 坐标 – 时间曲线

图 2-5 质点的位移和速度随时间的变化

2.2.2 质点系动量定理

上面研究的是单个质点的情形, 但在许多情形下, 需要把多个质点作为一个整体, 研究它的运动规律, 或与系统外物体的相互作用.

对于质点系中的任一质点, 不妨设为第 i 个, 作用于其上的所有外力的矢量和记为 $\boldsymbol{F}_i$, 来源于质点系中其他质点所有内力的矢量和记为 $\boldsymbol{f}_i$. 按照质点动量定理,

$$(\boldsymbol{F}_i + \boldsymbol{f}_i)\,\mathrm{d}t = \mathrm{d}\boldsymbol{p}_i = \mathrm{d}(m_i\boldsymbol{v}_i)$$

将上式对质点系中所有质点求和, 考虑到内力都是成对出现, 且满足牛顿第三定律, 所以

$$\sum_i \boldsymbol{f}_i = 0$$

从而

$$\sum_i \boldsymbol{F}_i \, \mathrm{d}t = \sum_i \mathrm{d}(\boldsymbol{p}_i) = \mathrm{d} \sum_i \boldsymbol{p}_i \tag{2.9}$$

对上式积分, 并运用冲量的定义, 得

$$\sum_i \boldsymbol{J}_i = \boldsymbol{p}_2 - \boldsymbol{p}_1 \tag{2.10}$$

式中 $\boldsymbol{J}_i = \int_{t_1}^{t_2} \boldsymbol{F}_i \, \mathrm{d}t$. 上式表明, 在一段作用时间内, 质点系动量的改变量等于这段时间内合外力的冲量, 这就是质点系动量定理.

由以上讨论的过程可清楚地看到, 内力可以改变每个质点的动量, 但不会改变质点系的总动量. 由于外力与内力的区分完全取决于所选取的研究对象, 因此分析具体问题时, 必须首先明确研究对象. 另外, 质点系动量定理是由牛顿第二、第三定律导出的规律, 只适用于惯性系.

2.2.3 动量守恒定律

根据动量定理, 如果质点不受外力或所受外力的矢量和为零, 则质点的动量将维持其大小和方向不变. 这个规律称为质点的动量守恒定律.

类似地, 根据质点系动量定理, 如果作用在质点系上的合外力为零, 则质点系的动量保持不变, 即

$$\sum_i m_i \boldsymbol{v}_i = 常矢量 \tag{2.11}$$

这就是质点系动量守恒定律. 这个规律对于任意一个分量都是成立的, 也就是说, 尽管质点系所受的合外力并不为零, 但如果沿某一方向合外力的分量为零, 则沿该方向质点系动量的分量守恒. 例如, 设沿 x 方向的合外力分量为零, 即 $F_x = 0$, 则

$$p_x = \sum_i m_i v_{ix} = 常量 \tag{2.12}$$

系统动量是否守恒, 取决于质点系所受的合外力或其分量是否为零, 与系统内部质点间的相互作用力 (内力) 无关. 应当指出, 质点系内部质点间的相互作用虽然不能改变整个系统的动量, 但它可以使系统内部质点的动量发生改变. 这种改变表现为动量从质点系内一个质点向另一个质点转移, 或从一部分质点向另一部分质点转移, 在转移过程中, 维持整个质点系的总动量不变.

动量守恒定律是自然界普遍存在的规律, 它不仅适用于宏观运动的物体, 还适用于微观粒子, 如分子、原子、原子核及基本粒子等. 譬如, 科学家们运用动量守恒定律分析放射性核的衰变过程, 促进了中微子这一基本粒子的发现.

例 2.3 两个小球置于光滑水平桌面上, 质量分别为 m_1 和 $m_2 = 1.04\, m_1$. 开始时 m_2 静止, m_1 以 $v_1 = 1.00 \text{ m} \cdot \text{s}^{-1}$ 的速率撞击 m_2, 碰撞后, 两个小球分别以 $\theta_1 = 30°, \theta_2 = 45°$ 的方向运动, 如图 2−6 所示. 求碰撞后两个小球的速率.

解 设两个小球碰撞后的速率分别为 v_1' 和 v_2'. 因为两小球组成的系统与桌面平行的方向不受外力, 所以在小球 m_1 初始速度的方向和与之垂直的方向上可以分别列出动量守恒方程

$$m_1 v_1 = m_1 v_1' \cos \theta_1 + m_2 v_2' \cos \theta_2$$

$$0 = m_1 v_1' \sin \theta_1 - m_2 v_2' \sin \theta_2$$

上面两个方程联立, 可以解出

$$v_1' = \frac{\sin \theta_2}{\sin(\theta_1 + \theta_2)} v_1$$

$$v_2' = \frac{m_1 \sin \theta_1}{m_2 \sin(\theta_1 + \theta_2)} v_1$$

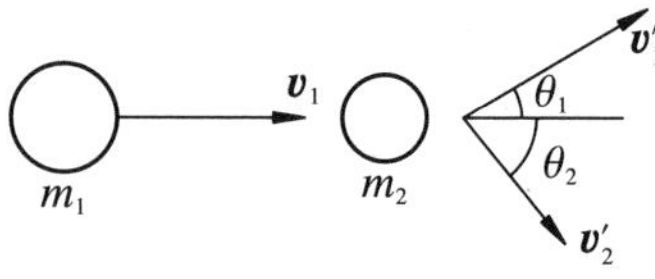

图 2-6

将已知数据代入, 可得 $v_1' = 0.73 \text{ m} \cdot \text{s}^{-1}$, $v_2' = 0.50 \text{ m} \cdot \text{s}^{-1}$.

碰撞过程可分为压缩阶段和恢复阶段, 压缩阶段从两个物体开始接触到具有相同的速度也就是达到最大形变为止, 恢复阶段从最大形变开始, 形变逐渐恢复, 直至两物体分离. 由于形变只发生在接触处, 所以碰撞作用力沿着两个物体接触处的公共法线方向.

考虑质量分别为 m_1 和 m_2 的两个小球的对心碰撞过程. 设碰撞前的速度分别为 v_{10} 和 v_{20}, 碰撞后的速度分别为 v_1 和 v_2, 根据动量守恒定律

$$m_1 v_{10} + m_2 v_{20} = m_1 v_1 + m_2 v_2 \tag{2.13}$$

牛顿总结了大量碰撞的实验结果, 引入了恢复系数 e 的概念, 利用恢复系数可以方便地描述两体碰撞过程. e 的定义式为

$$e = \frac{v_2 - v_1}{v_{10} - v_{20}} \tag{2.14}$$

它是两物体碰撞后的相对速度 (分离速度) 与碰撞前的相对速度 (接近速度) 之比, 反映了碰撞过程在压缩及恢复方向物体相对运动存在的一种内在联系. 由式 (2.13) 和式 (2.14), 可得用恢复系数表示的碰撞后两物体的速度:

$$v_1 = v_{10} - \frac{m_2}{m_1 + m_2} (1 + e)(v_{10} - v_{20}) \tag{2.15a}$$

$$v_2 = v_{20} + \frac{m_1}{m_1 + m_2} (1 + e)(v_{10} - v_{20}) \tag{2.15b}$$

对碰撞过程的分析是质点系动量守恒定律成功运用的案例之一. 除此之外, 我们还可以应用质点系动量守恒定律来分析反冲现象及火箭原理. 质点系在其所受合外力为零的情况下, 系统的总动量不变, 内力不能改变系统的总动量. 但是, 系统中各质点间的内力可以改变质点的动量. 在很多情况下, 虽然质点系所受合外力并不等于零, 但是合外力对系统的作用与内力的作用相比甚小, 则在粗略的估算中可以不计外力作用, 近似认为质点系的动量守恒. 反冲现象就可以用动量守恒定律来解释. 喷气反冲现象是其中较为典型的一种, 广泛应用于火箭的飞行之中. 火箭在飞行过程中, 其内部的燃料和氧化剂在燃烧室中燃烧, 并放出大量高温、高压的气体, 从火箭尾部喷出. 由于喷出的气体具有很大的动量, 根据动量守恒

定律, 箭体本身必然获得反方向的动量. 这就是火箭的反冲现象. 随着燃料不断燃烧喷出, 火箭的质量不断减小, 动量不断增大, 直至燃料燃尽.

为简单起见, 设火箭在外层空间飞行, 略去空气阻力及地心引力的影响. 如图 2-7 所示, 设在 t 时刻, 火箭相对于惯性系以速度 $\boldsymbol{v}$ 飞行, 质量为 m. 喷出的气体相对火箭的速度为 $\boldsymbol{u}$, 相对于惯性系的速率为 $v - u$. 在 $t + \mathrm{d}t$ 时刻, 火箭质量变为 $m + \mathrm{d}m$ ($\mathrm{d}m$ 本身为负值), 速率增加到 $\boldsymbol{v} + \mathrm{d}\boldsymbol{v}$. t 时刻的总动量为 mv; 在 $t + \mathrm{d}t$ 时刻, 箭体的动量变为 $(m + \mathrm{d}m)(v + \mathrm{d}v)$, 喷出的气体的动量为 $-\mathrm{d}m(v - u)$. 由于系统不受外力作用, 系统总动量保持不变, 即

$$mv = (m + \mathrm{d}m)(v + \mathrm{d}v) - \mathrm{d}m(v - u)$$

忽略二阶无穷小项, 上式可化简为

$$\mathrm{d}v = -u \frac{\mathrm{d}m}{m}$$

对上式积分,

$$\int_{v_1}^{v_2} \mathrm{d}v = -\int_{m_1}^{m_2} u \frac{\mathrm{d}m}{m}$$

并设 u 为常量, 可得

$$v_2 - v_1 = u \ln \frac{m_1}{m_2} \tag{2.16}$$

即当火箭的质量由 m_1 减小到 m_2 时, 其速度由 v_1 增大到 v_2. 设火箭的初始速度为 $v_i = 0$, 初始质量为 m_i, 燃料燃尽时的速度为 v_f, 质量为 m_f, 则

$$v_f = u \ln \frac{m_i}{m_f} \tag{2.17}$$

式中 $\frac{m_i}{m_f}$ 称为火箭的质量比. 从上式可以得到如下结论: ① 火箭的最终速度与质量比的自然对数成正比, 在质量比相同的条件下, 与火箭的原始质量无直接关系; ② 相同条件下, 火箭喷气速度越大, 火箭所能达到的速度越大. 式 (2.17) 是在忽略地心引力及空气阻力的前提下推出的, 如果把这些因素考虑进去, 实际的速度比理论值要小些.

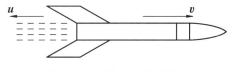

图 2-7 火箭喷气反冲原理

综上所述, 提高火箭的速度的方法有两个: 一是提高气体的喷射速度, 二是增大质量比. 化学燃料燃烧所能达到的喷射速度的理论值约为 $5000 \, \mathrm{m \cdot s^{-1}}$, 考虑到燃烧不完全及其他损耗, 实际值能达到理论值的一半就很不错了. 以 $u = 2000 \, \mathrm{m \cdot s^{-1}}$ 计, 要使火箭达到 $7900 \, \mathrm{m \cdot s^{-1}}$ (第一宇宙速度) 的速度, 所需的质量比约为 50, 这在技术上是很难实现的. 为此, 解决的办法是采用多级火箭. 多级火箭是由结构相似、大小不同的几个火箭连接而成的. 火箭起飞时第一级火箭首先启动, 推动各级火箭一起前进, 当它的燃料燃尽后第二级火箭启动并自动脱落第一级火箭的外壳, 依此类推. 因为前一级火箭外壳脱落使后一级火箭减轻了负担, 因此与携带同样多燃料的单级火箭相比, 多级火箭可以达到更高的最终速度.

2.3   角动量   角动量守恒定律

在自然界中广泛存在着转动现象. 从微观粒子如电子、原子核等到宏观物体如轮子, 再到天体如行星、恒星等都存在着转动现象. 角动量这一概念就是为了研究转动现象引入的一个物理量, 它在转动动力学中具有重要的地位.

2.3.1   力矩   质点角动量定理

设力 $\boldsymbol{F}$ 作用于质点上 (图 2–8), 则此力相对于参考点 O 的力矩 $\boldsymbol{M}$ 定义为

$$\boldsymbol{M} = \boldsymbol{r} \times \boldsymbol{F} \tag{2.18}$$

力矩是矢量, 它的指向是按右手螺旋定则规定的, 与 $\boldsymbol{r}$ 和 $\boldsymbol{F}$ 构成的平面垂直. 在 SI 制中的单位是 N·m. 显然, 同样一个力, 其力矩随参考点的不同而变化, 当参考点在力或其延长线上时, 力矩为零.

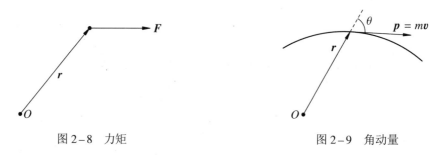

图 2–8   力矩   图 2–9   角动量

如图 2–9 所示, 动量为 $\boldsymbol{p}$ 的质点, 相对于参考点 O 的角动量 $\boldsymbol{L}$ 定义为相对于参考点 O 的径矢与质点动量 $\boldsymbol{p}$ 的矢积:

$$\boldsymbol{L} = \boldsymbol{r} \times \boldsymbol{p} = \boldsymbol{r} \times m\boldsymbol{v} \tag{2.19}$$

从定义式中可以看出, 角动量是矢量, 它的方向垂直于 $\boldsymbol{r}$ 与 $\boldsymbol{v}$ 构成的平面. 在 SI 制中, 角动量的单位是 $\mathrm{kg \cdot m^2 \cdot s^{-1}}$. 角动量的大小为

$$L = rp\sin\theta = rmv\sin\theta$$

式中 θ 是 $\boldsymbol{r}$ 和 $\boldsymbol{v}$ 之间的夹角. 由于角动量的定义中包含了 $\boldsymbol{r}$, 所以 $\boldsymbol{L}$ 强烈地依赖于参考点 O 的选择, 即便同一个参考系中, 参考点选择得不同, 角动量也不同. 因此, 要描述一个质点的角动量, 必须要指明其参考点的位置.

下面推导质点角动量满足的动力学方程. 角动量的时间导数为

$$\frac{\mathrm{d}\boldsymbol{L}}{\mathrm{d}t} = \frac{\mathrm{d}}{\mathrm{d}t}(\boldsymbol{r} \times \boldsymbol{p}) = \frac{\mathrm{d}\boldsymbol{r}}{\mathrm{d}t} \times \boldsymbol{p} + \boldsymbol{r} \times \frac{\mathrm{d}\boldsymbol{p}}{\mathrm{d}t}$$

因为 $\dfrac{\mathrm{d}\boldsymbol{r}}{\mathrm{d}t} = \boldsymbol{v}$, 矢量 $\boldsymbol{v}$ 与 $\boldsymbol{p} = m\boldsymbol{v}$ 平行, 它们的矢积为零, 所以上式右端第一项为零. 因而有

$$\frac{\mathrm{d}\boldsymbol{L}}{\mathrm{d}t} = \boldsymbol{r} \times \frac{\mathrm{d}\boldsymbol{p}}{\mathrm{d}t}$$

将表示牛顿第二定律的式 (2.4) 代入上式, 并利用力矩的定义式 (2.18) 可得

$$M = \frac{\mathrm{d}L}{\mathrm{d}t} \tag{2.20}$$

上式表明, 合外力的力矩等于质点角动量随时间的变化率, 这就是质点角动量定理. 由于牛顿第二定律只适用于惯性系, 所以这个定理也只在惯性系中成立.

2.3.2 质点系角动量定理

根据质点角动量定理可以导出质点系的角动量定理. 质点系中第 i 个质点 (动量为 p_i) 所受作用力可以分为两类: 外界对它的合力 F_i, 以及质点系内其他质点施加的合内力 f_i. 作用在第 i 个质点上的合力矩为

$$M_i = r_i \times F_i + r_i \times f_i$$

式中 r_i 为从参考点 O 到第 i 个质点的径矢. 该质点对 O 的角动量为

$$L_i = r_i \times p_i$$

根据质点角动量定理, 有

$$r_i \times F_i + r_i \times f_i = \frac{\mathrm{d}L_i}{\mathrm{d}t}$$

上式对质点系内所有质点求和, 由于内力成对出现, 每对内力大小相等, 方向相反, 因此上式左端第二项求和后为零. 于是

$$\sum_i r_i \times F_i = \frac{\mathrm{d}}{\mathrm{d}t} \sum_i L_i \tag{2.21}$$

质点系对参考点 O 的角动量是所有质点对定点 O 的角动量的矢量和, 即

$$L = \sum_i L_i$$

再令

$$M = \sum_i r_i \times F_i$$

则质点系的角动量定理可以表示成与式 (2.20) 相同的形式. 质点系对 O 点的角动量随时间的变化率等于各质点所受外力对该点力矩的矢量和. 内力不能改变整个质点系对固定参考点的角动量.

质点系角动量定理在直角坐标系中的分量表达式为

$$\left. \begin{aligned} M_x &= \sum_i M_{ix} = \frac{\mathrm{d}L_x}{\mathrm{d}t} \\ M_y &= \sum_i M_{iy} = \frac{\mathrm{d}L_y}{\mathrm{d}t} \\ M_z &= \sum_i M_{iz} = \frac{\mathrm{d}L_z}{\mathrm{d}t} \end{aligned} \right\} \tag{2.22}$$

如果仅考虑上式中某一分量, 例如 z 分量, 则表现为对轴的特征, 即质点系对于 z 轴的角动量对时间的变化率等于质点系所受一切外力对轴力矩的代数和, 称为质点系对 z 轴的角动量定理.

2.3.3　角动量守恒定律

由质点角动量定理的表达式 (2.20) 可以看出, 当合力相对于定点 O 的力矩为零时, 质点对该参考点的角动量为常矢量, 即

$$当 \boldsymbol{M} = 0 \; 时, \; \boldsymbol{L} = 常矢量$$

这就是质点角动量守恒定律.

质点角动量守恒定律常用来分析有心力问题, 即运动的质点所受力的作用线始终通过某一固定点, 如行星绕恒星的轨道运动, 电子绕原子核的运动等. 下面我们运用质点角动量定理证明开普勒第二定律: 太阳到太阳的行星的径矢在相同的时间内扫过相等的面积.

可以证明, 忽略其他星体的影响, 行星只受它与太阳间的万有引力的作用时, 行星的轨道是以太阳为焦点的椭圆, 在一平面内, 这个平面与行星以太阳为参考点的角动量始终垂直. 椭圆轨道上与太阳最近的点称为近日点, 与太阳最远的一点称为远日点, 如图 2-10 所示. 设行星质量为 m, 速度为 $\boldsymbol{v}$, 因为行星所受有心力始终经过太阳中心位置, 所以相对于太阳中心的力矩为零, 按照角动量守恒定律, 行星相对于太阳的角动量保持不变, 即

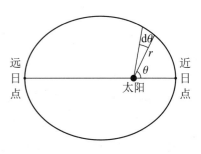

图 2-10　证明开普勒第二定律

$$L = |\boldsymbol{r} \times m\boldsymbol{v}| = mr^2 \frac{\mathrm{d}\theta}{\mathrm{d}t} = 常量$$

当行星与太阳的连线转过 $\mathrm{d}\theta$ 角时, 扫过的面积为

$$\mathrm{d}S = \frac{1}{2} r^2 \, \mathrm{d}\theta$$

单位时间扫过的面积为

$$\frac{\mathrm{d}S}{\mathrm{d}t} = \frac{1}{2} r^2 \frac{\mathrm{d}\theta}{\mathrm{d}t} = \frac{L}{2m}$$

由于行星的质量 m 和角动量 L 均为常量, 因此

$$\frac{\mathrm{d}S}{\mathrm{d}t} = 常量$$

通常把 $\mathrm{d}S/\mathrm{d}t$ 叫做面积速度. 这就是开普勒第二定律的内容.

当质点系中各质点所受外力对参考点力矩的矢量和为零时, 质点系的角动量为常矢量. 这个规律就是质点系角动量守恒定律. 有些时候, 虽然合外力矩不为零, 但合外力矩的某一分量为零, 则质点系在此方向上的角动量分量保持不变. 例如, 如果 $M_z = 0$, 则

$$L_z = 常量$$

外力矩的 z 轴分量通常称为外力相对于 z 轴的力矩, 因此, 一旦质点系所受外力对某特定轴的力矩的代数和为零, 则该质点系的角动量的轴向分量守恒.

20 世纪物理学的研究深入到微观领域后, 人们进一步认识到, 微观粒子一般也具有角动量, 应用角动量的概念可以解释大到天体运动, 小到基本粒子所有涉及转动的自然现象. 角动量守恒定律是并列于动量守恒定律的基本规律.

2.4 质心 质心运动定理

2.4.1 质心

质心表示物体或质点系的质量中心, 其位置坐标为系统内部各质点坐标加权平均值, 权重为各质点的质量. 设系统中各质点的质量分别为 m_1, m_2, m_3, $\cdots$, 径矢分别为 $\boldsymbol{r}_1$, $\boldsymbol{r}_2$, $\boldsymbol{r}_3$, $\cdots$, 则质心的位置由下式给出:

$$\boldsymbol{r}_{\mathrm{c}} = \frac{\sum\limits_i m_i \boldsymbol{r}_i}{\sum\limits_i m_i} \tag{2.23}$$

对于质量连续分布的物体, 我们可以把它分割成无限多个质元, 用 $\mathrm{d}m$ 取代上式中的 m_i, 同时将求和变为积分, 由下式求其质心位置:

$$\boldsymbol{r}_{\mathrm{c}} = \frac{1}{m} \int \boldsymbol{r}\, \mathrm{d}m \tag{2.24}$$

m 为物体的质量, $\boldsymbol{r}$ 为质元 $\mathrm{d}m$ 的径矢. 在直角坐标系中, 上式的分量表达式为

$$\left. \begin{aligned} x_{\mathrm{c}} &= \frac{1}{m} \int x\, \mathrm{d}m \\ y_{\mathrm{c}} &= \frac{1}{m} \int y\, \mathrm{d}m \\ z_{\mathrm{c}} &= \frac{1}{m} \int z\, \mathrm{d}m \end{aligned} \right\} \tag{2.25}$$

例 2.4 如图 2–11 所示, 半径为 R 的 1/4 圆弧, 质量均匀分布, 求其质心位置.

解 设圆弧线质量密度为 ρ_l, 则选取微元 $R\,\mathrm{d}\theta$, 其质量为 $\mathrm{d}m = \rho_l R\,\mathrm{d}\theta$, 坐标为 $(R\cos\theta, R\sin\theta)$. 由式 (2.25), 有

$$x_{\mathrm{c}} = \frac{1}{\pi R \rho_l / 2} \int_0^{\pi/2} R^2 \rho_l \cos\theta\, \mathrm{d}\theta = \frac{2R}{\pi}$$

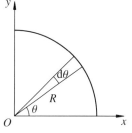

图 2–11 1/4圆弧的质心

同理, 可得其质心的纵坐标 $y_{\mathrm{c}} = \dfrac{2R}{\pi}$. 质心位于圆弧中分线上距离圆心 $2\sqrt{2}R/\pi$ 处.

2.4.2 质心运动定理

式 (2.23) 两边对时间 t 求导数, 并记 $m = \sum\limits_i m_i$, 有

$$m\boldsymbol{v}_{\mathrm{c}} = \sum_i m_i \boldsymbol{v}_i = \sum_i \boldsymbol{p}_i \tag{2.26}$$

上式再对时间 t 求导, 并利用式 (2.9), 有

$$\boldsymbol{F} = m\frac{\mathrm{d}\boldsymbol{v}_{\mathrm{c}}}{\mathrm{d}t} = m\boldsymbol{a}_{\mathrm{c}} \tag{2.27}$$

式中, $\boldsymbol{F} = \sum\limits_i \boldsymbol{F}_i$ 为作用于质点系的合外力; $\boldsymbol{a}_c$ 为质心的加速度. 上式表明, 质点系总质量与质心加速度的乘积等于作用在质点系所有外力的矢量和. 这个规律叫做质心运动定理.

一般来说, 质点系内每一个质点的运动可能是非常复杂的, 例如爆炸过程、粒子间的碰撞过程等, 由于内力具有不可预见性, 要定量研究每个质点的运动是不可能的. 但是, 质心的运动规律却异常简单. 图 2–12 显示了一个斜抛匀质长方体在不同时刻的位置和取向, 不难发现, 长方体质心的运动轨迹是一条抛物线. 尽管长方体运动情况较为复杂, 但不计空气阻力时, 长方体只受重力作用, 所以质心的加速度为重力加速度 $\boldsymbol{g}$. 质心的运动规律与一个质量相同、发射角相同的质点的斜抛运动完全相同.

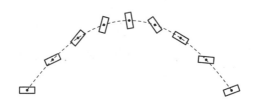

图 2–12　斜抛长方体

2.5　刚体的定轴转动

一般来说, 质点系内各质点间的相互作用是相当复杂的, 对每个质点运动的完全描述也是比较困难的, 这时我们只能满足于质点系作为一个整体的运动的描述. 但是有一种例外的情况, 那就是当质点系受到外力的作用时, 质点系内任意两个质点间的距离不发生变化, 这样的质点系称为刚体. 理论上, 刚体在外力作用下不会产生形变, 但实际上每个物体都或多或少存在形变, 所以说, 刚体是我们为了简化问题提出的又一个理想模型. 实际上, 自然界的确存在一些坚硬的物质, 其自身的振动和形变只要在我们研究的问题中可以忽略不计, 就可以把它们看成刚体.

2.5.1　刚体定轴转动的描述

由于刚体没有形变, 刚体内部不同部分之间没有相对运动, 所以刚体的运动可以看成是平动和转动这两个基本运动的合成. 最简单的一种转动形式是刚体的定轴转动, 本节我们主要讨论刚体的定轴转动.

刚体运动过程中, 其内任意一条线段在各个时刻都彼此平行, 这种运动叫做平动. 如图 2–13 所示, 刚性立方体中的任意一条线段 AB, 当刚体运动到另外两个时刻时, 它的位置为 $A'B'$ 和 $A''B''$, 它们彼此平行, 所以图 2–13 所示的刚体的运动就是平动. 需要注意的是不要把刚体的平动理解为刚体的直线运动, 也不要把刚体的平动理解为刚体的平面运动. 刚体作平动时, 其上的各质元的运动情况完全相同, 具有相同的速度和加速度. 因此, 任何一点的运动都能代表整个刚体的运动. 所有描述质点的物理规律都可以用于刚体的平动, 也就是说, 平动的刚体可以看成质点.

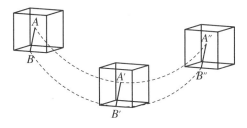

图 2-13　刚体的平动

　　在运动过程中的任意一个瞬间, 如果刚体中的每个质元都可看成是绕同一直线的圆周运动, 则这种运动称为刚体的转动, 而该直线称为刚体的转轴. 如果在某一参考系中转轴不随时间变换其空间位置, 则称此运动为刚体的定轴转动. 机器上的飞轮、电动机的转子以及门窗的启闭等都是刚体转动的例子.

　　刚体的定轴转动具有如下特点: ① 刚体上各质元都在作圆周运动, 但各个质元的运动速率不一定相同; ② 各质元作圆周运动的平面与转轴垂直; ③ 各质元到转轴的垂直连线在相同的时间内转过相同的角度.

　　图 2-14 表示绕 z 轴作定轴转动的刚体. 设 $t = 0$ 时刻刚体内一质元位于点 P, 刚体转动过程中, 该质元作圆周运动的平面与 z 轴垂直, 在 t 时刻 P 点与 z 轴的垂直连线转过了 θ 角.

基于刚体定轴转动的特点, 刚体中任意一个质元在这段时间内也转过了相同的角度, 刚体内所有质元的角速度和角加速度都相同. 这样, 刚体定轴转动的运动方程可用 $\theta = \theta(t)$ 表示, 如果从 z 轴的正端向负端看, 规定沿逆时针方向转过的角度 θ 取正值.

　　刚体定轴转动的角速度为

$$\omega = \frac{\mathrm{d}\theta}{\mathrm{d}t}$$

P 点的线速度大小为

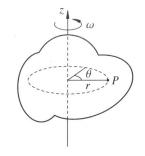

图 2-14　刚体的定轴转动

$$v = \omega r \tag{2.28}$$

P 点切向加速度的大小为

$$a_\mathrm{t} = \frac{\mathrm{d}v}{\mathrm{d}t} = r\frac{\mathrm{d}\omega}{\mathrm{d}t} = \alpha r \tag{2.29}$$

上式给出了作定轴转动的刚体内任一点切向加速度与转动角加速度之间的关系.

2.5.2　转动定律　转动惯量

　　研究刚体定轴转动的动力学问题, 可以借助于质点系的角动量定理.

　　我们知道, 刚体是一类特殊的质点系, 质点系的角动量定理当然适用于刚体. 除了个别情况外, 转动轴对刚体也有作用力, 这个力起着固定刚体的作用, 所以外力矩中应当包含固定轴对刚体施加的力矩. 转动轴施于刚体的力可以分解为平行于轴和垂直于轴的两个分量, 以转轴上任一固定点为参考点, 平行于轴的分量不产生力矩, 而垂直于轴的分量产生的力矩一定与作用在刚体上的其他外力矩相抵消, 否则这个力矩就会使转轴本身转动, 这与固定轴的前提相矛盾. 类似地, 除转动轴以外其他物体施于刚体的力, 也可以分解为平行于轴和垂直于轴的分量, 其中与轴平行的分量对轴上一点的力矩, 一定会被轴的反作用力矩抵消, 而垂直于轴的分量产生的力矩才是最终使刚体绕固定轴转动的起因. 根据以上分析, 对定轴转动的刚体应用角动量定理时, 只需考虑力矩和角动量的轴向分量即可. 由式 (2.22), 我们得到描述刚体定轴转动的动力学方程

$$M_z = \frac{\mathrm{d}L_z}{\mathrm{d}t} \tag{2.30}$$

式中, M_z 为合外力矩的 z (轴向) 分量; L_z 为刚体对轴上 O 点的角动量的 z 分量. 在刚体力学中, M_z 叫做对转动轴的合外力矩, L_z 叫做刚体对转轴的角动量. 式 (2.30) 也叫做转动定律.

为了计算对转动轴的合力矩 M_z, 可以先求出各力垂直于转轴的分力, 再计算各分力的力矩, 最后求出这些力矩的矢量和.

下面我们根据刚体定轴转动的特点, 导出 L_z 的表达式.

如图 2–15 所示, O 是定轴上任一点, $\mathrm{d}m$ 是刚体内任一质元, 它的转动平面与转轴的交点为 O', $\boldsymbol{R}$ 和 $\boldsymbol{r}$ 分别是从 O 和 O' 指向质元的矢量. 质元 $\mathrm{d}m$ 相对于 O 点的角动量为

$$\mathrm{d}\boldsymbol{L} = \boldsymbol{R} \times \boldsymbol{v}\,\mathrm{d}m = (\boldsymbol{r}' + \boldsymbol{r}) \times \boldsymbol{v}\,\mathrm{d}m$$

从图中可看出, $\boldsymbol{r}' \times \boldsymbol{v}$ 与 z 轴垂直, $\boldsymbol{r} \times \boldsymbol{v}$ 平行于 z 轴. 考虑到 $\boldsymbol{r} \perp \boldsymbol{v}$, 因此, 质元 $\mathrm{d}m$ 相对于 O 点的角动量在 z 轴方向的分量为

$$\mathrm{d}L_z = rv\,\mathrm{d}m = r^2\omega\,\mathrm{d}m$$

这也是 $\mathrm{d}m$ 对转轴的角动量. 对上式积分, 并利用作定轴转动的刚体中所有质元具有相同的角速度 ω 这一事实, 有

$$L_z = \omega \int r^2\,\mathrm{d}m$$

式中的积分叫做刚体相对于转动轴 (z 轴) 的转动惯量, 记作 I_z.

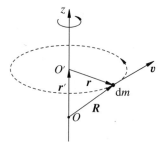

图 2–15　质元角动量

$$I_z = \int r^2\,\mathrm{d}m \tag{2.31}$$

式中 r 表示质元 $\mathrm{d}m$ 到转动轴的距离. 转动惯量在 SI 制中的单位为 $\mathrm{kg \cdot m^2}$.

刚体的转动惯量与三个因素有关: 转轴的位置、刚体的质量及质量对轴的分布情况. 同一刚体, 取不同的转轴, 其转动惯量是不同的, 所以必须指明针对哪个轴, 转动惯量才有意义. 如果大小、形状和转轴都相同, 则质量大的转动惯量较大. 如果质量和轴相同, 刚体的转动惯量取决于其质量分布. 例如, 密度和质量相同的空心圆柱与实心圆柱, 对其几何轴的转动惯量, 前者的转动惯量较大. 转动惯量是刚体定轴转动惯性的量度, 转动惯量越大的刚体转动惯性越大. 例如, 机器上的飞轮其质量一般较大, 且绝大部分都集中在飞轮的边缘上, 目的是增大飞轮对轴的转动惯量, 使机器运转更加平稳, 还具有储能的作用.

若刚体由分立的质点组成, 则其绕 z 轴的转动惯量应该写成下面的求和式:

$$I_z = \sum_i m_i r_i^2 \tag{2.32}$$

式中, m_i 表示刚体内第 i 个质点的质量; r_i 则表示该质点到转动轴的距离.

利用转动惯量的定义, 可将刚体定轴转动的角动量表示为

$$L_z = I_z \omega \tag{2.33}$$

转动定律可以表示为

$$M_z = I_z \frac{\mathrm{d}\omega}{\mathrm{d}t} = I_z \alpha \tag{2.34}$$

它表明, 刚体定轴转动的角加速度 α 与刚体的转动惯量成反比, 与刚体所受的转轴方向的合外力矩成正比.

例 2.5 图 2–16 为一质量为 m 长为 l 的匀质细杆. 求: (1) 通过杆的中心并垂直于杆的轴的转动惯量; (2) 通过杆的一端并与杆垂直的轴的转动惯量.

解 (1) 由于杆的质量均匀分布, 不妨设细杆单位长度的质量为 $\lambda = m/l$, 于是 $\mathrm{d}m = \lambda \mathrm{d}x$. 根据式 (2.31), 有

$$I = \int x^2 \, \mathrm{d}m = \int_{-l/2}^{l/2} \lambda x^2 \, \mathrm{d}x = \frac{1}{12}ml^2$$

(2) 当转轴通过杆的一端并与杆垂直时,

$$I = \int_0^l \lambda x^2 \, \mathrm{d}x = \frac{1}{3}\lambda l^3 = \frac{1}{3}ml^2$$

当转轴与杆本身垂直时, 轴离杆的几何中心越远, 转动惯量越大.

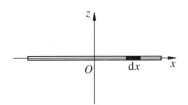

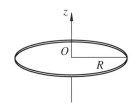

图 2–16 匀质细杆的转动惯量　　　　图 2–17 匀质圆盘绕中心轴线的转动惯量

例 2.6 图 2–17 示出了一质量为 m 半径为 R 的匀质圆盘. 求通过盘心并与盘面垂直的轴的转动惯量.

解 圆盘的质量面密度为 $\sigma = \dfrac{m}{\pi R^2}$, 质元 $\mathrm{d}m = \sigma \, \mathrm{d}S$, 采用平面极坐标, 面元 $\mathrm{d}S = r \, \mathrm{d}r \, \mathrm{d}\theta$. 由式 (2.31), 可得

$$I = \int r^2 \sigma \, \mathrm{d}S = \int_0^{2\pi} \mathrm{d}\theta \int_0^R r^3 \sigma \, \mathrm{d}r$$
$$= \frac{1}{2}\pi \sigma R^4 = \frac{1}{2}mR^2$$

在上面的例题中, 我们都是直接按转动惯量的定义计算的. 从定义式不难发现, 转动惯量具有代数可加性, 即如果刚体可分为几个组成部分, 它们对于同一轴 z 的转动惯量可以分别求出, 并且容易计算, 不妨用 $I_{z1}, I_{z2}, \cdots$ 来表示, 则整个刚体对同一轴的转动惯量就是它们的代数和:

$$I_z = I_{z1} + I_{z2} + \cdots$$

为了方便读者查阅, 将几种常见的匀质刚体 (质量为 m) 对特定轴的转动惯量公式列于表 2-1 中.

表 2-1   几种常见刚体的转动惯量

刚体	转轴	转动惯量
匀质细杆	通过中心并与杆垂直	$\frac{1}{12}ml^2$
(长为 l)	通过一端并与杆垂直	$\frac{1}{3}ml^2$
匀质圆柱体	沿几何轴	$\frac{1}{2}mR^2$
(半径为 R, 轴线长 l)	通过中心垂直于轴线	$\frac{1}{4}mR^2 + \frac{1}{12}ml^2$
匀质圆环	通过圆环中心并与环面垂直	mR^2
(半径为 R)	通过圆环直径	$\frac{1}{2}mR^2$
匀质球体 (半径为 R)	沿直径	$\frac{2}{5}mR^2$
匀质薄球壳 (半径为 R)	沿直径	$\frac{2}{3}mR^2$

例 2.7   半径为 R 的均匀圆盘, 置于粗糙的水平面上, 绕通过其中心的铅垂轴转动, 初始时刻的角速度为 ω_0, 经过了时间 t_1 后, 圆盘静止. 试求圆盘与水平面间的摩擦因数 μ.

解   转动的圆盘是由于摩擦力矩的作用静止下来的, 为此先求出摩擦力矩.

如图 2-18 所示, 以盘心为原点建立极坐标系, 用 $\mathrm{d}F$ 表示面积元 $\mathrm{d}S$ 所受的摩擦力的大小, 以 $\sigma = \dfrac{m}{\pi R^2}$ 表示圆盘的面积质量, 因为极坐标系中 $\mathrm{d}S = r\,\mathrm{d}r\,\mathrm{d}\theta$, 故

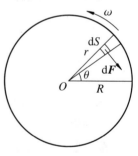

$$\mathrm{d}F = \mu g\sigma\,\mathrm{d}S = \mu g\sigma r\,\mathrm{d}r\,\mathrm{d}\theta$$

摩擦力对盘心 O 的力矩为

$$\begin{aligned} M_z &= \int r(-\mathrm{d}F) \\ &= -\mu\sigma g \int_0^{2\pi} \mathrm{d}\theta \int_0^R r^2\,\mathrm{d}r \\ &= -\frac{2}{3}\pi\sigma\mu g R^3 = -\frac{2}{3}\mu R mg \end{aligned}$$

图 2-18   水平面上转动的圆盘

式中负号表示 M_z 总是阻碍圆盘的转动.

根据转动定律, 并利用圆盘转动惯量 $I = \dfrac{1}{2}mR^2$, 有

$$-\frac{2}{3}\mu R mg = \frac{1}{2}mR^2\,\frac{\mathrm{d}\omega}{\mathrm{d}t}$$

化简得

$$\frac{\mathrm{d}\omega}{\mathrm{d}t} = -\frac{4}{3}\frac{\mu g}{R}$$

对上式积分

$$\int_{\omega_0}^{0} d\omega = -\frac{4}{3}\int_0^{t_1} \frac{\mu g}{R} dt$$

可得摩擦因数为

$$\mu = \frac{3}{4}\frac{\omega_0 R}{g t_1}$$

显见圆盘转动的时间与摩擦因数成反比.

2.5.3 含刚体定轴转动的角动量守恒定律

根据转动定律, 当刚体所受合外力矩为零时, 刚体对转轴的角动量保持不变, 这就是刚体对定轴的角动量守恒定律. 对于单一刚体绕定轴转动的情形, 这一定律的表现形式非常简单, 那就是刚体定轴转动的角速度为常矢量, 刚体作匀角速度转动. 在实际应用中, 更有意义的是质点系中包含刚体定轴转动时整个系统的角动量守恒的情况.

设系统中包含若干个质点和定轴转动的刚体, 外力对整个系统合力矩的轴向分量为零, 则根据质点系角动量守恒定律, 系统总角动量的轴向分量保持恒定. 用公式表示为

$$\sum_i L_{iz} + \sum_j I_{jz}\omega_j = 常量 \tag{2.35}$$

式中 L_{iz} 表示第 i 个质点对转动轴的角动量 (或是它对于轴上任一点的角动量的轴向分量); I_{jz} 表示第 j 个刚体绕同一轴的转动惯量; ω_j 为相应的角速度.

下面讨论一种特殊情形: 在角动量守恒的前提, 所有质点与刚体以相同的角速度 ω 绕同一轴转动. 对于这种情形, 式 (2.35) 成为

$$\left(\sum_i m_i r_i^2 + \sum_j I_{jz}\right)\omega = 常量$$

上式表明, 当系统相对于转动轴的总角动量不变时, 可以通过调节质点到轴的距离改变系统角速度的大小. 日常生活中, 有不少应用这一规律的例子. 例如, 舞蹈演员和溜冰运动员常把两臂张开、腿部用力使身体旋转, 然后迅速把两臂靠近身体, 双腿并拢, 达到使旋转速度增大的目的. 在此例中, 躯干可看作刚体, 而四肢看作质点系, 正是由于四肢各质元迅速接近转轴, 使上式中括号内第一项迅速变小而使角速度变大. 又如跳水运动员在跳水过程中, 先将两臂伸直, 并以一定的角速度跳离跳板, 在空中时, 将臂和腿尽量卷缩起来, 从而增大角速度, 在快接近水面时, 再伸直臂和腿减小角速度, 以便竖直进入水中.

习 题

2–1 一个质量为 $m = 50$ g 的质点, 以速率 $v = 20$ m·s^{-1} 作匀速圆周运动.
(1) 经过1/4周期它的动量变化多大? 在这段时间内它受到的冲量多大?
(2) 经过 1 周期它的动量变化多大? 受到的冲量多大?

2–2 某消防用高压水枪的出水口直径为 19 mm, 水柱以 20 m·s^{-1} 的速度垂直喷射到墙体上. 求水柱对墙体的冲力.

2-3　一质量均匀柔软的绳竖直悬挂着, 绳的下端刚好触到水平桌面上. 如果把绳的上端放开, 绳将落在桌面上. 试证明: 在绳下落过程中的任意时刻, 作用于桌面上的压力等于已落到桌面上绳子重量的 3 倍.

2-4　一作斜抛运动的物体, 在最高点炸裂为质量相等的两块, 最高点距离地面为 19.6 m. 爆炸后 1.00 s, 第一块落到爆炸点正下方的地面上, 此处距抛出点的水平距离为 100 m. 问第二块落在距抛出点多远的地面上 (设空气的阻力不计)?

2-5　如习题 2-5 图所示, 一个有 1/4 圆弧滑槽 (半径 R) 的物体质量为 m_1, 停在光滑的水平面上, 另一质量为 m_2 的小物体从静止开始沿圆面从顶端由静止下滑. 求当小物体滑到底时, 大物体在水平面上移动的距离.

2-6　一小球从高 h 处水平抛出, 初始速率为 v_0, 落地时小球撞在光滑的固定平面上. 设恢复系数为 e, ϕ_1 表示入射角, ϕ_2 表示反射角 (见习题 2-6 图). 试证: $\tan\phi_1 = e\tan\phi_2$.

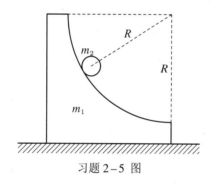

习题 2-5 图

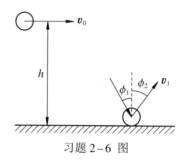

习题 2-6 图

2-7　某一原来静止的放射性原子核由于衰变辐射出一个电子和一个中微子, 电子与中微子的运动方向互相垂直, 电子的动量为 1.2×10^{-22} kg·m·s^{-1}, 而中微子的动量等于 6.4×10^{-23} kg·m·s^{-1}. 试求原子核剩余部分反冲动量的方向和大小.

2-8　两质量分别是 $m_1 = 20$ g, $m_2 = 50$ g 的小物体在光滑水平面 (x-y 平面) 上运动, 它们的速度分别为 $u_1 = 10i$ m·s^{-1}, $u_2 = (3.0i + 5.0j)$ m·s^{-1}, 二者相碰后合为一体, 求两物体碰撞后的速度.

2-9　在直角坐标系中, 一质点位于 $r = (2i + j - k) r_0$, 受一作用力 $F = (3i - 2j + k)F_0$. 其中 r_0 和 F_0 分别表示一个单位的长度和力. 求该力对于原点的力矩.

2-10　习题 2-10 图中质量为 m 的质点绕点 $(R, 0)$ 作匀速圆周运动. 证明质点相对于原点的角动量的大小为

$$L = m\omega R^2 (1 + \cos\omega t)$$

式中 ω 是质点的角速率, $t = 0$ 时质点位于点 $(2R, 0)$.

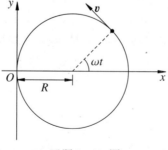

习题 2-10 图

2-11　哈雷彗星绕太阳运动的轨道是一个椭圆. 近日点距离太阳中心 $r_1 = 8.75 \times 10^{10}$ m, 在该处的速率 $v_1 = 5.46 \times 10^4$ m·s^{-1}. 已知它在远日点的速率为 $v_2 = 9.02 \times 10^2$ m·s^{-1}.

(1) 求哈雷彗星离太阳中心的最远距离 r_2;

(2) 估算哈雷彗星的周期.

2–12　设氢原子中电子在圆形轨道中以速率 v 绕质子运动. 作用在电子上的向心力为电作用力, 其大小为 $\dfrac{e^2}{4\pi\varepsilon_0 r^2}$, 其中 e 为电子或质子的电量, r 为轨道半径, ε_0 为恒量. 假设电子绕核的角动量只能为 $\dfrac{h}{2\pi}$ 的整数倍, 其中 h 为普朗克常量. 试证电子的可能轨道半径由下式确定:

$$r = \frac{n^2\varepsilon_0 h^2}{\pi m e^2}$$

式中 n 可取正整数 $1, 2, 3, \cdots$.

2–13　一个半圆薄板质量为 m, 半径为 R. 当它绕着它的直径边转动时, 它的转动惯量多大?

2–14　试证明质量为 m, 半径为 R 的均匀球体, 以直径为转轴的转动惯量为 $\dfrac{2}{5}mR^2$.

2–15　飞轮对自身轴的转动惯量为 I_0, 初角速度为 ω_0, 作用在飞轮上的阻力矩为 M (常量). 试求飞轮的角速度减到 $\omega_0/2$ 时所需的时间 t 以及在这一段时间内飞轮转过的圈数 N.

2–16　在光滑的水平面上有一木杆, 其质量 $m_1 = 1.0\ \mathrm{kg}$, 长 $l = 40\ \mathrm{cm}$, 可绕通过其中点并与之垂直的轴转动. 一质量为 $m_2 = 10\ \mathrm{g}$ 的子弹, 以 $v = 2.0 \times 10^2\ \mathrm{m \cdot s^{-1}}$ 的速度射入杆端, 其方向与杆及轴正交. 若子弹陷入杆中, 试求木杆的角速度.

2–17　有一圆板状水平转台, 质量 $m_1 = 200\ \mathrm{kg}$, 半径 $R = 3\ \mathrm{m}$, 台上有一人, 质量 $m_2 = 50\ \mathrm{kg}$, 当他站在距转轴 $r = 1\ \mathrm{m}$ 处时, 转台和人一起以 $\omega_1 = 1.35\ \mathrm{rad \cdot s^{-1}}$ 的角速度转动. 若轴处摩擦可忽略不计, 问当人走到台边时, 转台和人一起转动的角速度 ω 为多少?

第 3 章 功 和 能

能量的概念在物理学乃至整个自然科学领域中是一个很重要的概念. 能量守恒定律是自然界中最基本、最普遍的规律之一. 借助于这个规律, 我们可以抛开一些复杂过程的具体机制, 判断它发生的可能性. 本章重点介绍与机械运动有关的动能和势能的概念以及机械能守恒定律.

3.1 动能定理

3.1.1 功

由前面的内容我们知道, 力等于动量的时间变化率, 是一种瞬时的概念. 力连续作用于物体一段时间后增加了物体的动量. 冲量是力对时间的积累效果. 同样的, 如果力连续作用于物体使物体的位移发生变化, 力便做了功, 功是力对空间积累的效果.

设有一个力 F (一般来说力是时间的函数) 作用于一个质点上, 使质点有一无限小位移 dr, 如图 3-1 所示. 定义力在这段位移上对质点做的元功为

$$dA = F \cdot dr = F \cos \theta \, dr \tag{3.1}$$

即功等于作用于质点上的力与质点位移的标积. 由上式可以看出, 力对质点所做的功为力 F 沿位移方向的分量与质点的位移的乘积, 它是一个标量. 功没有方向性, 但是功有正负, 这取决于力与位移间的夹角. 功为正值表示力对质点做功; 功为负值表示质点反抗力 F 做功.

如图 3-2 所示, 当质点沿曲线 l 由 M 点移动到 N 点时, 力 F 做的功为沿曲线 l 从 M 到 N 的线积分

$$A = \int_M^N F \cdot dr \tag{3.2}$$

dr 为曲线上任一点处的无穷小的位移, 方向沿着曲线在该处的切线方向. 在 SI 制中, 功的单位是 J, $1\,\text{J} = 1\,\text{N} \cdot \text{m}$.

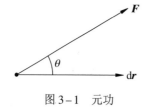

图 3-1 元功

图 3-2 力沿曲线对质点做功

在直角坐标系中,

$$F = F_x \boldsymbol{i} + F_y \boldsymbol{j} + F_z \boldsymbol{k}$$

$$\mathrm{d}\boldsymbol{r} = \mathrm{d}x\,\boldsymbol{i} + \mathrm{d}y\,\boldsymbol{j} + \mathrm{d}z\,\boldsymbol{k}$$

故有

$$\mathrm{d}A = F_x\,\mathrm{d}x + F_y\,\mathrm{d}y + F_z\,\mathrm{d}z$$

式 (3.2) 可以表示为

$$A = \int_M^N (F_x\,\mathrm{d}x + F_y\,\mathrm{d}y + F_z\,\mathrm{d}z) \tag{3.3}$$

上式的积分是沿曲线 l 进行的, 是一个线积分. 一般来说, 线积分是与积分路径有关的, 因此, 功是一个与过程有关的量. 在自然坐标系中表示功更容易使我们看清这一点. 如图 3–3 所示, 任一时刻, 力在质点运动轨道切向的投影为 $F\cos\alpha$, 所以

$$A = \int_M^N F\cos\alpha\,\mathrm{d}s$$

以路程 s 为横坐标, 以 $F\cos\alpha$ 为纵坐标, 绘出 $F\cos\alpha$ 随 s 的变化曲线. 功的值就是曲线与横轴在 s_M 与 s_N 间所围的面积. 工程上常用这种方法计算功.

　　力作用于质点产生位移时就做了功. 同样, 刚体在外力矩的作用下产生角位移, 刚体的运动状态发生变化, 也是由于外力矩对刚体做功的结果. 这可理解为, 外力矩使刚体绕固定轴转动, 实际上是外力使刚体中的每一个质元作圆周运动, 所以也是外力在做功. 下面, 我们来计算力矩的功. 在图 3–4 中, 刚体绕通过 O 点且垂直于纸面的轴 z 转动, 外力 $\boldsymbol{F}_i$ (方向平行于纸面) 作用在 P 点上, 刚体转动时, P 点将沿圆周轨道运动. 经过一无限短的时间 $\mathrm{d}t$ 后, P 点的位移为 $\mathrm{d}\boldsymbol{r}_i$, $\boldsymbol{r}_i$ 扫过 $\mathrm{d}\theta$ 角. $\boldsymbol{F}_i$ 做的功可以表示为

$$\mathrm{d}A_i = \boldsymbol{F}_i \cdot \mathrm{d}\boldsymbol{r}_i = F_i\,\mathrm{d}r_i\cos\alpha = F_i r_i\cos\alpha\,\mathrm{d}\theta$$

式中用到了 $\mathrm{d}r_i = r_i\,\mathrm{d}\theta$, 由于 $F_i r_i\cos\alpha$ 是力 $\boldsymbol{F}_i$ 作用于 P 点相对于 O 的力矩 $\boldsymbol{M}_i$, 其方向沿垂直于纸面朝外的转轴, 所以上式可以表示为

$$\mathrm{d}A_i = M_i\,\mathrm{d}\theta$$

这就是力矩 $\boldsymbol{M}_i$ 使刚体转过一个无穷小的角度 $\mathrm{d}\theta$ 所做的功.

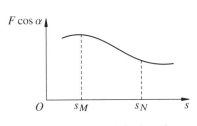

图 3–3　用自然坐标表示功

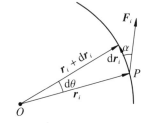

图 3–4　力矩的功

　　如果许多外力 $\boldsymbol{F}_1$, $\boldsymbol{F}_2$, $\cdots$ 同时作用在刚体上, 这些外力都与转动轴垂直 (其实, 如果不垂直, 可取其在垂直于转轴的平面上的分力, 或取各力的力矩在 z 轴方向的分量 M_{iz}), 则合力矩做的功为

$$\mathrm{d}A = \sum_i \mathrm{d}A_i = \sum_i M_{iz}\,\mathrm{d}\theta$$

因为刚体转动过程中, 刚体中的任一点的角位移 $\mathrm{d}\theta$ 都相同, 因此, 记 $M_z = \sum_i M_{iz}$ 为刚体所受的合力矩的 z 分量, 上式可以表示为

$$\mathrm{d}A = M_z \, \mathrm{d}\theta \tag{3.4}$$

如果在合力矩 M_z 的作用下, 刚体由角位置 θ_1 转动到 θ_2, 此过程的功可表示为

$$A = \int_{\theta_1}^{\theta_2} M_z \, \mathrm{d}\theta \tag{3.5}$$

应当指出, 上面我们取外力垂直于轴的分量是为了使计算出的合力矩沿转动轴的方向, 外力矩的其他分量都被转动轴的反作用力矩抵消了. 当计算合力矩时, 一律取与转轴方向相同的力矩为正, 与转轴方向相反的力矩为负.

3.1.2 动能定理

利用牛顿第二定律

$$\boldsymbol{F} = m\frac{\mathrm{d}\boldsymbol{v}}{\mathrm{d}t}$$

把元功的定义式 (3.1) 写成

$$\mathrm{d}A = m\frac{\mathrm{d}\boldsymbol{v}}{\mathrm{d}t} \cdot \mathrm{d}\boldsymbol{r} = m\frac{\mathrm{d}\boldsymbol{r}}{\mathrm{d}t} \cdot \mathrm{d}\boldsymbol{v}$$

上式中 $\dfrac{\mathrm{d}\boldsymbol{r}}{\mathrm{d}t} = \boldsymbol{v}$, 于是

$$\mathrm{d}A = m\boldsymbol{v} \cdot \mathrm{d}\boldsymbol{v} = \mathrm{d}\left(\frac{1}{2}m\boldsymbol{v} \cdot \boldsymbol{v}\right) = \mathrm{d}\left(\frac{1}{2}mv^2\right)$$

积分可得

$$A = \frac{1}{2}mv_2^2 - \frac{1}{2}mv_1^2 \tag{3.6}$$

从上式可以看出, 做功的效果是使 $mv^2/2$ 这个量发生变化, 这个量与质点的以速度表征的运动状态相联系, 我们定义这个量为质点的动能, 以 E_k 表示, 即

$$E_k = \frac{1}{2}mv^2 \tag{3.7}$$

动能是标量, 与功有着相同的量纲, 单位也是 J.

式 (3.6) 可以表述为: 合外力使质点从速率 v_1 增加到速率 v_2 所做的功等于质点动能的增量. 这个结论叫做质点的动能定理. 从式 (3.6) 不难看出, 一个质点在确定的参考系中的动能数值上等于合外力将它从静止加速到速率 v 所做的功. 质点动能定理是质点动力学中重要的定理之一, 它的表达式是一个标量方程, 借此我们可以很方便地分析某些动力学问题.

很容易将质点的动能定理推广到质点系的情形. 对于质点系中任一质点, 不妨考虑第 i ($i = 1, 2, 3, \cdots$) 个质点, 其质量为 m_i, 过程初、末态的速率分别为 v_{i1} 和 v_{i2}. 如果 A_i 表示所有形式的力 (内力和外力) 对该质点做的总功, 则有

$$A_i = \frac{1}{2}m_i v_{i2}^2 - \frac{1}{2}m_i v_{i1}^2$$

上式对所有的质点求和, 有

$$\sum_i A_i = \sum_i \frac{1}{2} m_i v_{i2}^2 - \sum_i \frac{1}{2} m_i v_{i1}^2$$

用 E_k 表示质点系内质点的动能之和, 则质点系动能定理可以表示为

$$\sum_i A_i = \Delta E_k = E_{k2} - E_{k1} \tag{3.8}$$

式 (3.8) 表明, 质点系在某一个过程中动能的增量, 等于作用于质点系内各质点上所有力 (包括内力和外力) 做功的总和. 为了清楚起见, 将上式改写为

$$\sum_i A_{i外} + \sum_i A_{i内} = E_{k2} - E_{k1} \tag{3.9}$$

式中 $\sum_i A_{i外}$ 和 $\sum_i A_{i内}$ 分别表示作用于质点系内各质点的所有外力和所有内力的功的总和.

3.1.3 刚体的转动动能

当刚体绕一固定轴以角速度 ω 转动时, 刚体中每一个质元都以相同的角速度作圆周运动. 刚体中距轴为 r 的一个质元 $\mathrm{d}m$ 的线速度为 $v = \omega r$, 动能为

$$\mathrm{d}E_k = \frac{1}{2} v^2 \mathrm{d}m = \frac{1}{2} \mathrm{d}m \left(\omega^2 r^2 \right)$$

上式对刚体积分, 可得刚体的总转动动能

$$E_k = \int \frac{1}{2} \omega^2 r^2 \mathrm{d}m$$

由于所有质点元都具有相同的角速度 ω, 因此

$$E_k = \frac{1}{2} \omega^2 \int r^2 \mathrm{d}m = \frac{1}{2} I_z \omega^2 \tag{3.10}$$

式中 I_z 表示刚体绕定轴 z 的转动惯量.

利用转动定律, 将式 $\mathrm{d}\theta = \omega \mathrm{d}t$ 代入式 (3.5) 可得, 当刚体的角速度由 ω_1 增大到 ω_2 时, 合外力矩 M_z 做的功为

$$A = \int_{t_1}^{t_2} \left(I_z \frac{\mathrm{d}\omega}{\mathrm{d}t} \right) \omega \mathrm{d}t = \int_{\omega_1}^{\omega_2} I_z \omega \mathrm{d}\omega = \frac{1}{2} I_z \omega_2^2 - \frac{1}{2} I_z \omega_1^2 \tag{3.11}$$

上式说明, 合外力矩对刚体所做的功等于刚体转动动能的增量, 这就是刚体定轴转动的动能定理.

式 (3.10) 只适用于刚体绕固定轴作纯转动的情形. 如果刚体作平动与转动的复合运动, 它的动能由两部分构成, 一部分是平动的动能, 这时可假定刚体中每点都具有与质心相同的线速度; 另一部分是转动动能, 即刚体以角速率 ω 绕通过质心的轴转动时产生的动能. 这是因为不在转动轴线上各点的速度为平动速度和绕通过质心的轴转动的线速度之和. 所以刚体动能的一般形式为

$$E_k = \frac{1}{2} m v_c^2 + \frac{1}{2} I_c \omega^2 \tag{3.12}$$

式中 v_c 和 I_c 分别表示刚体质心的速率和绕通过质心的轴的转动惯量.

例 3.1　一质量为 m, 长为 l 的均匀细棒可绕通过其一端 O 点的竖直轴在光滑水平面内自由转动, 如图 3–5 所示. 一质量为 m' 的小球在水平面内沿与细棒相垂直的方向, 以速率 v_0 与棒的另一端作弹性碰撞, 求碰撞后小球的速度及棒的角速度.

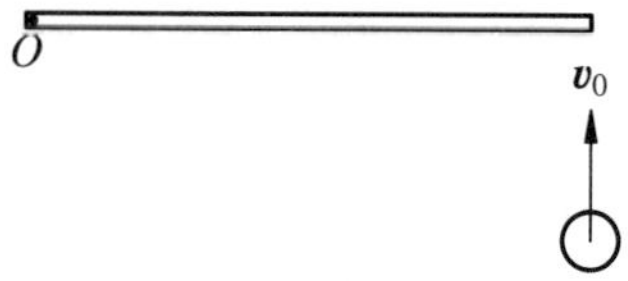

解　设碰撞后小球的速度为 v, 棒绕 O 轴逆时针转动的角速度为 ω. 选棒与球构成的系统为研究对象, 在碰撞过程中唯一的外力为转轴作用于棒的力, 但是这个力对转轴的力矩为零, 因此相对于转轴的角动量守恒, 即

$$lm'v_0 = lm'v + I\omega$$

图 3–5

式中 I 表示细棒绕轴 O 的转动惯量,

$$I = \frac{1}{3}ml^2$$

由于碰撞是弹性的, 故碰撞前后系统的动能守恒, 即

$$\frac{1}{2}m'v_0^2 = \frac{1}{2}m'v^2 + \frac{1}{2}I\omega^2$$

上面三式联立可解得

$$v = \frac{3m' - m}{3m' + m}v_0$$

$$\omega = \frac{6m'v_0}{(3m' + m)l}$$

例 3.2　可视为匀质圆盘的滑轮, 质量为 m_1, 半径为 R. 绕在滑轮上的轻绳的一端系一质量为 m_2 的物体, 如图 3–6 所示, 在重力作用下, 物体加速下落. 设开始时系统处于静止状态, 试求物体下落的距离为 h 时, 滑轮的角速度和角加速度.

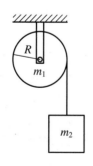

图 3–6

解　绳中的张力使滑轮加速转动, 作用于物体上的重力克服绳中的张力做功并使物体下落. 设物体下落距离为 h 时, 绳中的张力对滑轮所做的功为 A, 使滑轮的角速度由零增大到 ω, 根据动能定理,

$$A = \frac{1}{2}I_z\omega^2 - 0 \tag{1}$$

对于物体而言, 重力克服绳中张力做功, 使其速度增大到 $v = \omega R$. 重力对物体做功为 m_2gh. 应用动能定理, 有

$$m_2gh - A = \frac{1}{2}m_2v^2 \tag{2}$$

联立式 (1) 和式 (2), 并利用 $I_z = \frac{1}{2}m_1R^2$, 解出

$$\omega = \frac{2}{R}\sqrt{\frac{m_2gh}{2m_2 + m_1}}$$

上式对时间求导, 利用 $\dfrac{\mathrm{d}h}{\mathrm{d}t} = \omega R$, 可得角加速度

$$\alpha = \frac{\mathrm{d}\omega}{\mathrm{d}t} = \frac{2m_2 g}{(m_1 + 2m_2)\, R}$$

本题也可应用转动定律和牛顿第二定律求解, 请读者自行尝试.

3.2 势能

3.2.1 保守力与势能

若力 $\boldsymbol{F}$ 沿空间任意一条闭合曲线 l 做的功都为零, 即

$$\oint_l \boldsymbol{F} \cdot \mathrm{d}\boldsymbol{r} = 0 \tag{3.13}$$

则该力叫做保守力. 反之, 不满足上式的力称为耗散力. 摩擦力是典型的耗散力, 因为摩擦力的方向总是与物体运动的方向相反, 它做的功依赖于物体运动的路径, 所以摩擦力沿任意闭合路径所做的功恒不为零.

保守力的特点使得我们可以引入势能的概念. 如图 3-7 所示, 质点在保守力 $\boldsymbol{F}$ 的作用下沿任意两条路径 l_1 和 l_2 由空间 M 点运动到 N 点, $\boldsymbol{F}$ 做的功分别为

$$A_1 = \int_{l_1} \boldsymbol{F} \cdot \mathrm{d}\boldsymbol{r}$$

$$A_2 = \int_{l_2} \boldsymbol{F} \cdot \mathrm{d}\boldsymbol{r}$$

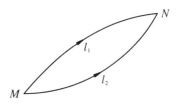

图 3-7 两点间任意两条路径

但 l_1, l_2 构成了一条封闭的曲线, 故根据保守力的性质

$$\int_{l_1} \boldsymbol{F} \cdot \mathrm{d}\boldsymbol{r} + \int_{-l_2} \boldsymbol{F} \cdot \mathrm{d}\boldsymbol{r} = 0$$

上式左边第二个积分为沿 l_2 的反方向进行, 因此

$$\int_{-l_2} \boldsymbol{F} \cdot \mathrm{d}\boldsymbol{r} = -\int_{l_2} \boldsymbol{F} \cdot \mathrm{d}\boldsymbol{r}$$

综合上面二式, 有

$$A_1 = A_2$$

由于 l_1, l_2 是我们选取的连接 M, N 的任意两条不同的路径, 所以上式表明, 保守力做的功与路径无关, 只与初、末两点的位置有关. 这意味着存在一种取决于相对位置的能量——势能, 用 E_p 表示. 可以通过保守力做功来定义势能的改变量:

$$E_\mathrm{p}(M) - E_\mathrm{p}(N) = \int_M^N \boldsymbol{F} \cdot \mathrm{d}\boldsymbol{r} \tag{3.14}$$

式中的积分为连接 M 和 N 的任意一条路径.

由此看来, 势能是空间坐标的函数, 保守力的功等于势能的减小量. 势能仅有相对的意义, 通常情况下, 可以人为选取一个参考位置作为势能的零点, 空间任意一点的势能是指该

点与势能零参考位置间的势能之差. 例如在式 (3.14) 中, 若选 N 处为零势能参考点, 即令 $E_p(N) = 0$, 则式 (3.14) 的积分就是 M 点的势能 $E_p(M)$. 应当指出, 保守力是物体系内各成员间的相互作用力, 势能是物体系所具有的, 不应把它看作是某一个物体的.

　　例 3.3　由质量为 m_1 和 m_2 两个物体构成的系统, 设它们相距无限远时的引力相互作用势能为零, 当它们相距为 r 时, 求万有引力势能.

　　解　当两个物体距离为 r 时, 它们之间的万有引力为

$$F(r) = -G\frac{m_1 m_2}{r^2}$$

式中的负号表示引力, G 为万有引力常量. 所以万有引力势能为

$$E_p(r) = -\int_r^\infty G\frac{m_1 m_2}{r^2}\,\mathrm{d}r = -G\frac{m_1 m_2}{r}$$

特别是, 位于地球表面质量为 m 的物体, 重力势能按上式的结果, 可表示为

$$E_p(R) = -G\frac{m_E m}{R} = -mgR$$

m_E 和 R 分别为地球的质量与半径, $g = \dfrac{Gm_E}{R^2}$ 为地面的重力加速度. 对于地球表面上高为 h ($h \ll R$) 的物体, 其重力势能为

$$E_p(R + h) = -G\frac{m_E m}{R + h}$$

考虑到 $h \ll R$,

$$E_p(R + h) = -G\frac{m_E m R}{R^2\left(1 + \dfrac{h}{R}\right)} \approx -mgR\left(1 - \frac{h}{R}\right) = -mgR + mgh$$

上式的势能是以无穷远处作为零势能参考点的. 如果选取地面为零势能参考面, 则地面上高为 h 处的重力势能就是 mgh, 这正是我们所熟悉的结果.

　　例 3.4　如图 3-8 所示, 弹簧的一端固定, 另一端与一质量为 m 的小球相连. 设弹簧的劲度系数为 k, 试以平衡位置为弹性势能的零参考位置, 写出弹性势能的表达式.

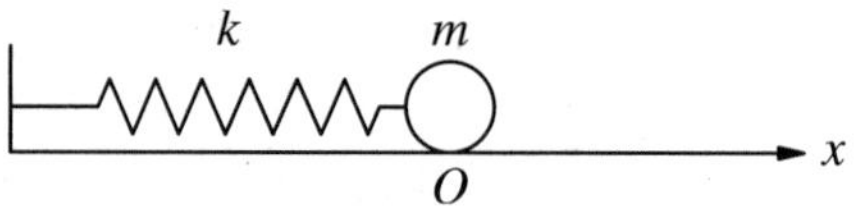

图 3-8

　　解　以平衡位置为坐标原点, 建立 x 轴. 小球坐标为 x 时受到的弹性力为 $F = -kx$. 由势能的定义,

$$E_p(x) = \int_x^0 -kx\,\mathrm{d}x = \frac{1}{2}kx^2$$

　　保守力与势能是对物体系内相互作用同一性质的两种描述, 可以证明, 这两种描述是等价的. 对于保守力场, 我们总可以找到一个标量的势能函数; 反过来, 如果已知势能函数, 我

们也可以求出保守力. 下面导出由势能求保守力的公式. 式 (3.14) 表明, 保守力做的功等于物体势能的减小量, 其微分形式为

$$\boldsymbol{F} \cdot \mathrm{d}\boldsymbol{r} = -\mathrm{d}E_\mathrm{p} \tag{3.15}$$

上式在直角坐标系中的分量表达式为

$$F_x \, \mathrm{d}x + F_y \, \mathrm{d}y + F_z \, \mathrm{d}z = -\mathrm{d}E_\mathrm{p}$$

所以保守力的三个分量为

$$\left. \begin{aligned} F_x &= -\frac{\partial E_\mathrm{p}}{\partial x} \\ F_y &= -\frac{\partial E_\mathrm{p}}{\partial y} \\ F_z &= -\frac{\partial E_\mathrm{p}}{\partial z} \end{aligned} \right\} \tag{3.16}$$

上式也可以写成矢量式

$$\boldsymbol{F} = -\left(\boldsymbol{i} \, \frac{\partial E_\mathrm{p}}{\partial x} + \boldsymbol{j} \, \frac{\partial E_\mathrm{p}}{\partial y} + \boldsymbol{k} \, \frac{\partial E_\mathrm{p}}{\partial z} \right) \tag{3.17}$$

或

$$\boldsymbol{F} = -\boldsymbol{\nabla} E_\mathrm{p} \tag{3.18}$$

其中 $\boldsymbol{\nabla} = \boldsymbol{i} \dfrac{\partial}{\partial x} + \boldsymbol{j} \dfrac{\partial}{\partial y} + \boldsymbol{k} \dfrac{\partial}{\partial z}$ 是一个常用的微分算子, 作用在标量上, 是对该标量求梯度. 因此, 保守力等于势能的负梯度, 负号表示保守力的方向为势能下降最快的方向.

3.2.2 势能曲线

设总能量为 E 的质点受一维保守力的作用, 质点的势能是其坐标 x 的函数, 以 x 为横坐标, 以 $E_\mathrm{p}(x)$ 为纵坐标绘图, 叫做势能曲线, 如图 3–9 所示. 图中 E 线上面的部分叫做势垒, 下面的部分叫做势阱. 按照经典理论, 由于质点总能量为 E, 质点只能在图中 E 线以下的势阱中运动, 而不能在 E 线以上势垒的区域运动. 质点不能透过势垒, 当它到达势垒的边缘时将被反射回去. 但在量子力学中, 总能量小于势能的粒子, 有可能被势垒反射回来, 也有可能穿透势垒, 这一现象称作隧道效应, 这是经典力学无法解释的. 扫描隧道显微镜就是根据电子的隧道效应研制出来的, 它使人类第一次实时地观测到单个原子在物质表面上的排列状态以及与表面电子行为有关的性质, 在表面科学、材料科学和生命科学等领域有着重大的意义和广阔的应用前景.

图 3–10 (a) 是典型的两个分子间相互作用势能曲线, 图 3–10 (b) 是两个分子间的相互作用力随分子间距的变化曲线, 由图中可看出势能与力的关系. 分子间的相互作用主要来源于库仑力. 图中 $F(r) > 0$ 表示斥力, $F(r) < 0$ 表示引力, 两个分子相距 r_0 时, 相互作用势能为极小, 相互作用力为零. 当两个分子由无穷远逐渐靠近时引力逐渐增大, 引力的最大值对应于图 3–10 (a) 中的拐点位置, 由此位置继续靠近, 引力逐渐变小, $r < r_0$ 时, 斥力迅速增大, 这主要来源于两个原子核间的库仑斥力.

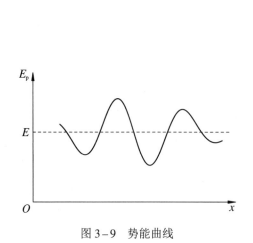

图 3–9 势能曲线

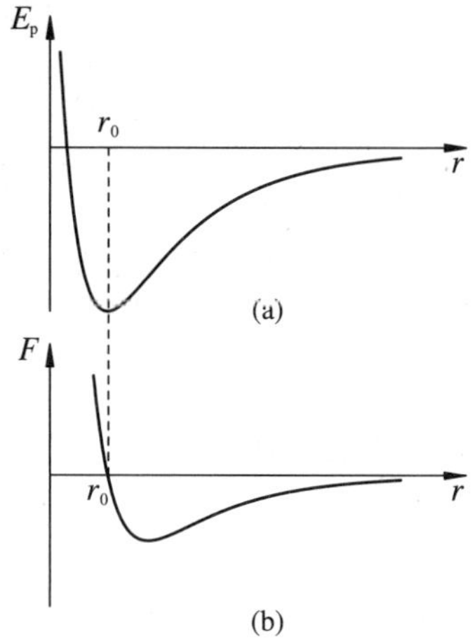

图 3–10 分子间作用势能与分子力

3.3 功能原理与机械能守恒定律

引入势能的概念后, 我们知道物体之间保守力的功可用其相互作用势能的改变量来表示. 因此, 有必要把质点系的内力分为保守内力与耗散内力两部分, 于是, 式 (3.9) 变为

$$\sum_i A_{i外} + \sum_i A_{i保内} + \sum_i A_{i耗内} = E_{k2} - E_{k1}$$

由势能的定义,

$$\sum_i A_{i保内} = -(E_{p2} - E_{p1})$$

上面二式相减, 可得

$$\sum_i A_{i外} + \sum_i A_{i耗内} = (E_{k2} + E_{p2}) - (E_{k1} + E_{p1}) \tag{3.19}$$

在物理学中, 动能、引力势能和弹性势能都是表征机械运动的能量形式, 统称为机械能. 用 E 表示系统的总机械能, 它等于系统的动能与势能之和. 即

$$E = E_k + E_p$$

因此, 式 (3.19) 可以写成

$$\sum_i A_{i外} + \sum_i A_{i耗内} = E_2 - E_1 \tag{3.20}$$

此式说明, 系统从状态 1 到状态 2 时, 它的机械能的增量等于外力的功与耗散内力的功的总和, 这个规律叫做功能原理.

应用功能原理时, 需要注意以下几点: ① 要正确区分保守内力与耗散内力; ② 机械能的改变已经考虑了势能的变化, 实际上也考虑了保守内力的功, 所以计算内力的功时不再考虑保守内力; ③ 内力和外力不是绝对的, 它们的划分依赖于所选取的系统. 例如, 我们研究地面上一个质点的运动, 机械能中包含了质点的重力势能, 那么重力是内力还是外力呢? 我们知道, 势能来源于相互作用, 单个物体的势能是没有意义的. 质点的重力势能是质点与地球之间的万有引力势能在地球表面上的表现形式, 所以实际上系统中包含了质点和地球, 重力属于内力. 对于这类问题, 之所以我们很少考虑地球动能的变化, 是因为地球质量远大于质点的质量, 其动能的变化忽略不计罢了.

考虑由两个或两个以上的物体组成的系统, 只有保守内力做功. 作用于系统内任何一个物体上的保守内力所做的功, 可以从两个方面来认识. 一方面, 根据动能定理, 保守内力的功增加了该物体的动能; 另一方面, 根据势能的定义, 保守内力的功等于物体间势能的减小量. 其结果是, 保守内力做功将物体的势能等量地转换成了该物体的动能, 而物体的动能与势能之和 (即机械能) 保持不变. 在只有保守内力做功的情况下, 系统的机械能保持不变, 但系统内的动能和势能可以相互转换. 这一结论就是保守系统的机械能守恒定律. 利用机械能守恒定律, 可以简化对保守系统的分析, 因为只需考虑系统的初、末状态而无须考虑物体运动的具体过程.

例 3.5 长为 l 的匀质细棒, 可绕水平轴 O 无摩擦摆动, 如图 3-11 所示. 起始时, 细棒处于水平位置, 然后让其自由下摆, 摆到竖直位置时, 棒的下端与一小物块发生弹性碰撞. 小物块可在光滑水平面上运动. 已知细棒的质量是小物块质量的 6 倍, 求碰撞后的瞬间, 细棒的角速度和物块的速度.

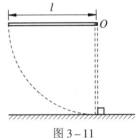

图 3-11

解 设物块的质量为 m', 细棒的质量 $m = 6m'$. 先选地球与细棒为系统, 棒由水平位置摆动到竖直位置的过程只有重力做功, 故机械能守恒. 若取水平位置的重力势能为零, 则有

$$-\frac{1}{2}mgl + \frac{1}{2}I\omega^2 = 0 \tag{1}$$

式中, ω 为细棒摆动到竖直位置时的角速度; $I = \frac{1}{3}ml^2$, 为细棒的转动惯量.

再选细棒和物块为系统, 碰撞过程相对于轴 O 的外力矩为零, 故碰撞前后的角动量守恒, 可表示为

$$I\omega = I\omega' + lm'v' \tag{2}$$

式中 ω' 和 v' 分别表示碰撞后细棒的角速度和物块的速度. 又因为碰撞是弹性的, 所以碰撞前后动能守恒, 即

$$\frac{1}{2}I\omega^2 = \frac{1}{2}I\omega'^2 + \frac{1}{2}m'v'^2 \tag{3}$$

联立式 (1)、式 (2) 和式 (3), 并利用 $I = \frac{1}{3}ml^2$ 和 $m = 6m'$, 可以解出

$$\omega' = \sqrt{\frac{g}{3l}}, \quad v' = 4\sqrt{\frac{gl}{3}}$$

结果均为正值, 表示碰撞后小球向右运动, 细棒继续向前摆动, 没有向后反弹. 值得注意的是, 细棒与小物块的碰撞过程中, 细棒受到物块弹力的阻碍, 由于细棒是刚性的, 这个弹力会由细棒传导至转动轴, 因此轴对细棒产生了一个反作用力. 从理论上讲, 碰撞过程的动量并不守恒. 但由于轴的作用力对轴本身的力矩为零, 所以角动量守恒.

习　题

3–1　一小球在介质中按规律 $x = ct^3$ 作直线运动, c 为一常量. 设小球所受的阻力与速度的平方成正比 (阻力系数为 k). 试求小球由原点运动到 $x = x_0$ 时, 阻力所做的功.

3–2　如习题 3–2 图所示, 一链条的质量为 m, 总长为 l, 放在光滑的桌面上, 其中一端下垂, 长度为 a, 假定开始时链条静止.

(1) 求链条离开桌面时的速率;

(2) 如果桌面与链条间的摩擦因数为 μ, 求链条离开桌面时的速率.

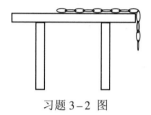

习题 3–2 图

3–3　质量为 m 的质点在外力作用下在 x-y 平面内运动, 运动方程为 $\boldsymbol{r} = \boldsymbol{i} a \cos \omega t + \boldsymbol{j} b \sin \omega t$. 求该外力在 $t = 0$ 到 $t = 0.5\pi/\omega$ 内所做的功.

3–4　粒子的势能具有形式

$$E_{\mathrm{p}} = a \left(\frac{x}{y} - \frac{y}{z} \right)$$

式中 a 是常量. 试求:

(1) 作用于粒子上的力;

(2) 当粒子由点 $(1, 1, 1)$ 移动到点 $(2, 2, 3)$ 时场力对粒子做的功.

3–5　已知某双原子分子的原子间相互作用的势能函数为

$$E_{\mathrm{p}} = \frac{A}{x^{12}} - \frac{B}{x^6}$$

其中, A 和 B 为常量, x 为原子间的距离. 试求原子间作用力的函数式及原子间相互作用力为零时的距离.

3–6　一质量为 m 的地球卫星, 沿半径为 $3R_{\mathrm{E}}$ 的圆轨道运动, R_{E} 为地球半径. 已知地球的质量为 m_{E}, 求: (1) 卫星的动能; (2) 卫星的引力势能; (3) 卫星的机械能.

3–7　一转动惯量为 I 的飞轮以 ω 的角速度在轴上旋转, 轴的转动惯量可以忽略不计. 另一静止的飞轮的转动惯量为 $2I$, 它们突然被耦合到同一个轴上. 求: (1) 耦合后整个系统的角速度是多大? (2) 耦合前后系统动能的损失.

3–8　如习题 3–8 图所示, 弹簧的劲度系数 $k = 2.0 \times 10^3 \ \mathrm{N \cdot m^{-1}}$, 轮子的转动惯量为 $0.5 \ \mathrm{kg \cdot m^2}$, 轮子半径 $r = 30 \ \mathrm{cm}$. 求质量为 $60 \ \mathrm{kg}$ 的物体下落 $40 \ \mathrm{cm}$ 时的速率是多大? 假设开始时物体静止而弹簧无伸长.

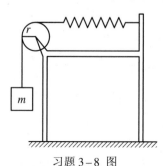

习题 3–8 图

3-9 如习题 3-9 图所示, 劲度系数为 k 的轻弹簧, 一端固定, 另一端与桌面上的质量为 m 的小球相连, 推动小球, 将弹簧压缩一段距离 d 后放开, 假定小球所受的摩擦力大小为 F, 且恒定不变 (滑动摩擦因数与静摩擦因数可视为相等). 试求 l 必须满足什么条件才能使小球放开后就开始运动, 而且一停下来就保持静止状态.

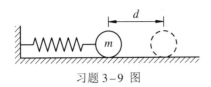

习题 3-9 图

3-10 求物体从地面出发的逃逸速度, 即逃脱地球引力所需要的从地面出发的最小速度. 地球半径取 $R = 6.4 \times 10^6$ m.

3-11 在一光滑平面内两相同的球完全弹性碰撞, 其中一球开始时处于静止状态, 另一球速度为 $\boldsymbol{v}_0$. 求证: 碰撞后两球速度 $\boldsymbol{v}_1$, $\boldsymbol{v}_2$ 的方向相互垂直.

3-12 水星绕太阳运行轨道的近日点到太阳的距离为 $r_1 = 4.59 \times 10^7$ km, 远日点对太阳的距离为 $r_2 = 6.98 \times 10^7$ km. 求水星越过近日点和远日点时速率 v_1 和 v_2. 设太阳质量为 1.99×10^{30} kg.

第4章 流体力学

在质点力学中,我们忽略物体的大小、形状、形变等,以质点为理想模型,研究物体运动的动力学和运动学规律.对于不能忽略大小和形状的物体,运动除平动外还有转动时,质点模型不再适用,刚体成为理想模型.如果连续体质点间的相对位置不固定,那么质点和刚体模型都不再适用,通常可以看作质点系来研究.本章要研究的流体属于连续介质质点系,流体包括液体和气体,具有流动性,流体内部各部分间通常有相对运动.

流体力学是研究流体的平衡和运动规律的科学.本章主要研究液体流动的基本规律,包括流体静力学,理想流体的定常流动和非理想流体动力学等,最后介绍液体的表面性质.

流体力学是许多学科的基础理论,在水利工程学、空气动力学、气体和液体输运、人体内血液的输运和植物中水的输运等过程的研究中都有广泛的应用.

4.1 流体静力学

固体有一定的形状,在外力作用下不易发生形变.与固体相反,液体和气体没有固定的形状,统称为流体.流体容易受外力作用而变形,各部分间有相对流动性.为研究流体的性质和运动规律,可以把流体看作由无数个流体微团(也叫质元)组成的连续介质.这些微团包含大量分子,其尺寸远远小于容器的尺寸,但远远大于分子的自由程.微团的运动可以用牛顿运动定律来描述.对于流体,没有必要去研究单个分子的瞬时运动,描述流体宏观性质的物理量,如压强、温度、密度、黏度等都是对大量分子统计平均的结果.

一般来说,液体具有以下主要物理性质:① 液体和固体一样具有质量,具有惯性;② 各部分之间相对运动时,在它们之间有切向的内摩擦力,即黏性力;③ 液体是不可压缩的,当液体从一个容器倒入另一个容器中,形状会改变,但其体积不会改变.因为液体中分子间的相互作用力几乎和固体中的一样强,但液体中的分子没有被束缚在固定位置.气体与液体最大的不同在于气体容易被压缩,气体不仅没有固定的形状,也没有固定的体积.

物体内部各部分间存在着相互作用,这种内部相互作用可用应力来描述.在物体内部某点任取一个截面 ΔS,此截面两边相邻两部分间的相互作用力为 F,应力 T 定义为单位面积上的作用力:

$$T = \frac{\Delta F}{\Delta S} \tag{4.1}$$

应力单位为 $N \cdot m^{-2}$.

4.1.1 静止流体的压强

对于静止流体,因为没有流动,内部各部分之间没有切向应力,应力与所取的截面垂直,均为正应力.同理,流体与器壁之间的应力也只有正应力.这种情况下用压强表示较为方便,

压强是正应力的大小, 它是一个标量, 记为 p, 其定义式可写为

$$p = \lim_{\Delta S \to 0} \frac{\Delta F_n}{\Delta S} \tag{4.2}$$

式中, ΔS 为流体内的任一截面的面积; ΔF_n 为通过该面积两侧的流体之间的作用力, 方向一定与 ΔS 垂直.

如图 4-1 (a) 所示, 在流体中任一点选取三棱直角柱体, 体积为 $\Delta V = \Delta x \Delta y \Delta z / 2$, Δz 为柱体垂直于截面的厚度, Δl 为斜边长度. 显然 $\Delta x = \Delta l \sin \theta$, $\Delta y = \Delta l \cos \theta$. 设流体密度为 ρ, 则柱体质量为 $\Delta m = \rho \Delta V$. 记柱体各面上的压强分别为 p_x, p_y, p_n, 见图 4-1 (b). 由于柱体静止, 在 x, y 方向所受合力为零, 即

$$p_x \Delta y \Delta z - p_n \Delta z \Delta l \cos \theta = 0$$

$$p_y \Delta x \Delta z - p_n \Delta z \Delta l \sin \theta - \frac{1}{2} \rho \Delta x \Delta y \Delta z g = 0$$

忽略三阶小量 $\Delta x \Delta y \Delta z$, 即忽略柱体所受重力, 得

$$p_x = p_y = p_n$$

结果表明, 只要柱体足够小, 柱体各表面处的压强相等. 由于点和柱体是任意选取的, 所以说到静止流体内某点的压强时不用指明针对哪一个面元, 在同一点上对各个面元的压强都相等.

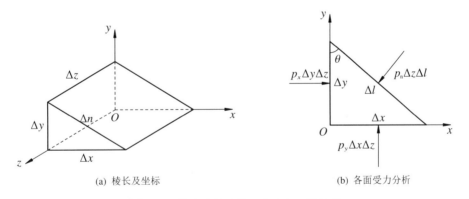

(a) 棱长及坐标   (b) 各面受力分析

图 4-1   静止流体内的一个直角三棱柱体

压强的单位以法国科学家帕斯卡的名字命名, 简称帕 (Pa), $1\ \text{Pa} = 1\ \text{N} \cdot \text{m}^{-2}$. 另一个常用的单位是标准大气压 (atm), 二者的换算关系为 $1\ \text{atm} = 101.3\ \text{kPa}$.

4.1.2   重力对静止流体压强的影响

旅客乘飞机时, 在飞机上升或者下降的过程中, 耳朵会感到不舒服. 潜水者在水下, 能明显感到潜水的深度不同, 所受压力不等. 这些现象都是压强随高度变化造成的.

想象静止流体中的一个极细的圆柱体, 如图 4-2 (a) 所示, 其横截面积 ΔS 很小, 以至于截面上的压强可看作均匀分布, 且其重力及侧表面的压强差可以忽略. 由于该圆柱静止, 故

水平方向受到的合外力为零, $F_1 = F_2$, 或

$$p_1 \Delta S - p_2 \Delta S = 0$$

式中 p_1 和 p_2 分别表示液柱左、右端面的压强. 由上式可得 $p_1 = p_2$.

若液柱为竖直方向的, 如图 4-2(b) 所示, 柱体的高度为 h, 流体密度为 ρ, 重力为 $\rho \Delta S h g$. 设流体柱上、下底面的压强分别为 p_1 和 p_2. 因为该流体柱静止, 所以可列出竖直方向力的平衡方程

$$p_2 \Delta S - p_1 \Delta S - \rho \Delta S h g = 0$$

上式除以 ΔS, 得到密度均匀的静止流体中压强随深度的变化关系式

$$p_2 = p_1 + \rho g h \tag{4.3}$$

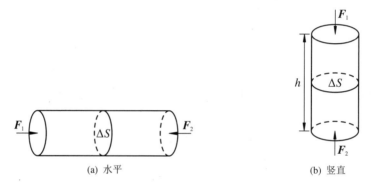

(a) 水平 (b) 竖直

图 4-2 静止流体内的细圆柱体

综上所述, 我们得到如下结论: 静止流体内部同一高度的压强相等; 不同高度的压强差为 $\rho g h$. 如果液面上压强为大气压 p_0, 那么液面下深度为 h 处任一点的压强为

$$p = p_0 + \rho g h \tag{4.4}$$

如果表面的压强有任何变化, 都会引起液体内任意一点压强发生同样的变化, 这种压强在液体内的传递性, 就是帕斯卡原理.

帕斯卡原理可用于制作压强计、液压千斤顶等. 传统的血压计由水银压强计连接到一个封闭的袋子和袖带构成. 将袖带缠在上臂与心脏等高处, 向里面鼓入空气, 压强计测量袖带内的空气压强. 开始时, 袖带内的压强高于收缩压, 袖带挤压动脉使其关闭, 没有血液流入前臂. 袖带上的阀门打开后空气慢慢释放, 待压强刚减小到小于收缩压时, 随每次心跳涌出的小股血流便可冲过袖带对动脉的阻挡而流动, 利用听诊器, 可以听到受到阻挡的血液通过动脉的声音. 随着空气不断从袖带往外释放, 当袖带内的压强达到舒张压, 动脉不再被压缩, 因此脉冲声停止. 脉冲声开始和结束时压强计的计数, 就是收缩压和舒张压.

例 4.1 一个长方体游泳池水深 $h = 4\,\text{m}$. 求长为 l 的侧面所承受的水的压力为多少?

解 如图 4−3 所示, 以水平面为原点向下建立 y 轴. 考虑泳池水深 y 处厚度为 dy 的一层水对池壁的压力. 水面上大气压强为 p_0, 该处水的压强为 $p + \rho g y$, ρ 为水的密度. 泳池侧面面积为 $dS = l\,dy$ 长方形区域所受压力为

$$dF = p\,dS = (p_0 + \rho g y)l\,dy$$

侧面受到水的总压力为

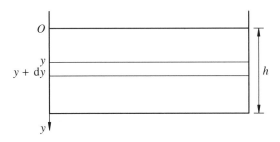

图 4−3 游泳池截面图

$$F = \int_0^h (p_0 + \rho g y)l\,dy = p_0 l h + \frac{1}{2}\rho g l h^2$$

代入数值 $p_0 = 1.013 \times 10^5$ Pa, $\rho = 10^3$ kg·m^{-3}, $g = 9.8$ m·s^{-2}, $l = 50$ m, $h = 4$ m, 得 $F = 2.418 \times 10^7$ N.

4.2 理想流体的流动

4.2.1 定常流动 流线和流管

按照描述流动的物理量, 如速度、密度等是否随时间变化, 可将流体的流动分为定常流动和非定常流动两类. 如果描述流动的物理量不随时间变化, 只与空间位置有关, 则称流动为定常流动, 如果描述流动的物理量是随时间变化的, 则属于非定常流动.

按照流动状态是否分层, 可将流体的流动分为层流和湍流两类. 层流是指流体在流动过程中是分层的, 且层与层之间没有交叉和掺混的流动状态. 如果流体内的微团或质元在流动过程中出现掺混, 路径出现交叉等现象, 则为湍流. 层流可用流线或流管来表示. 由于层流状态下, 流体中的每个微流团的运动路径都没有交叉, 所以可沿其运动路径画一些带箭头的曲线, 称为流线. 层流状态下所有流线都在各自的层内, 不同的流线不会相交, 流线上每一点的切线方向就是流体分子经过该点的流速方向 (图 4−4). 大量的流线围成的管子叫做流管, 流管内的流体不会流到管外, 管外的流体也不会流进管内, 如图 4−5 所示.

虽然静止流体内部各部分之间的应力均为正应力, 但对于流动的流体, 相邻两层流体间的相对运动, 会出现摩擦力, 这种摩擦力称为内摩擦力, 具有内摩擦力的流体叫做黏性流体, 内摩擦力就是黏性应力引起的. 黏性的大小与流体的性质有关, 且随温度的变化而改变.

如果流体无黏性, 且密度均匀, 不可压缩, 则这样的流体称为理想流体. 当然, 理想流体在实际中是不存在的, 只是一种理想模型. 但如果流体的黏性和可压缩性可以忽略, 就可以把实际流体近似为理想流体.

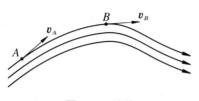

图 4-4　流线

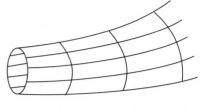

图 4-5　流管

4.2.2　流量　连续性方程

如图 4-6 所示, S 为流场中任一曲面, 在该曲面上选一面元 $\mathrm{d}\boldsymbol{S}$ 矢量, 它的大小即为 $\mathrm{d}S$, 规定它的方向为 $\mathrm{d}S$ 所在平面的法向, 若 $\mathrm{d}S$ 处的流速为 $\boldsymbol{v}$, 则定义流量

$$\mathrm{d}q = \boldsymbol{v} \cdot \mathrm{d}\boldsymbol{S} = v\,\mathrm{d}S\cos\theta \tag{4.5}$$

流量 $\mathrm{d}q$ 表示单位时间通过 $\mathrm{d}S$ 流向选定法向一侧的体积, 单位为 $\mathrm{m}^3 \cdot \mathrm{s}^{-1}$.

一个面元有两个与之垂直的法向. 有关面元 $\mathrm{d}S$ 的方向, 在无特别说明的情况下, 我们约定: ① 如果面元取自一个闭合曲面, 则取闭合曲面向外的法向为该面元的方向; ② 如果事先规定了曲面 S 边界的绕行方向, 则取与绕行方向成右手螺旋关系的法向为 $\mathrm{d}S$ 的方向; ③ 其他情况下, 可取面元的任何一个法向作为面元的方向.

图 4-6 中曲面 S 上各点的流速不尽相同, 流体流经整个曲面的流量可以表示为

$$q = \int_S \boldsymbol{v} \cdot \mathrm{d}\boldsymbol{S} \tag{4.6}$$

下面将流量的概念用于图 4-7 所示的微流管. 垂直于流线方向截取一段流管, 流管非常细, 截面积 S_1 和 S_2 都很小, 以至于截面上每一点的流速都相等. 由两个截面及流管的侧壁围成空间的一个闭合区域. 单位时间从该闭合区域流出的流体的质量一定等于闭合区域内单位时间质量的减少量 $-\mathrm{d}m/\mathrm{d}t$. 即

$$\oint \rho \boldsymbol{v} \cdot \mathrm{d}\boldsymbol{S} = \rho_2 v_2 S_2 - \rho_1 v_1 S_1 = -\frac{\mathrm{d}m}{\mathrm{d}t}$$

式中, ρ 表示流体的密度; v_1 和 v_2 分别表示图中流管左右两端面上的流速. 上式称为流体对于该段流管的连续性方程, 它是质量守恒的数学表达式.

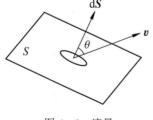

图 4-6　流量

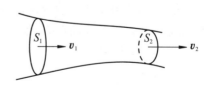

图 4-7　连续性方程

对于理想流体的定常流动, 由于密度为一常量, 闭合流管内的流体质量保持恒定. 所以连续性方程可以简化为

$$v_1 S_1 = v_2 S_2 \tag{4.7}$$

不可压缩流体的连续性方程表明流管内流过任意两垂直截面的体积流量相等. 管道半径小的地方, 截面积小, 流速一定大, 截面积大的地方, 流速就小. 如园丁浇水时, 用拇指挡住水管出口的一部分, 没挡住部分的水就以较大的速度喷射而出. 河流中, 河道宽的地方水流缓, 窄的河道水流急.

4.2.3 伯努利方程

本节的讨论限于理想流体作定常流动的情形.

考虑图 4–8 中一段在重力场中的足够细的流管, 流管中任意与流速垂直的截面上不同点的压强和流速都相等. 管中一段流体在 t 时刻位于 ac, 经过 Δt 时间后, 它流动到了 bd 位置. 设 a 端压强为 p_1, 面积为 S_1, 设 c 端压强为 p_2, 面积为 S_2. 流动过程中, 相邻部分的流体

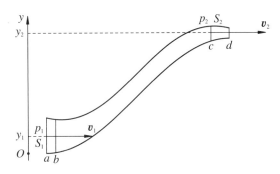

图 4–8 推导伯努利方程

对该段流体做功, 左端受到向右的推力 $p_1 S_1$, 右端流体受到向左的压力 $p_2 S_2$. 两端压力的总功为

$$A = (p_1 S_1 v_1 - p_2 S_2 v_2)\Delta t$$

因为流体不可压缩, 所以 ab 段与 cd 段体积相等, 即

$$S_1 v_1 \Delta t = S_2 v_2 \Delta t = \Delta V$$

于是, 外力做功为

$$A = (p_1 - p_2)\Delta V \tag{4.8}$$

考虑到定常流动时, 图中 bc 段的机械能不变, 因此, Δt 时间内该段流体机械能的增量等于图中 cd 段与 ab 段机械能的差值, 即

$$E_2 - E_1 = \rho \Delta V \left[\left(\frac{1}{2} v_2^2 + g y_2 \right) - \left(\frac{1}{2} v_1^2 + g y_1 \right) \right] \tag{4.9}$$

对于理想流体而言, 由于不存在黏性力, 所以微流管的侧壁与其他流体之间无摩擦力; 理想流体流动过程中其内部也没有耗散力做功. 根据功能原理, 外力做功等于该部分流体机械能的增量, 即

$$A = E_2 - E_1$$

将式 (4.8) 和式 (4.9) 代入上式, 得

$$p_1 + \frac{1}{2}\rho v_1^2 + \rho g y_1 = p_2 + \frac{1}{2}\rho v_2^2 + \rho g y_2 \tag{4.10}$$

这就是理想流体定常流动的伯努利方程, 以瑞士数学家丹尼尔·伯努利的名字命名. 从推导过程可以看出, 伯努利方程实际上是能量守恒定律对理想流体定常流动的具体应用. 当流管截面无限小时便缩为一条流线. 伯努利方程更严格、更为普遍的表述为: 对于同一流线上的各点, 有

$$p + \frac{1}{2}\rho v^2 + \rho g y = 常量 \tag{4.11}$$

即重力场中单位体积流体的机械能与压强之和在同一流线上为一常量.

下面由伯努利方程来解释虹吸现象. 如图 4–9 所示, 用一个粗细均匀的空心软管连通两个水面高度不等的水池, 就可以自动将水从液面较高的水池抽到液面较低的水池中. 取左侧水池液面上一点 A 和软管出口处的点 B, 经由软管连接成一条流线. 这种情况下, $p_A = p_B = p_0$, 又由于左侧水池水面的面积远大于软管出口的截面积, 根据连续性方程可知左侧水池水面下降的速率近似为零, 即 $v_A = 0$. 因此, 对 A 和 B 两点的伯努利方程可以表示为

$$p_0 + \rho g h_A = p_0 + \rho g h_B + \frac{1}{2}\rho v_B^2$$

从上式可以解得 $v_B = \sqrt{2g(h_A - h_B)}$. 可见, 只要 $h_A > h_B$, 就有 $v_B > 0$, 水就会被抽到软管中并从出口处流出. 这就是虹吸现象的原理.

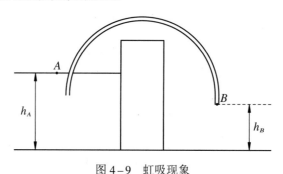

图 4–9　虹吸现象

例 4.2　一木桶装满雨水, 靠近底部有一个小喷嘴. 喷嘴距水面的垂直距离为 h. (1) 如果喷嘴水平, 水流出的速率是多大? (2) 如果喷嘴竖直向上, 忽略空气阻力和雨水的黏性, 喷出的水能喷到多大的高度?

解　(1) 在水桶表面选一点 A, 喷嘴出口处选一点 B, 两点相连成流线, 应用伯努利方程, 有

$$p_A + \frac{1}{2}\rho v_A^2 + \rho g y_A = p_B + \frac{1}{2}\rho v_B^2 + \rho g y_B$$

桶中水面的压强是大气压强, 喷嘴出口和大气相连, 喷出水的压强也是大气压强. 所以上式中 $p_A = p_B = p_0$, $y_A - y_B = h$, 由于喷嘴的横截面积远远小于水桶表面面积, 水面下降的速度可近似为 0, 即 $v_A = 0$, 代入上式整理得

$$v_B = \sqrt{2gh}$$

这就是喷嘴水平时水流出的速率.

(2) 如果喷嘴朝上, 取最高点处一点 C 和桶内水面上的 A 点用一条流线相连, 应用伯努利方程, 有

$$p_A + \frac{1}{2}\rho v_A^2 + \rho g y_A = p_C + \frac{1}{2}\rho v_C^2 + \rho g y_C$$

水喷到最高处速度为 0, 即 $v_C = 0$, 再将 $p_A = p_C = p_0$ 一并代入上式, 得 $y_C = y_A$. 喷水恰好喷到水桶中水表面的高度!

4.3 黏性流体的流动

伯努利方程忽略了流体的黏性, 可以得出结论, 理想流体能够在水平管道中以恒定的速度流动. 然而, 真实的流体都有黏性, 要维持其流动, 必须施加外力. 因为黏性阻力会阻碍流体的流动, 管道两端必须有压强差, 如石油在管道中的传输, 血液在血管中的流动等.

4.3.1 牛顿黏性定律

实验表明, 对于层流而言, 相邻两层之间的摩擦力取决于它们接触的面积以及速度层流的速率梯度. 图 4–10 表示沿 y 轴方向流动的、坐标分别为 z 和 $z + \mathrm{d}z$ 的两层, 速率梯度沿 z 轴方向, 大小为

$$\frac{\mathrm{d}v}{\mathrm{d}z} = \lim_{\Delta z \to 0} \frac{v_{z+\mathrm{d}z} - v_z}{\Delta z}$$

面积为 ΔS 的两层间的摩擦力可以表示为

$$f = \eta \Delta S \frac{\mathrm{d}v}{\mathrm{d}z} \tag{4.12}$$

比例系数 η 称为流体的黏度, 在国际单位制中, 它的单位是 $\mathrm{Pa} \cdot \mathrm{s}$. 式 (4.12) 叫做牛顿黏性定律, 凡是满足式 (4.12) 的黏性流体叫做牛顿流体, 否则叫做非牛顿流体.

液体的黏性来源于液体分子间的内聚力, 内聚力越强, 液体的黏度就越大. 分子间的束缚力随温度升高而减小, 使得液体的黏度随温度升高而降低. 例如, 人体的体温如果降低, 黏度增加, 血液流动变慢, 对健康会有威胁. 气体的黏度随温度升高而增大, 因为温度升高, 气体分子间的碰撞频率增加.

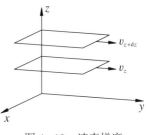

图 4–10　速率梯度

4.3.2 泊肃叶公式

输送各种流体的管道, 例如水管、输油管、燃气管道等其截面都是圆形的, 因此研究这类管子中黏性流体的流动具有十分重要的意义. 下面我们研究黏性流体在水平圆管中作层流的情形.

根据对称性, 圆管中每一个流体薄层一定是一系列同轴圆柱面, 每层具有相等的流动速度. 对于相邻的两层而言, 速度较大的一层对速度较小的一层施加平行于流动方向的摩擦

力, 而速度较小的一层对速度较大的一层施加与流动方向相反的力, 阻碍流体的运动. 在管子的中心位置流速最大, 越接近管壁, 流速越小, 最外层的流体附着在管壁上, 如图 4–11 所示. 可以根据牛顿黏性定律及力的平衡方程导出流速 v 与流体薄层截面半径 r 之间的关系式:

$$v(r) = \frac{\Delta p}{4\eta l}\left(R^2 - r^2\right) \tag{4.13}$$

式中, η 为流体的黏度; l 为圆管的长度; Δp 为圆管两端的压强差. 由于黏性, 流体在流动过程中要消耗能量, 所以必须由外界提供一个压差作为动力, 否则流体不可能维持定常流动.

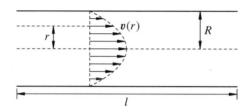

图 4–11　水平圆管中的流速分布

利用式 (4.13), 可得通过整个圆管截面的流量为

$$q = \int_0^R v(r)2\pi r\,\mathrm{d}r = \frac{\pi\Delta p}{2\eta l}\int_0^R (R^2 - r^2)r\,\mathrm{d}r$$

积分可得

$$q = \frac{\pi\Delta p R^4}{8\eta l} \tag{4.14}$$

式 (4.14) 是泊肃叶 1840 年研究动物毛细管中血液流动时得到的, 称为泊肃叶公式. 泊肃叶公式表明, 当牛顿流体在圆形管道中作定常层流运动时, 流量与单位长度的压强差成正比, 与管道半径的 4 次方成正比, 与流体的黏度成反比. 泊肃叶公式是流体动力学的一个重要公式, 常用于流体的黏度测定、血液流动分析、药物分析, 在医学和药物学中有着重要的意义.

4.3.3　斯托克斯公式

物体在流体中运动时, 会受到流体的阻力. 如果流体的流动为层流, 由流体黏性产生的力称为黏滞阻力, 在层流状态下, 它与物体运动的速率成正比. 黏滞阻力还与物体的形状和大小有关. 球形物体在黏性流体中运动时所受的阻力, 由斯托克斯公式给出:

$$F = 6\pi r\eta v \tag{4.15}$$

式中, r 是球体的半径; v 是球体相对于流体的速率.

应用斯托克斯公式可求出液体中小球下落的终极速度. 对于在黏性液体中下落的球形物体, 当物体密度大于液体密度时, 物体下沉, 黏滞阻力向上, 随速度增加而线性增大, 当物体所受合外力为零时, 达到一个终极速度, 物体将以终极速度匀速下沉. 如果球形物体密度小于液体密度, 如气泡, 它将在液体中上升, 黏滞阻力向下, 终极速度向上.

设液体的黏度为 η, 密度为 ρ_0, 小球半径为 r, 密度为 ρ. 小球下沉时受到向下的重力、向上的浮力和向上的黏滞阻力. 平衡时, 小球所受合外力为零, 小球以速度 v 匀速下沉. 此时有

$$\frac{4}{3}\pi r^3 \rho g - \frac{4}{3}\pi r^3 \rho_0 g - 6\pi r \eta v = 0$$

从上式中可以解出流体的黏度

$$\eta = \frac{2(\rho - \rho_0)gr^2}{9v} \tag{4.16}$$

因而, 如果测定了液体黏度, 即可求出小球下沉的终极速度. 反之, 如果液体黏度未知, 可通过测定小球下沉的终极速度 v, 计算出 η.

4.4 液体的表面性质

液体表面的性质与液体内部有许多差异. 很多日常现象, 如荷叶上的水珠、小水银珠、肥皂泡等, 都与液体表面性质有关, 直观感觉看来, 液体表面像处于拉伸状态下的弹性膜一样. 液体表面性质最明显的表现就是表面张力, 对于植物, 表面张力有助于将水从根部运输到叶片, 土壤中的毛细现象也与表面张力有关.

4.4.1 液体的表面张力

有些昆虫能在水面上行走, 昆虫的脚在水面踩出压痕, 水面发生形变, 向上支撑着昆虫的脚, 看起来水面就像薄的橡胶层. 这就是典型的水的表面张力现象.

表面张力是液体表面层内分子间的相互拉力 (分子间的内聚力) 引起的与液面相切的宏观作用力, 这个力使液体的表面收缩至其表面积尽可能小. 为了描述不同液体或同种液体在不同条件下的表面张力, 引入表面张力系数的概念. 表面张力系数用希腊字母 σ 表示, 在液面上作长为 l 的线段, 表面张力 F 为线段两侧的液面之间的相互拉力, 方向与该线段垂直且与液面相切. 定义单位长度的表面张力为表面张力系数:

$$\sigma = \frac{F}{l} \tag{4.17}$$

在国际单位制中, 表面张力系数的单位为 $N \cdot m^{-1}$.

表面张力系数还可从能量的角度来定义. 液面分子间有相互作用势能, 表面积的改变必然引起表面势能的改变. 定义表面张力系数为

$$\sigma = \frac{dE}{dS} \tag{4.18}$$

表示增大液体单位表面积时所增加的表面能. 因为液体表面有收缩的趋势, 如果要增大液体的表面积, 就必须靠外力对其做功, 因此, 表面张力系数还可以定义为增大单位表面积外力做的功:

$$\sigma = \frac{dA}{dS} \tag{4.19}$$

影响表面张力系数的因素很多. 表面张力系数与液体自身的性质有关, 还与液体内杂质的含量有关, 同种液体的表面张力系数随温度的升高而减小. 在相同的温度下, 同样的液

体在与不同物质接触时表面张力系数也不同, 例如, 在20 °C下, 水与空气接触时表面张力系数 $\sigma = 7.28 \times 10^{-2}\ \text{N} \cdot \text{m}^{-1}$, 在与苯接触的界面, 水的表面张力系数 $\sigma = 3.36 \times 10^{-2}\ \text{N} \cdot \text{m}^{-1}$. 表 4-1 给出了几种物质在一定温度下的表面张力系数.

表 4-1　几种物质在一定温度下的表面张力系数

物质	温度 / °C	$\sigma/(10^{-3}\ \text{N} \cdot \text{m}^{-1})$	物质	温度 / °C	$\sigma/(10^{-3}\ \text{N} \cdot \text{m}^{-1})$
水	10	74.2	液体空气	−190	12
水	18	73.0	苯	18	22.9
水	30	71.2	醚	18	29
水	50	67.9	铅	335	473
水银	20	540	铂	2000	1819
酒精	20	22	水 – 苯	20	33.6
甘油	20	65	水 – 醚	20	12.2

有的杂质能使液体表面张力系数增大, 有的杂质能使液体的表面张力系数减小. 能使表面张力系数减小的物质称为表面活性剂. 日常生活中用的肥皂、洗衣液等洗洁剂就是典型的水的表面活性物质, 洗衣服时在水中加入洗衣液, 能使水的表面张力系数显著减小, 污渍较容易脱离衣物, 达到洗干净的目的.

4.4.2　弯曲液面的附加压强

液滴与空气接触的表面或液体与固体接触的表面都是弯曲的, 由于表面张力, 液面内外两侧存在压强差, 称为附加压强, 用 Δp 表示.

$$\Delta p = p_内 - p_外$$

如图 4-12 (a) 所示, 把弯曲液面看作半径为 R 的球面的一部分, 忽略液面重力. 在液面边线上取线元 $\text{d}l$, 通过 $\text{d}l$ 作用于液面的表面张力为 $\text{d}F = \sigma\,\text{d}l$, 作用于液面表面张力的竖直向下的分力为

$$F_1 = \oint \sigma\,\text{d}l \sin\theta = 2\pi R\sigma \sin^2\theta$$

水平分力相互抵消, 即

$$F_2 = 0$$

根据受力平衡, 液面内外的压强差形成的竖直向上的力正好与 $\boldsymbol{F}_1$ 大小相等, 方向相反. 所以有

$$2\pi R\sigma \sin^2\theta = \Delta p\pi R^2 \sin^2\theta$$

从上式可得

$$\Delta p = \frac{2\sigma}{R} \tag{4.20}$$

上式是针对凸液面推导出来的. 同理, 对于图 4–12 (b) 所示的凹液面, 附加压强为

$$\Delta p = -\frac{2\sigma}{R} \tag{4.21}$$

如果液面为平的, $R \to \infty$, $\Delta p = 0$, 液面内外压强相等.

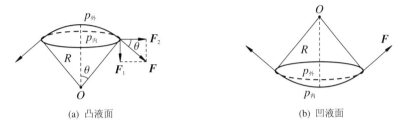

(a) 凸液面   (b) 凹液面

图 4–12 弯曲液面的附加压强

可见, 弯曲液面的附加压强与液体表面张力系数 σ 成正比, 与液面曲率半径 R 成反比. 如图 4–13 所示, 两个连通的肥皂泡, 由于 σ 相同, 半径小的附加压强大, 气体将从小气泡向大气泡运动, 小泡收缩, 大泡膨胀. 肺泡也是连通的, 却不会出现上面这种情况, 这是因为肺泡的表面张力系数不是常量, 而是与肺泡大小有关. 因为肺泡表面层中的表面活性剂的浓度因表面积大小而变化, 表面张力系数因表面积的变化而发生变化, 从而调节呼吸过程中肺泡的附加压强. 吸气时肺泡膨胀, 表面活性剂浓度变小, 表面张力系数变大, 抵抗了肺泡因半径增大而减小的附加压强. 反之, 肺泡收缩变小时, 表面活性剂浓度变大, 使得表面张力系数变小, 从而维持一定的附加压强, 保持肺泡不过分萎缩, 维持正常的呼吸过程.

图 4–13 连通的两个大小不等的肥皂泡

4.4.3 毛细现象

由于存在表面张力, 微小的液滴单独存在时总是趋向于球形. 但当液体和固体接触时, 却会出现不同的现象. 如在干净的玻璃板上, 水滴和水银滴呈现不同的形状, 见图 4–14.

(a) 水银滴   (b) 水滴

图 4–14 干净玻璃板上的水银滴和水滴

图 4–14 中的两种情况, 可以用接触角 θ 来区分. 接触角为固体表面与液体接触处, 固体表面和液面切面间的夹角. 当 θ 为锐角时, 称液体润湿固体, 见图 4–15 (a); 当 θ 为钝角时,

称液体不润湿固体, 见图 4-15 (b). 还有两种极限情况, 当 $\theta = 0$ 时, 为完全润湿, 当 $\theta = \pi$ 时, 为完全不润湿.

(a) 润湿　　　　　　　　　　(b) 不润湿

图 4-15　接触角

当把两端开口的细管插入液体时, 细管内外液面的高度不相等的现象叫做毛细现象, 相应的细管也称为毛细管. 如果液体润湿管壁, 毛细管内液面高于管外液面, 如图 4-16 (a) 所示; 如果液体不润湿管壁, 则管内液面低于管外液面, 如图 4-16 (b) 所示.

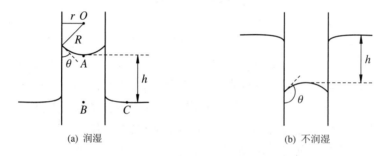

(a) 润湿　　　　　　　　　　(b) 不润湿

图 4-16　毛细现象

管内液面上升或下降的高度 h 与液体的密度 ρ, 表面张力系数 σ 和毛细管内半径 r 有关. 在图 4-16 (a) 中, 毛细管的截面为半径为 r 的圆, 管内凹液面为半径 R 的球冠. A, B 和 C 三点的压强分别为

$$p_A = p_0 - \frac{2\sigma}{R}, \quad p_B = p_C = p_0$$

根据流体静力学, 有

$$p_B - p_A = \rho g h$$

考虑到 $r = R\cos\theta$, 将 p_A 和 p_B 的表达式代入上式, 可得

$$h = \frac{2\sigma\cos\theta}{\rho g r} \tag{4.22}$$

对于液体不润湿管壁的情况, 式 (4.22) 同样适用, 只是 θ 为钝角, h 为负值, 表示管内的液面比管外低.

毛细作用是植物体内液体输运的重要途径之一. 农业耕作中为了使土壤保持水分, 要不断松土, 破坏土壤中的毛细管, 减少土壤表面水的蒸发, 是土壤中毛细现象的重要应用.

例 4.3　在内半径为 r 的竖直毛细管中注水, 一部分水在管的下端形成水滴, 可看成半径为 R 的球的一部分, 求水柱高度 h (接触角 $\theta = 0$, 水的表面张力系数 σ 为已知量).

解　如图 4-17 所示, 设大气压强为 p_0, 则毛细管内水面下 A 点的压强为

$$p_A = p_0 - \frac{2\sigma}{r}$$

毛细管下端水珠成半球状, 考虑附加压强, 水滴内紧靠下表面的 B 点的压强为

$$p_B = p_0 + \frac{2\sigma}{R}$$

A, B 两点的压强差为

$$p_B - p_A = \rho g h$$

联立上面三式, 得毛细管内水的高度

$$h = \frac{2\sigma}{\rho g}\left(\frac{1}{r} + \frac{1}{R}\right)$$

图 4-17

习　　题

4-1　有一水坝长 1 km, 水深 5 m, 水坝斜面与水平方向的夹角为 60°, 求坝身所承受水的总压力.

4-2　一个圆柱形水桶装有水, 液面高度为 H, 水桶的底面积为 S_1. 桶的底部有一个小孔, 面积为 S_2. 求:

(1) 液面下降的速率与液面高度的关系;

(2) 桶内水全部流尽需要的时间.

4-3　在水平地板上放置一开口很大的圆柱形容器, 里面盛有水, 水面距离地板的高度为 H. 在容器侧壁上距离水面的竖直高度为 h 处开一小孔. 假设水为理想流体, 问射出的水流在地板上的射程有多远? h 为何值时, 射程最远?

4-4　计算图 4-9 中与 A 等高的虹吸管内一点的压强.

4-5　水柱从面积为 S_0 的喷水口竖直向上以初速度 v_0 喷出, 正好将位于出水口正上方的带有平板底座的物体托起并稳定悬浮在空中. 将水流视为理想流体的定常流动, 且认为水流喷射到底座上后迅速沿水平方向散开, 竖直方向的速度变为零. 已知物体和底座的质量之和为 m, 问:

(1) 底座位于出水口上方多高的地方?

(2) 水柱到达底座时截面积为多大?

4-6　流体在半径为 R 的圆柱形管道内作定常流动, 截面上的流速分布为 $v = v_0(1 - r/R)$, r 为截面上某点到轴线的距离. 求流过此管的流量.

4-7　假设人体的血管的内半径是 4 mm, 这段血管的血液流量是 1×10^{-6} m³·s⁻¹. 血液的黏度 $\eta = 3.0 \times 10^{-3}$ Pa·s. 求:

(1) 这段血管中血液的平均流速;

(2) 长为 0.1 m 的血管两端的压强差.

4-8　一半径为 0.1 mm 的雨滴, 在空气中下降, 空气视为黏性流体, 试用斯托克斯公式求雨滴下降的终极速度. 空气的密度 $\rho_0 = 1.25$ kg·m⁻³, 空气的黏度 $\eta = 1.81 \times 10^{-5}$ Pa·s.

4-9　将一根毛细管一端竖直插入水中, 管内水面比管外水面高出 $h = 6.5$ cm, 如将此毛细管一端插入水银中, 求管内外水银面的高度差. 已知水的表面张力系数 $\sigma = 7.3 \times 10^{-2}$ N·m⁻¹, 水与管壁的接触角为 0°; 水银的表面张力系数 $\sigma' = 0.49$ N·m⁻¹, 密度 $\rho' = 13.6 \times 10^3$ kg·m⁻³, 与管壁的接触角为 135°.

4-10　已知移液管装有某种液体, 其质量为 m, 然后让液体缓缓地从移液管下端滴出, 液滴因重力作用形成袋状, 袋状表面层形成一个细的瓶颈, 直径为 d, 如习题 4-10 图所示. 液滴一滴滴地由颈部断裂落下, 共有 n 滴, 求此液体的表面张力系数.

4-11 如习题 4-11 图所示, 一个半径为 R 的气泡恰在水面下, 水的表面张力系数为 σ, 水面上大气压强为 p_0, 求气泡内的压强.

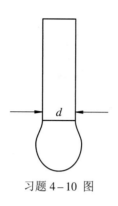

习题 4-10 图

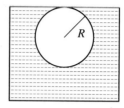

习题 4-11 图

第5章 振　动

5.1 振动概述

振动是任何物理量在其取值范围内往复改变其量值的现象. 例如, 风中摇曳的树叶、昼夜气温的变化、飞行中的鸟的翅膀、心脏的跳动、交流电路中的电流或电压、行星的运动和物质中原子在平衡位置附近的运动等, 都属于振动的范畴.

对振动的描述方法通常是记录物理量随时间的变化. 按能否用时间的函数描述可分为确定性振动与随机性振动. 例如行星的运动可用时间的函数表示, 为确定性振动; 而地震则无法表示为时间的函数, 为随机性振动.

按物理量随时间的变化是否存在周期, 把振动分为周期性振动与非周期性振动. 摆动的钟摆以固定的频率回到相同的位置; 地球在其公转轨道上每年在相同的时间返回到相同的位置, 引起四季变化; 固体中的分子在各自平衡位置附近振动; 交流电电路中电流、电压和电荷均随时间周期性变化, 这些都属于周期性振动. 地震和树叶的摆动就无明显周期, 属于非周期性振动.

按振动的物理量划分, 有机械振动 (描述位移的振动), 电磁振动 (描述电场与磁场强度的振动) 和其他振动.

此外, 根据振动的动力学方程, 可将振动划分为线性振动和非线性振动. 下面, 以摆球的平面运动为例说明线性振动与非线性振动的区别.

如图 5-1 所示, 质量为 m 的小球由轻绳悬挂, 轻绳上端固定. 由重力驱动, 振动发生在竖直平面内. 小球受重力 mg 和拉力 F_T 作用, 重力的切向分力为 $mg \sin \theta$, 始终指向平衡位置, 与小球相对平衡位置的位移方向相反, 这个力叫做回复力. 根据牛顿第二定律, 有

$$-mg \sin \theta = m \frac{\mathrm{d}^2 s}{\mathrm{d} t^2}$$

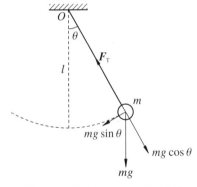

图 5-1　在竖直平面摆动的小球

负号表示回复力总指向平衡位置, s 为小球所在位置距离平衡位置的弧长, 由于 $s = l\theta$, 故上式可写为

$$\frac{\mathrm{d}^2 \theta}{\mathrm{d} t^2} = -\frac{g}{l} \sin \theta \tag{5.1}$$

上式就是描述摆球振动的动力学方程. 一般情况下, 如果一个振动系统存在相应的动力学方程, 则可根据该方程是否线性来划分振动是否线性振动. 当描述振动的微分方程中振动的物理量 (此例中为 θ) 及其各阶导数都是线性的 (均为一次项), 相应的振动称为线性振动, 反之, 称为非线性振动. 显然, 式 (5.1) 中 $\sin \theta$ 是 θ 的非线性函数, 因此, 一般情况下, 摆球的振动属于非线性振动. 但是在 θ 很小的情况下, $\sin \theta \approx \theta$. 事实上当 θ 小于 $10°$ 时, 以弧度为单位的角

度和其正弦值几乎相等, 误差小于 1%. 所以方程可近似为

$$\frac{\mathrm{d}^2\theta}{\mathrm{d}t^2} = -\frac{g}{l}\theta \tag{5.2}$$

上式中没有出现 θ 及其导数的非线性项, 所以式 (5.2) 描述的摆球的振动属于线性振动. 非线性振动的动力学方程通常没有解析解, 所以研究非线性振动是极其困难的, 本书只涉及线性振动的基础知识. 另外, 虽然任意物理量都可以表现为振动, 但本章我们主要讨论机械振动, 机械振动的直观性使读者更容易理解振动的概念及相关知识.

振动的应用十分广泛. 利用机械振动的振动筛, 可以将大小、质量不等的物体或颗粒筛选出来. 石英配合外部电路形成的振动可用来制作石英钟. 当然, 有些振动对人体是有害的, 例如 $40 \sim 300\,\mathrm{Hz}$ 的机械振动可使人体毛细血管张力发生变化, 或使人出现心率不齐等不良反应. 在生产环节或日常生活中应该尽量避免有害的振动.

5.2 简谐振动

所有振动中, 简谐振动是一种最简单然而又是最重要的振动形式. 它是一切周期性振动的基础.

5.2.1 简谐振动及其特点

考虑处于自由状态、劲度系数为 k, 质量可忽略的理想弹簧. 弹簧一端固定, 另一端连接有一个质量为 m 的物体, 弹簧振子在光滑水平面上运动, 物体所受的合外力为弹簧作用在物体上的弹力, 物体处于平衡位置 ($x = 0$), 弹簧处于平衡状态, 既不拉伸也不压缩, 弹力为 0, 如图 5-2 所示. 以弹簧原长处为原点, 建立 x 轴, 无论弹簧被拉伸还是被压缩, 在弹性限度内作用在物体上的回复力总可以表示为

$$F = -kx \tag{5.3}$$

式中的负号表示弹力与物体的位移方向相反, 弹簧施于物体上的力始终指向平衡位置.

对于竖直悬挂的弹簧振子 (图 5-3), 若以物体的平衡位置为原点, 向下建立坐标轴, 则物体所受合力仍可用式 (5.1) 表示 (读者可自行证明).

由牛顿第二定律,

$$m\frac{\mathrm{d}^2x}{\mathrm{d}t^2} = -kx \tag{5.4}$$

显然 $k/m > 0$, 不妨令

$$\omega = \sqrt{\frac{k}{m}} \tag{5.5}$$

则式 (5.2) 成为

$$\frac{\mathrm{d}^2x}{\mathrm{d}t^2} = -\omega^2 x \tag{5.6}$$

由式 (5.6) 描述的振动叫做简谐振动. 可以验证, $\cos\omega t$ 和 $\sin\omega t$ 都是方程的解且线性无关, 因此上述方程的通解为

$$x = C_1 \cos\omega t + C_2 \sin\omega t$$

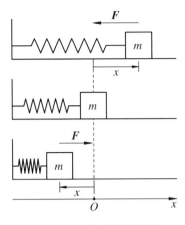

图 5-2 水平弹簧振子

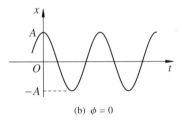

图 5-3 竖直悬挂的弹簧振子

式中 C_1 和 C_2 为线性组合系数, 由初始条件决定. 由于它们的物理意义不明确, 所以通常将上式改写为下面的形式

$$x = A \cos (\omega t + \phi) \tag{5.7}$$

式中

$$A = \sqrt{C_1^2 + C_2^2}$$

$$\phi = -\arctan \frac{C_2}{C_1}$$

A 和 ϕ 均为常量, 由初始条件决定. 式 (5.7) 中 x 随时间的变化曲线示于图 5-4.

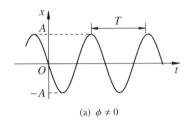

(a) $\phi \neq 0$

(b) $\phi = 0$

图 5-4 简谐振动图示

由图 5-4 可以看出, A 表示质点离开平衡位置 (正方向或负方向) 的最大距离, 叫做振幅; ω 为角频率, 其单位为 rad·s⁻¹ (弧度每秒), 表示振动的快慢, 每秒内全振动次数越多, ω 越大. $\omega t + \phi$ 称为振动的相位, 它决定了振动的状态. $t = 0$ 时刻的相位 ϕ 称为初相位, 与振幅 A 一起共同由初始时刻物体的位置和速度决定. 根据余弦函数的性质, 相位每改变 2π, 物体的运动重复一次, 经历的时间为一个周期 T, 即

$$\omega(t + T) + \phi - (\omega t + \phi) = 2\pi$$

因此有

$$T = \frac{2\pi}{\omega} \tag{5.8}$$

周期的倒数为频率, 用 ν 表示.

$$\nu = \frac{1}{T} = \frac{\omega}{2\pi} \tag{5.9}$$

周期是每次全振动所需时间, 频率表示单位时间内所发生的全振动的次数, 频率的单位为赫兹(Hz). 式 (5.3), 式 (5.6) 和式 (5.7) 共同构成了质点作简谐振动的基本数学表达式, 它们都体现了简谐振动的特征. 因此, 如果一个系统满足其中任何一个, 我们都可以判定其为简谐振动.

由式 (5.7) 可得简谐振动的速度和加速度:

$$v = \frac{\mathrm{d}x}{\mathrm{d}t} = -\omega A \sin(\omega t + \phi) \tag{5.10}$$

$$a = \frac{\mathrm{d}^2 x}{\mathrm{d}t^2} = -\omega^2 A \cos(\omega t + \phi) \tag{5.11}$$

速度和加速度的最大值分别为 $v_{max} = \omega A$ 和 $a_{max} = \omega^2 A$. 图 5-5 表示初相位为任意值时简谐振动的位移、速度和加速度随时间的变化曲线.速度与位移相位差为 $\pi/2$, 当位移处于正负最大值时, 速度为 0; 同样, 当位移 $x = 0$ 时, 速度的绝对值最大; 另外, 加速度与位移相位差为 π, 即位移与加速度的绝对值同时达到最大值, 同时回到零, 但它们的方向相反.

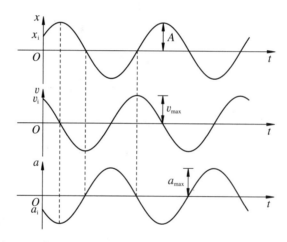

图 5-5　简谐振动的位移、速度和加速度随时间变化的曲线

例 5.1　设 $t = 0$ 时刻弹簧振子经过平衡位置以速率 v_i 向右运动 (取向右为正方向), 求振动表达式.

解　将位移的初始条件代入式 (5.7), 有

$$x(0) = A \cos \phi = 0$$

由此可知 $\phi = \pm \dfrac{\pi}{2}$. 再将速度的初始条件代入式(5.10), 有

$$v(0) = -\omega A \sin \phi = v_i$$

由于初始时刻 $v(0) > 0$, 且振幅 A 必须大于 0, 所以有 $\phi = -\dfrac{\pi}{2}$, $A = \dfrac{v_i}{\omega}$. 于是, 振动表达式为

$$x(t) = \frac{v_i}{\omega} \cos\left(\omega t - \frac{\pi}{2}\right)$$

5.2.2 简谐振动举例

1. 单摆

在小角度近似下图 5−2 所示的振动系统满足方程(5.2), 此时小球的摆动称为单摆. 令 $\omega = \sqrt{g/l}$ 并与式 (5.6) 比较, 可得方程的解为

$$\theta = \theta_0 \cos (\omega t + \phi) \tag{5.12}$$

θ_0 为振幅, 表示最大角位移. 振动的周期为

$$T = 2\pi \sqrt{\frac{l}{g}} \tag{5.13}$$

我们可以看出单摆周期只与摆长和重力加速度有关, 与摆球质量无关. 对于所有具有相同摆长的单摆, 在相同的地点, 振动周期相等.

2. 物理摆

如果我们用手指设法平衡衣架, 然后给衣架一个很小的角位移, 它将来回摆动. 如果一个悬挂的刚体绕固定轴振动, 该固定轴不通过物体的质心, 那么此振动系统不能看成单摆. 在重力矩作用下刚体绕固定轴的摆动叫做物理摆, 也叫复摆. 如图 5−6 所示, 假设一刚体绕固定轴 O 摆动, 轴 O 到质心 C 的距离为 l, 重力提供了对轴 O 的力矩, 力矩的大小为 $M = mgl \sin \theta$. 根据转动定律, 有

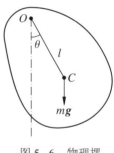

图 5−6 物理摆

$$-mgl \sin \theta = I \frac{\mathrm{d}^2\theta}{\mathrm{d}t^2}$$

负号表示力矩的作用是要减小 θ, I 为刚体相对于转轴 O 的转动惯量. 当 θ 很小时, 上式可近似为

$$\frac{\mathrm{d}^2\theta}{\mathrm{d}t^2} = -\frac{mgl}{I}\theta = -\omega^2\theta \tag{5.14}$$

方程 (5.14) 的解可以写成式 (5.12) 的形式, 振动的周期为

$$T = 2\pi \sqrt{\frac{I}{mgl}} \tag{5.15}$$

如果已知质心位置和转轴距离质心的距离 l, 通过测量周期 T, 式 (5.15) 可以用来测量刚体相对于转轴的转动惯量.

例 5.2 比较不同生物走路的频率. 轻松步行时, 动物的腿可看作是绕其臀部摆动、长度为 l 的物理摆. 猫 ($l = 30$ cm)、狗($l = 60$ cm)、人($l = 1$ m)、长颈鹿 ($l = 2$ m), 轻松步行时各自的频率是多少?

解 将腿看成绕其一端转动的均匀直棒, 质心到转动轴的距离为 $l/2$, 棒相对于其通过端点的轴的转动惯量 $I = \frac{ml^2}{3}$. 由式 (5.15) 可以计算周期, 进而计算出频率

$$\nu = \frac{1}{2\pi} \sqrt{\frac{mgl/2}{I}} = \frac{1}{2\pi} \sqrt{\frac{3g}{2l}} \approx 0.2 \sqrt{\frac{g}{l}}$$

代入每一种动物 l 的数值, 得到频率分别为 1 Hz (猫), 0.8 Hz (狗), 0.6 Hz (人), 0.4 Hz (长颈鹿). 腿越短, 频率越快.

5.2.3　简谐振动的表示方法

考虑位于半径为 A 的圆周上的质点, 以恒定的角速度 ω 逆时针方向作匀速圆周运动, 如图 5-7 所示. $t = 0$ 时刻质点与圆心的连线与 x 轴夹角为 ϕ. 任意时刻 $t > 0$, 质点位于点 P, 其径矢 $\boldsymbol{r}$ 与 x 轴的夹角为 $\omega t + \phi$, 因此, 质点的运动方程为

$$\boldsymbol{r} = A\cos(\omega t + \phi)\boldsymbol{i} + A\sin(\omega t + \phi)\boldsymbol{j}$$

显然, 质点在 x 轴上的投影 $A\cos(\omega t + \phi)$ 表示振幅为 A, 角频率为 ω, 初相位为 ϕ 的简谐振动. 由于旋转矢量 $\boldsymbol{r}$ 与简谐振动之间具有这样的对应关系, 所以可用旋转矢量表示简谐振动. 旋转矢量的矢端画出的圆周也被称为参考圆. 矢量加法的直观性, 有助于我们运用矢量法更简单、更直观地处理简谐振动的叠加这一类问题, 特别是参与叠加的简谐振动较多的情况.

事实上, 质点在 y 轴上的投影也是简谐振动, 所以匀速圆周运动可以看成两个垂直方向的简谐振动合成的结果, 二者的相位差为 $\pi/2$.

对于质点的简谐振动, 我们还可以用相平面中的相轨来表示. 以坐标为横轴, 以动量为纵轴构成的平面称为相平面. 作简谐振动的质量为 m 的质点的动量为

$$p = m\frac{\mathrm{d}x}{\mathrm{d}t} = -m\omega A\sin(\omega t + \phi)$$

上式与式(5.7)联立并消去 t, 可得相轨方程为

$$\left(\frac{x}{A}\right)^2 + \left(\frac{p}{m\omega A}\right)^2 = 1$$

它在相平面中表示一个椭圆, 如图 5-8 所示.

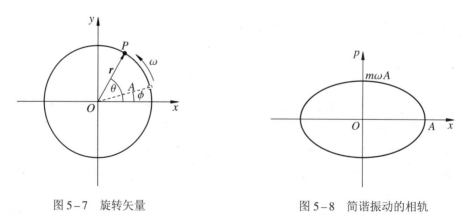

图 5-7　旋转矢量　　　　　　　　　　图 5-8　简谐振动的相轨

简谐振动的相轨是一条闭合曲线, 表示其振动状态周而复始地重复, 相轨法对简谐振动而言优势并不明显. 相轨法更多地应用于直观表示非线性振动, 随着对非线性振动的研究的不断深入, 相轨法逐渐显示出它的优势.

5.2.4 简谐振动的能量

让我们分析一下图 5-2 中弹簧振子的机械能. 由于水平面光滑没有摩擦力, 所以系统的机械能守恒; 又由于弹簧质量不计, 所以系统的动能只是物块的动能:

$$E_k = \frac{1}{2}mv^2 = \frac{1}{2}m\omega^2 A^2 \sin^2(\omega t + \phi) \tag{5.16}$$

系统的势能为弹性势能

$$E_p = \frac{1}{2}kx^2 = \frac{1}{2}kA^2 \cos^2(\omega t + \phi) \tag{5.17}$$

由于 $k = m\omega^2$, 所以系统的机械能为

$$E = E_k + E_p = \frac{1}{2}mA^2\omega^2 = \frac{1}{2}kA^2 \tag{5.18}$$

从上式可以看出, 作简谐振动的谐振子的机械能是一个常量且与振幅的平方成正比, 与物体在最大位移处 (此时动能为零) 时的弹性势能相等, 或者等于物体在平衡位置 ($x = 0$) 时的动能. 式 (5.18) 虽然是从弹簧振子推出的, 但它同样适用于其他形式的机械简谐振动, 比如单摆和物理摆等. 在简谐振动过程中, 能量在势能和动能之间连续转化, 如图 5-9 所示.

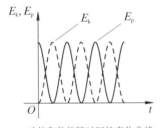

(a) 动能和势能随时间的变化曲线

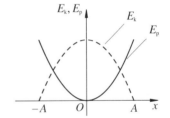

(b) 动能和势能随位置的变化曲线

图 5-9 简谐振动的动能与势能随时间和位置的变化

下面, 我们通过能量守恒定律得出任意位置处的振动速率. 由

$$E = \frac{1}{2}mv^2 + \frac{1}{2}kx^2 = \frac{1}{2}m\omega^2 A^2$$

得

$$v = \pm\omega\sqrt{A^2 - x^2} \tag{5.19}$$

容易看出, 当 $x = 0$ 时, 速率最大; 当 $x = \pm A$ 时, 速率为 0.

在许多物理现象中简谐弹簧振子的势能是一个非常好的理想模型. 例如, 分子内中性原子间的势能可以用兰纳 - 琼斯势能来描述.

$$E_p(r) = 4\varepsilon\left[\left(\frac{\sigma}{r}\right)^{12} - \left(\frac{\sigma}{r}\right)^6\right]$$

式中, ε 等于势阱的深度; σ 是相互作用势能正好为零时两原子或分子的距离; r 是原子或分子间的距离. 这个复杂的公式描述了将原子结合在一起的相互作用势能, 如图 5-10 所示. 当相对于平衡位置的位移非常小时, 该势能曲线非常接近于抛物线, 与简谐振动的谐振子势能类似, 因此, 我们可以认为在平衡位置附近, 原子间的振动可近似地用简谐振动来描述.

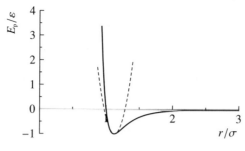

图 5-10 兰纳-琼斯势能模型

5.3 振动的合成与分解

简谐振动是最简单也是最基本的振动形式, 一个质点可同时参与两个或多个振动的情况. 任何一个复杂的振动都可以由多个不同频率的简谐振动叠加而成, 那么几个简谐振动是怎样合成一个复杂的振动的呢? 我们只讨论简谐振动合成的几种简单情况. 学习简谐振动合成之后, 将简要介绍一个复杂的周期运动如何表示为多个简谐振动的叠加, 即振动的分解.

5.3.1 振动方向相同的两个简谐振动的合成

设有两个同频率的简谐振动, 振动方向相同, 分别是

$$y_1(t) = A_1 \cos(\omega t + \phi_1)$$
$$y_2(t) = A_2 \cos(\omega t + \phi_2)$$

这里的 $y_1(t)$, $y_2(t)$ 可以是机械振动的位移, 也可以是交流电中的电压或电流, 或声波中的流体压强, 电磁波中的电场, 磁场某个分量, …… 它们的合振动为

$$y(t) = y_1(t) + y_2(t) = A_1 \cos(\omega t + \phi_1) + A_2 \cos(\omega t + \phi_2)$$

利用三角函数的和角公式, 将上式化为

$$y(t) = (A_1 \cos \phi_1 + A_2 \cos \phi_2) \cos \omega t - (A_1 \sin \phi_1 + A_2 \sin \phi_2) \sin \omega t$$

令

$$A \cos \phi = A_1 \cos \phi_1 + A_2 \cos \phi_2 \tag{5.20}$$
$$A \sin \phi = A_1 \sin \phi_1 + A_2 \sin \phi_2 \tag{5.21}$$

则 $y(t)$ 可表示为

$$y(t) = A \cos \phi \cos \omega t - A \sin \phi \sin \omega t = A \cos(\omega t + \phi)$$

从上式可以看出, 同方向、同频率的两个简谐振动合成后仍为简谐振动, 且合振动的角频率与原来每个简谐振动的角频率相等. 取式 (5.20) 和式 (5.21) 的平方和, 可得合振动的振幅

$$A = \sqrt{A_1^2 + A_2^2 + 2A_1 A_2 \cos(\phi_2 - \phi_1)} \tag{5.22}$$

式 (5.21) 与式 (5.20) 两边分别相除, 可得合振动的初相位

$$\phi = \arctan \frac{A_1 \sin \phi_1 + A_2 \sin \phi_2}{A_1 \cos \phi_1 + A_2 \cos \phi_2} \tag{5.23}$$

合振动的振幅与两个分振动的振幅以及它们的相位差有关. 讨论如下:

(1) 若相位差 $\phi_2 - \phi_1 = 2n\pi$ ($n = 0, \pm 1, \pm 2, \cdots$), 则

$$A = \sqrt{A_1^2 + A_2^2 + 2A_1 A_2} = A_1 + A_2$$

即当两振动的相位相同或相位差为 2π 的整数倍时, 合振动的振幅等于两分振动的振幅之和, 合成结果为相互加强, 振幅最大.

(2) 若相位差 $\phi_2 - \phi_1 = (2n + 1)\pi$ ($n = 0, \pm 1, \pm 2, \cdots$), 则

$$A = \sqrt{A_1^2 + A_2^2 - 2A_1 A_2} = |A_1 - A_2|$$

即当两分振动的相位相反或相位差为 π 的奇数倍时, 合振动的振幅等于两分振动的振幅之差的绝对值, 合成结果为相互减弱, 振幅最小. 一般情况下, 相位差可取任意值, 而合振幅介于 $|A_1 - A_2|$ 和 $A_1 + A_2$ 之间.

采用旋转矢量法来计算同方向、同频率简谐振动的合成尤为方便.读者可试证之.

下面考虑若参与合成的两个简谐振动的频率不等, 但振幅和初相位相同的振动的合成问题. 两个同方向的简谐振动分别为

$$y_1(t) = A \cos(\omega_1 t + \phi)$$
$$y_2(t) = A \cos(\omega_2 t + \phi)$$

它们的合振动为

$$y(t) = y_1(t) + y_2(t) = 2A \cos \frac{\omega_2 - \omega_1}{2} t \cos \left(\frac{\omega_2 + \omega_1}{2} t + \phi \right) \tag{5.24}$$

如果两个分振动的频率非常接近, 即 $|\omega_1 - \omega_2| \ll \omega_1 + \omega_2$, 则式 (5.24) 表示振幅随时间缓慢变化的振动. 振幅 $2A \left| \cos \frac{\omega_2 - \omega_1}{2} t \right|$ 的变化周期为 $T = \left| \frac{2\pi}{\omega_2 - \omega_1} \right|$.

由两个分振动的频率的微小差异而产生的合振动的振幅时而加强时而减弱的现象, 叫做拍. 图 5–11 分别显示了分振动和合振动随时间变化关系的曲线. 例如, 两个音叉的振动频率分别为 438 Hz 和 442 Hz, 则合振动的振动频率为 440 Hz, 拍频为 4 Hz. 听众可以听到 440 Hz 的音调, 1 s 内接收到 4 次声强的最大值.

拍现象在声学中有重要应用. 例如让标准音叉与待调节的钢琴某一键同时发音, 若出现拍音, 就表示该键发音的频率与标准音叉的频率有差异, 调整该键频率直到拍音消失, 该键被校准.

5.3.2 垂直方向上两个简谐振动的合成

设两个振动方向相互垂直的同频率的简谐振动, 它们分别在 x 轴和 y 轴上振动:

$$x(t) = A_1 \cos(\omega t + \phi_1)$$
$$y(t) = A_2 \cos(\omega t + \phi_2)$$

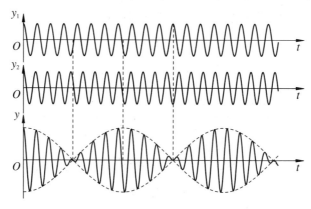

图 5-11   拍现象

将以上两式中的 t 消去, 可得到合振动的轨道方程

$$\frac{x^2}{A_1^2} + \frac{y^2}{A_2^2} - \frac{2xy}{A_1 A_2} \cos(\phi_2 - \phi_1) = \sin^2(\phi_2 - \phi_1) \tag{5.25}$$

这个方程表示一个椭圆, 它的形状由两分振动的振幅及相位差 $\Delta\phi = \phi_2 - \phi_1$ 决定. 下面讨论几种特殊情况.

(1) $\Delta\phi = 0$, 则式 (5.25) 可简化为 $y = \dfrac{A_2}{A_1} x$, 合振动的轨迹是一条通过坐标原点的直线段, 位于 I, III 象限, 其斜率等于两个分振动振幅之比.

(2) $\Delta\phi = \pi/2$ 或 $3\pi/2$ 时, 式 (5.25) 变为

$$\frac{x^2}{A_1^2} + \frac{y^2}{A_2^2} = 1$$

合振动的轨迹为一正椭圆, 当 $A_1 = A_2$ 时, 上式变为圆方程, 合振动的轨迹为一个圆.

(3) $\Delta\phi = \pi$ 时, 轨道方程变为 $y = -\dfrac{A_2}{A_1}x$, 合振动的轨迹是一条通过坐标原点且位于 II, IV 象限的直线段.

(4) 其他情况下, 合运动的轨迹为斜椭圆 (图 5-12). 从图中可以看出, 当 $0 < \Delta\phi < \pi$ 时, 合振动的轨迹沿顺时针方向, 称为右旋; 当 $\pi < \Delta\phi < 2\pi$ 时, 合振动的轨迹沿逆时针方向, 称为左旋.

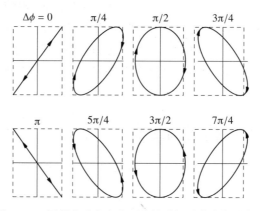

图 5-12   同频率垂直方向两个简谐振动的合振动轨迹

当两个互相垂直的简谐振动频率不等时, 一般情况下, 合成的轨迹是不稳定的, 无法用固定的图形表示. 当参与合成的两个简谐振动的周期呈整数比时, 轨迹是闭合的, 运动是周期性的, 这种图形叫做李萨如图形 (图 5–13). 由于在闭合的李萨如图形中两个分振动的频率严格地呈整数比, 人们可以在示波器上用李萨如图形来精确地比较频率.

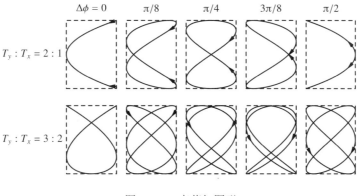

图 5–13 李萨如图形

5.3.3 振动的分解

前面讨论的基本上是简谐振动. 对于非简谐振动, 直接分析它往往比较困难. 如果把它们分解为许多简谐振动, 事情就好办得多. 严格的数学证明在此从略, 我们以一个矩形振动为例来说明, 一个非简谐周期性振动可以看成是多个简谐振动叠加的结果. 如图 5–14 (a) 所示, 振幅分别为 A 和 $A/3$, 角频率分别为 ω 和 3ω 的简谐振动, 其合成振动类似于矩形. 图 5–14 (b) 是振幅分别为 A, $A/3$ 和 $A/5$, 角频率分别为 ω, 3ω 和 5ω 的简谐振动的合成结果, 图 5–14 (c) 是 5 个角频率成分的简谐振动合成的结果. 从图中可以看到, 随着参与合成的角频率成分的增多, 合振动越来越逼近于一个标准的矩形周期振动. 可以设想, 矩形振动是无限多个角频率为基频奇次倍的简谐振动的叠加.

上述特例反映了一普遍规律, 即任何一个周期性的函数可分解为一系列频率为基频整数倍的简谐函数, 这在数学上叫做傅里叶分解. 沿 x 方向的任何振动都可以唯一地分解成 x 方向一系列简谐振动的和. 对于周期为 T 的振动, 可将 $x(t)$ 唯一地表示为

$$x(t) = \sum_{n=0}^{\infty} A_n \cos(n\omega_1 t + \phi_n) \tag{5.26}$$

式中 ω_1 为基频. 以角频率 ω 为横坐标、各谐频振幅 A 为纵坐标所作的图, 叫做频谱图 (见图 5–15).

1822 年法国数学家傅里叶在研究热传导理论时提出并证明了将周期函数展开为正弦或余弦级数的原理. 奠定了傅里叶级数的理论基础、揭示了周期信号的本质, 即任何周期信号 (单一频率的正弦或余弦信号除外) 都可以看作是由多个不同频率、不同幅度的正弦或余弦信号叠加而成的. 应用现代技术, 人们可以通过叠加一定数目的振幅不等的谐频, 产生各种音调的音乐.

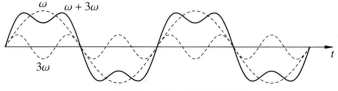

(a) 角频率为 ω 和 3ω 的谐振动的叠加

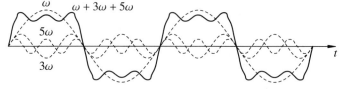

(b) 角频率为 ω, 3ω 和 5ω 的谐振动的叠加

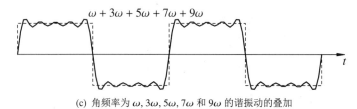

(c) 角频率为 ω, 3ω, 5ω, 7ω 和 9ω 的谐振动的叠加

图 5–14 矩形振动的傅里叶分析

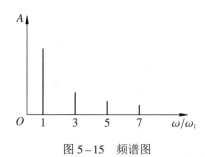

图 5–15 频谱图

5.4 阻尼振动 受迫振动

5.4.1 阻尼振动

到目前为止我们讨论的振动均为理想情况, 也就是振动的系统只受到一个线性回复力的作用. 在实际存在的系统中, 非保守力, 例如摩擦力, 阻碍物体的运动, 导致系统的机械能随着时间逐渐消失, 该运动被称为阻尼振动.

考虑弹簧振子浸没在黏性液体中作阻尼振动的情形. 通常黏性阻力与物体的速度成正比, 与物体运动方向相反, 可以表示为 $F_r = -bv$ (b 称为阻尼系数, 其值是一个正实数), 系统的回复力为 $-kx$, 应用牛顿第二定律, 有

$$-kx - b\frac{\mathrm{d}x}{\mathrm{d}t} = m\frac{\mathrm{d}^2x}{\mathrm{d}t^2} \tag{5.27}$$

由于阻尼力与 x 的一阶导数有关, 所以弹簧振子所受合外力不再是线性回复力. 当阻尼力不

存在时,上式即为简谐振动的动力学方程. 令

$$\omega_0 = \sqrt{\frac{k}{m}} \tag{5.28}$$

ω_0 表示阻尼力不存在时, 简谐振动的角频率. 略去解的过程, 我们分三种情况讨论方程 (5.27) 的解.

(1) $b < 2m\omega_0$, 阻尼力相对较小, 方程 (5.27) 的解为

$$x = A\,\mathrm{e}^{-bt/2m} \cos(\omega t + \phi) \tag{5.29}$$

振动的角频率

$$\omega = \sqrt{\omega_0^2 - \left(\frac{b}{2m}\right)^2} = \sqrt{\frac{k}{m} - \left(\frac{b}{2m}\right)^2}$$

这种情况下, x 随时间的变化曲线如图 5–16 所示. 我们可以看出, 振动的特性还保留着, 但振幅逐渐变小, 最后导致振动停止. 摆或音叉的振动会随着能量消耗而逐渐停止, 每个周期的振幅都会比上一次小一点. 这种振动称为阻尼振荡. 阻尼通常具有熄灭或抑制的含义, 在阻尼力很小的情况下, 振动频率与没有阻尼的情况近似. 阻尼力增大一些, 会略微降低频率. 而阻尼增加到一定程度时, 甚至阻止振动的发生.

(2) $b > 2m\omega_0$, 阻尼力较大, 振子的位移从最大位移处随时间单调衰减, 已经没有实际意义上的振动了, 这种情况称为过阻尼.

(3) $b = 2m\omega_0$, 阻尼力适中, 振子作单调衰减运动, 只不过与过阻尼相比, 这种情形的衰减更加快速, 它是介于阻尼振荡与过阻尼之间的临界状态, 称为临界阻尼 (图 5–17).

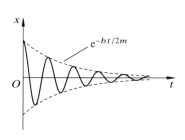

图 5–16 阻尼振动

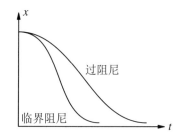

图 5–17 临界阻尼和过阻尼

阻尼并不总是不利的. 汽车的悬挂系统中包含减震器, 它通过将车身与底盘相连的弹簧来迅速消除车身的振动. 利用减震器, 可以减少行驶在崎岖道路上的汽车颠簸给乘客带来的不舒适感觉. 减震器要压缩或伸长, 就必然有黏稠的油从活塞上的孔中流过. 无论活塞朝哪个方向运动, 黏性阻力都会耗散能量. 减震器使弹簧平滑地回到其平衡长度, 而不是上下振动.

5.4.2 受迫振动

存在阻尼力时, 保持振幅不减小的唯一办法是借助其他途径补充消耗的能量. 父母轻推荡秋千的小孩, 就是通过 "推" 这个动作来补充耗散掉的能量. 为了保持振幅恒定, 父母会在

每个周期轻推一下, 以增加适当的能量来弥补每个周期内耗散掉的能量. 驱动力的频率 (父母的轻推) 与系统的自然频率 (系统自己摆动的频率) 相同. 周期性的外部驱动力作用在可以发生振动的系统上时, 受迫振动 (或受激振动) 就会发生. 设外部驱动力的表达式为

$$F(t) = F_0 \cos \omega t$$

ω 为驱动力的角频率, F_0 为一常量. 对受迫振动应用牛顿第二定律, 有

$$F_0 \cos \omega t - b \frac{\mathrm{d}x}{\mathrm{d}t} - k x = m \frac{\mathrm{d}^2 x}{\mathrm{d}t^2}$$

这是一个非齐次方程, 它的通解是对应的齐次方程的通解与非齐次方程一个特解的线性组合, 而齐次方程的通解就是阻尼振动方程的解. 根据我们对阻尼振动的讨论, 经过足够长的时间以后, 阻尼振动的振幅就会衰减掉. 因此, 此方程有意义的解是其稳态解, 即非齐次方程的特解, 它具有以下形式:

$$x(t) = A \cos (\omega t + \phi)$$

受迫振动稳定以后, 表现为简谐振动, 角频率与外部驱动力的角频率相等; 而其相位与驱动力的相位不一致, 存在相位差. 从能量的角度讲, 当驱动力作用于从静止开始运动的物体上, 振幅逐渐增加. 经过较长时间的振动, 当在每个周期内驱动力提供的机械能与系统消耗的机械能相等时, 振动的振幅保持恒定. 稳态振幅由下式确定:

$$A = \frac{F_0/m}{\sqrt{(\omega^2 - \omega_0^2)^2 + (b\omega/m)^2}} \tag{5.30}$$

式中 ω_0 是由式 (5.28) 确定的非阻尼振动的固有角频率.

　　分析式 (5.30) 可以得出, 当满足

$$\omega = \sqrt{\omega_0^2 - \frac{b^2}{2m^2}} \tag{5.31}$$

时, 振幅 A 最大, 这种状态称为共振, 对应的角频率就是共振角频率. 当驱动力的角频率与共振角频率相差较大时, 受迫振动的振幅相对较小; 驱动力的角频率越接近共振角频率, 振幅越大. 若阻尼系数 b 较小, 共振会引起很大的振幅. 图 5–18 为几种阻尼系数下受迫振动的振幅与驱动角频率的关系. 从图中可以看出, 阻尼系数越小, 共振振幅越大; 同时, 共振角频率越来越接近固有角频率. 当阻尼系数为零时, 即无阻尼状态下, 共振的振幅趋于无限大 (图中虚线).

　　一些情况下, 大振幅的共振会很危险. 因为材料承受的应力可能超过其弹性极限, 发生永久变形或断裂. 1940 年, 大风使得美国华盛顿州的塔科马海峡大桥发生振荡, 且振幅逐渐增大. 空气湍流经过大桥时引起的气压波动频率与大桥的共振频率相匹配. 随着振幅的增大, 大桥被迫封闭, 不久后大桥就垮塌了. 当代工程师设计的大桥共振频率会特别高, 这样风就不能造成共振了. 在 19 世纪, 有些桥因士兵行进的节奏与其频率匹配而发生了共振. 在几座桥因共振发生坍塌后, 士兵过桥时被要求便步走, 以消除因其行进节奏导致的桥体共振. 高层建筑会以特定的共振频率往复摇摆, 该频率取决于其结构. 如果我们将尺子的一端压在桌边上, 然后拨动尺子的另外一端, 就会看到尺子的振动. 高层建筑的振动模式与我们看到

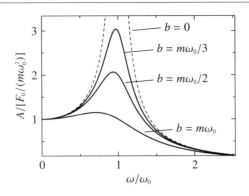

图 5-18　阻尼振动的振幅与驱动角频率的关系

的那把尺子的振动相似. 工程师有很多方法来减少这种摇摆振幅, 一种最简单、运用最广泛的方法是使用调谐质量阻尼器. 建筑工程师在建筑物顶部附近振幅最大点处固定阻尼弹簧系统. 汉考克塔上, 每一个质量为 300 000 kg 的箱子通过弹簧和减震器固定在建筑框架上, 且在覆盖着一层薄油的 9 m 长的钢板上来回晃动. 调谐质量阻尼器的共振频率和这个晃动建筑振荡的共振频率相匹配. 当建筑的摇摆驱动了调谐质量阻尼器的震动时, 能量被减震器耗散掉. 汉考克塔的调谐质量阻尼器使其摇摆幅度减少了 50%.

习　　题

5-1 质量为 m 的长方体木块, 浮在水面上, 其与水面平行的表面的面积为 S. 现将木块轻轻按下, 使其偏离平衡位置. 试证明小木块释放后将作简谐振动, 并求振动的周期(已知水的密度为 ρ).

5-2 质量为 m 的物体在保守力场中沿 x 轴运动, 其势能函数为 $E_p = a(x^2 + 1)$, a 为大于零的常量. 试证明该物体作简谐振动并求出简谐振动的周期.

5-3 一细圆环质量为 m, 半径为 R, 挂在墙上的钉子上. 求它的微小摆动的周期.

5-4 两个质点在同一直线上作振幅和频率均相等的简谐振动. 它们每次都是在振幅的一半处相向相遇, 问它们的相位差为多大?

5-5 一质量为 m 的物体, 以振幅 A 作简谐振动, 最大加速度为 a_{max}, 则其振动总能量为多大? 当其动能为其势能的一半时, 物体位于离平衡位置多远?

5-6 一质点作简谐运动的表达式为 $x = 0.10\cos(20\pi t + 0.25\pi)$ (m). 求:

(1) 振幅、频率、角频率、周期和初相位;

(2) $t = 2$ s 时的位移、速度和加速度.

5-7 作简谐运动的小球, 速度的最大值为 $v_{max} = 3$ cm $\cdot$ s^{-1}, 振幅 $A = 2$ cm, 若从速度为正的最大值的那一时刻开始计时,

(1) 求振动的周期;

(2) 求加速度的最大值;

(3) 写出振动表达式.

5-8 质量为 0.10 kg 的物体, 以振幅 1.0×10^{-2} m 作简谐振动, 其最大加速度为 4.0 m $\cdot$ s^{-2}. 试计算:

(1) 振动的周期;

(2) 通过平衡位置时的动能;

(3) 振动总能量;

(4) 物体在何处动能和势能相等?

5-9 一弹簧振子放置在光滑水平面上. 已知弹簧的劲度系数 $k = 1.60\ \text{N} \cdot \text{m}^{-1}$, 物体的质量 $m = 0.40\ \text{kg}$. 试分别写出以下两种情况下的振动表达式:

(1) 将物体从平衡位置向右移到 $x = 0.10\ \text{m}$ 处后释放;

(2) 将物体从平衡位置向右移到 $x = 0.10\ \text{m}$ 处后并给物体一向左的速度 $0.20\ \text{m} \cdot \text{s}^{-1}$.

5-10 一质点在 x-y 平面内运动, 它在两个坐标轴上的投影均为简谐振动, 表达式分别为

$$x = A\cos(\pi t), \qquad y = 2A\cos(2\pi t)$$

(1) 求质点的轨道方程;

(2) 计算质点连续两次通过 x 轴的时间间隔.

5-11 四个简谐振动振幅均为 A_0, 频率相等, 初相位依次增大 $\pi/3$. 求它们在同一方向合成后的振幅.

5-12 一质点同时参与两个同方向、同频率的简谐振动, 其振动规律为

$$x_1 = 5\cos\left(10t + \frac{3}{4}\pi\right)\ \text{cm}, \qquad x_2 = 6\cos\left(10t + \frac{1}{4}\pi\right)\ \text{cm}$$

(1) 求合振动的振幅和初相位;

(2) 如另有一简谐振动 $x_3 = 7\cos(10t + \phi_3)\ \text{cm}$, 问当 ϕ_3 为何值时, $x_1 + x_3$ 的振幅最大? 当 ϕ_3 为何值时, $x_1 + x_3$ 的振幅最小?

第6章 狭义相对论基础

相对论运动学探讨的是不同参考系中对同一事件的描述问题. 不考虑加速度和引力效应的, 叫狭义相对论.

前面我们学习了以牛顿定律为代表的经典力学, 其中关于两个作相对匀速运动的惯性参考系中对运动的描述问题, 由经典力学的相对性原理阐释. 通过伽利略变换, 可以得到两参考系中位移、速度、加速度的关系式. 经典力学的时空观也是建立在经典力学相对性原理的基础之上的. 即空间间隔、时间间隔、牛顿定律的表述形式与参考系的选择无关. 这种时空观在 19 世纪前的科学技术发展中被认可和接受, 仿佛世间万物在均匀的空间里, 以不变的时间步调, 有规律地、协调地运行着. 到了 18、19 世纪, 随着奥斯特、法拉第、安培和麦克斯韦等杰出的物理学家一步步促成了电磁理论的诞生和发展, 到 1887 年赫兹发现电磁波, 人们认识到, 神秘的光是电磁波, 可见光是电磁波谱大家族中的一个小小的波段, 光能够穿过宇宙空间到达地球. 宇宙间光传播的媒介是什么呢? 它的传播像机械波一样需要媒介吗? 笛卡儿在 17 世纪首先提出 "以太" 的假说, 认为 "以太" 是充满整个空间的一种物质, 真空中虽然没有空气, 但充满着 "以太". 到 19 世纪末, 随着光的波动性被接受, 人们认为, "以太" 是光的传播媒介, 是一个绝对静止的参考系. 自 1879 年起, 迈克耳孙就开始考虑如何测量地球相对于 "以太" 的运动速度, 到 1887 年, 他和莫雷合作, 进行了更为精密的测量, 通过迈克耳孙 - 莫雷干涉仪, 测量光相对于 "以太" 的运动而引起的干涉条纹移动情况, 实验是 "零结果", 进一步肯定了宇宙间没有绝对的 "以太" 存在, 光的传播不需要媒介. 而且, 这个实验还证实, 光的传播速度与参考系没有关系, 不满足伽利略变换. 就这样, 神秘的光在物理学晴朗的天空投下了一朵乌云. 爱因斯坦一直对绝对时间和空间持怀疑态度, 经过 10 年的思考, 考察了当时物理学中的矛盾, 在实验的基础上, 跳出经典力学的传统思维模式, 认识到绝对时间和空间的概念是人为的、多余的. 在 1905 年, 发表了《论动体的电动力学》, 创新性地提出了相对性原理和光速不变原理两个假设, 成为狭义相对论时空观的基础, 标志着狭义相对论的诞生.

6.1 经典时空观

6.1.1 伽利略变换

在描述物体的受力情况和运动规律时, 选取不同的参考系, 描述是不同的, 也就是说, 对运动的描述是相对的. 一般而言, 选取实验室参考系作为静止的参考系, 相对于实验室运动的参考系为运动参考系, 在这两个参考系中, 对同一物理事件的描述有怎样的关系, 这就是相对论运动学要阐明的基本问题.

如图 6–1 所示, 运动参考系相对于实验室参考系作速度为 u 的匀速直线运动, 两参考系都是惯性系, 且计时开始时两参考系的原点是重合的. 时空点 P 在 S 系中的坐标为 x, y, z, t, 在 S′ 系中的坐标为 x', y', z', t'. 它们之间的关系由伽利略变换给出:

$$\left. \begin{array}{l} x = x' + ut \\ y = y' \\ z = z' \\ t = t' \end{array} \right\} \tag{6.1}$$

把式 (6.1) 对时间 t 求一阶导数, 得到两参考系间的速度关系式:

$$\left. \begin{array}{l} v_x = v'_x + u \\ v_y = v'_y \\ v_z = v'_z \end{array} \right\} \tag{6.2}$$

在式 (6.1) 和式 (6.2) 中, 坐标变换和速度变换均只在 x 方向有关联, 而在与速度 u 方向垂直的 y 和 z 方向, 坐标和速度具有相同的表达式.

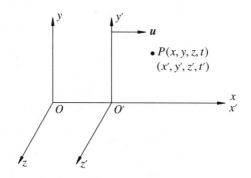

图 6–1　实验室参考系和运动参考系

6.1.2　经典力学的时空观

根据伽利略坐标变换, 可以得出经典力学的时空观.

(1) 长度的绝对性. 在实验室参考系的笛卡儿坐标系 S 中有两点 $A(x_1, y_1, z_1)$ 和 $B(x_2, y_2, z_2)$, 两点间的距离为

$$AB = \sqrt{(x_2 - x_1)^2 + (y_2 - y_1)^2 + (z_2 - z_1)^2}$$

在相对于实验室运动的坐标系 S′ 中, 代入伽利略坐标变换, 这两点间的距离为

$$A'B' = \sqrt{(x'_2 - x'_1)^2 + (y'_2 - y'_1)^2 + (z'_2 - z'_1)^2} = AB$$

也就是说, 在伽利略变换下两点间的空间距离是不变量. 长度是绝对的, 不会因坐标系的变换而改变.

(2) 时间的绝对性. 由伽利略变换, 时间间隔在不同惯性系中是不变量:

$$\Delta t = \Delta t'$$

说明两个事件所经历的时间间隔在不同的惯性系中是相等的. 经典力学认为, 空间和时间是相互独立的, 并且与物体的运动状态无关.

(3) 质量的绝对性. 经典力学认为物体的质量是和时间、空间和物体运动状态无关的常量.

经典力学认为物体之间的相互作用是客观的, 物体所受的力 F 与参考系无关, 物体的质量 m 也与参考系无关, 与物体的运动无关, 是恒量. 把伽利略速度变换式 (6.2) 对时间求导, 得到两参考系间的加速度关系:

$$a = a'$$

所以, 在两参考系中, 牛顿第二定律具有相同的形式:

$$F = F' = ma = ma'$$

此式表明, 在惯性系中牛顿定律在伽利略变换下具有相同的形式. 前面几章的学习中, 我们知道, 物体运动中的动量定理和动量守恒定律、动能定理、功能原理等都是在牛顿定律的基础上得到的. 由此可以得到经典力学的相对性原理, 也叫伽利略相对性原理: 在宏观低速情况下, 力学规律在任何惯性系中具有相同的表达式.

6.2 狭义相对论的时空观

6.2.1 爱因斯坦的两个假设

傅科、迈克耳孙等科学家在 19、20 世纪相继对光速作了精确的测量, 发现光速与光源的运动、光的传播方向等没有任何关系, 光速是常量. 这一结论显然不满足经典力学中伽利略变换的速度合成变换. 光是电磁波, 是否意味着电磁波的传播不满足力学的相对性原理? 或者, 坚持电磁规律满足相对性原理, 需要一种新的坐标变换式代替伽利略变换, 来保证光速在任何参考系中不变? 1895 年洛伦兹在发表的论文中提出洛伦兹方程, 不但适合真空参考系, 也适合运动物体的参考系, 让爱因斯坦坚信洛伦兹方程的正确性, 但这必然导致光速不变的结论. 迈克耳孙 – 莫雷实验的结果也表明, 宇宙中没有绝对静止的参考系 "以太". 爱因斯坦经过 10 年的思考, 考察了这之前物理学发展中一系列的矛盾, 认识到经典力学中绝对空间和绝对时间的概念并不是绝对正确的, 他大胆地、创新地提出了两个基本假设, 其内容如下:

(1) 狭义相对论相对性原理: 一切物理规律在任何惯性系中都应该具有相同的形式, 所有惯性系对物理规律及运动的描述是等价的.

(2) 光速不变原理: 光在真空中的传播速度是常量, 它与光源和观测者的运动状态无关. 光速是实物运动速度的极限. 在这两个假设的前提下, 经典力学中的伽利略变换关系式, 必然用新的变换式来代替. 既然电磁波的传播速度在真空中是常数, 与参考系无关, 与光源及观察者的运动无关, 那么, 经典力学中绝对的空间、时间和质量等, 在狭义相对论中, 不再是绝对的, 必然会与参考系和运动有关.

6.2.2 洛伦兹变换

本章后面内容仍以图 6–1 表示 S 系和 S′系以及它们之间的联系. 设图 6–1 中两个坐标原点重合时, 在原点处有一次闪光, 经过一段时间, 光传播到 P 点, S 系和 S′系中的观测者测得 P 点的时空坐标分别为 (x, y, z, t) 和 (x', y', z', t'). 下面就根据光速不变原理和时间空间之间的线性关系来寻找 P 点在两参考系的坐标之间的关系, 即狭义相对论的坐标变换式.

据光速不变原理, 有

$$x^2 + y^2 + z^2 = c^2 t^2 \tag{6.3}$$

$$x'^2 + y'^2 + z'^2 = c^2 t'^2 \tag{6.4}$$

在与运动速度垂直的方向, 坐标没有变化,

$$y' = y, \quad z' = z$$

因为两个参考系对同一事件的描述具有一一对应的关系, 所以沿参考系相对运动的速度方向, 坐标和时间之间应满足线性关系

$$x' = a_1 x + a_2 t \tag{6.5}$$

$$t' = b_1 x + b_2 t \tag{6.6}$$

a_1, b_1, a_2, b_2 为待定系数. S′系的坐标原点 O' 在 S′系中的坐标为 $x' = 0$, 而 O' 在 S 系中的坐标为 $x = ut$, 所以必然有 $a_2 = -a_1 u$. 把式 (6.5) 和式 (6.6) 代入方程 (6.3) 和 (6.4), 通过比较两边的系数可得

$$a_1 = b_2 = \frac{1}{\sqrt{1 - \left(\dfrac{u}{c}\right)^2}}, \quad a_2 = -\frac{u}{\sqrt{1 - \left(\dfrac{u}{c}\right)^2}}, \quad b_1 = -\frac{u}{c^2\sqrt{1 - \left(\dfrac{u}{c}\right)^2}}$$

为简化公式, 令

$$\beta = \frac{u}{c}, \quad \gamma = \frac{1}{\sqrt{1 - \left(\dfrac{u}{c}\right)^2}} = \frac{1}{\sqrt{1 - \beta^2}}$$

得到洛伦兹的坐标变换

$$\left. \begin{aligned} x' &= \gamma(x - \beta ct) \\ y' &= y \\ z' &= z \\ t' &= \gamma(t - \beta x/c) \end{aligned} \right\} \tag{6.7}$$

同理, 可以导出其逆变换公式

$$\left. \begin{aligned} x &= \gamma(x' + \beta ct') \\ y &= y' \\ z &= z' \\ t &= \gamma(t' + \beta x'/c) \end{aligned} \right\} \tag{6.8}$$

当 $u \ll c$ 时, $\gamma \to 1$, $\beta \to 0$, 洛伦兹变换式 (6.7) 回到伽利略变换式 (6.1), 说明伽利略变换是洛伦兹变换在惯性系间作低速相对运动下的近似.

6.2.3 狭义相对论时空观

从洛伦兹变换式 (6.7) 可见, 坐标 x 和时间 t 不再是独立的, 而是相互关联的, 而且与参考系相对运动速度有关. 由此可推演出狭义相对论的时空观.

(1) 长度收缩效应

有一细棒静止在 S′ 系中, 如图 6−2 所示, 有两个观测者分别在两个参考系中对细棒的两端同时测量其坐标. 在运动参考系中棒的原长为 $l_0 = x'_2 - x'_1$, 叫棒的静长. 由洛伦兹变换式 (6.7) 中的第一式, 可得细棒在静止参考系中的长度为

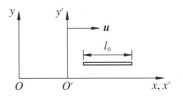

图 6−2 运动的棒长度收缩

$$l = x_2 - x_1 = l_0 \sqrt{1 - \frac{u^2}{c^2}} \qquad (6.9)$$

显然 $l < l_0$. 这表明在参考系 S 中测量, 细棒的长度小于棒的静长. 也可以说, 在 S 系中看运动的细棒变短了, 发生了长度收缩效应.

(2) 时间延缓

假设在 S′ 系中坐标为 (x', y', z') 处先后发生两个事件, 由与 S′ 系相对静止的时钟测出的时间间隔为 $\Delta t'$, 在 S 系的观测者看来, 两个事件的时间间隔为 Δt, 则由洛伦兹逆变换可得

$$\Delta t = t_2 - t_1 = \gamma(t'_2 - t'_1) = \gamma \Delta t' \qquad (6.10)$$

显然 $\Delta t > \Delta t'$. 在静止参考系中看, 运动的时钟变慢, 这就是时间延缓效应.

在 π 介子的衰变 ($\pi^\pm \to \mu^\pm + \nu$) 过程中, 介子的静止寿命是 $\tau' = 2.5 \times 10^{-8}$ s, 其运动速度 $u = 0.99c$, 测得 π 介子衰变完结前的行迹长 53 m. 如果按静止寿命来计算, π 介子在衰变之前的行迹长 7.425 m, 和测量值矛盾. 合理的解释是, 在实验室系看来, π 介子的寿命应该是运动寿命. 运动寿命大于静止寿命, $\tau = \gamma \tau' = 1.8 \times 10^{-7}$ s, 由运动寿命乘以介子的速度算出的 π 介子在衰变之前的行迹和实际测量值一致, 这是时间延缓效应的有力证明.

相对论的时间延缓效应的另一个有趣的例子, 就是 "双生子佯谬". 假设有一对孪生兄弟, 哥哥在一飞船中, 以速度 $u = 0.8c$ 相对于地球运动. 哥哥在飞船中计算的年龄是 1 岁时, 在地球上的弟弟看来哥哥几岁?

在飞船上计算, 哥哥的年龄是原时, 地球上的弟弟计算哥哥的年龄是相对论时间, $\tau = \gamma \tau_0 = 1.67 \tau_0$, 飞船中的哥哥要比自己年轻 0.67 岁. 但是, 如果反过来, 飞船中的哥哥看地球也是以 $0.8c$ 的速度远离飞船运动, 地球上的弟弟要比自己年轻 0.67 岁, 他们相遇时到底谁更年轻? 客观结果应该是唯一的. 这就是 "双生子佯谬". 导致这个矛盾的原因, 是要明确狭义相对论时空观的前提, 狭义相对论是研究作高速运动的两个惯性系间的运动规律和运动描述. 如果把地球看作惯性系, 那么, 飞船在飞离地球和掉头飞向地球时则是非惯性系, 飞船上的哥哥不能用上述公式推断弟弟的年龄. 涉及到加速度和引力效应, 需要用到广义相对论.

(3) 同时的相对性

如图 6−3 所示, 设 S 系为地面参考系, 而 S′ 系固结在相对于地面以速度 u 沿 x 轴运动的火车上. 若在火车正中间放置信号发生器, 首尾两端放置信号接收器 A 和 B, 则火车上的

观测者看来, 两接收器同时接收到信号, 这可表示为 $\Delta t' = 0$. 在 S 系中的观察者看来, 两接收器是否同时接收到信号呢? 把在 S 系测得的两接收器接收到信号的时间差记为 Δt, 由洛伦兹变换中的时间变换式, 有

$$\Delta t = \gamma(\Delta t' - \beta \Delta x'/c) = -\gamma\beta\Delta x'/c \tag{6.11}$$

因接收器不在同一个位置, $\Delta x' \neq 0$, 所以 $\Delta t \neq 0$. 这表明, 在 S′ 系中同时、不同地的两事件(称为同时异地事件), 在 S 系看来却不是同时发生的. 只有同时同地发生的两事件, 才能在各惯性系观测为同时发生, 这就是同时的相对性.

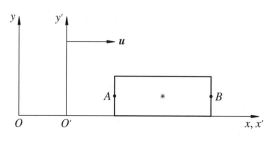

图 6-3　同时的相对性

(4) 时空不变量

从洛伦兹变换式可以得到, 把时间坐标和空间坐标同时联系起来, 就形成不变量:

$$(c\Delta t)^2 - \left[(\Delta x)^2 + (\Delta y)^2 + (\Delta z)^2\right] = (c\Delta t')^2 - \left[(\Delta x')^2 + (\Delta y')^2 + (\Delta z')^2\right]$$

在狭义相对论的时空观中, 时间、空间不再是独立的量, 而是相互关联的整体.

6.2.4　相对论速度变换

在 S 系和 S′ 系中速度分量表达式分别为

$$v_x = \frac{\mathrm{d}x}{\mathrm{d}t}, \quad v_y = \frac{\mathrm{d}y}{\mathrm{d}t}, \quad v_z = \frac{\mathrm{d}z}{\mathrm{d}t}$$

$$v_x' = \frac{\mathrm{d}x'}{\mathrm{d}t'}, \quad v_y' = \frac{\mathrm{d}y'}{\mathrm{d}t'}, \quad v_x' = \frac{\mathrm{d}z'}{\mathrm{d}t'}$$

对式 (6.7) 微分可得

$$\mathrm{d}x' = \gamma(\mathrm{d}x - \beta c\,\mathrm{d}t)$$

$$\mathrm{d}t' = \gamma(\mathrm{d}t - \beta\,\mathrm{d}x/c)$$

因此

$$v_x' = \frac{\mathrm{d}x'}{\mathrm{d}t'} = \frac{\mathrm{d}x - \beta c\,\mathrm{d}t}{\mathrm{d}t - \beta\,\mathrm{d}x/c} = \frac{v_x - u}{1 - \dfrac{u}{c^2}v_x} \tag{6.12a}$$

$$v_y' = \frac{\mathrm{d}y'}{\mathrm{d}t'} = \frac{\mathrm{d}y}{\gamma(\mathrm{d}t - \beta\,\mathrm{d}x/c)} = \frac{v_y}{\gamma\left(1 - \dfrac{u}{c^2}v_x\right)} \tag{6.12b}$$

同理,

$$v_z' = \frac{v_z}{\gamma \left(1 - \dfrac{u}{c^2} v_x\right)} \tag{6.12c}$$

从上述速度变换出发, 可以导出相对论速度逆变换公式

$$\left. \begin{aligned} v_x &= \frac{v_x' + u}{1 + \dfrac{u}{c^2} v_x'} \\[3mm] v_y &= \frac{v_y'}{\gamma \left(1 + \dfrac{u}{c^2} v_x'\right)} \\[3mm] v_z &= \frac{v_z'}{\gamma \left(1 + \dfrac{u}{c^2} v_x'\right)} \end{aligned} \right\} \tag{6.13}$$

现在我们用速度变换公式验证光速不变这一相对论的基本假设. 设在 S 系的坐标原点向 x 轴方向发射一光信号, S 系中的观测者测得这一信号的速度为 $v_x = c$. 根据式 (6.12a), S' 系的观测者测得的速度为

$$v_x' = \frac{c - u}{1 - cu/c^2} = c$$

可见, 对于两个参考系中的观测者而言, 速度都是 c.

另外, 对于低速运动的情形, 即 $u \ll c$, $v \ll c$ 时, 对速度变换求 $v/c \to 0$, $u/c \to 0$ 时的极限, 得

$$\begin{cases} v_x' = v_x - u \\ v_y' = v_y \\ v_z' = v_z \end{cases}$$

相对论的速度变换公式就过渡到了伽利略速度变换式 $\boldsymbol{v}' = \boldsymbol{v} - \boldsymbol{u}$. 这说明伽利略速度变换只是相对论速度变换式在 $v/c \to 0$, $u/c \to 0$ 下的极限.

6.3 狭义相对论的质量和能量

在相对论的时空观中, 物体的质量不再是常量, 而是与物体运动速度有关的量. 物体在静止时的质量称为静质量, 记为 m_0, 与运动速度相关联的质量称为相对论质量 m, 二者之间的关系为

$$m = \frac{m_0}{\sqrt{1 - \left(\dfrac{v}{c}\right)^2}} \tag{6.14}$$

式中 v 表示物体的运动速度. v 越大, 质量 m 越大.

狭义相对论中, 质量是能量的量度. 物体静止时, 与之相应的能量称为静能:

$$E_0 = m_0 c^2 \tag{6.15}$$

运动的物体具有的总能量

$$E = mc^2 \tag{6.16}$$

当物体的质量改变 Δm 时, 将吸收或释放出能量 $\Delta E = \Delta mc^2$. 狭义相对论统一了质量和能量的守恒. 这为原子能的利用奠定了理论基础. 核子在形成原子核的过程中, 会发生质量亏损 Δm, 从而释放出相应的能量 Δmc^2. 某些核聚变或裂变反应会释放出巨大的能量, 这就是原子能利用的基础.

狭义相对论中, 物体的总能量减去静能就是物体的动能

$$E_k = (m - m_0)c^2$$

当 $v \ll c$ 时, 有

$$E_k = \frac{1}{2}m_0 v^2$$

相对论质量和动能的关系回归到经典力学的质量和动能.

式 (6.14) 两边平方, 得

$$(mc)^2 - (m_0 c)^2 = (mv)^2 \tag{6.17}$$

相对论中, 物体的动量定义式不变, 仍为 $\boldsymbol{p} = m\boldsymbol{v}$, m 为物体的动质量. 式 (6.17) 两边乘以 c^2, 得到狭义相对论的能量和动量关系式

$$E^2 = E_0^2 + p^2 c^2 \tag{6.18}$$

将 $E = E_0 + E_k$ 代入式 (6.18), 有

$$2E_0 E_k + E_k^2 = p^2 c^2$$

当物体运动速度 $v \ll c$ 时, $E_k \ll E_0$, 上式中 $E_k \to 0$, 因此上式中 E_k^2 项可忽略. 再把 $E_0 = m_0 c^2$ 代入上式, 得到经典力学中动量和动能的关系式:

$$E_k = \frac{p^2}{2m_0}$$

6.4　广义相对论简介

狭义相对性原理表明, 所有物理规律在一切惯性系中都是等价的. 那么, 什么才是真正的惯性系呢? 经典力学中定义, 牛顿定律成立的参考系是惯性系, 凡是相对于惯性系作匀速运动的参考系是惯性系. 而实际上, 地心系、日心系只是近似的惯性系. 即使是银河系, 也相对于它们作加速运动. 存不存在真正的惯性系呢? 为何物理规律要在惯性系中才等价呢? 而且, 狭义相对论没有涉及引力问题, 而在经典力学中, 万有引力理论是不可忽略的重要内容. 爱因斯坦在 1905 年提出狭义相对论后, 便试图在狭义相对论的基础上对牛顿引力理论进行改造. 他重新认识引力, 把引力和非惯性系因加速度而产生的惯性力联系起来, 建立了新的引力理论, 研究物质在空间和时间中如何进行引力相互作用, 建立了广义相对论.

6.4.1　广义相对论基本原理

广义相对论的基本原理包括等效原理和广义相对性原理.

(1) 等效原理

等效原理的重要实验依据是物体引力质量和惯性质量的等价. 经典力学中有两个质量的概念, 出现在牛顿第二定律中的质量为惯性质量, 表征惯性的大小; 出现在万有引力定律中的质量为引力质量, 万有引力与其成正比. 没有理论根据来判断这两种质量是否等同, 所以物理学家们进行了大量的实验研究, 结果表明, 同一物体的引力质量与惯性质量相等. 这种等同性是爱因斯坦建立广义相对论的出发点.

如图 6-4 所示, 地球表面一个匀速升降的电梯, 其中物体受重力 mg 作用, 可以看作在一个没有重力场而以恒定加速度 g 运动的电梯中, 物体受到的惯性力为 mg. 在这两个电梯中, 物体运动及物理规律是没有区别的, 匀加速运动的电梯的惯性力和地球引力抵消. 爱因斯坦认为, 引力和惯性力是等效的. 这也意味着, 引入"引力", 惯性系和非惯性系是不可区分的. 在此基础上, 爱因斯坦提出了广义相对性原理: 在局部范围内, 万有引力和某一加速系统中的惯性力等效, 或者说引力场和加速系等效. 如果进一步假定任何物理实验, 不论是力学的、电磁的还是其他实验都不能区分他所观察到的现象是源于惯性力还是源于引力, 这就是等效原理: 惯性力与引力的动力学效应是局部不可分辨的.

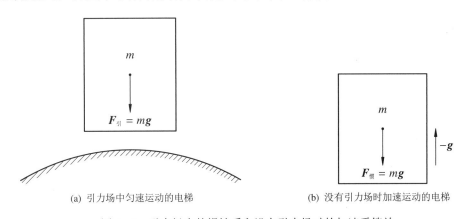

(a) 引力场中匀速运动的电梯   (b) 没有引力场时加速运动的电梯

图 6-4 引力场中的惯性系和没有引力场时的加速系等效

(2) 广义相对性原理

对所有物理规律, 一切参考系都是等价的. 即物理规律在任意参考系中都应具有相同的形式.

6.4.2 广义相对论效应

爱因斯坦于 1915 年找到了描述引力场的方程, 由此推出的一些广义相对论效应, 许多已经得到了实验与天文观测的证实. 广义相对论效应主要包括以下几种:

(1) 时间延缓

星体附近的观察者感受到的引力更强, 时间比远离星体处变慢, 可用下式表示:

$$\mathrm{d}t = \frac{\mathrm{d}t'}{\sqrt{1 - \dfrac{2GM}{rc^2}}} \tag{6.19}$$

式中, c 为真空中的光速, dt 为远离星体观测的时间, dt' 是星体附近观测的时间, G 是引力常量, M 是星球质量, r 为星球附近时钟到球心距离.

(2) 空间弯曲

在星体引力作用下径向长度发生收缩效应

$$dr = dr' \sqrt{1 - \frac{2GM}{rc^2}} \tag{6.20}$$

上述长度收缩只发生在径向, 横向不发生长度收缩. 质量周围区域的空间发生了向着它的弯曲, 就像弹性膜因重物下陷发生弯曲一样, 弹性膜上的小球就滚向重物, 相当于重物吸引小球. 爱因斯坦认为, 引力效应是空间弯曲的效应. 物质使它周围的时空发生弯曲, 物质的分布和运动直接影响时空的几何形态. 爱因斯坦采用黎曼几何描述引力场的时间和空间, 导出了引力场方程, 给出了物质分布及运动和时空弯曲之间的关系, 创立了广义相对论. 广义相对论实质上是引力场理论.

尽管对引力的描述不同, 在弱引力场和低速情况下, 牛顿力学的引力理论和广义相对论得到的结论是一致的.

(3) 黑洞

从公式 (6.19) 和 (6.20) 可以导出, 当

$$\sqrt{1 - \frac{2GM}{rc^2}} = 0$$

时, 有 $dt \to \infty$, $dr \to 0$, 表明在离引力中心 r 处, 任何过程, 包括光的传播, 都变得无限缓慢. 满足上式的 r 为

$$r_S = \frac{2GM}{c^2}$$

r_S 称为史瓦西半径, $r = r_S$ 的球面称为视界. 当 $r < r_S$ 时, 任何东西都逃不出引力的作用, r_S 就是黑洞的半径.

(4) 引力波

广义相对论预言了引力波的存在. 加速运动的物体, 会引起周围时空性质的变化, 并以波动的形式向外传播, 形成引力波.

6.4.3　广义相对论的实验验证

任何一个理论在被接受之前都需要对它进行检验, 广义相对论也不例外.

(1) 水星近日点的进动

广义相对论的预测之一, 很快得到了证实. 早在 19 世纪, 科学家就观察到, 水星的轨道在近日点有一个微小的位移, 近日点每年都改变一点点, 水星的轨道并不是封闭的椭圆, 每转一圈, 它的长轴也有转动, 被称为水星近日点的进动, 如图 6–5 所示. 按照牛顿的引力理论, 水星在太阳的引力作用下作轨道为椭圆的运动, 其近日点的位置应该是固定的. 是什么原因造成水星近日点的进动?

考虑到其他行星的引力, 可以解释其中的部分位移, 但仍有每百年 43.11″ 的进动值得不到解释. 根据广义相对论, 在太阳周围的空间发生弯曲, 按爱因斯坦的引力场方程可以计算

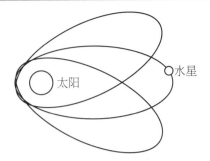

图 6-5 水星轨道近日点的进动

出水星近日点每百年存在 43.03″ 的附加进动, 理论和观测值吻合得相当好. 水星近日点进动的成功解释成为检验广义相对论的一个经典例子.

(2) 时间延缓

广义相对论的另一个预测和狭义相对论的时间膨胀效应相似, 广义相对论预测时间会由于引力的存在而变慢. 在引力越强的地方, 钟走得越慢, 在引力弱的地方, 时钟相对较快. 这个预言也得到了实验证实.

在 1976 年进行的名为 "引力探测 A" 的实验中, 火箭将一座高度精确的时钟带到了 6200 英里的高空, 在这个高度, 因为引力的作用不如地面强, 所以, 这个时钟应该比在地面时走得快一点, 尽管这个效应很细微, 但实验结果支持了这个预测.

(3) 引力红移

由于引力场的时间膨胀效应, 在星球表面发出的光, 如果在远处接收, 则周期变长, 频率变小, 产生红移效应. 爱因斯坦在 1911 年预言太阳光谱的引力红移, 在 20 世纪 60 年代观测太阳光的引力红移, 观测值和理论值吻合很好, 观测值是预言值的 1.05 倍左右.

(4) 光线的引力偏折

广义相对论预测, 光线经过大质量的引力中心附近时, 将会因为空间弯曲而偏向引力中心, 导致我们看到的星体位置与其实际位置不符, 会有一个小角度的偏差, 如图 6-6 所示.

图 6-6 光线的引力偏折

其实, 基于牛顿万有引力理论也预测了光线在大质量星球附近的弯曲现象, 但广义相对论预测的弯曲程度比牛顿引力理论的预测大 2 倍. 大质量的物体会扭曲周围的空间, 光和所有物体的轨道都会弯曲, 这一效应已被多种方法证实. 其中一种方法就是观测星球发出的光经过太阳附近时星球位置的改变. 爱因斯坦预测, 星光经过太阳附近发生的偏折角为 1.75″, 1919 年英国科学家爱丁顿通过拍摄日全食时太阳附近的星空照片, 观测到了光线在太阳附近的偏折, 并测得太阳附近光线的偏折角为 1.98″ ± 0.16″. 后来人们用先进的天文拍摄技术, 测出的偏折角和爱因斯坦的理论值越来越吻合.

光线的引力偏折现象有力地证实了广义相对论的正确性. 尽管广义相对论关于引力波的预言还有待进一步验证, 它的许多著名的天文预测都得到了证实. 爱因斯坦创立的狭义和广义相对论, 无疑是近代伟大的理论之一.

习　题

6-1　一火箭原长为 l_0, 以速度 u 相对于地球飞行, 其尾部有一光源发射光信号, 试计算在地球上的观测者看来, 光信号自火箭尾部到达前端所需要的时间和所经历的位移.

6-2　地面上一观察者测得一根运动的细棒长度为 0.6 m, 细棒静长为 1 m, 求细棒相对于观察者的运动速度.

6-3　一静止边长为 l_0, 静止质量为 m_0 的立方体, 沿其一棱作速率为 v 的高速运动, 在地面参考系中计算其体积和质量.

6-4　在 S 系中观察到两个事件同时发生在 x 轴上, 其间距离是 1 m, 在 S′ 系观察到这两个事件之间的空间距离是 2 m, 求在 S′ 系中这两个事件的时间间隔.

6-5　在地面上测得两个飞船分别以 $+0.9c$ 和 $-0.9c$ 的速率向相反方向飞行, 求两飞船的相对速率.

6-6　在惯性系 S 中观察到有两个事件发生在同一地点, 其时间间隔为 4.0 s, 从另一惯性系 S′ 观察到这两个事件的时间间隔为 6.0 s, 试问从 S′ 系测量到这两个事件的空间间隔是多少? 设 S′ 系以恒定速率相对 S 系沿 xx' 轴运动.

6-7　一高速运动的粒子, 其动能等于静能时, 求其运动速率.

6-8　若一电子的总能量为 5.0 MeV, 求该电子的静能、动能、动量和速率. 已知电子的静止质量为 $m_0 = 9.11 \times 10^{-31}$ kg.

6-9　两个静止质量都是 m_0 的粒子, 以速率 $0.8c$ 相向运动, 发生完全非弹性正撞后形成一个静止的复合粒子, 该复合粒子的静止质量是多少?

6-10　电子被加速器加速后, 其能量为 $E = 3.00 \times 10^9$ eV. 加速后电子的质量和速率各是多少? 已知电子的静质量为 9.1×10^{-31} kg.

6-11　有一 π^+ 介子, 在静止下来后, 衰变为 μ^+ 子和中微子 ν, 三者的静止质量分别为 m_π, m_μ 和 0. 求 μ^+ 子和中微子的动能.

第二篇
热 现 象

　　物质的许多性质,如金属的电阻、物体的体积等都随温度的变化而改变.不仅如此,物质的形态变化,如水的凝固、汽化、蒸发等都与温度密切相关.所有这些与温度有关的物理性质的变化统称为热现象.热学就是研究热现象和热运动规律的学科.

　　热学的研究对象是大量微观粒子(分子或原子)组成的系统.分子之间的频繁碰撞导致系统中分子的运动存在很大的不确定性,仅靠牛顿力学的研究方法很难描述每一个分子的运动.本篇中,我们将采用两种方法对热现象进行描述.第一种是结合牛顿运动定律,运用统计学方法,求出大量分子微观量的统计平均值,揭示物质宏观热现象及有关规律的本质,并确立宏观量与微观量的联系.第二种方法不考虑物质的微观结构和过程,从宏观的角度来研究物质的热学性质以及宏观过程进行的方向和限度等,这称为宏观热力学方法,它是建立在热力学第一定律和第二定律基础之上的.两种方法各具优势,有很强的互补性.热力学中的基本定律是从大量实际观测中总结出来的,所以具有高度的可靠性和普遍性,但它不能对宏观热现象的规律作出微观本质的解释.统计学方法正好弥补了热力学的这个缺陷,它可以从微观上给出热力学规律的微观解释,使人们更深刻地认识热力学理论的意义.

第 7 章 气体动理论

气体动理论是用牛顿力学方法研究大量气体分子或原子系统中的个体, 再用统计学方法研究它们的群体行为, 以解释系统的宏观表现. 本章我们将气体动理论运用于理想气体, 研究理想气体平衡态的性质, 揭示宏观量的微观本质.

7.1 气体的状态方程

7.1.1 热力学系统的描述

大量微观粒子(分子、原子)的集合称为热力学系统, 简称系统. 与系统存在任意方式相互作用的宏观客体称为环境或外界.

对于一个热力学系统, 我们既可以用一些宏观量来描述, 也可以用一些微观量来描述. 宏观量是指可由实验观测的、能够反映系统整体性质的量; 微观量是指描述构成系统的分子或原子行为的一些物理量, 如粒子的速率、能量、质量、角动量等. 对同一系统同一物理现象的两种不同描述方法所采用的物理量之间必然存在着内在的联系, 这意味着我们可以用微观量去表示宏观量.

根据系统与外界交换能量或物质的特点, 热力学系统可以分为三类: 开系、闭系和孤立系.

完全不受外界影响的系统叫孤立系. 严格来说, 任何系统都要受到外界影响, 自然界并不存在真正的孤立系. 然而在一段时间内, 当系统所受的外界作用的影响很小时, 就可以近似把它看作孤立系. 一个孤立系的能量和粒子数都是守恒的. 孤立系是最保守的系统, 它的规律性最容易研究和掌握, 所以在研究热力学系统时, 如果几个子系统能够形成作为整体的孤立系, 则优先选择整体进行研究.

如果系统被封闭容器与外界隔离开来, 它与外界就没有物质交换. 然而, 由于容器壁可以移动或传热, 从而使系统与外界之间产生能量交换(做功或传热), 这种系统叫做闭系. 闭系的粒子数守恒, 但能量不守恒.

与外界既有能量交换又有物质交换的系统, 叫做开系. 显然, 开系的粒子数和能量都不守恒.

生命系统是典型的开系, 也是自然界最高级的系统, 它能独立与环境进行能量与物质交换, 在新陈代谢的同时维持系统内部高度的有序性.

7.1.2 平衡态 热力学第零定律

平衡态是指热力学系统各部分的宏观性质在没有外界影响条件下不随时间变化的一种状态. 这里所说的没有外界影响, 是指系统与外界没有相互作用, 既无物质交换, 又无能量传递. 平衡态是实际情况的一个合理抽象和近似, 是一个理想化的概念.

从微观上看, 由于组成系统的分子不停地作热运动, 微观量随时间迅速变化, 保持不变的只是相应微观量的统计平均值. 所以, 热力学平衡态是一种动态平衡, 称为热动平衡. 一般情况下热动平衡应该包括以下三种平衡: 力学平衡、热平衡和化学平衡. 为了能用宏观量描述系统的平衡态, 系统内部各部分必须满足压强、密度等的均匀一致性, 否则就无法用宏观参量描述系统的状态. 由此可见, 只当系统处于平衡态时, 热力学系统的状态参量才有确定的数值和意义. 描述系统平衡态的宏观参量包括力学参量 (压强、密度等)、化学参量 (如物质的量)、电磁参量 (电场强度和磁感应强度) 和几何参量 (体积) 等. 但是, 这些宏观参量都不能用来描述热平衡. 为了描述热平衡, 我们必须引入一个新的宏观参量.

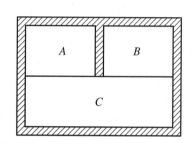

图 7-1   两个系统分别与第三个系统建立热平衡

如图 7-1 所示, 三个系统 A, B, C 共同组成一个孤立系, A 和 B 间用绝热隔板隔开, 而 A, C 及 B, C 之间可以进行热交换. 经过足够长的时间后, A 和 C 以及 B 和 C 分别达到热平衡, 实验发现这时 A 和 B 也处于热平衡. 这就意味着, 分别与第三个系统达到热平衡的两个系统也处于热平衡, 这个规律叫做热力学第零定律. 热力学第零定律表明, 处于热力学平衡态的所有热力学系统都具有某一共同的宏观性质, 我们定义这个表征系统热平衡的宏观性质为温度. 温度相等是热平衡的充分必要条件, 因此将温度作为描述热力学系统的一个宏观量.

之所以把它称为热力学第零定律, 是因为历史上该定律的确切阐述在热力学第一、第二、第三定律之后确定的, 但是从逻辑上讲, 应该出现在其他定律之前.

温度的数值取决于所用温标, 温标是温度的数值标度方法. 常见的摄氏温标, 规定标准大气压下冰水混合物的平衡温度 (冰点) 为 0 ℃, 水沸腾的温度 (沸点) 为 100 ℃, 并在两个数值之间均匀标度. 物理学中采用热力学温度, 用 T 表示, 在 SI 制中单位是 K. 摄氏温标与热力学温标(t)的换算关系是

$$T = t + 273.15 \tag{7.1}$$

7.1.3   气体的状态方程

如果没有外力场的影响, 描述气体系统的状态参量有三个, 分别是体积 V、压强 p 和温度 T. 平衡态下, 气体状态参量之间满足的关系式叫做气体的状态方程. 一般来说, 气体的状态方程由实验测定. 根据气体的状态方程, 可由其中两个参量求出第三个.

在密度足够低时, 测量气体平衡态下的状态参量, 发现温度一定时, 压强与体积成反比 (玻义耳定律); 压强一定时, 体积与温度成正比 (查理定律). 这两个实验结果可用下式表示:

$$\frac{pV}{T} = C$$

式中 C 为与状态无关的常量. 这个常量可以根据气体在标准状态 ($p_0 = 1.013 \times 10^5$ Pa, $T_0 = 273.15$ K) 下气体的体积来测定. 实验发现, 标准状态下气体的摩尔体积 $V_m = 22.4 \times 10^{-3}$ m³,

因此,

$$C = \frac{p_0 V_0}{T_0} = \nu \frac{p_0 V_m}{T_0} = \nu R$$

式中 ν 表示物质的量,单位为 mol,

$$R = \frac{p_0 V_m}{T_0} = 8.31 \text{ J} \cdot \text{mol}^{-1} \cdot \text{K}^{-1}$$

称为普适气体常量. 于是, 同时满足上述两个规律的气体的状态方程为

$$pV = \nu RT \tag{7.2}$$

此式称为理想气体的状态方程,满足上式的气体叫做理想气体. 此方程以其变量多、适用范围广而著称,对常温常压下的空气也近似适用.

值得注意的是, 理想气体在微观上具有分子之间无互相作用力和分子本身不占有体积的特征. 实际气体都不同程度地偏离理想气体定律. 偏离大小取决于压强、温度与气体的性质,特别是取决于气体液化的难易程度. 对于处在室温及 1 atm 左右的气体, 这种偏离是很小的, 最多不过百分之几. 当温度较低、压力较高时, 各种气体的行为都将不同程度地偏离理想气体的行为. 此时需要考虑分子间的引力和分子本身的体积重新构造气体状态方程. 对于实际气体, 一般的状态方程是将 pV/RT 展开成 $1/V$ 的幂级数形式:

$$pV = \nu RT \left[1 + \frac{\nu}{V} B + \left(\frac{\nu}{V} \right)^2 C + \cdots \right]$$

式中 B, C 都是温度的函数,分别称为第二和第三位力系数.

7.2 气体动理论的基本概念

7.2.1 分子热运动的特点

由于分子太小, 所以我们无法直接看到它们的运动情况. 根据一些实验数据, 我们可以估算分子的线度、质量、平均间距等. 例如, 理想气体在标准状态下的摩尔体积 $V_m = 22.4 \times 10^{-3} \text{ m}^3$, 据此可以估算气体分子的平均间距约为

$$d = (V_m/N_A)^{1/3} \approx (3.73 \times 10^{-26} \text{ m}^3)^{1/3} \approx 3.34 \times 10^{-9} \text{ m}$$

式中 N_A 为阿伏伽德罗常数. 通过测量可知, 除了一些有机大分子外, 一般分子线度的数量级是 10^{-10} m. 例如水分子线度约为 4×10^{-10} m, 氢分子的线度约为 2.3×10^{-10} m. 这表明, 分子间距大约是其本身线度的 10 倍. 所以气体可以看成彼此间距很大的分子集合. 同理, 对于液体, 可以估算出分子本身的线度与分子间距具有相同的数量级, 也就是说, 常温下液体可以看成分子紧密排列的集合.

分子间距是影响分子力的重要因素. 典型的分子力曲线如图 7-2 所示, r_0 表示分子力为零时的分子间距, 分子间距 $r < r_0$ 时表现为斥力, 且随 r 的减小而急剧增大; $r > r_0$ 时表现为引力, 随着 r 的增大引力先增大, 后逐渐减弱. 一般来说, 当 $r > 10^{-9}$ m 时分子力就可忽略不计了. 由前面计算的气体分子在标准状态下的平均间距可知, 常温常压下气体分子之间

存在极其微弱的引力作用, 可以忽略不计, 因此分子几乎可以自由运动. 如果气体被逐渐压缩, 分子间距逐渐减小, 分子力由引力向斥力过渡; 当分子间距小到一定程度, 斥力迅速增大, 这时再继续压缩就变得非常困难了. 液体和固体的分子间距要小得多, 因此液体和固体分子不能自由运动.

　　1827 年, 英国植物学家布朗发现在显微镜下观察悬浮在水中的花粉颗粒, 或在无风情形观察空气中的烟粒、尘埃时, 都会看到它们的无规则运动, 现在我们把这种运动称为布朗运动. 如果每隔一定时间记录花粉的位置, 发现花粉颗粒都在不停地跳跃, 方向不断改变, 毫无规则, 如图 7-3 所示.

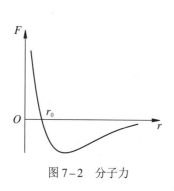

图 7-2　分子力

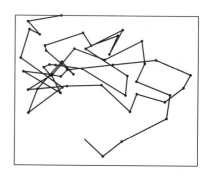

图 7-3　布朗运动

　　起初人们对布朗运动是迷惑不解的, 为此有许多学者进行过长期的研究. 一些早期的研究者简单地把它归结为热或电等外界因素. 1863 年维纳提出布朗运动起源于分子的振动, 他还公布了首次对微粒速度与粒度关系的观察结果. 不过他的分子模型还不是现代的模型, 他看到的实际上是微粒的位移, 并不是振动. 经过长期的实验观察, 发现布朗运动不会停下来, 也不是由外界因素导致的, 而是来源于分子的无规则的运动. 悬浮在液体中的微粒不断地受到液体分子的撞击. 当微粒足够小时, 它受到的来自各个方向的液体分子的撞击作用是不平衡的. 在某一瞬间, 微粒在某个方向受到的撞击作用强, 致使微粒发生运动. 在下一瞬间, 微粒在另一方向受到的撞击作用强, 致使微粒又在别的方向发生运动. 实验发现, 分子的无规则的运动与温度有关, 温度越高, 这种无规则的运动越剧烈, 因此, 分子的无规则运动也叫做热运动. 只要热力学温度不为零, 分子就作永不停息的热运动.

　　另一个分子热运动的表现就是扩散现象. 扩散现象并不是外界作用引起的, 也不是化学反应的结果, 它是由物质分子的无规则运动产生的. 例如, 把金片和铅片压在一起, 不管金片放在上面还是下面金都会扩散到铅中, 铅也会扩散到金中. 扩散运动是物质分子永不停息地作无规则运动的证明. 扩散现象在科学技术中有很多应用. 生产半导体器件时, 需要在纯净半导体材料中掺入其他元素, 这就是在高温条件下通过分子的扩散来完成的.

7.2.2　统计规律

　　热运动的随机性使我们对它的定量研究变得非常困难. 大量分子的无规则运动如果不存在某种规律, 那我们将无能为力. 事实上, 大量分子的热运动服从统计规律. 统计规律是指大量随机事件整体所服从的规律. 下面的伽尔顿板实验说明统计规律是存在的.

伽尔顿板主要用来演示大量随机事件的统计规律和涨落现象. 如图 7-4 所示, 在伽尔顿板上有铁钉点阵, 在点阵下方设置接收狭槽, 每个狭槽内的落球数量与其所在的水平位置有关. 狭槽接收落球数量反映落球按水平方向速度概率密度分布情况. 塑料球集中在存储室里, 由上方漏斗形的入口投入小球, 最后落入下方的槽内, 当塑料球全部落下后, 便形成对应速率分布曲线.

将小球逐个投入, 小球与铁钉的碰撞具有随机性, 最终落入哪个竖槽是不可预知的, 也就是每个小球落入哪个狭槽是随机的. 如果一次投入大量小球, 发现靠近入口处的狭槽中落入的小球较多, 远离入口的狭槽落入的小球较少. 反复进行实验, 每次将小球按狭槽的分布画在玻璃板上. 结果显示, 每次投入的小球较少时, 得到的曲线有明显差异; 每次投入的小球越多, 得到的曲线越接近. 这说明一个小球按狭槽的分布是完全随机的, 少量小球按狭槽的分布存在明显的起伏, 但大量小球按狭槽的分布情况遵从一定的统计规律. 这启发我们, 有些现象从个体看毫无规律可言, 但从整体看却有可能呈现一种必然性和规律性.

将各狭槽内小球的高度绘制成图 7-5 所示的统计直方图. 图中横坐标 x 表示狭槽的水平位置, 各狭槽的宽度均为 Δx, 纵坐标 h 表示狭槽内小球的高度. 设第 i 个狭槽内小球的高度为 h_i, 则落入该槽的小球的数目 N_i 与小球总数 N 之比等于面积 $h_i \Delta x$ 与总面积之比:

$$P_i = \frac{N_i}{N} = \frac{h_i \Delta x}{\sum_i h_i \Delta x}$$

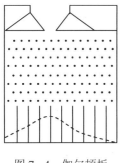

图 7-4　伽尔顿板

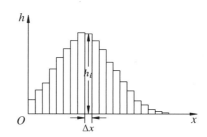

图 7-5　小球按狭槽的分布的统计直方图

事实上, 小球随 x 的分布是连续的, 因此, 上述结果的精确程度与狭槽的数目有关, 狭槽的数目越大, 间隔 Δx 越小, 越接近于真实情形. 在 $\Delta x \to 0$ 的极限下, 直方图的轮廓将变成一条连续曲线, 上式中的求和应该用积分取代, 增量用微分取代, 即

$$dP(x) = \frac{dN}{N} = \frac{h(x)\,dx}{\int h(x)\,dx}$$

令

$$f(x) = \frac{h(x)}{\int h(x)\,dx}$$

则有

$$dP = f(x)\,dx$$

及

$$f(x) = \frac{\mathrm{d}P}{\mathrm{d}x} = \frac{1}{N}\frac{\mathrm{d}N(x)}{\mathrm{d}x} \tag{7.3}$$

函数 $f(x)$ 称为小球沿 x 分布的概率密度函数, 它表示小球落入坐标 x 附近单位区间的概率.

根据式 (7.3), 落入 $x \sim x + \mathrm{d}x$ 区间的小球数为

$$\mathrm{d}N(x) = N f(x)\,\mathrm{d}x$$

遍及所有的 x 对上式两边积分, 左边的积分即为小球总数 N, 所以有

$$N = \int \mathrm{d}N(x) = N \int f(x)\,\mathrm{d}x$$

由上式可得

$$\int f(x)\,\mathrm{d}x = 1 \tag{7.4}$$

此式称为概率密度函数的归一化条件, 它表示所有可能发生的事件的概率之和为 1.

一旦确立了描述统计规律的概率密度函数, 我们就可计算小球的平均位置

$$\overline{x} = \frac{1}{N}\int x\,\mathrm{d}N(x) = \int x f(x)\,\mathrm{d}x$$

或 x^2 的均值

$$\overline{x^2} = \frac{1}{N}\int x^2\,\mathrm{d}N(x) = \int x^2 f(x)\,\mathrm{d}x$$

随机事件是在总体上相同的条件下以一定频率出现的非确定性现象. 统计规律是随机事件的整体性规律, 它不是单个随机事件特点的简单叠加, 而是事件系统所具有的必然性. 统计规律的理论和方法在现代科学中得到了普遍的应用, 形成了统计物理学、统计生物学、统计经济学等许多新的学科.

7.3 理想气体的压强和温度

7.3.1 理想气体的微观模型

式 (7.2) 给出了理想气体的宏观热力学定义, 但它并没有在分子水平给出理想气体的具体描述. 下面, 我们给出气体动理论对理想气体的描述:

(1) 分子的结构和大小忽略不计, 即将分子视为质点. 气体的体积是分子所能到达的空间的体积, 并非分子本身的体积.

(2) 分子不停地作无规则运动, 每个分子的运动遵从牛顿运动定律. 分子间的相互作用忽略不计, 短暂的碰撞除外.

(3) 分之间、分子与器壁的碰撞视为完全弹性碰撞. 碰撞本身占据的时间与两次碰撞之间的平均时间间隔相比非常短, 可以忽略不计.

在固体和液体中, 分子间距与分子本身大小具有相同量级, 分子间有强烈的相互作用, 这就使得从微观模型出发解释宏观现象遇到很大的困难; 而气体则简单很多, 由于其分子间距大约是其自身尺寸的 10 倍以上, 因此在通常情况下, 我们可以忽略气体间的相互作用, 从

而得到以上所描述的最简单的气体模型, 即所谓的理想气体模型. 这一模型虽然简单, 却是人们至今为止认识最为彻底的一个热力学模型, 也几乎是唯一具有广泛应用价值的能精确求出其状态方程及所有宏观物理性质的模型. 同时, 它还是许多基本热力学物理概念的出发点. 因此这是一个极其重要的热力学微观模型. 下面我们就以从此模型出发解释气体的压强、温度、理想气体状态方程的微观机理.

7.3.2 理想气体的压强公式

气体的压强源于大量气体分子不断与器壁的碰撞. 单个分子与器壁的碰撞不会产生持久的力, 但大量分子不断与器壁碰撞将导致器壁受到一个垂直于器壁向外的力. 这就像密集的雨滴打在雨伞上产生较大压力一样. 气体的压强在数值上等于单位时间内与器壁相碰撞的所有分子作用于器壁单位面积上的总冲量.

根据理想气体的微观模型, 我们可以把理想气体看作由大量分子所组成的热力学系统, 每个分子可近似地看作质点. 理想气体的微观模型认为平衡态下理想气体的分子是均匀分布的, 向各个方向运动的概率是相等的. 在此基础上我们就可以运用合理的统计方法对理想气体的压强公式进行推导.

设边长分别为 x, y, z 的长方体中有 N 个全同的质量为 m 的气体分子, 如图 7–6 所示, 下面计算 S_1 壁面所受压强.

任意时刻每个分子运动的速度方向是完全随机的, 速度为 v 的分子在直角坐标系中的速度分量分别为 v_x, v_y 和 v_z, 假如这个分子能够与图中 S_1 面发生一次碰撞, 则由于碰撞是完全弹性的, 且分子质量远小于器壁的质量, 所以碰撞前后该分子的 v_y 和 v_z 不变, v_x 变为 $-v_x$, 其动量的改变量为 $(-mv_x) - mv_x = -2mv_x$. 根据动量定理, 分子所受器壁的冲量也为 $-2mv_x$. 再由牛顿第三定律, 分子施于器壁的冲量为 $2mv_x$, 方向沿 x 轴正向. 当该分子从面 S_1 以速度 $-v_x$ 弹回, 飞向 S_2 面将与

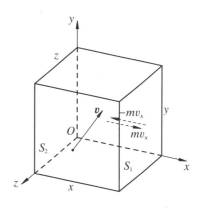

图 7–6   理想气体压强公式的推导

之碰撞后, 又以 v_x 的速度飞向 S_1, 再次发生碰撞. 连续两次碰撞分子在 x 轴方向运动的距离为 $2x$, 根据前述理想气体的模型假设, 碰撞不需要时间, 所以飞行时间为 $2x/v_x$. 据此可以推算出, 该分子单位时间与 S_1 面发生弹性碰撞的次数为 $v_x/(2x)$, 作用于 S_1 上的总冲量为

$$2mv_x \frac{v_x}{2x} = \frac{mv_x^2}{x}$$

单位时间的冲量就是分子作用于 S_1 面的平均冲力.

若单位时间有 N 个分子与 S_1 面发生碰撞, 各个分子在 x 轴方向的速度分量不尽相同, 用 i 表示分子编号, v_{ix} 表示第 i 个分子速度的 x 分量, 则碰撞产生的总冲力为

$$F = \sum_i \frac{mv_{ix}^2}{x} = \frac{m}{x} \sum_i v_{ix}^2 = \frac{Nm}{x} \sum_i \frac{v_{ix}^2}{N} = \frac{Nm}{x} \overline{v_x^2}$$

$\overline{v_x^2}$ 表示大量分子 v_x^2 的平均值. 器壁上 S_1 面单位面积上受到的平均冲力, 即气体的压强为

$$p = \frac{F}{yz} = \frac{Nm}{xyz}\overline{v_x^2} = mn\overline{v_x^2} \tag{7.5}$$

上式中 $n = N/(xyz)$ 表示单位体积的分子数目, 叫做分子数密度.

由于 $v^2 = v_x^2 + v_y^2 + v_z^2$, 所以有

$$\overline{v^2} = \overline{v_x^2} + \overline{v_y^2} + \overline{v_z^2}$$

考虑到平衡态下分子向各方向运动的机会均等, 故有

$$\overline{v_x^2} = \overline{v_y^2} = \overline{v_z^2} = \frac{1}{3}\overline{v^2}$$

将其代入式 (7.5) 得

$$p = \frac{1}{3}mn\overline{v^2} = \frac{2}{3}n\overline{\varepsilon_k} \tag{7.6}$$

式中 $\overline{\varepsilon_k} = m\overline{v^2}/2$ 表示气体分子的平均平动动能. 式 (7.6) 表明, 宏观量压强取决于分子的平均平动动能以及单位体积的分子数. 单位体积的分子数越多, 分子单位时间内与单位面积器壁碰撞的次数越多, p 越大; 分子的平均平动动能越大, 说明分子的无规热运动越剧烈, 这不仅使单位时间内分子与单位面积的器壁碰撞的次数增多, 而且它还使每次碰撞分子向单位面积的器壁传递的动量增大, 从而使压强增大.

式 (7.6) 中, $nm = \rho$ 为气体的密度, 所以理想气体的压强公式又可表示为

$$p = \frac{1}{3}\rho\overline{v^2} \tag{7.7}$$

压强是大量分子对器壁的碰撞结果, 以上公式的推导体现了压强的统计意义. 由于分子对器壁的碰撞是断续的, 分子作用于器壁的冲量的大小涨落不定, 所以压强是大量分子对器壁碰撞的平均效果, 这反映了压强的实质.

7.3.3　温度与分子平均平动动能的关系

引入常量 $k = \dfrac{R}{N_A} = 1.38 \times 10^{-23} \text{ J} \cdot \text{K}^{-1}$ (称为玻耳兹曼常量), 将理想气体的状态方程改写为

$$p = \frac{\nu RT}{V} = \frac{N}{V}\frac{R}{N_A}T = nkT \tag{7.8}$$

式中, N 为分子总数, N_A 为阿佛伽德罗常数, n 为单位体积的分子数. 上式与式 (7.6) 联立, 从中消去 p, 可得

$$\frac{1}{2}m\overline{v^2} = \frac{3}{2}kT \tag{7.9}$$

理想气体分子的平均平动动能与温度的关系, 是气体动理论的另一个基本公式. 该公式将微观的统计平均值 $(\overline{\varepsilon_k})$ 与宏观可测量量 T 建立了联系, 揭示了温度的微观本质. 它表明分子的平均平动动能与气体的温度成正比. 气体的温度越高, 分子的平均平动动能越大; 分子的平均平动动能越大, 分子热运动的程度越剧烈. 因此, 温度是表征大量分子热运动剧烈程度的宏观物理量, 是大量分子热运动的集体表现. 对个别分子, 说它有多少温度, 是没有意义

的. 温度所反映的是分子的无规则运动, 它与物体的整体运动无关, 物体的整体运动是其中所有分子的一种有规则运动的表现.

例 7.1 计算温度为 273 K, 压强为 100 kPa 时, 氧气的密度及氧分子的平均平动动能.

解 密度等于分子数密度与单个分子的质量的乘积, 即 $\rho = mn$. 利用式 (7.8), 可得

$$\rho = \frac{mp}{kT} = \frac{Mp}{RT} = \frac{100 \times 10^3 \text{ Pa} \times 32 \times 10^{-3} \text{ kg} \cdot \text{mol}^{-1}}{8.31 \text{ J} \cdot \text{mol}^{-1} \cdot \text{K}^{-1} \times 273 \text{ K}} = 1.41 \text{ kg} \cdot \text{m}^{-3}$$

式中 $M = mN_A$, 表示气体的摩尔质量. 每个氧分子的平均平动动能为

$$\frac{1}{2}m\overline{v^2} = \frac{3}{2}kT = \frac{3}{2} \times 1.38 \times 10^{-23} \text{ J} \cdot \text{K}^{-1} \times 273 \text{ K} = 5.65 \times 10^{-21} \text{ J}$$

氧分子的质量约为 5.31×10^{-26} kg, 要达到上述动能, 需要氧分子以高达 461 m·s⁻¹ 的速率运动.

7.4 气体分子的速率分布律

7.4.1 葛正权实验

我国物理学家葛正权于 1934 年测定了铋分子的速率, 该实验在精确验证麦克斯韦速度分布律方面取得国际公认的重大成就. 其实验装置主要部分如图 7-7 所示, O 为蒸气源, C 是一个可绕中心轴 (垂直于图平面) 转动的空心圆筒, 直径为 D. S_1, S_2, S_3 是三条相互平行的狭缝, 只有沿三条缝连线方向运动的分子束才能通过. G 是一块紧贴 C 内壁放置的弯曲玻璃, 用以记录分子落在其上的位置. 为了避免 Bi 分子与空气分子碰撞, 实验时将整个装置放在真空环境中.

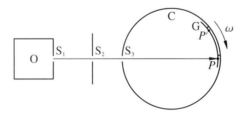

图 7-7 葛正权实验

如果圆筒 C 静止, 并让 S_3 对准前面的两条狭缝, 则分子束将落在玻璃板上的 P 处. 经过一段时间后, P 处将形成一条很窄的 Bi 沉积带. 如果圆筒 C 以一定角速度 ω 顺时针转动, 每转过一周, 就有一束分子通过 S_3 进入 C. 由于分子从 S_3 到达玻璃片需要一定的时间, 而在这段时间内, C 已转过一定的角度, 所以 Bi 分子将会沉积在 P' 处. 不同速率的分子在圆筒内运动的时间不等, 会落在玻璃板上不同的位置. 速率大的分子运动的时间短, 会沉积在距离 P 更近一些的地方, 速率小的分子由于运动时间较长, 会落在距离 P 较远一些的地方. 用光学方法测量玻璃板上不同部位的沉积厚度就可推知分子速率的分别.

设速率为 v 的分子恰好落在 P' 处, 在圆筒内飞行的时间 $t = D/v$, P' 到 P 的弧长

$$s = \frac{\omega t D}{2} = \frac{\omega D^2}{2v}$$

从而

$$v = \frac{\omega D^2}{2s}$$

式中 ω 和 D 为实验或仪器参数, 是已知的. 只要测量 s, 就可以间接测出 v. 结果表明, 在实验条件相同的情况下, 分布在任一速率区间的分子数占总分子数的比例都是一定的, 这说明分子的速率分布遵从一定的统计规律.

7.4.2　麦克斯韦速率分布律

从概率的角度看, 气体速率的分布是具有统计规律性的, 描写分子的速率分布可以有两种方式: ① 用分立数据描述; ② 用连续的分布函数. 分立数据这种描写既烦琐, 又不能很好地体现统计的规律性. 而第二种连续分布函数的描述可以克服以上弊端.

1859 年, 麦克斯韦首先获得气体分子速度的分布规律, 之后, 又为玻耳兹曼由碰撞理论严格导出. 在平衡状态下, 当气体分子间相互作用可以忽略时, 分布在任一速率区间 $v \sim v + dv$ 的概率为

$$\frac{\mathrm{d}N}{N} = 4\pi \left(\frac{m}{2\pi kT}\right)^{3/2} \mathrm{e}^{-mv^2/2kT} v^2 \, \mathrm{d}v \tag{7.10}$$

从而速率分布的概率密度函数为

$$f(v) = 4\pi \left(\frac{m}{2\pi kT}\right)^{3/2} \mathrm{e}^{-mv^2/2kT} v^2 \tag{7.11}$$

式中, T 表示平衡态的温度, m 为分子的质量, k 为玻耳兹曼常量. 容易验证, $f(v)$ 满足归一化条件:

$$\int_0^\infty f(v) \, \mathrm{d}v = 1 \tag{7.12}$$

典型的麦克斯韦速率分布曲线如图 7–8 所示. 分布曲线的两端都趋于零, 且曲线上有一个极大值, 在极大值两侧曲线呈非对称分布. 当分子的质量一定时, 随着温度升高, 最概然速率增加, 曲线峰值右移且变得平坦; 随着温度下降, 最概然速率降低, 曲线峰值左移且变得尖锐 (图 7–9).

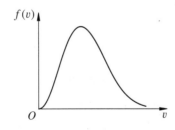

图 7–8　麦克斯韦速率分布曲线

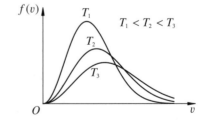

图 7–9　同种气体不同温度下的速率分布曲线

1920 年斯特恩最先用原子束实验直接验证了麦克斯韦速率分布律的正确性.

7.4.3　理想气体的特征速率

从麦克斯韦速率分布函数出发, 我们可以求出气体分子的最概然速率、方均根速率和平均速率. 最概然速率是系统中任何分子最有可能具有的速率, 分布曲线极大值所对应的速

率即为最概然速率 v_p. v_p 表示在一定温度下, 速率与 v_p 相近的气体分子的百分数最大. 要把它求出来, 我们计算

$$\frac{\mathrm{d}f(v)}{\mathrm{d}v} = 0$$

且 $v \neq 0$, $v \neq \infty$ 的速率值. 将概率密度函数 (7.11) 代入上式, 可得

$$v_\mathrm{p} = \sqrt{\frac{2kT}{m}} = \sqrt{\frac{2RT}{M}} \approx 1.41\sqrt{\frac{RT}{M}} \tag{7.13}$$

下面计算大量理想气体分子的平均速率 $\overline{v}$. 设气体的总分子数为 N, 根据分布函数的定义, 速率分布于区间 $v \sim v + \mathrm{d}v$ 中的分子数为

$$\mathrm{d}N = Nf(v)\,\mathrm{d}v$$

由于 $\mathrm{d}v$ 为无穷小量, 所以认为这 $\mathrm{d}N$ 个分子的速率均为 v. 因此, 这 $\mathrm{d}N$ 分子的速率的总和是 $vNf(v)\,\mathrm{d}v$. 将此结果对所有可能的速率积分就得到全部分子的速率之和, 再除以总分子数 N, 即求出分子的平均速率, 即

$$\overline{v} = \frac{1}{N}\int_0^\infty vNf(v)\,\mathrm{d}v = \int_0^\infty vf(v)\,\mathrm{d}v \tag{7.14}$$

将式 (7.11) 代入上式, 可算出

$$\overline{v} = \sqrt{\frac{8kT}{\pi m}} = \sqrt{\frac{8RT}{\pi M}} \approx 1.60\sqrt{\frac{RT}{M}} \tag{7.15}$$

式中, R 是摩尔气体常量, M 是气体的摩尔质量, k 是玻耳兹曼常量, m 是每个分子的质量, T 是平衡态的热力学温度.

方均根速率是速率平方的平均值的平方根, 记为 $\sqrt{\overline{v^2}}$. 参照计算平均速率的过程可得

$$\sqrt{\overline{v^2}} = \left(\int_0^\infty v^2 f(v)\,\mathrm{d}v\right)^{1/2}$$

将式 (7.11) 代入上式, 计算得

$$\sqrt{\overline{v^2}} = \sqrt{\frac{3kT}{m}} = \sqrt{\frac{3RT}{M}} \approx 1.73\sqrt{\frac{RT}{M}} \tag{7.16}$$

比较上述三种特征速率可看出, 它们都与 $\sqrt{T}$ 成正比, 与 $\sqrt{m}$ 或 $\sqrt{M}$ 成反比. $v_\mathrm{p} : \overline{v} : \sqrt{\overline{v^2}} = 1 : 1.128 : 1.224$.

7.5　玻耳兹曼分布律

7.5.1　玻耳兹曼分布律

玻耳兹曼分布将麦克斯韦分布律推广到有外力场作用的情况, 是一种覆盖系统各种状态的概率分布. 当有保守外力 (如重力、电场力等) 作用时, 气体分子的空间位置就不再均匀分布了, 不同位置处分子数密度不同. 玻耳兹曼分布律是描述在受保守外力作用不可忽略时, 处于热平衡态下的气体分子按能量的分布规律, 认为:

(1) 分子在外力场中, 其总能量为 $\varepsilon = \varepsilon_k + \varepsilon_p$ (动能和势能之和);

(2) 粒子的分布不仅按位置区间 $x \sim x + dx$, $y \sim y + dy$, $z \sim z + dz$ 分布 (由于一般势能随位置而定, 分子在空间的分布是不均匀的), 还要按速度区间 $v_x \sim v_x + dv_x$, $v_y \sim v_y + dv_y$, $v_z \sim v_z + dv_z$ 分布. 因而, 从微观上统计地说明理想气体的状态时, 以速度和位置表示一个分子的状态就需要指出其分子在

$$x \sim x + dx, y \sim y + dy, z \sim z + dz, v_x \sim v_x + dv_x, v_y \sim v_y + dv_y, v_z \sim v_z + dv_z$$

所限定的状态区间分子数或百分比. 于是, 玻耳兹曼得到近独立粒子体系在平衡态下的状态区间内分子的百分比为

$$\frac{dN}{N} = C\, e^{-\varepsilon/kT}\, dx\, dy\, dz\, dv_x\, dv_y\, dv_z \tag{7.17}$$

式中 C 是归一化系数, 与速度和坐标无关. 显然, 在某一状态区间的分子数与该状态区间的一个分子的能量 ε 有关, 而且与 $e^{-\varepsilon/kT}$ 成正比. 这个结论叫玻耳兹曼分布律 (又称玻耳兹曼能量分布律), 它对任何物质的微粒 (气体、液体、固体的原子和分子、布朗粒子) 在任何保守力场中运动的情形都成立. $e^{-\varepsilon/kT}$ 叫玻耳兹曼因子, 是决定各区间内分子数的重要因素. 据统计分布来看, 分子总是优先占据低能量状态, 这是玻耳兹曼分子按能量分布律的一个要点; 也可以理解成在等宽的区间内, dN_1 个粒子具有能量 E_1, dN_2 个粒子具有能量 E_2, 若 $E_1 > E_2$, 则能量大的粒子数 dN_1 小于能量小的粒子数 dN_2, 状态即粒子优先占据能量小的.

由于坐标和速度是相互独立的变量, 因此坐标空间与速度空间可以分别归一化. 如果用 $f_B(v_x, v_y, v_z)\, dv_x\, dv_y\, dv_z$ 表示粒子速度位于区间 $v_x \sim v_x + dv_x$, $v_y \sim v_y + dv_y$, $v_z \sim v_z + dv_z$ 的概率, 则

$$f_B(v_x, v_y, v_z) = C'\, e^{-\varepsilon_k/kT} = C'\, e^{-m\left(v_x^2 + v_y^2 + v_z^2\right)/2kT} \tag{7.18}$$

其中 C' 为归一化常量. 式 (7.18) 就是玻耳兹曼速度分布的概率密度函数. 由归一化条件

$$\iiint\limits_{-\infty}^{\infty} f_B(v_x, v_y, v_z)\, dv_x\, dv_y\, dv_z = 1 \tag{7.19}$$

可以求出

$$C' = \left(\frac{m}{2\pi kT}\right)^{3/2}$$

于是玻耳兹曼速度分布的概率密度可以表示为

$$f_B(v_x, v_y, v_z) = \left(\frac{m}{2\pi kT}\right)^{3/2} e^{-m\left(v_x^2 + v_y^2 + v_z^2\right)/2kT} \tag{7.20}$$

将式 (7.17) 对三个速度分量从 $-\infty$ 到 ∞ 积分, 并利用式 (7.19) 可得

$$\frac{dN'}{N} = \frac{C}{C'}\, e^{-\varepsilon_p/kT}\, dx\, dy\, dz \tag{7.21}$$

式中 dN' 表示分布在坐标区间 $(x \sim x + dx, y \sim y + dy, z \sim z + dz)$ 内具有各种速度的粒子总数. 设 n 为坐标 (x, y, z) 附近单位体积的粒子数, 由式 (7.21) 可得

$$n = \frac{dN'}{dx\, dy\, dz} = \frac{NC}{C'}\, e^{-\varepsilon_p/kT}$$

可以看出, 上式中的 NC/C' 就是势能为零处的粒子数密度 n_0. 由此将式 (7.21) 改写为

$$n = n_0 \, e^{-\varepsilon_p/kT} \tag{7.22}$$

此式表明, 在一定温度下, 粒子数密度随粒子势能的增大按指数规律减小, 在势场中的粒子优先占据势能较低的状态.

7.5.2 大气分子按高度的分布

在重力场中, 气体分子受到两种相互对立的作用. 一个是重力, 它要使气体分子聚拢在地面上; 另一个是无规则的热运动, 它将使气体分子均匀分布于它们所能到达的空间. 当这两种作用达到平衡时, 气体分子在空间非均匀分布, 分子数密度随高度减小. 根据玻耳兹曼分布律, 可以确定气体分子在重力场中按高度分布的规律.

设 $n(z)$ 表示高度为 z 处的分子数密度, n_0 表示海平面上空气分子的数密度, 根据式 (7.22) 有

$$n(z) = n_0 \, e^{-mgz/kT} \tag{7.23}$$

其中 m 是空气分子平均质量. 假设大气中各处的温度是均匀的, 上式两边同乘以 kT, 并利用式 (7.8) 可得高度为 z 处的大气压强

$$p(z) = p_0 \, e^{-mgz/kT} \tag{7.24}$$

式中 p_0 为海平面处的大气压. 重力场中气体的压强随高度的增加按指数规律减小. 在等温条件下可根据上式测定高度. 但实际上大气的温度是随高度变化而变化的, 所以利用上式测量高度只是一种近似测量.

7.6 能量均分定理

7.6.1 分子运动的自由度

一般情况下, 把确定一个物体的空间位置的独立坐标数目, 称为这个物体的自由度. 比如一个质点在三维空间中的运动, 由 x, y, z 3 个坐标来描述, 具有 3 个自由度; 当质点被限制在平面或者曲面上运动时, 则需要两个独立坐标来确定它的位置, 所以此时的质点的自由度为 2. 如果把飞机、轮船、火车都看成质点, 那么它们就分别具有三个、两个和一个自由度.

对于刚体来说, 除了平动以外还可能有转动. 不过刚体的一般运动, 总可以看成是其质心的平动和刚体绕通过质心轴线的转动的合成. 因此, 除了需要确定质心位置的 3 个独立坐标数以外, 还需要确定轴线的方位及转动的角度. 确定轴线的方位本来需要 3 个方位角, 但这 3 个方位角之间受到余弦的平方和恒等于 1 的限制, 所以其中只有两个独立坐标数. 再加上一个确定绕轴转动的独立坐标, 一共是 6 个自由度, 3 个平动的, 3 个转动的.

现在来讨论分子的自由度. 按气体分子的结构, 可将它们分成单原子的、双原子的、三原子的或多原子的. 下面的讨论中用 i 表示分子的自由度, t, r, s 分别表示分子的平动、转动和振动自由度.

(1) 单原子分子, 如 He, Ne, Ar 等分子只有一个原子, 可看成自由质点, 所以有 3 个平动自由度 $i = t = 3$.

(2) 刚性双原子分子, 如 H_2, O_2, N_2, CO 等分子, 当两个原子间连线距离保持不变时为刚性的. 确定其质心的空间位置需 3 个独立坐标 (x, y, z); 确定质点连线的空间方位, 需两个独立坐标, 而绕两质点连线的转动的动能为零, 没有意义. 所以刚性双原子分子既有 3 个平动自由度, 又有 2 个转动自由度, 总共有 5 个自由度, $i = t + r = 3 + 2 = 5$.

(3) 非刚性双原子分子, 除了上述 5 个自由度以外, 还存在确定两个原子间距的另一个独立参数, 即 $s = 1$, 所以共有 6 个自由度, $i = t + r + s = 6$.

(4) 多原子分子, 原子间的相互制约程度表现出很大的差异, 但可以肯定, 多原子分子最多有 $3n$ 个自由度 (n 为原子个数), 其中 3 个是平动的, 3 个是转动的, 其余 $3n - 6$ 个是振动的. 如果多原子分子是刚性的, 则它仅有 6 个自由度.

7.6.2 能量按自由度均分定理

由理想气体的温度公式 (7.9) 可知,

$$\frac{1}{2} m \overline{v_x^2} = \frac{1}{2} m \overline{v_y^2} = \frac{1}{2} m \overline{v_z^2} = \frac{1}{2} kT$$

这说明, 气体分子沿 x, y, z 三个方向运动的平均平动动能完全相等, 可以认为分子的平均平动动能 $\frac{3}{2} kT$ 均匀分配在每一个平动自由度上. 因为分子有 3 个平动自由度, 所以相应于每一个平动自由度的动能是 $\frac{1}{2} kT$.

这个结论可以推广到气体分子的转动和振动.

在温度为 T 的平衡态下, 物质 (气体、液体、固体) 分子的每一个自由度都具有相同的平均动能, 其大小都是 $\frac{1}{2} kT$, 这个结论叫做能量均分定理. 如果记平动、转动、振动自由度分别为 t, r, s, 则分子的平均总动能即为

$$\overline{\varepsilon}_k = \frac{1}{2} (t + r + s) kT$$

原子的微振动可看作是简谐振动, 简谐振动在一个周期内的平均动能和平均势能是相等的. 所以对于每一个振动自由度, 分子除了具有 $\frac{1}{2} kT$ 的平均动能外, 还具有 $\frac{1}{2} kT$ 的平均势能. 因此, 分子的平均总能量为

$$\overline{\varepsilon} = \frac{1}{2} (t + r + 2s) kT \tag{7.25}$$

根据此式, 可以由分子总数和平衡态的温度计算分子的总能量.

7.6.3 理想气体的内能

系统内部所有粒子间各种能量的总和, 叫做内能. 内能不包括系统整体运动的机械能及系统与外场相互作用的势能. 若不涉及化学反应与核反应, 则热力学系统中的内能等于粒子的热运动动能与粒子间相互作用的势能之和. 对于理想气体, 只有分子的平动、转动, 故理想气体的内能包括振动动能和振动势能.

设一定量的理想气体含有 N 个分子, 用 N 乘以式 (7.25) 两端, 即得理想气体的内能

$$E = N\overline{\varepsilon} = \frac{1}{2}(t + r + 2s)NkT \tag{7.26}$$

利用 $N = \nu N_A$ 可得物质的量为 ν 的理想气体的内能表达式:

$$E = \frac{1}{2}(t + r + 2s)\nu RT = \frac{i}{2}\nu RT \tag{7.27}$$

式中 $i = t + r + 2s$. 式 (7.27) 表明, 一定量的理想气体的内能完全取决于分子的自由度和平衡态的温度 T, 与气体的体积、压强等参量无关.

表 7–1 列出了单原子和双原子分子的自由度及理想气体的内能公式.

表 7–1　分子自由度与理想气体的内能

分子类型	平动自由度	转动自由度	振动自由度	内能
单原子	3	0	0	$\frac{3}{2}\nu RT$
刚性双原子	3	2	0	$\frac{5}{2}\nu RT$
非刚性双原子	3	2	1	$\frac{7}{2}\nu RT$

7.7　分子的平均自由程

7.7.1　分子的平均碰撞频率

在室温下, 气体分子平均速度高达每秒数百米. 这样看来, 气体中的一切过程好像都应在一瞬间完成. 但实际情况并非如此. 气体的混合 (扩散过程) 进行得相当缓慢, 气体的温度趋于均匀 (热传导过程) 也需要一定的时间. 这是因为, 在分子由一处移至另一处的过程中, 它要不断地与其他分子碰撞, 这就使分子沿着迂回曲折的路线前进. 气体的扩散、热传导过程等进行的快慢都取决于分子相互碰撞的频繁程度.

对于理想气体, 除了碰撞的瞬间外, 分子之间的相互作用可以忽略不计. 因而致使理想气体分子作杂乱无章的运动的原因是气体分子间在作十分频繁的碰撞, 碰撞使分子不断改变运动方向与速率大小, 而且这种改变完全是随机的. 按照理想气体基本假定, 分子在两次碰撞之间可看作匀速直线运动, 也就是说, 分子在运动中没有受到分子力等其他外力的作用, 因而是自由的, 所以分子的运动轨迹为一折线, 每个转折点表示该分子与其他分子发生一次碰撞. 一般来说, 一个分子在任意两次连续的碰撞之间自由运动的时间间隔并不相同, 所经过的自由路程的长短也不一样. 我们不可能也没有必要一个一个地求出这些时间和距离. 在研究气体性质时, 我们所感兴趣的是在单位时间里一个分子平均与其他分子碰撞的次数, 即分子的平均碰撞次数或平均碰撞频率, 以 Z 表示.

为了简化问题, 假设每个分子都可以看成直径为 d 的弹性小球, 分子间的碰撞视为完全弹性碰撞. 假设一定量气体中只有一个分子 A 以平均速率 $\overline{v}$ 在运动, 其他分子静止. 显然在

分子的运动过程中, 由于碰撞, 其球心的轨迹将是一条折线, 如图 7-8 所示. 我们以 d 为半径, 做一个曲折的圆柱体. 可以看出, 凡是中心到圆柱体轴线的距离小于 d 的分子, 其中心都在圆柱体内, 并与该分子碰撞.

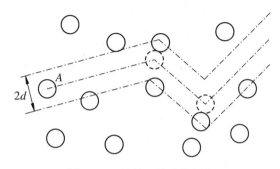

图 7-10 计算平均碰撞频率

分子 A 在时间 Δt 内经过的路程为 $\bar{v}\Delta t$, 与长为 $\bar{v}\Delta t$ 的轴线相应的圆柱体的体积为 $\pi d^2 \bar{v}\Delta t$. 设单位体积的分子数为 n, 由于球心落入圆柱体内的分子, 在 A 的运动过程中终将和 A 发生碰撞, 故分子 A 在 Δt 时间内与其他分子的碰撞次数就等于落入上述圆柱体内的分子数, 即 $n\pi d^2 \bar{v}\Delta t$. 这个数值除以 Δt 就是单位时间内分子 A 与其他分子的平均碰撞次数:

$$\bar{Z} = \frac{n\pi d^2 \bar{v}\Delta t}{\Delta t} = n\pi d^2 \bar{v}$$

上述结果的前提是只有一个分子运动而其余分子都静止. 实际上, 所有分子都在运动着, 而且各个分子的运动速率不尽相同, 因此式中的平均速率 $\bar{v}$ 应修正为平均相对速率 $\bar{v}_r$. 根据麦克斯韦速率分布规律可以证明, 气体分子的平均相对速率 $\bar{v}_r$ 与平均速率 $\bar{v}$ 之间的关系为 $\bar{v}_r = \sqrt{2}\,\bar{v}$, 所以有

$$\bar{Z} = \sqrt{2}\,n\pi d^2 \bar{v} \tag{7.28}$$

7.7.2 分子的平均自由程

在研究气体性质时, 我们感兴趣的另一个问题是在相邻的两次碰撞之间一个分子自由运动的平均路程. 分子在连续两次碰撞之间所经历路程的平均值, 叫做分子的平均自由程, 用 $\bar{\lambda}$ 表示. 显然, $\bar{\lambda}$ 是一个分子在时间 Δt 内所经过的总距离 $\bar{v}\Delta t$ 除以这个时间内发生的碰撞次数, 即

$$\bar{\lambda} = \frac{\bar{v}\Delta t}{\sqrt{2}\pi d^2 n\bar{v}\Delta t} = \frac{1}{\sqrt{2}\pi nd^2} \tag{7.29}$$

结果显示, 分子的平均自由程 $\bar{\lambda}$ 只与单位体积的分子数 n 及分子直径 d 有关. 平均自由程与平均碰撞频率间的关系为

$$\bar{\lambda} = \frac{\bar{v}}{\bar{Z}} \tag{7.30}$$

当气体处于温度为 T 的平衡态时, 有

$$\bar{\lambda} = \frac{kT}{\sqrt{2}\pi d^2 p} \tag{7.31}$$

由此可知, 当温度一定时, $\bar{\lambda}$ 与压强成反比, 压强越小分子的平均自由程越大, 分子自由运动的时间越长.

由于气体分子的数目很大, 碰撞频繁, 运动的变化剧烈, 故其自由程只有统计意义. 平均自由程的概念可用于研究气体的特性 (如扩散) 和电子或中子之类的粒子穿过固体的运动.

例 7.2 试估算标准状态下氧分子的平均碰撞频率与平均自由程. 已知 O_2 分子的有效直径为 3.14×10^{-10} m.

解 标准状态下氧分子的平均速率为

$$\bar{v} = \sqrt{\frac{8RT}{\pi M}} = \sqrt{\frac{8 \times 8.31 \times 273}{3.14 \times 32 \times 10^{-3}}} = 425 \ (\mathrm{m \cdot s^{-1}})$$

由式 (7.31) 得

$$\bar{\lambda} = \frac{kT}{\sqrt{2}\pi d^2 p} = \frac{1.38 \times 10^{-23} \times 273}{1.414 \times 3.14 \times (3.14 \times 10^{-10})^2 \times 1.013 \times 10^5} = 8.49 \times 10^{-8} \ (\mathrm{m})$$

根据式 (7.30) 得平均碰撞频率

$$\bar{Z} = \frac{\bar{v}}{\bar{\lambda}} = \frac{425}{8.49 \times 10^{-8}} = 5.01 \times 10^9 \ (\mathrm{s^{-1}})$$

7.8 输运现象的气体动理论

本节介绍系统处在近平衡态下由非平衡态向平衡态过渡的过程, 这个过程是基于系统内部的相互作用自发地进行的, 叫做输运过程. 如果气体内部各部分的物理性质 (例如密度、流速、温度、压强等) 是不均匀的, 那么分子将通过不断地相互碰撞交换能量和动量, 最后使气体内各部分的物理性质趋于均匀, 这就是气体内的输运过程.

7.8.1 气体的黏性

流体在经受切向力时发生形变以反抗外加剪切力的能力, 叫做黏力. 这种反抗能力只在运动流体相邻流层间存在相对运动时才表现出来. 气体流动时, 其内部各层之间产生的摩擦力的性质, 称为气体的黏性.

假设气体的流动状态为层流, 且满足牛顿黏性定律. 流动的气体, 其内部分子一边作无规则的热运动, 一边作定向运动. 热运动使分子不断穿越层与层之间的边界进入另一侧, 也就是说, 相邻的两层气体不断交换分子. 但是, 速度较大一侧的分子具有较大的定向动量, 而速度较小的一侧的分子带有较小的定向动量. 除此之外, 分子间的碰撞也是交换动量的一种形式. 不论是直接交换分子, 还是通过碰撞, 最终的结果是动量从速度较大的一侧输运到速度较小的一侧. 宏观上两层之间的黏性力就等于单位时间通过边界交换的动量, 与交界面的面积成正比, 与速率梯度成正比, 比例系数就是气体的黏度.

根据气体动理论, 可以导出气体的黏度与分子运动的微观量的统计平均值有如下关系:

$$\eta = \frac{1}{3} \rho \bar{v} \bar{\lambda} \tag{7.32}$$

式中 $\rho = mn$ 为气体的密度. 由于 $\bar{\lambda}$ 与 T 成正比, $\bar{v}$ 与 $\sqrt{T}$ 成正比, 因此 η 也与温度有关, 它随温度的升高而增大, 气体黏度与温度的关系表现出与液体不同的性质.

7.8.2　热传导

热传导是介质内无宏观运动时, 热量从物体温度较高的一部分沿着物体传到温度较低的部分的传热现象, 是固体或静止流体中传热的主要方式. 而对于流动着的流体, 热传导往往与对流同时发生.

物体或系统内的温度差, 是热传导的必要条件. 它的实质是由物质中大量的分子热运动互相碰撞, 而使能量从物体的高温部分传至低温部分, 或由高温物体传给低温物体的过程.

设气体内部不存在相对流动, 且各处的分子数密度也相等, 只是存在温度梯度. 如图 7-11 所示, 在一个容器中盛有一定量的气体, 其内的温度分布只与坐标 x 有关, 温度梯度沿 x 方向, 各处的数值可用 $\mathrm{d}T/\mathrm{d}x$ 表示. 在垂直于温度梯度的方向上, 假想一块面积 ΔS, 实验表明, 两侧气体单位时间通过 ΔS 传递的热量与该处的温度梯度成正比, 与面积 ΔS 成正比. 即

$$\Phi = -\kappa \Delta S \frac{\mathrm{d}T}{\mathrm{d}x} \tag{7.33}$$

式中, Φ 表示单位时间通过 ΔS 由左侧向右侧传递的热量, 称为通过 ΔS 的热流量, 单位为 W; κ 叫做热导率或导热系数, 单位为 $\mathrm{W \cdot m \cdot K^{-1}}$; 负号表示热量沿温度下降的方向传递.

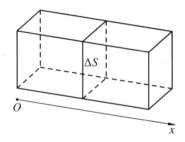

图 7-11　容器内气体被假想平面分割

从气体动理论的观点看, 容器左侧的温度低, 分子平均平动动能小; 右侧温度高, 分子平均平动动能较大. 结果, ΔS 两侧的分子由于热运动相互交换, 由于碰撞传递动能, 结果是温度较低的一侧的分子从另一侧获得动能, 热量从温度高的一侧向温度低的一侧输运, 这就是热传导的过程. 理论上可以导出, 气体的导热系数与分子运动的微观量的统计平均值有如下关系:

$$\kappa = \frac{i}{6} \frac{\rho}{m} \overline{v} \overline{\lambda} k \tag{7.34}$$

式中, ρ 表示气体的密度, k 为玻耳兹曼常量, i 由式 (7.27) 给出.

7.8.3　扩散

扩散是物质分子从高密度区域向低密度区域转移, 直到均匀分布的现象. 这是由分子的热运动引起的. 一般可发生在一种或几种物质于同一物态或不同物态之间, 由不同区域之间的密度差或温度差所引起, 前者居多.

气体的扩散是指在容器中各部分气体的种类不同, 或同一种气体内各部分的密度不同时, 由于分子不停息地热运动, 密度大的部分的气体将向密度小的部分转移, 最终使各部分

的密度趋于相同的过程.

设想图 7–11 中温度或压强均匀分布, 但沿 x 轴方向存在分子数密度的梯度 $\dfrac{\mathrm{d}n}{\mathrm{d}x}$, 实验表明, 单位时间通过 ΔS 的质量, 即质量流量与 ΔS 成正比, 与密度的梯度 $\dfrac{\mathrm{d}n}{\mathrm{d}x}$ 成正比, 写成等式, 有

$$q_m = -D\Delta S \frac{\mathrm{d}\rho}{\mathrm{d}x} \tag{7.35}$$

式中负号表示质量沿密度下降的方向, 即逆密度梯度的方向输运, 比例系数 D 叫做扩散系数, 在 SI 制中的单位是 $\mathrm{m^2 \cdot s^{-1}}$.

气体分子动理论对扩散现象的定性解释是, 扩散现象是气体分子无规则热运动的结果, 分子从密度较大的气层向密度较小的气层运动, 同时, 密度较小的气层中的分子也在向密度较大的气层运动, 但是总的效果是它们并不能抵消, 向较低密度的气层输运的分子数比沿相反方向输运的分子数多. 因此, 气体内的扩散现象在微观上是分子在热运动中输运质量的过程. 由气体动理论可以导出, 在纯扩散情况下, 气体的扩散系数与分子运动的微观量的统计平均值有下述关系:

$$D = \frac{1}{3}\overline{v}\,\overline{\lambda} \tag{7.36}$$

习　题

7–1　常温、常压下, 空气的密度为 $1.2\ \mathrm{kg \cdot m^{-3}}$, 空气的平均摩尔质量为 $29\ \mathrm{g \cdot mol^{-1}}$. 求 $1.0\ \mathrm{cm^3}$ 的体积内包含的分子个数.

7–2　轿车的一条轮胎内部体积为 $3.5 \times 10^{-2}\ \mathrm{m^3}$, 开始时, 胎内含有压强为 $0.10\ \mathrm{MPa}$、温度为 $27\ ℃$ 的空气. 若保持温度不变, 将轮胎充气至气压为 $0.25\ \mathrm{MPa}$, 问需要多少空气? 在夜晚温度降至 $15\ ℃$ 时胎内气压变为多大? 假设轮胎体积不变, 且空气可视为理想气体.

7–3　在星际空间, 平均每立方厘米内有一个氢原子, 温度为 $3\ \mathrm{K}$. 求此环境下的压强.

7–4　$1\ \mathrm{mol}$ 气体的范德瓦耳斯方程

$$p = \frac{RT}{V-b} - \frac{a}{V^2}$$

是描述实际气体的一种常用的状态方程. 求范德瓦耳斯方程的第二、第三位力系数(用 a, b, T 表示).

7–5　有一个密封容器内盛有处于平衡态的压强为 $200\ \mathrm{kPa}$ 的理想气体, 其分子的平均平动动能为 $1.12 \times 10^{-20}\ \mathrm{J}$, 求容器内气体的温度. 如果将分子的平均平动动能减小到原来的一半, 那么气体的压强变为多少?

7–6　计算标准状态下 $\mathrm{N_2}$ 的下列各量:

(1) 分子数密度;

(2) 质量密度;

(3) 分子的平均平动动能.

7–7　某气体处于平衡态. 试问速率与最概然速率相差不超过 1% 的分子占气体分子的百分之几?

7–8　求温度为 $300\ \mathrm{K}$ 下氢分子和氧分子的平均速率、方均根速率和最概然速率.

7–9　平衡态下, 氮分子 ($\mathrm{N_2}$) 的方均根速率比平均速率大 $50\ \mathrm{m \cdot s^{-1}}$, 试求平衡态的温度 T.

7–10　导体中自由电子的运动可看作类似于气体分子的运动(称"电子气"), 导体中共有 N 个自由电子, 其中电子的最大速率为 v_{F} (称"费米速率"). 已知电子的速率分布满足

$$f(v) = \begin{cases} Av^2, & v_{\mathrm{F}} > v > 0,\ A\ 为常量 \\ 0, & v > v_{\mathrm{F}} \end{cases}$$

(1) 画出速率分布函数曲线;

(2) 用 v_F 定出常量 A;

(3) 求电子的 v_p, $\bar{v}$ 和 $\sqrt{\overline{v^2}}$.

7-11　有 N 个质量均为 m 的同种气体分子, 它们的速率分布如习题 7-11 图所示.

(1) 由 N 和 v_0 求 a;

(2) 求在速率 $v_0/2$ 到 $3v_0/2$ 间隔内的分子数;

(3) 求分子的平均平动动能.

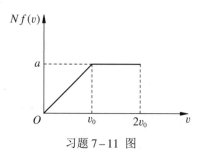

习题 7-11 图

7-12　大量独立粒子组成的系统在温度为 T 的平衡态下服从麦克斯韦速率分布律. 若每个粒子的质量为 m, 求速率的标准差.

7-13　根据麦克斯韦分布律求速率倒数的平均值 $\overline{1/v}$, 并与平均值的倒数 $1/\bar{v}$ 比较.

7-14　在容积为 1.0×10^{-2} m³ 的容器中, 装有 0.01 kg 理想气体, 若气体分子的方均根速率为 $200\,\mathrm{m \cdot s^{-1}}$, 问气体的压强是多大?

7-15　在 $T = 300$ K 时, 1 mol N₂ 处于平衡状态. 试问下列量各等于多少:

(1) 全部分子的速度的 x 分量之和;

(2) 全部分子的速度之和;

(3) 全部分子的速度的平方和;

(4) 全部分子的速度的模之和.

7-16　气球携带气压计在高空测得的大气压强降到地面上的 50 %. 已知空气的温度均匀且为 273 K, 空气的平均摩尔质量是 $29 \times 10^{-3}\,\mathrm{kg \cdot mol^{-1}}$, 求 (1) 气球的高度; (2) 气体的体积膨胀了多少倍?

7-17　在容积为 2.0×10^{-3} m³ 的容器中, 有内能为 6.75×10^2 J 的刚性双原子分子理想气体. (1) 求气体的压强; (2) 若容器中分子总数为 5.4×10^{22} 个, 求分子的平均平动动能及气体的温度.

7-18　今测得温度为 288 K, 压强为 $p = 1.03 \times 10^5$ Pa 时氩分子和氖分子的平均自由程分别为 $\overline{\lambda}_{Ar} = 6.3 \times 10^{-8}$ m, $\overline{\lambda}_{Ne} = 13.2 \times 10^{-8}$ m, 问:

(1) 氩分子和氖分子有效直径之比是多少?

(2) 温度为 293 K, 压强为 2.03×10^4 Pa 时 $\overline{\lambda}_{Ar}$ 是多少?

7-19　温度为 273 K, 压强为 1.0×10^5 Pa 下, 空气的密度是 1.293 kg·m⁻³, $\bar{v} = 460\,\mathrm{m \cdot s^{-1}}$, $\overline{\lambda} = 6.4 \times 10^{-8}$ m. 试计算空气的黏度.

7-20　每天通过皮肤表面扩散的水分约为 3.0×10^{-4} m³. 如果人的皮肤的总面积为 1.60 m², 厚为 $20\,\mu\mathrm{m}$, 试计算扩散系数.

7-21　在两个同心球面的间隙内填满了匀质的各向同性物质. 球面的半径 $r_1 = 10.0$ cm, $r_2 = 12.0$ cm. 内球面保持在温度 $T_1 = 320$ K, 外球面保持在温度 $T_2 = 300$ K, 在这些条件下, 有稳定的热流 $\mathrm{d}Q/\mathrm{d}t = 2.00$ kW 从内球面流向外球面. 假设间隙内物质的导热系数 κ 与温度无关, 试确定:

(1) κ 的值;

(2) 间隙内距离球心为 r 处的温度 $T(r)$.

第8章　热力学基础

热力学是研究热现象宏观规律的学科分支. 热力学第一定律和热力学第二定律是热力学的基本规律, 热力学第一定律从能量守恒的角度给出热力学过程发生的可行性, 热力学第二定律指出与热现象相关的过程自发进行的方向性.

8.1　热力学第一定律

热力学的主要任务是研究系统宏观性质的变化, 为了方便地描述系统的这种变化, 需要引入热力学过程这个概念. 如果系统从一个平衡态到达另一个平衡态, 就说系统经历了一个热力学过程. 在所有热力学过程中, 准静态过程 (也叫做平衡过程) 有着重要的地位. 如果过程进行得足够缓慢, 使得系统连续经过的每一个中间态都可近似地看作是平衡态, 这样的过程叫做准静态过程. 由于每个中间态都是平衡态, 因此可将每个中间态用态参量来描述. 一个准静态过程不仅能用一个方程 (过程方程) 来表示其发展进程, 同时也可以在态参量的坐标系 (如 $p-V$ 图) 中用一条连续曲线直观地描述. 严格来说, 实际的热力学过程都不是准静态过程. 准静态过程是一种理想化的过程, 它必须进行得无限缓慢才行, 否则中间态将来不及达到平衡态, 系统内部的态参量 (如温度、压强等) 不均匀分布, 无法用局部的状态参量来描述整体的状态.

8.1.1　热量　功

一个热力学系统与外界交换能量的方式有两种: 一种是做功, 另一种是交换热量.

当系统状态的改变来源于热平衡条件破坏, 即来源于系统与外界存在温度差时, 称系统与外界间存在热相互作用. 作用的结果是能量从高温物体传递给低温物体, 这种传递的能量为热量, 热量通常用 Q 表示, 在 SI 制中它的单位与能量相同, 为 J.

与热量传递不同, 功是不需要温差的能量传递方式. 对气体而言, 做功是通过改变体积的过程实现的. 图 8-1 是通过活塞对气体做功的示意图. 设活塞的面积为 S, 活塞与汽缸壁之间无摩擦力, 且活塞以无限缓慢的速度移动, 则此过程可看作准静态过程. 当活塞从图中虚线位置移动到实线位置时, 外界对气体做的功为

$$dA = -pS\,dl = -p\,dV$$

式中 p 是活塞在任意位置时气体的压强. 在 $p-V$ 图中, $p\,dV$ 相当于图 8-2 中的阴影部分的面积. 当气体的体积由 V_1 增至 V_2 时, 外界通过活塞对气体做的功为

$$A = -\int_{V_1}^{V_2} p\,dV \tag{8.1}$$

这相当于图 8-2 中曲线下面积的负值.

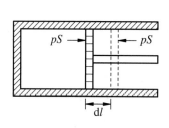

图 8–1　活塞对气体做功

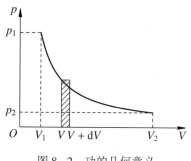

图 8–2　功的几何意义

热量和功一样都是与状态变化的中间过程有关, 不是系统状态的函数.

8.1.2　焦耳实验　内能的宏观定义

焦耳实验是 1850 年焦耳首先测定热功当量的实验. 如图 8–3 所示, 盛在绝热容器内的水, 由于砝码的下落带动桨叶旋转, 搅动水对水做功从而使水温升高. 若砝码下落所做的功为 A, 使容器中质量为 m 的水温度升高为 ΔT, 那么与 A 相当的热量 Q 应为 $Q = mc\Delta T$, 式中 c 是水的比热, 根据实验测得的 ΔT 就可将 Q 计算出来. A 可以根据砝码的质量和下落的距离算出.

实验证明, 系统从原始状态变化到水温升高 ΔT, 可以采用做功和传热的方法, 不管经过什么过程, 只要始末状态确定, 做功和传热之和保持不变. 这提示我们, 需要寻找一个状态量来描述系统的能量状态. 热力学中把由系统状态确定的能量定义为系统的内能. 内能的这个宏观定义虽然在内容上没有上一章内能的定义丰富, 但它突出了内能这个概念的最大特征, 即内能是态函数. 真实气体的内能是温度和体积的函数, 理想气体的分子间无相互作用, 其内能只是温度的函数. 内能的性质与功、热量有着本质的区别. 功和热量的大小, 不仅取决于系统变化前后的状态, 还取决于变化的每一细节过程. 一旦系统

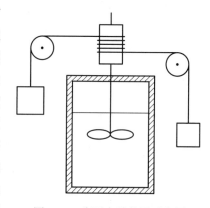

图 8–3　焦耳实验装置示意图

对外界做了功或传了热, 这部分能量就不再是系统的能量, 而是变成外界物体的能量. 系统只存在或含有内能, 不存在热量或功. 当系统在外界的作用下, 系统内能中的一部分会以功或热量这两种能量形式传给外界 (或反之).

8.1.3　热力学第一定律

如果不计系统整体运动的机械能, 系统从外界获取的热量的功全部转化成了系统的内能. 它们之间的定量关系式为

$$\Delta E = A + Q \tag{8.2}$$

这就是热力学第一定律. 热力学第一定律是涉及热现象领域内具有特殊形式的能量守恒和转

化定律, 本质上与科学界公认的能量守恒定律是等同的: 热量可以从一个物体传递到另一个物体, 也可以与机械能或其他能量互相转换, 但是在转换过程中, 能量的总值保持不变. 该定律是一个普适的定律, 适用于宏观世界和微观世界的所有体系, 适用于一切形式的能量. 是人类经验的总结, 也是热力学最基本的定律之一.

热力学第一定律是热力学的基础, 从理论上对第一类永动机进行了否定. 热力学第一定律在能源方面有广泛的应用, 例如在热机中的使用, 应用最为广泛的是蒸汽机. 热力工程上实施热力过程的目的有两点: 一是实现预期的能量转换; 二是达到预期的状态变化. 热力学第一定律对于人类的生活有极大的帮助.

8.2 理想气体的典型热力学过程

本节讨论热力学第一定律对理想气体一些典型热力学过程的应用. 外界对理想气体做的元功为 $\mathrm{d}A = -p\,\mathrm{d}V$, 热力学第一定律可表示为

$$\mathrm{d}E = \mathrm{d}Q - p\,\mathrm{d}V \tag{8.3}$$

或用积分式表示为

$$\Delta E = Q - \int_{V_1}^{V_2} p\,\mathrm{d}V \tag{8.4}$$

8.2.1 等体过程

等体过程, 是指系统的体积始终保持不变的热力学过程. 封闭容器内的各种热力学过程都是近似的等体过程. 根据理想气体的状态方程可知, 理想气体的准静态等体过程在 p–V 图中对应于一条与 p 轴平行的直线段, 如图 8–4 所示. 等体过程中系统吸收的热量常用摩尔定体热容表示. 气体的定体摩尔热容是指 1 mol 气体在体积不变而且没有化学反应的条件下, 温度升高 1 K 所吸收的热量, 记作 $C_{V,\mathrm{m}}$, 其定义式为

$$C_{V,\mathrm{m}} = \frac{1}{\nu}\left(\frac{\partial Q}{\partial T}\right)_V \tag{8.5}$$

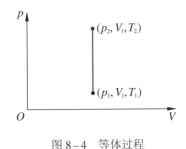

图 8–4 等体过程

式中 ν 为物质的量. 于是, 等体变化过程中的吸热可用下面的公式计算:

$$Q = \nu C_{V,\mathrm{m}}(T_2 - T_1) \tag{8.6}$$

在等体过程中, 系统体积不变, 外界对系统不做功, 根据理想气体的热力学第一定律式 (8.4), 等体过程能量转换特点为系统从外界吸收 (或向外界放出) 的热量全部转化为内能的增量 (或减少量), 即

$$\Delta E = Q = \nu C_{V,\mathrm{m}}\Delta T \tag{8.7}$$

式中 $\Delta T = T_2 - T_1$ 表示等体过程中气体初末态温度的增量. 若 ΔT 为负值, 则 Q 也为负值, 表示系统放出的热量全部来源于其内能的消耗.

值得注意的是, 尽管式 (8.7) 是针对等体过程由热力学第一定律导出的, 热量依赖于过程本身, 但就内能的增量与温度之间的关系而言, 此式并不依赖于具体过程, 因为理想气体的内能仅取决于温度, 所以它对任意过程都成立.

若已知初末态的压强及体积, 利用理想气体状态方程可将式 (8.7) 改写成用压强表示的表达式

$$\Delta E = Q = \frac{V}{R} C_{V,\mathrm{m}} \left(p_2 - p_1 \right)$$

8.2.2　等压过程

等压过程又称定压过程, 是指热力学系统在状态发生变化时其压强始终保持恒定的过程. 等压过程的特点是压强 $p =$ 恒量. 可由理想气体状态方程得出理想气体在等压准静态过程中, 体积与温度的关系为 $V/T =$ 恒量. 在 $p - V$ 图中对应于一条平行于 V 轴的线段 (图 8–5). 系统在等压过程的吸热常用摩尔定压热容表示. 1 mol 物质在压强不变的条件下温度每升高 1 K 所需吸收的热量, 称为该物质的摩尔定压热容, 记作 $C_{p,\mathrm{m}}$, 定义式为

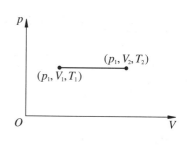

图 8–5　等压过程

$$C_{p,\mathrm{m}} = \frac{1}{\nu} \left(\frac{\partial Q}{\partial T} \right)_p \tag{8.8}$$

根据上述定义, 在压强不变时, 气体温度由 T_1 升高到 T_2 吸收的热量为

$$Q = \nu C_{p,\mathrm{m}} \left(T_2 - T_1 \right) \tag{8.9}$$

理想气体在等压过程中体积从 V_1 变化到 V_2 时, 外界对气体做的功为

$$A = -\int_{V_1}^{V_2} p \, \mathrm{d}V = -p(V_2 - V_1) = -p\Delta V$$

将上式与式 (8.9) 代入热力学第一定律, 并考虑到内能是只与温度有关, 则式 (8.4) 变为

$$\nu C_{V,\mathrm{m}} \Delta T = \nu C_{p,\mathrm{m}} \Delta T - p\Delta V$$

根据理想气体的状态方程, 考虑到压强 p 是常量, 有

$$p\Delta V = \nu R \Delta T$$

上面二式联立, 可得

$$C_{p,\mathrm{m}} = C_{V,\mathrm{m}} + R \tag{8.10}$$

$C_{p,\mathrm{m}}$ 与 $C_{V,\mathrm{m}}$ 的比值

$$\gamma = \frac{C_{p,\mathrm{m}}}{C_{V,\mathrm{m}}} \tag{8.11}$$

叫做摩尔热容比. 常温下, 理想气体的 $C_{V,\mathrm{m}}, C_{p,\mathrm{m}}$ 和 γ 都是常量. 理论上, 单原子理想气体的 $C_{V,\mathrm{m}} = 3R/2, \gamma = 5/3$; 双原子分子理想气体的 $C_{V,\mathrm{m}} = 5R/2, \gamma = 7/5$.

8.2.3 等温过程

等温过程中, 温度不变, 根据理想气体的状态方程, 压强与体积的乘积是一个常量,

$$pV = \nu RT = 常量$$

上式就是等温过程方程, 在 $p - V$ 图中, 等温过程对应于双曲线的一支, 称为等温线, 参看图 8-6. 由于理想气体的内能只与温度有关, 所以在等温过程中气体的内能也不发生变化. 根据热力学第一定律, 气体从外界吸收的热量全部用来对外做功, 反之, 外界对气体做的功也会全部以热量的形式释放出去. 即

$$Q = -A$$

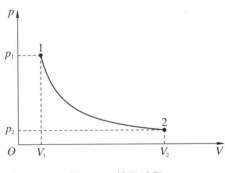

图 8-6 等温过程

在图 8-6 中理想气体经等温过程由状态 1 到达状态 2 时, 外界对气体做的功为

$$A = -\int_{V_1}^{V_2} p\,\mathrm{d}V = -\nu RT \int_{V_1}^{V_2} \frac{\mathrm{d}V}{V} = -\nu RT \ln \frac{V_2}{V_1} \tag{8.12}$$

因为 $p_1 V_1 = p_2 V_2$, 所以功也可用初末态的压强表示为

$$A = \nu RT \ln \frac{p_2}{p_1} \tag{8.13}$$

等温过程是热力学中一种重要过程, 物质三态的可逆转变就是在等温条件下进行的.

8.2.4 绝热过程

绝热过程是指系统与外界环境之间无热量交换的过程, 即 $Q = 0$. 热力学第一定律可表示为

$$\nu C_{V,\mathrm{m}}\,\mathrm{d}T + p\,\mathrm{d}V = 0 \tag{8.14}$$

下面推导绝热过程所遵从的过程方程.

将理想气体的状态方程 $pV = \nu RT$ 两边全微分, 得

$$p\,\mathrm{d}V + V\,\mathrm{d}p = \nu R\,\mathrm{d}T \tag{8.15}$$

从式 (8.14) 和式 (8.15) 中消去 $\mathrm{d}T$, 得

$$(C_{V,\mathrm{m}} + R)p\,\mathrm{d}V + C_{V,\mathrm{m}}V\,\mathrm{d}p = 0$$

上式两边同除 $C_{V,m}pV$, 并利用

$$\gamma = \frac{C_{V,m} + R}{C_{V,m}}$$

可得

$$\frac{\mathrm{d}p}{p} + \gamma \frac{\mathrm{d}V}{V} = 0$$

积分得

$$\ln p + \gamma \ln V = 常量$$

或

$$pV^{\gamma} = 常量 \tag{8.16}$$

上式给出了绝热过程中气体的状态参量满足的方程, 它在 $p\text{–}V$ 图中的曲线叫做绝热线.

为了比较绝热线与等温线, 将它们同时画在 $p\text{–}V$ 图中, 如图 8–7 所示. 图中实线为绝热线, 虚线为等温线, 显然绝热线更陡些. 这是因为交点处绝热线的斜率为

$$\left(\frac{\mathrm{d}p}{\mathrm{d}V}\right)_{a} = -\gamma \frac{p}{V}$$

而等温线的斜率为

$$\left(\frac{\mathrm{d}p}{\mathrm{d}V}\right)_{T} = -\frac{p}{V}$$

由于 $\gamma > 1$, 所以

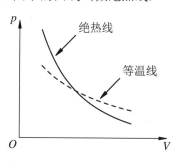

图 8–7　绝热线与等温线比较

$$\left|\left(\frac{\mathrm{d}p}{\mathrm{d}V}\right)_{a}\right| > \left|\left(\frac{\mathrm{d}p}{\mathrm{d}V}\right)_{T}\right|$$

上述结论可以解释如下: 如果等温过程和绝热过程都膨胀相同的体积, 在等温过程中压强的降低仅由气体密度的减小而引起, 而在绝热过程中, 压强的降低, 除气体密度减小外, 温度的下降也是一个因素. 所以在体积变化相同的情况下, 绝热过程中压强下降的幅度比等温过程要大.

将理想气体的状态方程与式 (8.16) 联立, 从中消去 p 或 V, 不难得到用其他参量表示的绝热过程方程:

$$TV^{\gamma-1} = 常量 \tag{8.17}$$

以及

$$\frac{p^{\gamma-1}}{T^{\gamma}} = 常量 \tag{8.18}$$

设理想气体由状态 (p_1, V_1, T_1) 经绝热过程到达状态 (p_2, V_2, T_2), 根据热力学第一定律可以计算出外界对系统所做的功为

$$A = \Delta E = \nu C_{V,m}(T_2 - T_1) \tag{8.19}$$

再由理想气体的状态方程, 将 T 用 $\frac{pV}{\nu R}$ 取代, 得

$$A = \frac{C_{V,m}}{R}(p_2 V_2 - p_1 V_1)$$

利用式 (8.10) 和式 (8.11), 上式可表示成如下形式:

$$A = \frac{1}{\gamma - 1}(p_2 V_2 - p_1 V_1) \tag{8.20}$$

大气中作垂直运动的气块的状态变化通常接近于绝热过程. 气块上升, 外界气压逐渐降低, 气块体积膨胀做功消耗内能而降温, 叫 "绝热冷却"; 气块下沉, 外界气压逐渐增大, 气块体积因外力做功被压缩, 使其内能增加而升温, 叫 "绝热增温".

例 8.1 1 mol 氮气, 温度为 300 K, 压强为 2.4×10^5 Pa, 经准静态绝热过程膨胀至原来体积的 2 倍, 求末态的体积、温度和在这个过程中气体对外界做的功 (已知 $C_{V,m} = 5R/2$).

解 记初始状态为 $(p_1 = 2.4 \times 10^5$ Pa, V_1, $T_1 = 300$ K), 末态为 $(p_2, V_2 = 2V_1, T_2)$. 易知 $\gamma = 1.4$, $\nu = 1$ mol.

根据理想气体的状态方程, 有

$$V_1 = \frac{\nu R T_1}{p_1} = 1.04 \times 10^{-2} \text{ m}^3$$

于是, 末态的体积 $V_2 = 2V_1 = 2.08 \times 10^{-2}$ m³. 末态的温度为

$$T_2 = \left(\frac{V_2}{V_1}\right)^{\gamma-1} T_1 = 227 \text{ K}$$

由式 (8.19) 可得外界对气体做功

$$A = \nu C_{V,m}(T_2 - T_1) = -1.52 \times 10^3 \text{ J}$$

气体对外界做的功 $A' = -A = 1.52 \times 10^3$ J.

在本节最后, 理想气体各种典型的准静态过程的重要公式列于表 8-1 中, 以便于读者查阅.

表 8-1　理想气体几种典型过程的重要公式

过程	等体	等压	等温	绝热
ΔE	$\nu C_{V,m} \Delta T$	$\nu C_{V,m} \Delta T$	0	$\nu C_{V,m} \Delta T$
A	0	$-p\Delta V$	$-\nu RT \ln \dfrac{V_2}{V_1}$	$\dfrac{p_2 V_2 - p_1 V_1}{\gamma - 1}$
Q	$\nu C_{V,m} \Delta T$	$\nu C_{p,m} \Delta T$	$\nu RT \ln \dfrac{V_2}{V_1}$	0
过程方程	$V =$ 常量	$p =$ 常量	$pV =$ 常量	$pV^\gamma =$ 常量

8.3　循环过程

8.3.1　循环过程

热力学系统的状态经过一系列的变化后, 又回到原来的状态, 这个过程称为循环过程. 凡是仅由状态决定的物理量 (即状态函数) 经过循环过程后, 其值都不变, 因此循环过程的特征是系统经历一个循环之后, 内能不变.

准静态循环过程可用 $p-V$ 图上的一条闭合曲线表示, 如图 8-8 所示, 系统由状态 M 顺时针又回到状态 M, 完成一次循环过程同时对外做功

$$A' = \oint p\,\mathrm{d}V$$

一次循环系统做的功对应于图中闭合曲线包围的面积.

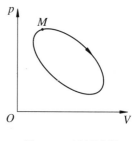

图 8-8 循环过程

$p-V$ 图中沿顺时针进行的循环称为正循环, 沿逆时针进行的循环称为逆循环. 图 8-8 中显示的是正循环. 按热力学第一定律, 循环过程的内能不变, 那么系统做的功必然来自吸热. 能够把热转化为功的机器叫做热机, 所以正循环也叫热机循环. 循环过程必然伴随着系统与外界的热量交换, 设系统完成一次正循环吸收热量 Q_1, 放出热量 $-Q_2$ (一律以吸热为正), 则对外界做的功为

$$A' = -A = Q_1 - |-Q_2| = Q_1 + Q_2$$

把工作物质对外做的功与它吸收的热量的百分比定义为热机效率或循环效率, 用 η 表示

$$\eta = \frac{A'}{Q_1} = 1 + \frac{Q_2}{Q_1} \tag{8.21}$$

当工作物质在一次循环中吸收的热量相同时, 对外做功越多则效率越高.

18 世纪, 蒸汽机在工业上的广泛应用促进了工业的迅速发展. 对蒸汽机的研究和改进加速了热机理论的发展. 蒸汽机的工作过程如图 8-9 所示. 水泵 B 将水池 A 中的水抽入锅炉 C 中, 锅炉将水加热至高温水蒸气 (水从高温热源吸热), 并负责将其送入汽缸 D 内, 水蒸气在 D 内膨胀, 推动汽缸对外做功. 最后蒸汽进入冷凝器 E 中凝结成水 (向低温热源放热). 水泵 F 再把冷凝器中的水抽入水池 A, 使循环持续进行. 经过这一系列过程, 工作物质回到原来的状态. 其他热机的具体工作过程虽然各不相同, 但能量转化的情况与上面所述类似, 其共同点是工作物质从高温热源吸取热量, 一部分用来对外做功, 另一部分以热量的形式释放给低温热源.

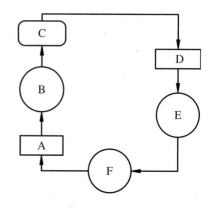

图 8-9 蒸汽机工作流程示意图

如果图 8-8 的循环沿逆时针方向进行, 则外界对系统做功, 工作物质从低温热源 (冷库) 吸热, 并向高温热源放热, 循环的功能是制冷, 系统以这种方式工作时就是制冷机. 一个制冷循环中工作物质从冷库吸取的热量 Q_2 与外界所做的功 $A = |Q_1 + Q_2| = -(Q_1 + Q_2)$ 的比值称为循环的制冷系数, 用 ε 表示, 即

$$\varepsilon = \frac{Q_2}{A} = \frac{Q_2}{|Q_1 + Q_2|} = -\frac{Q_2}{Q_1 + Q_2} \tag{8.22}$$

式中, $Q_2 > 0$ 表示从低温热源吸取的热量, $|Q_1|$ ($Q_1 < 0$) 表示向高温热源放出的热量. 制冷系数越大, 外界对系统做相等的功时, 系统从冷库中吸取的热量越多, 制冷效果越好.

8.3.2 卡诺循环

卡诺循环是 1824 年萨迪·卡诺在对热机的最大可能效率问题作理论研究时提出的. 卡诺假设工作物质只与两个恒温热源交换热量, 没有散热、漏气、摩擦等损耗. 为使过程是准静态过程, 工作物质从高温热源吸热应是无温度差的等温膨胀过程, 同样, 向低温热源放热应是等温压缩过程. 因限制只与两热源交换热量, 脱离热源后的过程只能是绝热过程. 作卡诺循环的热机叫做卡诺热机.

卡诺循环是由两个 (准静态) 等温过程和两个 (准静态) 绝热过程组成, 循环需要两个热源: 一个是高温热源 T_1, 一个是低温热源 T_2. 如图 8–10 所示, 该循环包括 4 个过程:

过程 1 为等温膨胀过程, 在这个过程中系统从环境中吸收的热量为

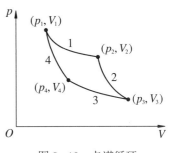

图 8–10 卡诺循环

$$Q_1 = \nu R T_1 \ln \frac{V_2}{V_1} \qquad (8.23)$$

过程 2 为绝热膨胀过程, 在这个过程中系统对环境做功. 根据绝热过程方程, 有

$$\frac{T_1}{T_2} = \left(\frac{V_3}{V_2}\right)^{\gamma-1} \qquad (8.24)$$

过程 3 为等温压缩过程, 在这个过程中系统吸收的热量 Q_2 为

$$Q_2 = -\nu R T_2 \ln \frac{V_3}{V_4} \qquad (8.25)$$

负号表示此过程实为系统向外界放热.

过程 4 为绝热压缩过程, 系统恢复原来状态, 在这个过程中外界对系统做功使系统体积变小. 该过程方程为

$$\frac{T_1}{T_2} = \left(\frac{V_4}{V_1}\right)^{\gamma-1} \qquad (8.26)$$

从式 (8.24) 和式 (8.26) 可得

$$\frac{V_2}{V_1} = \frac{V_3}{V_4}$$

用式 (8.23) 除以式 (8.25) 并利用上式, 得

$$\frac{Q_1}{T_1} + \frac{Q_2}{T_2} = 0 \qquad (8.27)$$

根据热力学第一定律, 系统对外做功

$$A' = Q_1 + Q_2$$

所以卡诺循环的效率为

$$\eta = 1 + \frac{Q_2}{Q_1} \qquad (8.28)$$

将式 (8.27) 代入式 (8.28), 得

$$\eta = 1 - \frac{T_2}{T_1} \qquad (8.29)$$

式 (8.29) 表明, 理想气体的卡诺循环的效率只由高、低两个热源的温度决定. 如果高温热源的温度 T_1 越高, 低温热源的温度 T_2 越低, 则卡诺循环的效率越高. 因为不能获得 $T_1 \to \infty$ 的高温热源或 $T_2 = 0\,\mathrm{K}\,(-273\,^\circ\mathrm{C})$ 的低温热源, 所以, 卡诺循环的效率必定小于 1.

图 8–11 为卡诺热机的工作示意图. 若卡诺循环逆向进行, 则为卡诺制冷机. 图 8–12 为卡诺制冷机的原理示意图. 不难算出制冷系数为

$$\varepsilon = \frac{T_2}{T_1 - T_2} \tag{8.30}$$

一般情况下, 高温热源的温度 T_1 就是环境温度, 从上式可以分析出, 制冷温度 T_2 越低, 制冷系数越小.

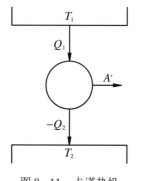

图 8–11　卡诺热机

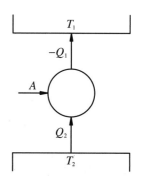

图 8–12　卡诺制冷机

8.4　热力学第二定律

8.4.1　可逆过程与不可逆过程

当系统经历了一个过程, 如果过程的每一步都可沿相反的方向进行, 同时不引起外界的任何变化, 即如果逆过程能重复正过程的每一状态, 回到原来的状态, 同时消除了原来过程对环境所产生的一切影响, 环境也复原, 那么这个过程就称为可逆过程. 显然, 在可逆过程中, 系统和外界都能恢复到原来状态. 反之, 如果对于某一过程, 用任何方法都不能使系统和外界环境恢复到原来状态, 该过程就是不可逆过程. 自然界的运动有可逆性, 也有不可逆性. 可逆过程产生的条件是准静态过程 (无限缓慢的过程), 且无摩擦力、黏滞力或其他耗散力做功, 无能量耗散的过程. 下面, 我们举一些不可逆过程的例子.

用隔板将一绝热的密闭容器分成 A 和 B 两部分, A 中盛一定量的气体, B 为真空, 如图 8–13 所示. 抽去隔板的瞬间, 气体都聚集在容器的A部, 这是一种非平衡态. 然后, 气体将迅速地膨胀而充满整个容器, 最后到达气体均匀分布的平衡态. 由于气体的膨胀过程不受任何阻力, 所以称为自由膨胀. 相反的过程, 即充满整个容器的气体重新退回到容器的 A 部而不产生其他影响的过程是不可能发生的.

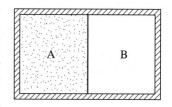

图 8–13　气体的自由膨胀

当两个温度不同的物体相互接触后,热量会自动从高温物体传向低温物体,直到两个物体的温度相同,达到热平衡.而相反的过程,即这部分热量由低温物体自动传向高温物体,使两个物体的温度复原的过程,尽管也不违反能量守恒,但是这不可能发生.因此,热传导过程也是不可逆过程.

同样,摩擦生热的过程不可逆.高速运动的子弹射入木块后由于摩擦最终静止下来,同时发热,这是一个动能转化为热能的过程.但是相反的过程,即子弹和木块自动冷却,将这部分热能重新转化为子弹的动能使其高速运动起来,尽管不违反能量守恒,却不可能发生.

因此,我们可以得到以下结论:

(1) 可逆过程是以无限小的变化进行的,整个过程是由一连串非常接近于平衡态的状态所构成的.

(2) 可逆过程在逆向进行中,用同样的方法,循着原来的过程的逆过程,可以使系统和环境完全恢复到原来的状态,而无任何耗散效应.

(3) 在等温可逆膨胀过程中系统对环境做最大功,在等温可逆压缩过程中环境对系统做最小功.有摩擦的准静态过程是不可逆过程.

自然界中与热现象有关的一切实际宏观过程,如热传导、气体的自由膨胀、扩散等都是不可逆过程.任何实际过程都是不可逆过程.不可把不可逆过程理解为系统不能复原的过程.一个不可逆过程发生后,也可以使系统恢复原态,但当系统恢复原态后,环境必定发生某些变化.

8.4.2 热力学第二定律

热力学第二定律是关于在有限空间和时间内,一切与热现象有关的宏观过程具有不可逆性的经验总结,指出了世界上没有绝对的可逆性过程.

历史上,热力学第二定律有两种最著名的表述:

(1) 开尔文表述.不可能从单一热源吸热使之完全转化成有用功而不产生其他影响.

(2) 克劳修斯表述.不可能把热量从低温物体传向高温物体而不引起其他的变化.

以上两种表述分别选择了功热转换的不可逆性和热传导的不可逆性,实际上,它们是完全等价的.

我们可以利用卡诺循环来证明热力学第二定律两种表述的等价性 (反证法).

首先证明如果克劳修斯的表述不成立,则开尔文的表述也不成立.先假定热量 $-Q_2$ 可以自动地从低温热源 T_2 传向高温热源 T_1.然后使一卡诺热机工作于两个恒温源之间,并使它在一次循环中从高温热源吸取热量 Q_1,向低温热源放热 $Q_2' = -Q_2$,并对外做功 A',如图 8–14 (a) 所示.这样,总的结果是低温热源无任何变化,只是从高温热源吸热 $(Q_1 + Q_2)$ 使之完全变成了有用功 A',而无其他影响.这与开尔文的表述相矛盾.

然后证明,如果开尔文表述不成立,则克劳修斯表述也不成立.如图 8–14 (b) 所示,假定从高温热源 T_1 吸热 Q,并使之完全变为有用功 $A = Q$ 而不产生其他影响,我们就可以用这部分功驱动工作于高温热源 T_1 和低温热源 T_2 之间的卡诺制冷机,它从低温热源吸取热量 Q_2,向高温热源放出热量 $Q_1' = Q + Q_2 = -Q_1$.整个过程中,唯一的变化是热量 Q_2 从低温热源传给了高温热源, 再无其他影响. 也就是说, 热量自动从低温热源传向了高温热源. 这与克劳修斯表述是矛盾的.

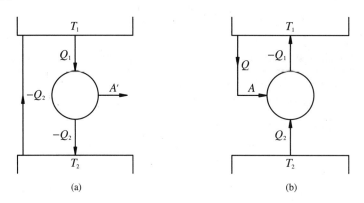

图 8–14　热力学第二定律两种表述等价性的证明

热力学第一定律否定了第一类永动机的存在. 于是, 很多人设想制造出在没有温度差的情况下, 从自然界中的海水 (假设海水为同一温度) 或空气中不断吸取热量而使之连续地转变为机械能的机器, 这种机器称为第二类永动机. 虽然第二类永动机并没有违反热力学第一定律, 但它违反了热力学第二定律, 同样是不能实现的.

8.4.3　卡诺定理

卡诺循环是一个理想的可逆循环, 这个循环的意义可用卡诺定理来说明. 卡诺定理表述如下:

(1) 在相同的高温热源和相同的低温热源之间工作的一切可逆热机, 其效率都相等, 与工作物质无关.

(2) 在相同的高温热源和相同的低温热源之间工作的一切不可逆热机, 其效率不可能高于可逆机的效率.

卡诺定理指出了工作在相同的高温热源和低温热源之间的热机效率的极限值, 对应于可逆循环的效率, 并指明了提高热机效率的途径. 因为卡诺循环的效率 $\eta = 1 - T_2/T_1$ 是工作在温度为 T_1 和 T_2 的两个热源间所有热机的极限效率, 因此, 要提高热机的效率, 首先必须增大高、低温热源之间的温差. 实际上, 一般热机总是以周围环境作为低温热源, 所以只有提高高温热源的温度是可行的. 除此之外, 还要尽可能减小热机循环的不可逆性, 也就是减少摩擦、漏气等耗散因素.

卡诺定理可用以下不等式表示:

$$\eta \leqslant 1 - \frac{T_2}{T_1} \tag{8.31}$$

其中可逆机取等号, 不可逆机取小于号.

卡诺提出卡诺循环和卡诺定理的时候, 热力学的基本定律尚未建立. 当时, 卡诺运用错误的热质学说证明了卡诺定理. 这种从错误学说出发而得出正确结论的事情, 在物理学史上也曾发生过. 要给出卡诺定理正确的证明, 需要用到热力学第二定律.

8.5 熵

8.5.1 克劳修斯不等式

卡诺定理限于热机只与两个热源接触并交换热量的情形. 将卡诺定理改写为

$$1 + \frac{Q_2}{Q_1} \leqslant 1 - \frac{T_2}{T_1}$$

或者表示为

$$\frac{Q_1}{T_1} + \frac{Q_2}{T_2} \leqslant 0$$

如果热机在一次循环中与多个热源交换热量, 则可将上式推广为

$$\sum_i \frac{Q_i}{T_i} \leqslant 0$$

式中 T_i 和 Q_i 分别表示第 i 个热源的温度和工作物质从第 i 个热源吸收的热量. 如果涉及无限多个热源, 则热源的温度是连续变化的, 上式又可以进一步推广为

$$\oint \frac{\mathrm{d}Q}{T} \leqslant 0 \tag{8.32}$$

可逆循环取等号, 不可逆循环取小于号. 这个不等式是克劳修斯提出的, 它描述了循环过程中, 系统热量的变化与温度之间的关系, 称为克劳修斯不等式.

8.5.2 熵　熵增加原理

熵最初是根据热力学第二定律引出的一个反映自发过程不可逆性的状态参量. 1854 年德国科学家克劳修斯首先引进了熵的概念.

对于任一可逆循环, 式 (8.32) 中应取等号, 这是可逆循环的重要特征. 设系统从初态 M 经任意两个可逆过程 C, C' 到达终态 N, 如图 8–15 所示. 只要让两个可逆过程之一逆向进行 (在此不妨令 C' 逆向进行) 就可构成一个可逆循环. 将式 (8.32) 展开, 有

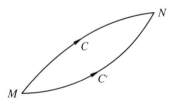

图 8–15　初末态相同的两个过程

$$\oint \frac{\mathrm{d}Q}{T} = \int_M^N \frac{\mathrm{d}Q_C}{T} + \int_N^M \frac{\mathrm{d}Q_{C'}}{T} = 0$$

因此,

$$\int_M^N \frac{\mathrm{d}Q_C}{T} = -\int_N^M \frac{\mathrm{d}Q_{C'}}{T} = \int_M^N \frac{\mathrm{d}Q_{C'}}{T}$$

上式表明, 由初态 M 经两个不同的可逆过程 C 和 C' 到终态 N 的积分 $\int_M^N \frac{\mathrm{d}Q}{T}$ 的值相等. 注意到 C, C' 是由 M 态到 N 态的任意两个可逆过程, 这说明在初、末态给定后, 这个积分与可逆过程的路径无关. 克劳修斯根据这个性质引入一个态函数熵. 熵在两个状态间的差值定义为

$$\Delta S = S_N - S_M = \int_M^N \frac{\mathrm{d}Q}{T} \tag{8.33}$$

其中 M, N 是系统的两个平衡态, S_M, S_N 表示系统在平衡态 M 和 N 的熵, 积分沿由初态到末态的任意可逆过程进行. 熵的单位是 $J \cdot K^{-1}$.

从熵的定义, 可以看出熵具有如下性质:

(1) 熵是一个广延量. 均匀系统的热力学量可分成两类: 一类与物质的量成正比 (如内能、体积等), 称为广延量; 另一类与物质的量无关 (如温度、压强等), 称为强度量. 由于系统在过程中吸收的热量与物质的量成正比, 因此熵是广延量. 广延量具有可加性, 即如果系统分为几部分, 则系统的熵是各部分的熵之和.

(2) 熵是态函数. 由于式 (8.33) 中的积分与具体的可逆过程无关, 所以只要确定了初态 M 和末态 N, 它们的熵差就完全确定了. 一个状态的熵是其状态参量的函数, 它由状态确定, 与通过什么过程到达此状态无关.

如果系统由某一平衡态 M 经过一个不可逆过程到达另一平衡态 N, 可以设计一个由 M 到 N 的可逆过程并用式 (8.33) 计算两个状态的熵差.

设系统经不可逆过程由初态 M 到终态 N. 现在设想系统经过一个可逆过程由状态 N 回到状态 M. 这个设想的过程与系统原来的过程合起来构成一个循环过程, 根据式 (8.32), 并利用式 (8.33) 得到下面的不等式:

$$\oint \frac{\mathrm{d}Q}{T} = \left(\int_M^N \frac{\mathrm{d}Q}{T} \right)_{\text{不可逆}} + S_M - S_N < 0$$

于是有

$$\Delta S = S_N - S_M > \left(\int_M^N \frac{\mathrm{d}Q}{T} \right)_{\text{不可逆}} \tag{8.34}$$

综合式 (8.33) 和式 (8.34), 有

$$\Delta S \geqslant \int_M^N \frac{\mathrm{d}Q}{T} \tag{8.35}$$

式中的积分可以沿从 M 到 N 的任意过程进行. 等号适用于可逆过程, 大于号适用于不可逆过程. 特别是, 当系统经绝热过程由一个平衡态到达另一个平衡态时, 上式中的积分恒为零, 因此有 $\Delta S \geqslant 0$, 这表示绝热过程的熵决不减少. 可逆绝热过程熵不变, 不可逆绝热过程熵增加, 这称为熵增加原理.

对于无穷小的过程, 式 (8.35) 应该写成微分形式:

$$\mathrm{d}S \geqslant \frac{\mathrm{d}Q}{T} \tag{8.36}$$

利用熵增加原理, 我们可以分析出, 孤立系由非平衡态向平衡态过渡的过程总是熵增加的过程, 一旦孤立系达到平衡态, 熵就不再继续增加了, 处于熵极大的状态. 另外, 可以利用绝热过程中熵是不变的还是增加的来判断过程是可逆的还是不可逆的.

例 8.2 求物质的量为 ν 的理想气体以体积 V 和温度 T 表示的熵函数.

解 对于一定量的理想气体, 根据热力学第一定律, 有

$$\mathrm{d}Q = \mathrm{d}E - \mathrm{d}A = \nu C_{V,\mathrm{m}} \mathrm{d}T + p \, \mathrm{d}V$$

所以

$$\mathrm{d}S = \nu C_V \frac{\mathrm{d}T}{T} + \frac{p}{T} \mathrm{d}V$$

由理想气体状态方程可得 $\dfrac{p}{T} = \dfrac{\nu R}{V}$，代入上式，有

$$dS = \frac{\nu C_{V,m}}{T} dT + \frac{\nu R}{V} dV$$

积分得

$$S = \nu C_{V,m} \ln T + \nu R \ln V + S_0$$

式中 S_0 是积分常量，上式就是理想气体以 T 和 V 表示的熵函数.

8.6 熵的统计意义

热力学系统是由大量微观粒子组成的、并与其周围环境以任意方式相互作用着的宏观客体. 对系统的宏观描述属于热力学的范畴，对系统的统计描述则属于统计物理学的范畴.

热力学是唯象的理论，它只关注热现象中的能量转化和热传导，只关注物质的温度、压强、体积、浓度、物质的量和熵等宏观性质，因此热力学不能回答"为什么绝热过程熵永不减少？"这样的问题. 可以说热力学是对大量实验结果的总结，是对热力学系统的现象描述而非本质描述. 统计物理学则关注组成宏观物质的微观粒子所服从的概率分布，利用数理统计的方法对热现象的过程进行描述. 统计物理学和热力学是对同一类物理过程的不同描述，因而它们是相容的.

8.6.1 热力学系统的统计描述

我们以气体自由膨胀过程为例来说明什么是宏观状态和微观状态. 从统计学的角度，隔板抽掉后，如果知道有多少粒子处于 A 部，我们就确定了系统的一个宏观状态，参看图 8–13. 但要确定系统的微观状态，就必须指明，究竟哪些粒子处于 A 中. 由此可见，一个宏观状态可能对应很多的微观状态，因为容器中两侧交换一对粒子并不改变系统的宏观状态，但改变了微观状态. 某宏观状态对应的微观状态数称为该宏观状态的热力学概率，用 Ω 表示. 设容器中有 4 个分子 a, b, c, d，它们在容器两部分的分布情况如表 8–2 所示. 从表中可以看出，共有 5 种宏观状态，16 种微观状态. 包含微观状态数目最多的是分子平均分布于 A, B 两部分，所有分子都在 A (或 B) 中的微观状态数最少，只有 1 种.

由上述讨论可知，一个系统通常包含有大量的宏观状态，同时，一个宏观状态还可以包含有大量的微观状态. 系统中的粒子数越多，其状态数也越多. 在一定的条件下，既然有多种可能的宏观状态，那么究竟哪一个状态是实际上被观察到的呢？回答这个问题需要用到统计理论中的一个基本假设，这个假设称为等概率假设：对于孤立系，各个微观状态出现的概率相同. 这样，哪一种宏观状态包含的微观状态多，它出现的可能性就大. 设一个孤立系的总微观状态数为 Ω_t，共有 N 个宏观状态，它们分别包含 $\Omega_1, \Omega_2, \cdots, \Omega_N$ 个微观状态，则根据等概率假设，第 i 种宏观状态出现的概率为

$$P_i = \frac{\Omega_i}{\Omega_t} \tag{8.37}$$

表 8-2　四个分子在容器两部分的分布情况

微观状态		宏观状态		Ω
A	B	n_A	n_B	
abcd	–	4	0	1
abc	d			
bcd	a	3	1	4
acd	b			
abd	c			
ab	cd			
ac	bd			
ad	bc	2	2	6
bc	ad			
bd	ac			
cd	ab			
a	bcd			
b	acd	1	3	4
c	abd			
d	abc			
-	abcd	0	4	1

　　表 8-2 中的 $\Omega_t = 16$, 容器中 A 和 B 各有两个分子的概率最大, 为 6/16, 全部分子退到 A 的概率为 1/16. 随着分子总数的增加, 均匀分布的概率逐渐逼近于 1, 而对均匀分布稍有偏离的分布的概率显著地小于 1. 例如, 如果容器中有 1 mol 气体, 分子数为 6.022×10^{23}, 隔板抽掉后仍以分子处于 A 部或 B 部来分类, 则 $\Omega_t = 6.022 \times 10^{23}$, 全部分子退到 A 部的概率只有 $1/2^{6.022 \times 10^{23}}$, 这个概率如此之小, 实际上不可能发生. 由于实际系统都包含有大量的粒子, 所以我们在平衡态下观测到的就是微观状态数最多, 即热力学概率最大的宏观状态. 气体的自由膨胀过程正是由热力学概率小的宏观状态向热力学概率大的宏观状态过渡的过程.

8.6.2　玻耳兹曼关系式

　　功变热的过程是机械能 (分子定向运动的动能) 转变为热能 (分子无规则运动的能量, 即内能) 的过程, 微观上是大量分子的有序运动向无序运动转化. 热传递过程是大量分子的无序运动由于热传递而增大的宏观过程. 气体绝热自由膨胀的过程是分子运动状态 (分子的位置分布) 由有序变得更加无序的过程. 因此, 一切自然过程总是朝着分子热运动无序度增大的方向进行.

　　玻耳兹曼敏锐地认识到, 热力学概率 Ω 其实是表征系统无序度的一个参数, Ω 越小, 系

统越有序, 反之, 系统越无序和混乱. 1877 年, 玻耳兹曼用下面的关系式来表示系统无序度的大小:

$$S \propto \ln \Omega$$

1900 年, 普朗克引进了比例系数 k, 将上式写为

$$S = k \ln \Omega \tag{8.38}$$

式中, k 为玻耳兹曼常量; S 是宏观系统的熵, 是分子运动或排列混乱程度的衡量尺度. 上式称为玻耳兹曼关系式. 理论上可以证明, 上式给出的熵与克劳修斯从宏观角度引入的熵是一致的, 两者完全等同.

　　热现象涉及到大量微观粒子的无规热运动. 热力学第二定律告诉我们, 无规运动并不是完全"无规"的, 热现象仍满足一定的统计规律. 所以热力学第二定律是一个统计规律: 一个孤立系统总是从熵小的状态向熵大的状态发展, 而熵值较大代表着较为无序, 所以自发的宏观过程总是向无序程度更大的方向发展, 熵增加原理也可以作为热力学第二定律的表述. 热力学第二定律不是经验的总结, "唯象"的描述, 其物理本质要通过微观或统计的描述来理解.

习　题

　　8–1　某气体经过一个过程, 在此过程中压强 p 随体积 V 变化的关系式为

$$p = p_0 e^{-a(V-V_0)}$$

式中 p_0, V_0, a 为常量. 求当其体积由 $3V_0$ 压缩至 $2V_0$ 时外界对气体做的功.

　　8–2　理想气体由初态 (p_0, V_0) 经等压过程膨胀到原体积的 2 倍, 再经等温过程压缩到初态的体积, 求外界对气体所做的功.

　　8–3　1 mol 实际气体满足范德瓦耳斯方程

$$\left(p + \frac{a}{V^2}\right)(V - b) = RT$$

式中 a 和 b 均为常量. 求 1 mol 此种气体在温度为 T_0 时由体积 V_1 等温膨胀至体积为 V_2 的过程气体对外界做的功.

　　8–4　在标准状态 (温度为 273.15 K, 压强为 1.013×10^5 Pa) 下的 0.016 kg 氧气, 经过一绝热过程对外做功 80 J. 求终态的温度、压强和体积.

　　8–5　1 mol 氢气, 在压强为 1.0×10^5 Pa, 温度为 293 K 时, 其体积为 V_0. 今使它经过以下两种过程达到同一状态:

　　(1) 先保持体积不变, 加热到温度为 353 K, 然后令它作等温膨胀, 体积变为原来的 2 倍;

　　(2) 先使它作等温膨胀至原来体积的 2 倍, 然后保持体积不变, 加热到 353 K.

　　试分别计算以上两种过程中吸收的热量, 气体对外做的功和内能的增量, 并作 $p-V$ 图.

　　8–6　一定量的单原子理想气体先绝热压缩到原来压强的 9 倍, 然后再等温膨胀到原来的体积. 试问气体最终的压强是其初始压强的多少倍?

　　8–7　1 mol 理想气体, 在从 273 K 等压膨胀到 373 K 时吸收了 3350 J 的热量. 求:

　　(1) γ 值;

　　(2) 气体内能的增量;

　　(3) 气体做的功.

8-8　2.0 mol 的氢气, 起始温度为 300 K, 体积是 2.0×10^{-2} m³. 此气体先等压膨胀到原体积的 2 倍, 然后作绝热膨胀, 至温度恢复到初始温度为止.

(1) 在 $p-V$ 图上画出该过程.

(2) 在这过程中共吸热多少?

(3) 氢气的内能共改变多少?

(4) 氢气所做的总功是多少?

(5) 最后的体积是多大?

8-9　为了测定理想气体的 γ 值, 可以采用下面的方法. 一定量的气体, 初始的温度、压强和体积分别是 T_0, p_0, V_0. 用一根通有电流的铂丝对它加热, 设两次加热的时间和电流都相同, 第一次保持 V_0 不变, 温度和压强分别变为 T_1, p_1, 第二次保持 p_0 不变, 而温度和体积分别变为 T_2, V_1. 试证明:

$$\gamma = \frac{(p_1 - p_0)V_0}{(V_1 - V_0)p_0}$$

8-10　1.0 mol 单原子理想气体先由体积为 $V_1 = 3.00 \times 10^{-3}$ m³ 的状态 1 等温膨胀到体积为 $V_2 = 6.00 \times 10^{-3}$ m³ 的状态 2, 再等压收缩至体积为 V_1 的状态 3, 最后由状态 3 经等体过程回到初态 1. 求此循环的效率.

8-11　在一部二级卡诺热机中, 第一级热机从温度 T_1 处吸取热量 Q_1 对外做功 A_1, 并把热量 Q_2 放到低温 T_2 处. 第二级热机吸取第一级热机所放出的热量做功 A_2, 并把热量 Q_3 放到更低温度 T_3 处. 试证明这复合热机的效率为

$$\eta = \frac{T_1 - T_3}{T_1}$$

8-12　如习题 8-12 图所示, 在刚性绝热容器中有一可无摩擦移动而不漏气的导热隔板, 将容器分为 A, B 两部分, 各盛有 1 mol 的 He 和 O_2. 初态 He 的温度为 T_0, O_2 的温度为 $2T_0$, 压强均为 p_0.

(1) 求整个系统达到平衡时的温度和压强 (O_2 可看作是刚性的);

(2) 求整个系统熵的增量.

8-13　热机循环过程如习题 8-13 图所示, 该循环由两条等温线与两条等熵线组成. 求一次循环过程中系统对外做的功及循环的效率.

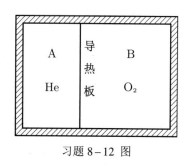

习题 8-12 图

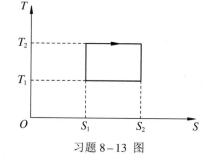

习题 8-13 图

8-14　证明理想气体由平衡态 (p_1, V_1, T_1) 经任意过程到达平衡态 (p_2, V_2, T_2) 时, 熵的增量为

(1) $\Delta S = \nu C_{P,\mathrm{m}} \ln \dfrac{T_2}{T_1} - \nu R \ln \dfrac{p_2}{p_1}$;

(2) $\Delta S = \nu C_{P,\mathrm{m}} \ln \dfrac{V_2}{V_1} + \nu C_{V,\mathrm{m}} \ln \dfrac{p_2}{p_1}$.

8-15　理想气体分别经等压过程和等体过程从相同的初态温度升至相同的末态温度. 已知等体过程中熵的增量为 ΔS, 设气体的 γ 为常数, 求等压过程中熵的增量.

8-16 1 mol 单原子理想气体由 $T_1 = 300$ K 可逆地被加热到 $T_2 = 400$ K. 在加热过程中气体的压强随温度按下列规律改变:

$$p = p_0 e^{\alpha T}$$

其中 $\alpha = 1.00 \times 10^{-3}$ K^{-1}. 试确定气体在加热时所吸收的热量 Q.

8-17 一个有限质量的物体原来的温度为 T_2, T_2 高于热库的温度 T_1, 有一热机在此物体与此热库之间按无限小的循环运转, 直到热机把该物体的温度从 T_2 降到 T_1 为止. 试证明可以从这热机获得的最大功为

$$A_{\max} = Q + T_1(S_2 - S_1)$$

式中 $S_2 - S_1$ 为物体熵的变化, 而 Q 为热机从物体所吸取的热量.

第三篇
电 与 磁

电磁学是研究自然界电和磁现象及其规律的学科.

自有人类以来, 人们就对闪电这种自然现象充满着好奇, 早在公元前 600 年人们就发现摩擦过的琥珀能吸引轻小物体. 人类对磁现象的认识开始于永磁体之间的相互作用. 很早以前, 人们就发现含 Fe_3O_4 的矿石能够吸引铁片, 并将这种能够吸引铁、钴、镍等物质的性质称为磁性. 我国在公元前 2 世纪就开始使用指南针. 长期以来, 人们对电和磁现象的研究是独立进行的, 认为它们之间并无关联. 1820 年, 奥斯特发现了电流的磁效应, 从此电磁学得以迅速发展. 1831 年, 法拉第发现了电磁感应现象, 1855 年至 1865 年, 麦克斯韦把电磁学的规律总结为一组方程, 这组方程暗含着电场和磁场的波动方程, 预见了电磁波的存在. 1887 年, 赫兹用实验方法产生和检测到了电磁波, 证实了这个预言, 同时也对光学的研究奠定了理论基础.

经典电磁学的地位如同经典力学, 它们共同筑成了经典物理学的高楼大厦. 与经典力学不同的是, 经典电磁学的理论在近代物理学中依然重要. 狭义相对论并不要求对经典电磁学作任何修正, 并且在小于 10^{-12} m 的尺度范围内, 对电磁相互作用的量子力学修正可以忽略不计.

电荷守恒定律是一切化学反应所必须遵从的基本规律, 学习电磁学基本概念和规律是理解化学、生物学和生理学的基础.

第 9 章 静 电 场

静电场是静止电荷激发出来的一种特殊物质, 其特殊性表现在它看不到、摸不着. 静电学主要研究静电场的空间分布、基本性质以及电场对电荷的作用和对处于静电场中物质的影响. 本章从描述电荷之间相互作用力的库仑定律出发, 引入电场强度及其叠加原理, 进而研究静电场的性质. 静电学中把导电能力极强的物体叫做导体, 把导电能力极弱或完全不导电的物体叫做绝缘体或电介质. 由于导体与电介质的静电性质有很大的不同, 所以本章除了介绍真空中的静电场, 还将讨论导体和电介质的静电特性.

9.1 电荷 库仑定律

9.1.1 电荷

很早以前, 人们就发现用毛皮摩擦过的琥珀能够吸引羽毛和头发等轻小物体. 后来人们又发现其他物体诸如硬橡胶和玻璃经摩擦也能够吸引轻小物体. 研究表明, 这种现象是因为物体携带了电荷, 携带电荷的物体叫做带电体. 使物体带有电荷的现象叫做起电, 用摩擦方法使物体起电的方法只是其中一种, 叫做摩擦起电.

无论用什么方法得到的电荷不外乎两种, 自然界中只存在两种电荷, 由于同种电荷相斥, 异种电荷相吸的特性, 我们把它们称为正电荷和负电荷. 这个称谓仅仅是为了区分两种电荷, 并无其他意义. 我们所称的负电荷本来也可以称为正电荷, 反之亦然.

除了具有正负之分, 电荷还可以分为自由电荷与束缚电荷. 所谓自由电荷, 是指能够自由移动的电荷, 如金属中的电子, 电解液或被电离的气体中的离子等. 正是由于金属中的电子属于自由电荷, 使得金属能够方便地传导电荷, 这类能方便传导电荷的物体叫做导体. 不能传导电荷的物质叫做绝缘体, 导电性能介于导体与绝缘体之间的物体叫做半导体, 例如锗和硅等. 束缚电荷是指只能在原子或分子的局部范围内作微小位移的电荷, 如绝缘体中的电子等.

激光打印机和复印机的工作原理, 就是基于异号电荷之间具有吸引力的作用. 硒是一种光敏半导体, 只有在光照条件下才成为良导体, 否则它是绝缘体. 首先是镀硒的铝鼓在电极下转动, 正电荷就均匀喷撒到它上面. 然后, 被打印或复印的影像被白光或激光投射到硒鼓上, 被照亮的部分成为导体, 铝中的自由电子就被硒鼓中的正电荷吸引上去并发生中和现象, 而暗处的硒仍是绝缘体, 铝中的自由电子不能到达这些区域, 于是暗处的硒仍带有正电荷. 最后, 硒鼓与带负电的墨粉接触, 暗处的正电荷将墨粉吸附在它上面, 被照亮的部分则不吸附墨粉. 当硒鼓滚过带正电的纸张时, 带负电的墨粉就被吸引到复印纸上, 形成影像. 经过加热辊定影, 墨粉就固定在复印纸上.

近代物理学的研究表明, 在自然界中电荷是量子化的, 即存在一个最小的电荷, 这就是一个质子或一个电子电荷的绝对值 e, 其他带电体的电量只能是这个最小电荷的整数倍. 电荷的单位是库仑, 用 C 表示, 是物理学基本单位之一. 经过实验测定, $e = 1.602\,177 \times 10^{-19}$ C. 电荷量子化是自然界一个深刻又普遍的规律, 一些基本带电粒子都带有精确的等量电荷.

电荷的量子性, 似乎会对我们定量研究静电学带来不便, 特别是对于带有大量电荷的宏观带电体. 而事实上, 从这类宏观带电体中取出或加入一个或少量几个电荷, 就像从水库中取出或加入一杯水, 不会对原来的带电体产生宏观上可见的效果. 所以, 对于这类带电体, 我们仍然可以近似认为电荷分布是连续的, 从而可以运用微积分的数学方法对其进行处理.

大量的事实表明, 在一个与外界没有电荷交换的系统内, 任一时刻正电荷与负电荷的代数和保持不变. 这个结论叫做电荷守恒定律. 电荷守恒定律是物理学基本规律之一. 电荷既不能产生, 也不能消灭, 电荷可以转移, 但在转移过程中维持其总量不变. 这个规律不仅适用于宏观物体, 同时也适用于原子核反应等微观过程. 不仅如此, 电荷守恒定律还经得起相对论的检验, 即在不同参考系中对同一电荷进行测量都会得到相同的结果.

9.1.2 库仑定律

尽管人类很早就发现了电现象, 但在长达两千多年的时间里, 人们对电的认识还停留在感性阶段. 直到 1785 年, 库仑利用扭秤测定了两个静止点电荷之间的作用力与其电荷和距离的关系, 现在称之为库仑定律. SI 制中电荷的单位之所以定义为库仑 (C) 正是为了纪念他的这一工作. 所谓点电荷, 是指体积无限小的带电体, 在现实世界中并不严格存在, 它只是一个抽象的模型. 不过, 对于其形状和尺度在具体问题中可以忽略的带电体, 常常可以近似为一个点电荷.

库仑定律表述为: 真空中有两个静止点电荷 q_1 和 q_2, 它们之间相互作用力的大小与 q_1 和 q_2 成正比, 与它们之间的距离 r 的平方成反比; 作用力的方向沿着它们的连线, 同号电荷相斥, 异号电荷相吸.

在图 9-1 中, 用 $\boldsymbol{F}$ 表示 q_1 施于 q_2 的力, $\boldsymbol{r}$ 表示从 q_1 指向 q_2 的矢量, 则

$$\boldsymbol{F} = k\frac{q_1 q_2}{r^3}\boldsymbol{r} \tag{9.1}$$

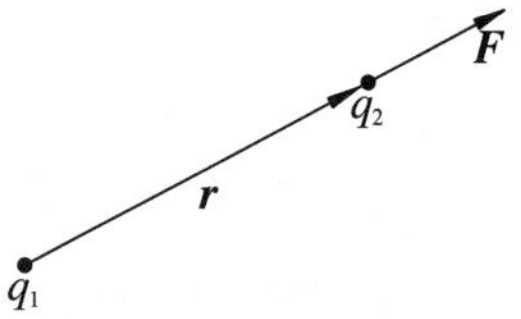

式中 k 为比例系数, 在 SI 制中, $k = \dfrac{1}{4\pi\varepsilon_0}$, ε_0 称为真空中的介电常量或真空电容率, 其值为

图 9-1 库仑定律

$$\varepsilon_0 = 8.8542 \times 10^{-12}\ \mathrm{C^2 \cdot N^{-1} \cdot m^{-2}}$$

于是库仑定律可以表示为

$$\boldsymbol{F} = \frac{1}{4\pi\varepsilon_0}\frac{q_1 q_2}{r^3}\boldsymbol{r} \tag{9.2}$$

库仑定律给出了两个静止电荷之间作用力的定量公式. 迄今为止的实验观察发现, 库仑定律还适用于静止电荷对运动电荷的作用力, 而反过来则不成立, 即运动电荷对静止电荷的作用力, 库仑定律失效. 一个随之而来的问题是, 库仑定律在两个电荷相距多近或多远时会失效? 目前的实验证实了在小到 10^{-15} m (原子核的尺度) 距离, 大到任何宏观可测的范围内, 库仑

定律是成立的. 对于更小或更大的距离 (比如天体之间的距离), 则缺少对库仑定律直接或间接的实验验证.

9.1.3 静电力叠加原理

两个或两个以上的点电荷组成的系统叫做点电荷系. 实验表明, 点电荷系中两个点电荷之间的相互作用力不因第三个点电荷的存在而改变, 每对点电荷之间的作用力都能用库仑定律来计算. 这样一来, 点电荷系内某一个点电荷所受其他点电荷的合力, 就是每个点电荷单独存在时对它产生的静电力的矢量和, 这个结论叫做静电力叠加原理.

如图 9–2 所示, 设真空中有点电荷 $q_0, q_1, q_2, \cdots$, 由静电力的叠加原理, 作用在 q_0 上的合静电力为其他各点电荷单独存在时对该点电荷静电力的矢量和, 即

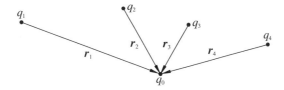

图 9–2 静电力叠加原理

$$\boldsymbol{F} = \boldsymbol{F}_1 + \boldsymbol{F}_2 + \boldsymbol{F}_3 + \cdots = \frac{q_0}{4\pi\varepsilon_0} \left(\frac{q_1 \boldsymbol{r}_1}{r_1^3} + \frac{q_2 \boldsymbol{r}_2}{r_2^3} + \frac{q_3 \boldsymbol{r}_3}{r_3^3} + \cdots \right)$$

或用求和符号表示为

$$\boldsymbol{F} = \frac{q_0}{4\pi\varepsilon_0} \sum_i \frac{q_i \boldsymbol{r}_i}{r_i^3} \tag{9.3}$$

9.2 电场 电场强度

9.2.1 电场

如何看待电荷间的作用力? 对于这个问题, 历史上有过不同的观点, 这些观点的核心区别在于电荷之间的力需不需要媒介和时间. 当电荷静止时, 无法判断哪个观点是正确的, 而当电荷运动或变化时, 两种观点的差别就显现出来.

法拉第认为, 电荷之间的力是通过场进行的, 这个场是存在于带电体周围的特殊物质, 起到在带电体之间传递力的作用. 这个场就是电场. 因此, 库仑力的物理图像应该是: 电荷之间并不是直接发生相互作用的, 一个电荷或带电体先在空间激发一个电场, 这个电场再施力于其他电荷. 场的观点已被近代物理学的理论和实验证实.

本章只讨论相对于观察者静止的电荷所激发的电场, 称为静电场.

9.2.2 电场强度

电场的基本属性是它对电荷具有作用力, 我们就以此来定量描述电场. 处在电场中的一个电荷所受电场的作用力因电荷量的大小而不同; 同一电荷, 放在不同的电荷系或同一电荷

系空间中不同位置, 所受作用力也可能不同. 为了定量研究电场, 必须引入电场强度的概念. 为了测定电场的强弱, 先用一个点电荷放在电场中以便测量电场对它的作用力, 但是这个电荷的加入会改变原来场的分布. 所以这个电荷的电荷量必须足够小, 它的加入不足以改变原来场的分布, 这样的点电荷叫做试探电荷, 记作 q_0.

将试探电荷 q_0 置于空间不同位置, 测量这些位置的场对它的作用力. 这些力的大小显然与试探电荷的电量有关, 电场中同一点, 不同的试探电荷受到的作用力也不同. 但是, 根据库仑定律, 对于空间中的固定点来说, 试探电荷所受作用力与 q_0 之比是一个与试探电荷无关的量, 它反映了场本身的性质. 因此, 我们把它定义为电场强度矢量, 用 $\boldsymbol{E}$ 表示:

$$E = \frac{\boldsymbol{F}}{q_0} \tag{9.4}$$

从定义式可以看出, 空间某处电场强度矢量的大小为单位正电荷受到的电场力的大小, 其方向与正电荷在该处所受电场力的方向一致. 在 SI 制中, 电场强度的单位是 $N \cdot C^{-1}$ 或 $V \cdot m^{-1}$.

结合库仑定律, 由上面给出的电场强度的定义, 很容易写出一个点电荷 q 的电场强度

$$E = \frac{q}{4\pi\varepsilon_0 r^3} \boldsymbol{r} \tag{9.5}$$

式中的矢量 $\boldsymbol{r}$ 由点电荷 q 指向场中任一点 (场点), 因此上式给出了一个点电荷激发的电场强度的空间分布.

9.2.3　电场强度的叠加原理

根据电场强度的定义, 结合静电力叠加原理, 即由式 (9.3) 和式 (9.4) 有

$$E = \frac{\boldsymbol{F}}{q_0} = \sum_i \frac{q_i \boldsymbol{r}_i}{4\pi\varepsilon_0 r_i^3} \tag{9.6}$$

式中 $\boldsymbol{r}_i$ 是电荷 q_i 指向场点的矢量. 上式表明, 点电荷系在空间某点的电场强度, 等于各个点电荷单独存在时在同一点场强的矢量叠加, 这个结论称为场强的叠加原理. 利用这一原理, 可以计算任意带电体在空间激发的电场的强度, 因为所有带电体均可看成大量点电荷的集合.

宏观物体上的电荷, 来自于物体内电子和质子, 而电子或质子的电荷远小于宏观物体所带的电荷. 所以, 我们可将宏观物体的电荷看成无限小的元电荷 $\mathrm{d}q$ 连续分布的结果. 元电荷 $\mathrm{d}q$ 可以视为点电荷, 因此, $\mathrm{d}q$ 的场强为

$$\mathrm{d}E = \frac{\mathrm{d}q}{4\pi\varepsilon_0 r^3} \boldsymbol{r}$$

式中 $\boldsymbol{r}$ 是从 $\mathrm{d}q$ 到场点 P 的矢量 (图 9–3). 根据场强的叠加原理, 连续带电体的场强可表示为

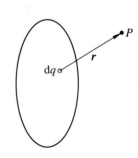

图 9–3　连续带电体的电场

$$E = \frac{1}{4\pi\varepsilon_0} \int \frac{\mathrm{d}q}{r^3} \boldsymbol{r}$$

实际计算中, 通常要把 d$\boldsymbol{E}$ 分解成空间坐标系的分量, 然后再积分. 根据连续带电体的维数, 元电荷 dq 有以下几种形式:

$$dq = \begin{cases} \rho \, dV, & \rho \text{ 表示三维带电体的体电荷密度} \\ \sigma \, dS, & \sigma \text{ 表示二维带电体的面电荷密度} \\ \lambda \, dl, & \lambda \text{ 表示一维带电体的线电荷密度} \end{cases}$$

式中 dl, dS, dV 分别表示线元、面元和体元.

例 9.1 求电偶极子在其延长线上与中垂面上任一点的电场强度.

解 两个等量异号点电荷 $+q$ 和 $-q$, 当它们之间的距离 l 远小于二者中心到场点的距离 r 时, 这一电荷系称为电偶极子. q 与从负电荷指向正电荷的矢量 $\boldsymbol{l}$ 的乘积叫做此电偶极子的电偶极矩, 用 $\boldsymbol{p}_e$ 表示, $\boldsymbol{p}_e = q\boldsymbol{l}$, 它是一个矢量.

如图 9−4 所示, 取电偶极子中心为坐标原点, 取电偶极矩的方向为 x 轴正向建立直角坐标系.

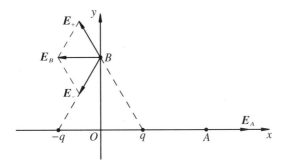

图 9−4 电偶极子延长线及中垂面上的场强

在电偶极子的延长线上任选一点 A, 坐标为 $(x, 0)$. 由于电荷相对于 x 轴对称分布, 所以其场强也具有此对称性. y 轴上任一点代表了中垂面上的点, 为此在 y 轴上任选一点 B, 坐标为 $(0, y)$. 由场强的叠加原理, A 点场强的大小为

$$E_A = \frac{q}{4\pi\varepsilon_0} \frac{1}{\left(x - \dfrac{l}{2}\right)^2} - \frac{q}{4\pi\varepsilon_0} \frac{1}{\left(x + \dfrac{l}{2}\right)^2} = \frac{q}{4\pi\varepsilon_0} \frac{2xl}{\left(x - \dfrac{l}{2}\right)^2 \left(x + \dfrac{l}{2}\right)^2} \approx \frac{q}{4\pi\varepsilon_0} \frac{2l}{x^3}$$

B 点的场强

$$\boldsymbol{E}_B = \boldsymbol{E}_+ + \boldsymbol{E}_-$$

正负电荷在 B 点的场强大小相等, 为

$$E_+ = E_- = \frac{q}{4\pi\varepsilon_0} \frac{1}{y^2 + (l/2)^2}$$

从图 9−4 中的几何关系可以看出, B 点的场强等于 E_+ 或 E_- 在 x 轴上投影的 2 倍, 可以表示为

$$E_B = 2E_+ \frac{l/2}{[y^2 + (l/2)^2]^{1/2}} \approx \frac{ql}{4\pi\varepsilon_0 y^3}$$

A, B 两点电场强度的方向与图中所示相同. 写成矢量式, 电偶极子延长线与中垂面上两处的场强分别为

$$E_A = \frac{2p_e}{4\pi\varepsilon_0 x^3}i, \quad E_B = -\frac{p_e}{4\pi\varepsilon_0 y^3}i$$

计算结果表明, 远离电偶极子处的场强与距离的 3 次方成反比, 与电偶极矩的大小成正比. 研究物质的电学性质时, 处于静电场中的物质内的分子都可以看成电偶极子, 因此, 电偶极子是一个非常重要的物理模型.

例 9.2 求半径为 R, 电荷面密度为 σ 的均匀带电圆盘轴线上的电场强度.

解 在圆盘上以圆心为极点建立极坐标系, 并垂直于盘面建立 z 轴, 构成柱坐标系, 如图 9–5 所示.

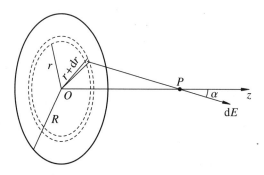

图 9–5 计算均匀带电圆盘轴线上的场强

圆盘上的面元为

$$dS = r\,dr\,d\theta$$

对应的元电荷为

$$dq = \sigma\,dS = \sigma r\,dr\,d\theta$$

此元电荷在圆盘轴线上坐标为 z 处的 P 点的场强为

$$dE = \frac{dq}{4\pi\varepsilon_0(r^2 + z^2)} = \frac{\sigma r\,dr\,d\theta}{4\pi\varepsilon_0(r^2 + z^2)}$$

由于电荷相对于圆盘轴线对称分布, 所以圆盘轴线上与轴垂直的电场强度分量为零, 只需计算轴向分量即可.

$$dE_z = dE\cos\alpha = \frac{\sigma r\,dr\,d\theta}{4\pi\varepsilon_0(r^2 + z^2)}\frac{z}{\sqrt{r^2 + z^2}} = \frac{z\sigma r\,dr\,d\theta}{4\pi\varepsilon_0(r^2 + z^2)^{3/2}}$$

对上式积分, 可得所求场强为

$$E = E_z = \frac{z\sigma}{4\pi\varepsilon_0}\int_0^{2\pi}d\theta\int_0^R\frac{r\,dr}{(r^2 + z^2)^{3/2}} = \begin{cases} -\dfrac{\sigma}{2\varepsilon_0}\left(1 + \dfrac{z}{\sqrt{R^2 + z^2}}\right), & z < 0 \\[3mm] \dfrac{\sigma}{2\varepsilon_0}\left(1 - \dfrac{z}{\sqrt{R^2 + z^2}}\right), & z > 0 \end{cases}$$

矢量表达式为

$$
\boldsymbol{E} = \begin{cases} -\dfrac{\sigma}{2\varepsilon_0}\left(1 + \dfrac{z}{\sqrt{R^2 + z^2}}\right)\boldsymbol{e}_z, & z < 0 \\[3mm] \dfrac{\sigma}{2\varepsilon_0}\left(1 - \dfrac{z}{\sqrt{R^2 + z^2}}\right)\boldsymbol{e}_z, & z > 0 \end{cases}
$$

图 9-6 是圆盘轴线上的场强随 z 的变化曲线.

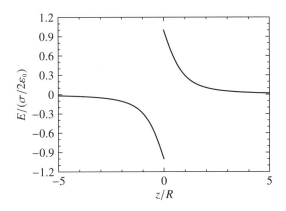

图 9-6 均匀带电圆盘轴线上的场强分布

下面我们对上述结果进行讨论.

(1) 若 $R \gg |z|$, 即在 P 点看来, 带电圆盘为无限大. 对上述结果取 $R/z \to \pm\infty$ 的极限, 有 $E = \pm\dfrac{\sigma}{2\varepsilon_0}$. 在圆盘无限大时, 轴线已失去意义, 这个结果表示距离无限大均匀带电平面有限远处的电场是匀强电场, 其方向为垂直于圆盘平面指向两侧.

(2) 当 $R \ll |z|$ 时, 将 $\dfrac{z}{\sqrt{R^2 + z^2}}$ 展开为 R/z 的多项式, 略去高次项, 即

$$
\frac{z}{\sqrt{R^2 + z^2}} = \pm\frac{1}{\sqrt{1 + (R/z)^2}} \approx \pm\left[1 - \frac{1}{2}\left(\frac{R}{z}\right)^2\right]
$$

其中 $z > 0$ 时取正号, $z < 0$ 时取负号. 此时 P 点场强为

$$
E = \pm\frac{\sigma R^2}{4\varepsilon_0 z^2} = \pm\frac{q}{4\pi\varepsilon_0 z^2}
$$

式中 $q = \sigma\pi R^2$ 为圆盘所带电荷. 这个结果表示当 P 点与圆盘的距离远大于圆盘的尺度时, P 点的场强等于位于圆盘中心的点电荷 q 的场强.

(3) 若本题最后的积分只对 θ 进行, 则有

$$
\mathrm{d}E' = \frac{2\pi r\sigma z\,\mathrm{d}r}{4\pi\varepsilon_0(r^2 + z^2)^{3/2}} = \frac{z\,\mathrm{d}q'}{4\pi\varepsilon_0(r^2 + z^2)^{3/2}}
$$

式中 $\mathrm{d}q' = 2\pi r\sigma\,\mathrm{d}r$ 表示内外半径分别为 r 和 $r + \mathrm{d}r$ 的细圆环所带电荷. 因此, 上式表示均匀带电细圆环轴线上的场强. 一般情况下, 对于均匀带电 q' 半径为 r 的细圆环, 轴线上的场强可以表示为

$$
E' = \frac{zq'}{4\pi\varepsilon_0(r^2 + z^2)^{3/2}}
$$

9.2.4 电场对带电体的作用

根据前面的讨论, 若已知带电体的电荷分布, 就可以计算出其在空间激发的电场强度. 现在我们讨论外电场对带电体的作用力问题.

根据电场强度的定义式, 电量为 q 的点电荷在电场 E 中受力为

$$F = qE \tag{9.7}$$

无论点电荷 q 运动与否, 式中 E 是除点电荷 q 以外的所有其他电荷在 q 当前位置产生的场强. $q > 0$ 时, 电场力的方向与场强方向相同; $q < 0$ 时, 电场力的方向与场强方向相反. 对于连续带电体, 电场力可以表示为

$$F = \int E \, dq \tag{9.8}$$

式中 E 为带电体中元电荷 dq 处的场强.

电场对场中的电荷具有作用力的特性, 有许多用途, 凝胶电泳技术就是其中一种. 凝胶电泳是按分子大小筛选生物大分子的静电技术. 生物大分子经过化学处理, 使之成为棒状, 然后将它们沉积到带有一定量净电荷的凝胶中, 并外加电场. 在电场力的作用下, 分子在凝胶中运动, 而凝胶的特性, 是给在其中运动的分子一个阻力, 且阻力的大小与分子的运动速率成正比, 比例系数取决于分子的大小和形状. 这样, 分子被加速到一定程度便会与阻力平衡, 最终以某个恒定的速率运动, 大分子的速率较小, 小分子的速率较大. 经过一段时间后, 不同大小的分子就被分开了.

把电偶极子置于匀强电场 E 中 (图 9-7), 偶极子的正端受一与外电场同方向的力 qE, 负端受一与外电场反方向的力 qE, 这两个力大小相等, 方向相反, 故合力为零. 因为这两个力不在同一直线上, 故电偶极子会受到一个力矩作用, 大小为

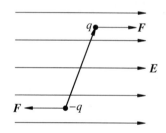

$$M = qEl\sin\theta$$

其方向垂直于纸面向里, θ 为电偶极矩与 E 之间的夹角. 矢量表达式为

图 9-7 均匀电场中的电偶极子

$$M = p_e \times E \tag{9.9}$$

由于力矩的作用, 电偶极子向与外电场平行的方向转动, 当偶极矩与外电场同向时力矩变为零, 这时能量最低. 同样地, 使电偶极矩沿相反方向转动时必须对它做功. 例如, 将偶极子从与电场平行的位置转动到某角度 θ_0 所需做的功为

$$\int_0^{\theta_0} M \, d\theta = \int_0^{\theta_0} p_e E \sin\theta \, d\theta = p_e E(1 - \cos\theta)$$

在非均匀电场中, 一般情况下电偶极子两端的受力不正好是大小相等方向相反的, 合力不再为零. 这种情况下, 偶极子不但会转动, 还会平动.

9.3 静电场的高斯定理

9.3.1 电场线

法拉第不仅提出了场的概念, 而且还在 1852 年引入了场线的概念用于形象地描述场强的空间分布. 由于静电场中每一点的场强 E 都具有确定的大小和方向, 因此我们在电场中画出一系列曲线, 使曲线上每一点的切线方向与场强在该点的方向相同, 这些曲线就是电场线. 为了使电场线不仅能够表示出电场中场强的方向, 还能直观地表示出电场的强弱, 我们同时规定, 在电场中任一点, 取一垂直于场强方向的面元, 使通过单位面积面元的电场线条数与该面元处场强的大小成正比. 显然, 满足此规定的电场线的疏密程度就形象地反映了场强大小的分布, 电场线稀疏的地方表示电场较弱, 电场线稠密的地方表示电场较强. 图 9-8 是几种常见电荷分布的电场线.

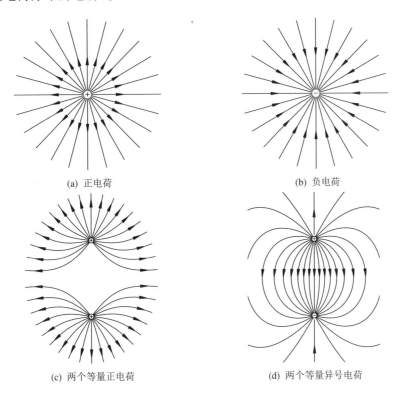

(a) 正电荷　　　　　　　　　　　　　　(b) 负电荷

(c) 两个等量正电荷　　　　　　　　　　(d) 两个等量异号电荷

图 9-8　电场线图

静电场的电场线有这样的性质: ① 电场线起于正电荷 (或无限远处), 终止于负电荷 (或无限远处), 在没有电荷的地方, 电场线是平滑的和连续的; ② 电场线不形成闭合曲线; ③ 在没有电荷的空间里, 任何两条电场线都不能相交. 这些性质中, 前两条是静电场性质的反映, 最后一条是电场中每一点都具有确定方向的必然结果.

9.3.2　电通量

场线是描述矢量场的一种方法, 通量是描述矢量场的一个物理量. 如图 9-9(a) 所示, dS 是电场中任一空间曲面 S 上的一个面元, 它的方向取为 dS 的一个法线方向, 定义

$$\mathrm{d}\Phi_\mathrm{e} = \boldsymbol{E} \cdot \mathrm{d}\boldsymbol{S} = E\,\mathrm{d}S\cos\theta \tag{9.10}$$

为电场中电场强度矢量对面元 dS 的电通量. 式 (9.10) 表明, 电通量是两个矢量的标积, 是一个代数量. 实际计算中, 可以取 dS 的任一法向作为 dS 的方向. 如果电通量的结果为正, 表示电场线沿所取法线方向穿过; 如果结果为负, 则说明电场线逆着所选法线方向穿过. 根据定义, 电场强度对于有限曲面 S 的电通量为

$$\Phi_\mathrm{e} = \int_S \boldsymbol{E} \cdot \mathrm{d}\boldsymbol{S} \tag{9.11}$$

由于电场的强弱可用电场线的密集程度形象地表示, 所以电通量对应于通过曲面 S 的电场线的条数.

对于闭合曲面, 如果没有特殊需要, 规定曲面的外法向为面元的正方向, 如图 9-9(b) 所示, 电场强度对于闭合曲面 S 的电通量为

$$\Phi_\mathrm{e} = \oint_S \boldsymbol{E} \cdot \mathrm{d}\boldsymbol{S} \tag{9.12}$$

如果结果为正, 表示电场线由曲面内向外穿出, 或穿出曲面的电场线条数多于穿入的条数; 如果结果为负, 表示电场线由曲面外穿入, 或穿入闭合曲面的电场线条数多于穿出的条数.

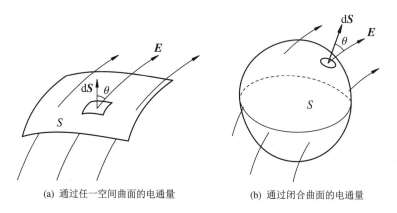

(a) 通过任一空间曲面的电通量　　　　　(b) 通过闭合曲面的电通量

图 9-9　电通量的计算

9.3.3　高斯定理

在真空中, 通过任一闭合曲面的电通量等于该闭合曲面内包围的所有电荷的代数和 (曲面内的净电荷) 除以 ε_0, 即

$$\oint_S \boldsymbol{E} \cdot \mathrm{d}\boldsymbol{S} = \frac{1}{\varepsilon_0} \sum_i q_i \tag{9.13}$$

这个规律是高斯首先发现的, 称为高斯定理. 定理中 E 是所取的闭合曲面 S (高斯面) 上的场强, 它是由全部电荷 (S 内外) 共同产生的合场强. 而 $\Phi_e = \oint_S E \cdot dS$ 只决定于 S 面包围的电荷, 曲面外的电荷对 Φ_e 无贡献. 对于电荷连续分布的情形, 高斯定理可以表示为

$$\oint_S E \cdot dS = \frac{1}{\varepsilon_0} \int dq = \frac{1}{\varepsilon_0} \int \rho \, dV \tag{9.14}$$

式中, ρ 表示电荷密度, 体积分遍及闭合曲面 S 包围的区域.

高斯定理是用电通量表示的电场与场源电荷之间关系的规律, 它描述了静电场的一个普遍性质, 即静电场是一个有源场, 正负电荷就是场源. 当曲面内净电荷为正时, $\Phi_e > 0$, 表明有电场线从闭合曲面内穿出, 因而, 正电荷为静电场的源头; 当闭合曲面内净电荷为负时, $\Phi_e < 0$, 表明有电场线穿入闭合曲面而终止其内, 因而, 负电荷是静电场的终结点.

下面给出高斯定理的证明.

(1) 闭合曲面内仅有一个点电荷 q 的情况. 图 9–10 中, dS 为闭合曲面上任一面元, 电荷 q 至该面元的矢量为 r, 面元处电场强度 E 指向 r 方向, E 与 dS 的夹角为 θ, 则

$$E \cdot dS = E \, dS \cos \theta = E \, dS'$$

$dS' = dS \cos \theta$, 为 dS 垂直于 r 方向的投影面积, 或者说是 dS 在半径为 r 的球面上的投影面积, 利用 $E = \dfrac{q}{4\pi\varepsilon_0 r^2}$, 有

$$E \, dS' = \frac{q}{4\pi\varepsilon_0} \frac{dS'}{r^2} = \frac{q}{4\pi\varepsilon_0} d\Omega$$

式中, $d\Omega = dS'/r^2$, 为 dS' 或 dS 对 q 张的立体角. 由于闭合曲面对面内任一点所张的立体角都是 4π, 因此, 场强对闭合曲面的电通量为

$$\oint E \cdot dS = \frac{q}{4\pi\varepsilon_0} \oint d\Omega = \frac{q}{\varepsilon_0}$$

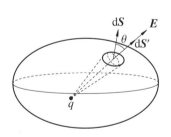
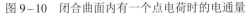
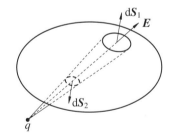

图 9–10 闭合曲面内有一个点电荷时的电通量　　图 9–11 外电荷对闭合曲面的电通量

(2) 闭合曲面之外有一个点电荷的情况. 如图 9–11 所示, 点电荷产生的电场线从曲面上某个面元进入, 必然会从另外一个面元穿出. 穿出的电通量为正值, 穿入的电通量为负值. 因为图中 dS_1 和 dS_2 对点电荷 q 张的立体角数值相等, 所以有

$$E \cdot dS = E_1 \cdot dS_1 + E_2 \cdot dS_2 = 0$$

整个闭合曲面的电通量可以分解为这样一对对数值相等而符号相反的电通量之和, 所以总的电通量为零. 这说明, 闭合曲面外的电荷对闭合曲面的电通量无贡献.

(3) 空间有多个点电荷的情况. 利用电场强度的叠加原理, 有

$$\boldsymbol{E} = \sum_i \boldsymbol{E}_i + \sum_j \boldsymbol{E}_j$$

式中, $\sum_i \boldsymbol{E}_i$ 表示闭合曲面内所有电荷产生的合场强; $\sum_j \boldsymbol{E}_j$ 表示闭合曲面外所有电荷产生的合场强, 利用前面的结果, 这部分场强对闭合曲面的电通量为零

$$\oint \sum_j \boldsymbol{E}_j \cdot \mathrm{d}\boldsymbol{S} = 0$$

因此, 有

$$\Phi_{\mathrm{e}} = \oint \boldsymbol{E} \cdot \mathrm{d}\boldsymbol{S} = \oint \sum_i \boldsymbol{E}_i \cdot \mathrm{d}\boldsymbol{S} = \sum_i \oint \boldsymbol{E}_i \cdot \mathrm{d}\boldsymbol{S} = \frac{1}{\varepsilon_0} \sum_i q_i$$

综合 (1), (2), (3), 高斯定理得证.

从高斯定理的证明过程可以看出, 具备如下特征的场都可以满足高斯定理: ① 有心力与距离的平方成反比; ② 场的线性叠加原理适用. 因此, 对于万有引力场, 只要将物质密度代替电荷密度, 高斯定理显然也成立. 高斯定理揭示了静电场和场源之间的关系, 从某种意义上讲, 它是库仑定律的逆定理, 利用库仑定律, 我们能够用给定的电荷分布求出电场; 而利用高斯定理, 我们能够在已知电场时求出任一空间区域内有多少净电荷.

如果已知电荷分布, 由高斯定理能否解出场强呢? 答案是肯定的, 但这种情况下高斯定理是以场强为未知量的积分方程, 一般情况下, 很难求解. 只有电荷在空间的分布具有某些对称性时, 才能通过适当选取闭合曲面 (高斯面), 应用高斯定理简便地求出场强.

例 9.3 求真空中半径为 R 均匀带有电荷 q 的球面的场强分布.

解 电荷均匀分布于球面上, 具有球对称性, 因此场强也具有球对称性. 场的这种对称性表现为: ① 不存在一个特殊的轴向, 使场强出现绕此轴向的横向分量, 所以场强的方向总是沿着径向; ② 与带电球面同心的球面上的场强处处相等. 根据以上对称性分析, 我们选取半径为 r 的同心球面作为高斯面, 见图 9-12 (a), 高斯面上的面元 $\mathrm{d}\boldsymbol{S}$ 处处与场强方向相同. 通过高斯面的电通量为

$$\Phi_{\mathrm{e}} = \oint \boldsymbol{E} \cdot \mathrm{d}\boldsymbol{S} = \oint E \, \mathrm{d}S = E \oint \mathrm{d}S = 4\pi r^2 E$$

应用高斯定理

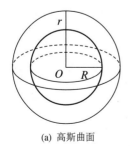

(a) 高斯曲面   (b) 场强分布曲线

图 9-12 均匀带电球面的场强

$$\Phi_e = 4\pi r^2 E = \begin{cases} 0, & r < R \\ \dfrac{q}{\varepsilon_0}, & r > R \end{cases}$$

由此可得空间的场强分布为

$$E = \begin{cases} 0, & r < R \\ \dfrac{qr}{4\pi\varepsilon_0 r^3}, & r > R \end{cases}$$

场强与距离 r 的关系见图 9–12(b).

例 9.4 计算半径为 R 的无限长均匀带电圆柱面的场强分布, 已知沿轴向单位长度所带的电荷为 λ.

解 由于电荷相对于圆柱面的轴线呈轴对称分布, 并且圆柱无限长, 因此场强具有相同的对称性. 这种对称性表现为: ① 从距离圆柱面有限远处来看, 沿轴线方向不存在哪一侧的电荷更具优势或可以产生更强的场, 所以场强的方向只能沿垂直于柱面的径向, 不存在轴向分量; ② 到圆柱轴线等距离的点场强的大小相等. 为此我们选取高度为 l、底面半径为 r 的同轴圆柱面作为高斯面, 如图 9–13 所示. 高斯面上、下两底面的电通量为零, 只需计算侧面的电通量即可, 于是

$$\Phi_e = \oint E \cdot dS = 2\pi r l E$$

由高斯定理

$$\Phi_e = \begin{cases} 0, & r < R \\ \dfrac{l\lambda}{\varepsilon_0}, & r > R \end{cases}$$

因此

$$E = \begin{cases} 0, & r < R \\ \dfrac{\lambda r}{2\pi\varepsilon_0 r^2}, & r > R \end{cases}$$

由此结果画出的场强随 r 的变化曲线, 如图 9–13 所示.

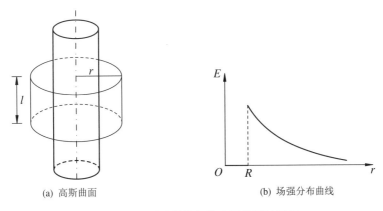

(a) 高斯曲面   (b) 场强分布曲线

图 9–13 无限长均匀带电圆柱面的场强

例 9.5 求面密度为 σ 的无限大均匀带电平面的电场强度分布.

解 电荷均匀分布在无限大平面上, 所以场强具有镜面反演对称性. 由于对称性, 平行于带电平面的场强分量必然抵消, 因此场强的方向一定垂直于带电平面. 另外, 平面两侧对称点处的场强大小相等. 为此我们选取图 9-14 所示的底面积为 S 的封闭圆柱面作为高斯面. 场强方向与高斯面两个底面垂直, 与侧面平行, 因此侧面的电通量为零. 总电通量为

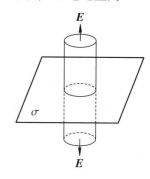

$$\Phi_e = \oint \boldsymbol{E} \cdot \mathrm{d}\boldsymbol{S} = ES + ES = 2ES$$

由高斯定理

$$\Phi_e = \frac{\sigma S}{\varepsilon_0}$$

于是,

$$E = \frac{\sigma}{2\varepsilon_0}$$

上式表明, 无限大均匀带电平面两侧的电场是匀强电场, 与距离无关.

图 9-14 无限大均匀带电平面的电场

9.4 静电场环路定理 电势

9.4.1 电场力的功 静电场环路定理

电荷受电场力的作用在电场中运动时, 电场力就会做功. 现在我们从做功的角度研究静电场的性质.

设有试探电荷 q_0 在点电荷 q 产生的电场中沿图 9-15 所示闭合曲线运动. 为了计算电场力做的功, 在试探电荷的路径上任选一点, 该点的场强为 $\boldsymbol{E}$, 与此处的元位移 $\mathrm{d}\boldsymbol{l}$ 之间的夹角为 θ. 电场力的元功为

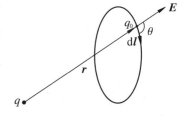

$$\mathrm{d}A = \boldsymbol{F} \cdot \mathrm{d}\boldsymbol{l} = \frac{qq_0}{4\pi\varepsilon_0 r^2} \mathrm{d}l \cos\theta$$

图 9-15 计算电场力的功

$\mathrm{d}l \cos\theta$ 是 $\mathrm{d}\boldsymbol{l}$ 在径矢 $\boldsymbol{r}$ 方向的投影, 所以 $\mathrm{d}l \cos\theta = \mathrm{d}r$, 因此

$$\mathrm{d}A = \frac{qq_0}{4\pi\varepsilon_0 r^2} \mathrm{d}r$$

试探电荷沿闭合曲线绕行一周时, 电场力做的功

$$A = \frac{qq_0}{4\pi\varepsilon_0} \oint \frac{\mathrm{d}r}{r^2} = 0$$

上述结果与闭合曲线的选取无关, 上式表明, 试探电荷在静止点电荷的电场中沿任意闭合路径绕行一周时, 电场力做的功都为零. 考虑到任何静电场都可看作由点电荷系所激发的, 根据电场强度的叠加原理, 空间某点的场强是各个点电荷 $q_1, q_2, \cdots, q_n$ 单独存在时的场强 $\boldsymbol{E}_1, \boldsymbol{E}_2, \cdots, \boldsymbol{E}_n$ 的矢量和, 当试探电荷在电场中沿任意闭合曲线绕行一周时, 电场力所做的

功为

$$A = q_0 \oint \boldsymbol{E} \cdot \mathrm{d}\boldsymbol{l} = q_0 \oint (\boldsymbol{E}_1 + \boldsymbol{E}_2 + \cdots + \boldsymbol{E}_n) \cdot \mathrm{d}\boldsymbol{l}$$

$$= q_0 \oint \boldsymbol{E}_1 \cdot \mathrm{d}\boldsymbol{l} + q_0 \oint \boldsymbol{E}_2 \cdot \mathrm{d}\boldsymbol{l} + \cdots + q_0 \oint \boldsymbol{E}_n \cdot \mathrm{d}\boldsymbol{l} = 0 \tag{9.15}$$

根据保守力的定义可知电场力为保守力, 电场力所做的功只与始点和终点的位置以及试探电荷的量值有关, 而与试探电荷在电场中所经历的路径无关. 上式除以 q_0, 得

$$\oint \boldsymbol{E} \cdot \mathrm{d}\boldsymbol{l} = 0 \tag{9.16}$$

上式称为静电场的环路定理, 其物理意义是单位正电荷沿任意闭合曲线绕行一周时静电场对它做的功都是零, 说明静电场是保守场. 保守场中一定存在一个标量势函数, 下面我们引入电势的概念.

9.4.2 电势

根据式 (9.16), 积分 $\int_{P_1}^{P_2} \boldsymbol{E} \cdot \mathrm{d}\boldsymbol{l}$ 与路径无关, 于是, 定义

$$U_{12} = U_1 - U_2 = \int_{P_1}^{P_2} \boldsymbol{E} \cdot \mathrm{d}\boldsymbol{l} \tag{9.17}$$

为点 P_1 与点 P_2 之间的电势差, 式中的积分可沿任意路径进行. 显然, 电势差的物理意义为把单位正电荷从空间一点移动到另外一点时电场力做的功. 在 SI 制中, 电势和电势差的单位为伏特 (V), $1\,\mathrm{V} = 1\,\mathrm{J} \cdot \mathrm{C}^{-1}$.

利用电势差, 可将试探电荷 q_0 在电场中由点 P_1 运动到点 P_2 时电场力做的功表示为

$$A = q_0 U_{12} = q_0 (U_1 - U_2) \tag{9.18}$$

电场力对试探电荷做的功等于这两点间的电势差与电荷的乘积.

在实际应用中, 为了方便, 常常事先人为选取零电势参考点, 并把场点与参考点的电势差定义为该点的电势. 如果电荷分布于空间有限区域, 通常选择无限远处为电势零点, 这时静电场中任一点 P 的电势可以表示为

$$U_P = \int_a^{\infty} \boldsymbol{E} \cdot \mathrm{d}\boldsymbol{l} \tag{9.19}$$

式中的积分沿任意选定的路径进行.

大地或电器的外壳也常被用来选为零电势参考点. 一旦选定了零电势参考点, 就可以方便地确定各个带电体的电势. 需要指出的是, 电势的数值随参考点的改变而改变, 但电势差与参考点的选择无关.

从电势或电势差的定义可以看出, 电势与电场强度之间存在必然的联系, 一旦空间电场强度分布确定了, 则任意两点之间的电势差也就随之确定了.

例 9.6 电荷 q 均匀分布于半径为 R 的球面上, 求空间电势分布.

解 由例 9.3 所得的场强分布为

$$
E = \begin{cases} 0, & r < R \\ \dfrac{q\boldsymbol{r}}{4\pi\varepsilon_0 r^3}, & r > R \end{cases}
$$

利用式 (9.19),并选择积分沿径向进行 ($\mathrm{d}\boldsymbol{l} = \mathrm{d}\boldsymbol{r}$),对于球内一点 ($r < R$)

$$
U = \int_r^\infty \boldsymbol{E} \cdot \mathrm{d}\boldsymbol{r} = \int_r^R E \, \mathrm{d}r + \int_R^\infty E \, \mathrm{d}r = 0 + \int_R^\infty \frac{q}{4\pi\varepsilon_0 r^2} \, \mathrm{d}r = \frac{q}{4\pi\varepsilon_0 R}
$$

对于球外一点 ($r > R$),有

$$
U = \int_r^\infty \boldsymbol{E} \cdot \mathrm{d}\boldsymbol{r} = \int_r^\infty E \, \mathrm{d}r = \int_r^\infty \frac{q}{4\pi\varepsilon_0 r^2} \, \mathrm{d}r = \frac{q}{4\pi\varepsilon_0 r}
$$

结果显示,球面内任一点的电势都相等,与位置无关; 而球面外空间任一点的电势与它到球心的距离成反比,而且该点的电势与球面上所有电荷都集中于球心时在同一点产生的电势相等.

9.4.3 电势叠加原理

如果电场是 n 个点电荷 $q_1, q_2, \cdots, q_n$ 共同激发的,它们各自激发的场强用 $\boldsymbol{E}_1, \boldsymbol{E}_2, \cdots, \boldsymbol{E}_n$ 表示. 设电场中任一点 P 到这些电荷的距离为 $r_1, r_2, \cdots, r_n$. 由场强叠加原理及式 (9.19), P 点电势 (设无限远处电势为零) 为

$$
\begin{aligned}
U &= \int_P^\infty \boldsymbol{E} \cdot \mathrm{d}\boldsymbol{l} = \int_P^\infty (\boldsymbol{E}_1 + \boldsymbol{E}_2 + \boldsymbol{E}_3 + \cdots + \boldsymbol{E}_n) \cdot \mathrm{d}\boldsymbol{l} \\
&= \int_P^\infty \boldsymbol{E}_1 \cdot \mathrm{d}\boldsymbol{l} + \int_P^\infty \boldsymbol{E}_2 \cdot \mathrm{d}\boldsymbol{l} + \cdots + \int_P^\infty \boldsymbol{E}_n \cdot \mathrm{d}\boldsymbol{l} \\
&= U_1 + U_2 + \cdots + U_n = \sum_{i=1}^n U_i
\end{aligned} \tag{9.20}
$$

式中 U_i 为第 i 个点电荷单独存在时 P 点的电势

$$
U_i = \int_{r_i}^\infty \frac{q_i}{4\pi\varepsilon_0 r^2} \, \mathrm{d}r = \frac{q_i}{4\pi\varepsilon_0 r_i}, \quad i = 1, 2, \cdots, n
$$

由式 (9.20) 可得电势叠加原理: 点电荷系电场中某点的电势等于各个点电荷单独存在时该点电势的代数和. 即

$$
U = \frac{1}{4\pi\varepsilon_0} \sum_{i=1}^n \frac{q_i}{r_i} \tag{9.21}
$$

电势是标量, 这对我们计算电势带来诸多便利. 上式可以推广到连续带电体的情形, 只需将其改写为

$$
U = \frac{1}{4\pi\varepsilon_0} \int \frac{\mathrm{d}q}{r} \tag{9.22}
$$

式中 r 为元电荷 $\mathrm{d}q$ 到场点的距离.

例 9.7 计算电偶极子的电势分布.

解 根据电偶极子的电荷分布可知, 场强和电势具有轴对称性, 对称轴即为正负电荷的连线. 因此, 取图 9-16 所示的极坐标系, P 为场中任意一点, 到电偶极子中心的距离为 r.

设 r_+ 和 r_- 分别表示正负电荷到 P 的距离, 由式 (9.21) 得

$$U_P = \frac{q}{4\pi\varepsilon_0 r_+} + \frac{-q}{4\pi\varepsilon_0 r_-} = \frac{q(r_- - r_+)}{4\pi\varepsilon_0 r_+ r_-}$$

考虑到 $r \gg l$, 式中

$$r_+ = \sqrt{r^2 + \left(\frac{l}{2}\right)^2 - rl\cos\theta} \approx r - \frac{l}{2}\cos\theta$$

$$r_- = \sqrt{r^2 + \left(\frac{l}{2}\right)^2 + rl\cos\theta} \approx r + \frac{l}{2}\cos\theta$$

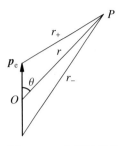

图 9–16 电偶极子的电势

进一步作近似 $r_+ r_- \approx r^2$, 可得

$$U_P \approx \frac{ql\cos\theta}{4\pi\varepsilon_0 r^2} = \frac{p_e\cos\theta}{4\pi\varepsilon_0 r^2} = \frac{\boldsymbol{p}_e \cdot \boldsymbol{r}}{4\pi\varepsilon_0 r^3}$$

式中 $\boldsymbol{r}$ 是从偶极子中心 O 点指向场点 P 的径矢.

例 9.8 用电势叠加原理计算面电荷密度为 σ, 半径为 R 的均匀带电圆盘轴线上的电势分布.

解 参看图 9–5, 在圆盘上建立极坐标系, 则元电荷可表示为 $\mathrm{d}q = \sigma r\,\mathrm{d}r\,\mathrm{d}\theta$, 它在圆盘轴线上坐标为 z 处的电势为

$$\mathrm{d}U = \frac{\sigma r\,\mathrm{d}r\,\mathrm{d}\theta}{4\pi\varepsilon_0\sqrt{r^2 + z^2}}$$

对上式积分, 有

$$U = \iint \frac{\sigma r\,\mathrm{d}r\,\mathrm{d}\theta}{4\pi\varepsilon_0\sqrt{r^2 + z^2}} = \frac{\sigma}{4\pi\varepsilon_0}\int_0^{2\pi}\mathrm{d}\theta\int_0^R \frac{r\,\mathrm{d}r}{\sqrt{r^2 + z^2}}$$

$$= \frac{\sigma}{2\varepsilon_0}\left(\sqrt{R^2 + z^2} - |z|\right)$$

圆盘轴线上的电势分布如图 9–17 所示.

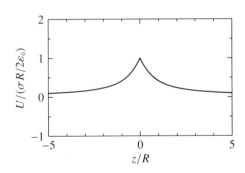

图 9–17 均匀带电圆盘轴线上的电势分布

9.4.4 等势面 场强与电势的关系

我们知道, 一个矢量场可用场线直观地表示出来. 与此类似, 一个保守场可用等势面表示. 三维静电场中, U 为常量的点的集合构成一个空间曲面, 称为对应于该常量的等势面. 令

U 取不同的值, 使相邻两个等势面的电势差都相等, 将这些曲面画出来就能形象地显示空间电势分布情况. 静电场既是矢量场, 又是保守场, 所以我们可以将电场线和等势面在同一张图中表示出来. 图 9–18 显示了与纸面垂直的等量异号无限长带电直线的电场线与等势面, 左边直线带正电荷, 右边直线带负电荷, 实线表示等势面, 虚线表示电场线.

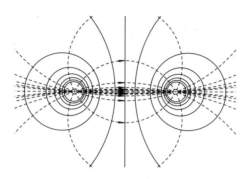

图 9–18 等势面与电场线图

从图中可以总结出等势面的一些性质: 电场线处处与等势面垂直; 相邻等势面间距小的场强大, 反之, 场强小; 电场线由高电势的等势面指向低电势的等势面.

其实, 这些性质可以用数学表达式精确地给出. 下面, 我们研究如何由电势分布得到场强分布. 已知场强分布, 可以根据式 (9.17) 计算电势差. 式 (9.17) 的微分形式为

$$\boldsymbol{E} \cdot \mathrm{d}\boldsymbol{l} = -\mathrm{d}U$$

这里的 $\mathrm{d}U$ 表示电势的全微分. 上式在直角坐标系中的分量表达式为

$$E_x \, \mathrm{d}x + E_y \, \mathrm{d}y + E_z \, \mathrm{d}z = -\mathrm{d}U$$

由此可得场强在直角坐标系的 3 个分量:

$$\left. \begin{aligned} E_x &= -\frac{\partial U}{\partial x} \\ E_y &= -\frac{\partial U}{\partial y} \\ E_z &= -\frac{\partial U}{\partial z} \end{aligned} \right\} \tag{9.23}$$

或表示为矢量式

$$\boldsymbol{E} = -\left(\frac{\partial U}{\partial x}\boldsymbol{i} + \frac{\partial U}{\partial y}\boldsymbol{j} + \frac{\partial U}{\partial z}\boldsymbol{k} \right) = -\boldsymbol{\nabla}U \tag{9.24}$$

式中 $\boldsymbol{\nabla}U$ 表示电势梯度, 它是一个矢量. 场中某一点电势梯度的方向为该点附近电势增加速率最大的方向, 其大小就等于这个最大的电势空间变化率. 式 (9.24) 表明, 空间一点的场强等于该点电势的负梯度, 场强的方向指向电势下降速率最大的方向, 也是等势面在该点的电势数值减小的一侧的法线方向.

例 9.9 利用例 9.8 的结果, 根据式 (9.24) 计算均匀带电圆盘轴线上的电场强度.

解 由于圆盘轴线上的电势只与坐标 z 有关, 所以, 式 (9.24) 简化为

$$\boldsymbol{E} = -\frac{\mathrm{d}U}{\mathrm{d}z}\boldsymbol{k}$$

将例 9.8 中 U 的表达式代入上式, 得

$$E = -\frac{\sigma}{2\varepsilon_0}\left(\frac{z}{\sqrt{R^2 + z^2}} \pm 1\right)$$

括号中两项之间的 "+" 号对应于 $z < 0$; "−" 号对应于 $z > 0$.

9.5 静电场中的导体

9.5.1 导体的静电平衡条件

金属导体的重要特征是具有大量的自由电子, 当金属不带电也不受外电场影响时, 自由电子所带有的负电荷与晶格点阵的正电荷相互中和, 整个导体或其中任一宏观部分都呈电中性. 虽然自由电子时刻都在作无规则的热运动, 但没有宏观的电荷迁移. 一旦把导体放入静电场中, 导体内部的自由电子就会受到外场的作用力, 并朝外电场的反方向作宏观定向运动, 如图 9−19 所示. 结果使导体的一侧出现电子的堆积, 这一侧由于电子的过量而带有负电荷, 而相对的另一侧由于电子相对缺乏出现正电荷, 这就是静电感应现象, 由静电感应产生的电荷称为感应电荷. 与此同时, 感应电荷会在导体内部产生与外电场方向相反的电场, 导体内部的场强是外电场与感应电荷产生的场强矢量叠加的结果. 随着感应电荷不断增加, 导体内的场强不断减小, 但只要这个场强不为零, 导体内的自由电子就继续作定向运动, 直到外电场与感应电荷的场完全抵消时才停止. 我们把导体中没有电荷作任何宏观定向运动的状态, 称为导体的静电平衡状态.

只考虑静电力的影响, 只有当导体内的场强为零时, 作用于电荷上的合力才为零. 因此, 导体的静电平衡条件是导体内任一点的场强都等于零.

根据导体的静电平衡条件, 可以导出以下推论:

(1) 导体是等势体, 导体表面是等势面

这是因为导体内场强为零, 根据场强与电势的关系可知, $E = -\nabla U = 0$, 即导体内任一点电势的空间变化率为零, 说明导体内各点的电势都相等.

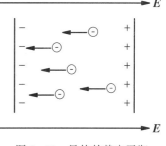

图 9−19 导体的静电平衡

(2) 导体内部无净余电荷, 电荷只能分布于表面

在导体内任取一点 P, 围绕 P 作一边界都在导体内部的很小的闭合曲面, 由于静电平衡时, 导体内部场强处处为零, 所以通过此曲面的电通量为零, 即

$$\oint E \cdot dS = 0$$

根据高斯定理, 该闭曲面内电荷的代数和为零. 考虑到所取闭曲面可以任意地小, 所以导体内部没有净电荷. 但是, 围绕导体表面上一点的闭曲面, 必将有一部分位于导体外面, 而导体外部场强可以不为零, 因此, 导体表面上可以分布有净电荷.

(3) 在导体外紧靠导体表面的场强与导体表面垂直

导体表面是等势面, 电场线与等势面处处垂直, 所以导体表面附近的场强与该处导体表面垂直. 另一方面, 假定导体外紧靠导体表面的场强存在与导体表面平行的分量 E_t, 那么在

导体表面上沿该方向任意选取两点 A 和 B, 有

$$U_{AB} = \int_A^B \boldsymbol{E} \cdot \mathrm{d}\boldsymbol{l} = \int_A^B E_t \mathrm{d}l \neq 0$$

这表明 AB 两端的电势差不为零, 与上面推论 (1) 相悖, 所以必有 $\boldsymbol{E}_t = 0$, 即不可能存在场强沿导体表面的切向分量.

9.5.2　导体表面的电荷分布

如果导体带电, 静电平衡时, 电荷一定分布于导体表面, 而且这些电荷一定是按照导体的静电平衡条件分布的. 利用高斯定理我们还可以证明, 导体外侧紧靠表面的场强与该处电荷面密度 σ 成正比,

$$E = \frac{\sigma}{\varepsilon_0}$$

大量的实验现象表明, 孤立导体 (没有其他电荷或电场影响, 也没有其他物体影响其电荷分布) 表面的电荷面密度与表面上各点的曲率有关, 曲率越大, 电荷面密度也越大. 但是, 一般情况下, 它们不存在简单的正比关系. 具有尖端的带电导体, 尖端处的曲率很大, 电荷面密度很大从而导致电场特别强. 在通常情况下空气是电中性的, 但在地面放射性元素的辐照以及紫外线和宇宙射线等的作用下, 或多或少总有一些空气中的分子或原子被电离, 即原来是电中性的气体分子或原子分离为一个电子和一个带正电的离子. 使这些气体由不导电变为导电的过程称为气体击穿. 导体尖端的场强超过一定数值时, 静电力吸引空气中异号离子向尖端附近运动, 并与其上的电荷中和; 空气中同号离子受静电力加速背离导体运动, 从而使空气被击穿, 产生放电现象, 这种现象称为尖端放电. 避雷针就是根据尖端放电原理, 利用其尖端的强大电场电离空气, 形成放电通道, 中和带电的云层从而防止雷击.

尖端放电现象还被广泛应用于工业生产过程中的静电除尘. 从工厂烟囱排放的烟尘中含有大量污染物, 污染周围的空气. 为了减少这些烟尘的排放, 通常先让废气进入烟囱前经过除尘室, 或在烟囱中安装静电除尘装置. 静电除尘的原理是在除尘室安装极性相反的金属电极, 为了加强除尘效果, 在正极一端装上针状电极, 针状电极附近的电场足够强可以使空气分子电离. 烟尘通过时与这些离子接触而带上正电荷, 在电场力的作用下带正电的烟尘就会朝带负电的收集板运动. 收集板上的烟尘聚焦到一定程度, 就会在重力作用下掉落, 从而被清除掉.

具有空腔的导体在外电场中处于静电平衡, 其内部的场强总等于零. 因此外电场不可能对其内部空间发生任何影响. 若空腔导体内有带电体, 在静电平衡时, 它的内表面将产生等量异号的感应电荷, 如图 9-20 (a) 所示. 如果外壳不接地则外表面会产生与内部带电体等量而同号的感应电荷, 此时感应电荷的电场将对外界产生影响, 这时空腔导体只能对外电场屏蔽, 却不能屏蔽内部带电体对外界的影响, 所以叫外屏蔽. 如图 9-20 (b) 所示, 如果外壳接地, 则空腔导体的电势为零, 即使内部有带电体存在, 这时内表面的感应电荷与带电体所带电荷的代数和为零, 而外表面的感应电荷被完全疏散. 这时, 外界对壳内场强分布没有影响, 内部带电体对外界的影响也随之而消除, 所以这种屏蔽叫做全屏蔽. 为了避免外界电场对仪器设备的影响, 或者为了避免电器设备的电场对外界的影响, 用一个接地的空腔导体把外电

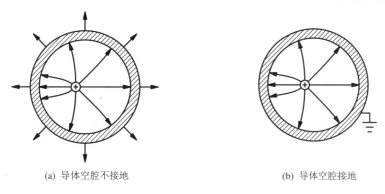

(a) 导体空腔不接地   (b) 导体空腔接地

图 9-20　静电屏蔽

场遮住, 使其内部不受影响, 也不使电器设备对外界产生影响, 这就叫做静电屏蔽. 为了防止外界信号的干扰, 静电屏蔽被广泛地应用于科学技术工作中. 例如, 电子仪器设备外面的金属罩, 通信电缆外面包的铅皮等, 都是用来防止外界电场干扰的屏蔽措施.

9.6　电容　电容器

9.6.1　孤立导体的电容

当导体带电或带电量改变后, 其电势也随之变化, 为了定量描述这种变化, 需要引入电容的概念.

处于静电平衡的导体是一个等势体, 实验表明, 对于大小形状确定的孤立导体, 如果选择无限远处的电势为零, 则导体的电势 U 与其所带电量 q 成正比. 我们定义电量 q 与其电势 U 的比值为孤立导体的电容, 用 C 表示.

$$C = \frac{q}{U} \tag{9.25}$$

电容是表征导体储存电荷能力的物理量. 对于一定大小和形状的导体, 其电容 C 是一定的, 与导体是否带电无关. 例如, 半径为 R 的孤立导体球, 当它带电 q 时的电势为

$$U = \frac{q}{4\pi\varepsilon_0 R}$$

由式 (9.25) 可知, 它的电容为 $C = 4\pi\varepsilon_0 R$.

在 SI 制中, 电容的单位为法拉 (F), 1 F=1 C $\cdot$ V^{-1}. 实际中常用微法 (μF)、皮法 (pF) 作为电容的单位.

9.6.2　电容器及其电容

一般情况下, 非孤立导体的电势除了与其本身的电荷有关以外, 还与周围的电介质或其他导体的电荷有关. 当其他导体的电势都维持一定 (例如接地) 时, 一个导体的电势仍然正比于其本身所带电荷, 这个导体的电容就以其电荷与电势的比值来度量. 实际的电容器由双

导体构成, 它能够更有效地储存电荷和屏蔽外界的影响. 设电容器的两个导体 A 和 B (称为电容器的正、负极板) 带有等量异号电荷 $\pm q$ 时, 两极板间的电势差为 U_{AB}, 定义它们的比值

$$C = \frac{q}{U_{AB}} \tag{9.26}$$

为电容器的电容. 常见的电容器有平行板电容器和圆柱电容器. 在两个导体极板间有电介质 (见下节) 相隔, 所用的电介质有固体、气体 (包括真空) 和液体的. 按形式分, 电容器有固定的、可变的和半可变的 3 类; 按极板间使用的电介质分, 则有空气电容器、真空电容器、纸介电容器、塑料薄膜电容器、云母电容器、陶瓷电容器、电解电容器等. 电容器在电子电路中是获得振荡、滤波、相移等作用的主要元件.

　　球形电容器由两个同心的导体球壳构成. 设两球壳半径分别为 R_1 和 R_2 (图 9–21), 当内外球壳带有 $\pm q$ 的电荷时, 由高斯定理不难算出场强分布为

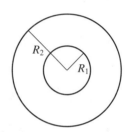

$$E = \begin{cases} \dfrac{q}{4\pi\varepsilon_0 r^3}\boldsymbol{r}, & R_1 < r < R_2 \\[2mm] 0, & r > R_2 \end{cases}$$

根据电势的定义式可得内外极板间的电势差为

$$U_{AB} = \int_{R_1}^{R_2} \boldsymbol{E} \cdot \mathrm{d}\boldsymbol{r} = \frac{q}{4\pi\varepsilon_0}\frac{R_2 - R_1}{R_1 R_2}$$

图 9–21　球形电容器

由电容的定义式 (9.26), 电容为

$$C = \frac{q}{U_{AB}} = \frac{4\pi\varepsilon_0 R_1 R_2}{R_2 - R_1} \tag{9.27}$$

可以看出, 球形电容器的电容大于半径为 R_1 的孤立导体球的电容, 而且外层的球壳还起到了防静电干扰的作用. 同样尺寸的球形电容器, 两个带电球面间的距离越小, 电容越大.

　　平行板电容器由彼此靠近的同样大小的平行金属板构成. 设每块极板的面积为 S, 两板间距为 d, 两板所带电荷为 $\pm q$, 如图 9–22 所示. 忽略边缘效应, 视极板上的电荷为均匀分布, 每个极板产生的场强可近似为无限大带电平面的场强, 因此极板间的总场强为

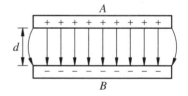

图 9–22　平行板电容器

$$E = \frac{\sigma}{\varepsilon_0} = \frac{q}{\varepsilon_0 S}$$

两板间的电势差为

$$U_{AB} = \int_A^B \boldsymbol{E} \cdot \mathrm{d}\boldsymbol{l} = \frac{qd}{\varepsilon_0 S}$$

于是, 按电容定义可计算出

$$C = \frac{q}{U_{AB}} = \frac{\varepsilon_0 S}{d} \tag{9.28}$$

平行板电容器的电容与极板面积成正比, 与极间距离成反比.

　　圆柱电容器由两个彼此靠近的同轴金属圆筒构成. 如图 9–23 所示, 设其内外半径分别为 R_1 和 R_2, 圆柱长为 l, 电荷 $\pm q$ 分布于圆筒间相对的两个圆柱面上. 忽略边缘效应, 将电容

器内的电场视为无限长圆筒产生的, 由例题 9.4 的结果及电势差的
定义式 (9.17), 可得

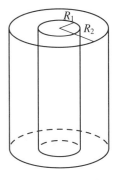

$$U_{AB} = \int_{R_1}^{R_2} E \, dr = \int_{R_1}^{R_2} \frac{q}{2\pi\varepsilon_0 l r} \, dr = \frac{q}{2\pi\varepsilon_0 l} \ln \frac{R_2}{R_1}$$

于是

$$C = \frac{q}{U_{AB}} = \frac{2\pi\varepsilon_0 l}{\ln(R_2/R_1)} \tag{9.29}$$

也就是说, 柱形电容器的电容与其长度成正比, 两板间距越小, 电容
越大.

图 9-23　圆柱电容器

从以上各式可以看出, 电容器的电容只与它的几何形状、尺度
有关 (如果电容器内填充电介质, 还与电介质的介电常量有关, 见下节), 与静电场的特征量
(如电荷、场强、电势等) 无关.

实际使用电容器时, 除了要考虑它的电容以外, 还要考虑它的耐压能力. 成品电容器都
标明有这两个指标的数值大小. 如果单个电容器的电容或耐压能力不能满足要求时, 可将两
个或更多的电容器串联或并联使用.

设有 n 个电容器串联, 每个电容器的电荷 q 相等, 各电容器两极板之间的电势差因电容
的不同而不等, 第 i 个电容器 (电容为 C_i) 极板之间的电势差为

$$U_i = \frac{q}{C_i}, \quad i = 1, 2, \cdots, n$$

串联后的总电势差为各电容器分压之和, 即

$$U = U_1 + U_2 + \cdots + U_n$$

根据电容的定义, 总电容的倒数等于每个电容器电容的倒数之和, 即

$$\frac{1}{C} = \frac{1}{C_1} + \frac{1}{C_2} + \cdots + \frac{1}{C_n} \tag{9.30}$$

电容器并联时, 各电容器极板之间的电势差都相等, 总电荷是各电容器储存的电量之和,

$$q = q_1 + q_2 + \cdots + q_n$$

因此, 并联后的总电容等于各电容器电容之和, 即

$$C = C_1 + C_2 + \cdots + C_n \tag{9.31}$$

电容器的基本功能是储能. 例如, 电子闪光灯, 内置一个电容器, 闪光灯不工作时电池给
电容器充电, 一旦充满, 闪光灯就准备就绪, 通常用一个指示灯表示这个状态. 按下相机的快
门时, 电容器放电, 产生一次短暂而明亮的闪光, 将电容器中储存的电能转换成光能. 由于电
容器充电过程需要一定时间, 所以两次快门的时间间隔不能太短, 否则, 在充满状态指示灯
亮之前, 第二次闪光不会起作用.

计算机电容式键盘就是利用电容的原理工作的, 每个按键与下方固定的极板构成一个
电容器, 极板间保持一定的电势差. 当按键被按下后, 两极板间距变小, 电容增大, 电荷通过

外电路流向该电容; 松开按键后, 极板间距变大, 电荷从电容器流出. 控制电路就很容易通过矩阵寻址方式探测到哪个按键被按下了. 在电路中, 电容器与其他电子元件一起使用, 还能实现滤波、耦合、振荡等功能.

9.7　电介质

9.7.1　电介质的极化

电介质是由大量电中性分子或原子构成的绝缘体. 电介质中的分子在电结构方面的特征是原子核对电子有很大的束缚力, 在一般条件下不能相互分离, 因此在电介质内部没有自由运动的电荷. 即使在外电场的作用下, 这些电荷也只能在微观范围有所偏离, 不会彼此相互脱离. 研究电介质的电性质时, 应主要考虑束缚电荷的作用. 当外电场超过某极限值时, 电介质被击穿而失去介电性能. 电介质在电气工程上大量用作电气绝缘材料、电容器的介质及特殊电介质器件 (如压电晶体) 等.

电介质可以分成两类. 第一类电介质, 它们的分子在没有外电场作用时, 正负电 "中心" 彼此重合, 分子固有电偶极矩为零, 这类分子称为无极分子. 如 He, H_2, N_2, O_2, CH_4 等都属于无极分子. 第二类电介质, 它们的分子在没有外场时, 正负电 "中心" 不重合, 分子固有电偶极矩不为零, 这类分子称为有极分子. H_2O, SO_2, HCl, NH_3 等属于有极分子.

无极分子在没有外电场时整个分子由于正负电 "中心" 重合而没有电偶极矩, 见图 9–24 (a). 在外电场 E_0 的作用下, 分子正负电 "中心" 向相反的方向产生微小的位移, 形成一个电偶极子, 其电偶极矩称为感生电偶极矩, 方向与外电场方向一致, 如图 9–24 (b) 所示. 分子在外场中的这种变化称为位移极化. 当外电场撤去时, 分子正负电 "中心" 又将重合. 把无极分子电介质放入外电场 E_0 中, 每个分子都出现位移极化, 如图 9–24 (c) 所示. 在介质左、右两个端面上出现异号电荷. 介质内部的分子由于首尾相互靠近, 正负电有可能正好中和, 这时介质内部呈现电中性; 如果不能全部中和, 介质内部也会出现电荷而失去电中性. 我们把这种由于极化在介质表面或内部出现的净电荷称为极化电荷, 极化电荷不能自由移动, 属于束缚电荷.

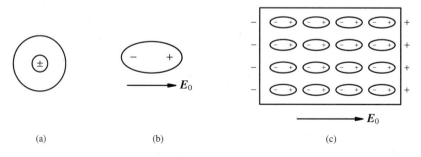

图 9–24　无极分子电介质的极化

有极分子即使没有外电场也等效于一个电偶极子, 由于分子无规则的热运动, 其电偶极矩的方向是杂乱无章的, 如图 9–25 (a) 所示. 因此, 没有外电场时有极分子的每一个局部宏观区域都是电中性的. 当有外电场作用时, 介质内每个分子都受到电场力矩的作用, 使它们或多或少地转向外电场的方向, 见图 9−25 (b), 分子转动的幅度主要取决于两个因素: 一方面, 场强越大, 分子所受力矩越大, 其电偶极矩越容易转到与外电场方向一致; 另一方面, 分子热运动越剧烈, 其偶极矩的方向越趋于混乱, 导致极化减弱. 与无极分子电介质类似, 有极分子电介质在外电场中也会出现极化电荷. 这种极化来源于分子的转动, 故称为取向极化. 外电场撤去时, 分子的热运动会使它们重新回到杂乱状态, 极化电荷消失.

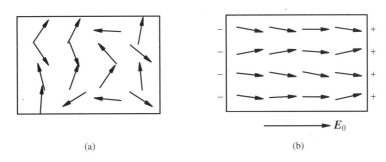

(a)   (b)

图 9−25　有极分子电介质的极化

必须指出, 有极分子电介质在取向极化的同时也还存在着位移极化, 只是在静电场中位移极化比取向极化弱得多, 所以当存在取向极化时, 可以忽略位移极化的影响. 尽管有极分子和无极分子电介质具有不同的极化机制, 但其宏观效果是相同的, 都会出现极化电荷, 极化后它们的分子都可以看成等效的电偶极子.

9.7.2　电极化强度

电介质极化产生的极化电荷, 会在其周围的空间激发一个电场 E', 称为退极化场. 因此, 有电介质时空间任一点的场强是 E_0 与 E' 的矢量和, 即

$$E = E_0 + E' \tag{9.32}$$

退极化场的出现会使介质内部的场强弱于外电场 E_0.

即使外电场的强度相等, 不同介质的极化程度也是不同的. 为了定量描述极化的强弱, 引入电极化强度 P 的概念. 围绕电介质中任一点作一小闭合曲面, 其体积为 ΔV, 当这个曲面以任何方式缩于一点时,

$$P = \lim_{\Delta V \to 0} \frac{\sum_i \boldsymbol{p}_{ei}}{\Delta V} \tag{9.33}$$

定义为该点的电极化强度. 式中 $\boldsymbol{p}_{ei}$ 表示闭合曲面内第 i 个分子的电偶极矩. 电极化强度的物理意义是单位体积分子电偶极矩的矢量和. 电极化强度越大, 表示极化程度越高. 在 SI 制中, 电极化强度的单位是库仑·米$^{-2}$ (C·m^{-2}).

实验表明, 在各向同性电介质中, 极化强度正比于介质内的场强 E, 可表示为

$$P = \chi_e \varepsilon_0 E \tag{9.34}$$

式中 χ_e 叫做电极化率, 它是一个无量纲的、不小于零的实数. 所谓各向同性, 是指与方向无关的性质. 这里的各向同性电介质, 是指对于介质中的任一点, 当加上强度相等而方向不同的电场时, 其极化强度的大小都相等, 简言之, χ_e 是一个不依赖于方向的常数.

极化强度与极化电荷都是描述电介质极化的物理量, 它们之间一定存在着某种必然的联系. 理论上可以证明, 电极化强度对任一闭合曲面 S 的通量等于该闭合曲面内极化电荷代数和的负值, 即

$$\oint_S \boldsymbol{P} \cdot \mathrm{d}\boldsymbol{S} = -\sum_i q_i' \tag{9.35}$$

式中 q_i' 表示极化电荷. 如果电极化强度是一个常矢量, 且闭合曲面全部落入介质内部, 则式 (9.35) 左端积分为零, 介质内部没有极化电荷, 极化电荷只分布于介质表面上, 这种情况称为均匀极化; 如果电极化强度随空间坐标变化, 一般情况下介质内部也存在极化电荷, 属于非均匀极化.

9.7.3 有电介质时的高斯定理

介质内的场强是自由电荷与极化电荷共同激发的, 介质内任一闭合曲面 S 包围的净电荷是 S 内所有自由电荷与极化电荷的代数和, 静电场的高斯定理可以写成下面的形式:

$$\oint_S \boldsymbol{E} \cdot \mathrm{d}\boldsymbol{S} = \frac{1}{\varepsilon_0} \sum_i (q_i + q_i') \tag{9.36}$$

q_i 和 q_i' 分别表示闭合曲面内的自由电荷和极化电荷. 把式 (9.35) 代入式 (9.36), 得

$$\oint_S (\varepsilon_0 \boldsymbol{E} + \boldsymbol{P}) \cdot \mathrm{d}\boldsymbol{S} = \sum_i q_i \tag{9.37}$$

引入一个辅助矢量 $\boldsymbol{D}$, 令

$$\boldsymbol{D} = \varepsilon_0 \boldsymbol{E} + \boldsymbol{P} \tag{9.38}$$

称为电位移矢量. 在 SI 制中, 电位移矢量的单位与电极化强度的单位相同, 为 $\mathrm{C} \cdot \mathrm{m}^{-2}$. 用 $\boldsymbol{D}$ 可将式 (9.37) 改写为

$$\oint_S \boldsymbol{D} \cdot \mathrm{d}\boldsymbol{S} = \sum_i q_i \tag{9.39}$$

式 (9.39) 说明, 通过介质中任意闭合曲面的电位移通量等于该闭合曲面所包围的所有自由电荷的代数和, 这个规律叫做有介质时的高斯定理. 真空中 $\boldsymbol{P} = 0$, 由式 (9.38) 可知 $\boldsymbol{D} = \varepsilon_0 \boldsymbol{E}$, 把它代入式 (9.39) 中有

$$\oint_S \boldsymbol{E} \cdot \mathrm{d}\boldsymbol{S} = \frac{1}{\varepsilon_0} \sum_i q_i$$

这就是真空中的高斯定理. 由此可见, 有介质时的高斯定理是真空静电场高斯定理的推广.

将式 (9.34) 代入式 (9.38) 可得

$$\boldsymbol{D} = \varepsilon_0 (1 + \chi_e) \boldsymbol{E} = \varepsilon_0 \varepsilon_r \boldsymbol{E} = \varepsilon \boldsymbol{E} \tag{9.40}$$

式中 $\varepsilon_r = 1 + \chi_e$ 叫做电介质的相对介电常数 (或相对电容率), 是一个不小于 1 的实数. $\varepsilon = \varepsilon_r \varepsilon_0$ 叫做电介质的介电常量或电容率.

例 9.10 一平行板电容器极板面积为 S, 极板间距为 d, 在两极板之间充满相对介电常数为 ε_r 的电介质, 求其电容.

解 设电容器两极板上分别带有等量异号自由电荷, 电荷面密度为 $\pm\sigma$, 如图 9–26 所示, 忽略边缘效应, 电容器两板之间充满从正极板指向负极板的匀强电场. 根据导体的静电平衡条件, 极板内的场强为零, 从而电位移矢量也为零. 跨越正极板的带电面作底面积为 ΔS 的封闭圆柱面, 按式 (9.39) 写出

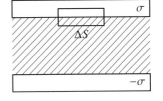

图 9–26 充满电介质的平行板电容器

$$\oint \boldsymbol{D} \cdot \mathrm{d}\boldsymbol{S} = D\Delta S = \sigma\Delta S$$

因此极板间 $D = \sigma$. 再由式 (9.40) 可得场强为

$$E = \frac{\sigma}{\varepsilon_0\varepsilon_r}$$

两极板间的电势差为

$$U_{AB} = Ed = \frac{\sigma d}{\varepsilon_0\varepsilon_r}$$

由电容的定义可得

$$C = \frac{\sigma S}{U_{AB}} = \frac{\varepsilon_0\varepsilon_r S}{d} = \varepsilon_r C_0$$

式中 C_0 为未填充电介质时平行板电容器的电容.

本题的结果说明, 充满电介质后电容增大到原来的 ε_r 倍. 这个结论对其他形状的电容器也适用. 这就是电介质对电容器的作用, 这个作用是法拉第最先发现的, 并提出了介电常量的概念. 电容的单位 "法拉" 取自他的名字, 就是为了纪念法拉第的这一发现. 为方便读者查阅, 表 9–1 给出了一些常见电介质的相对介电常数.

表 9–1　常见电介质的相对介电常数 ε_r

电介质	ε_r	电介质	ε_r
真空	1	电木	5~7.6
空气	1.000 54	瓷	5.7~6.8
水 (0 °C)	87.9	聚乙烯	2.3
水 (20 °C)	80.2	聚苯乙烯	2.6
水 (30 °C)	76.6	二氧化钛	100
云母	3.7~7.5	氧化钽	11.6
玻璃	5~10	钛酸钡	$10^3 \sim 10^4$

需要指出, 表中列出的相对介电常数是针对静电场的, 在交变电场中电介质的相对介电常数随电场的频率改变 (介质的色散).

9.8　静电场的能量

9.8.1　电势能

势能的概念是专门为研究保守力场中物体之间的相互作用而引入的. 静电场是保守场,

带电体之间的相互作用力是保守力, 因此, 必然存在一个势能, 这个势能就是带电体之间的静电相互作用能, 称为电势能. 根据势能的定义, 静电力对带电体做功的结果, 是使其电势能减小. 对于有限的带电体或电荷系, 它在无限远处的电场强度一定为零, 从而对带电体不产生静电力, 所以习惯上将无限远处作为零电势能的参考位置. 于是, 处于静电场中的一个点电荷 q, 它在场中任一点 P 的静电能 W_P 就是在场电力把它从点 P 移至无限远所做的功, 也是将该电荷从无限远处移到点 P 克服静电力所做的功. 根据式 (9.15), 有

$$W_P = qU_P \tag{9.41}$$

上式是一个点电荷的电势能公式. 对于点电荷系, 整个点电荷系的电势能是点电荷系内所有电荷电势能的代数和, 即

$$W = \sum_i q_i U_i \tag{9.42}$$

式中 U_i 表示点电荷系中第 i 个电荷所在位置的电势.

需要注意, 势能是针对群体而言的, 任何一个个体都不存在势能的概念, 因为势能来源于相互作用. 在此我们应该这样理解电势能, 电势来源于静电场, 而静电场来源于电荷或带电体, 所以说, 电势能终归是电荷或带电体之间相互作用的结果, 只不过, 这种作用是以电场为媒介的.

例 9.11　求处于均匀电场 $\boldsymbol{E}$ 中的电偶极子的电势能.

解　参考图 9–7, 设正负电荷处的电势分别为 U_+ 和 U_-, 则正负电荷的电势能分别为

$$W_+ = qU_+, \quad W_- = -qU_-$$

电偶极子的总电势能为

$$W = W_+ + W_- = q(U_+ - U_-) = -q\boldsymbol{E} \cdot \boldsymbol{l} = -\boldsymbol{p}_\mathrm{e} \cdot \boldsymbol{E}$$

电偶极矩与电场平行时电势能最大, 反平行时, 电势能最小, 垂直电势能时为零.

9.8.2　静电能

前述的电势能强调带电体或电荷之间的相互作用, 其实一个带电体又可以分成若干个子带电体或子电荷系, 子系统内部的电荷之间也存在静电相互作用, 研究电势能时我们没有考虑它们. 如果我们充当 "搬运工", 将一个个点电荷从无限远处 "搬运" 到它们的当前位置, 从头构建电荷系或电场, 情况又如何呢?

任何带电过程都是电荷转移的过程. 在带电体系的形成过程中, 外力必须克服电荷之间的静电力做功, 因此带电体系通过外力做功获得能量. 带电体系形成后, 外界供给的能量就转变为带电体系的静电能. 静电能在数值上等于完成电荷迁移外力所需做的功.

我们以一个电容器的充电过程为例来计算外力的功. 若电容器的电容是 C, 正、负极板分别用 A 和 B 表示. 设想电容器的充电过程是这样的, 开始时 A 极板和 B 极板都是电中性的, 然后不断地把极板 B 上的正电荷移到极板 A 上. 设时刻 t 极板 A 和 B 所带的电荷分别达到 $Q(t)$ 和 $-Q(t)$, 这时两板间的电势差为

$$U_{\mathrm{AB}}(t) = \frac{Q(t)}{C}$$

若这时再把 B 极板上的元电荷 dQ 迁移到 A 极板上, 则必须再做功

$$dA = U_{AB}(t)\,dQ = \frac{Q(t)}{C}\,dQ$$

在极板带电从零达到 q 的整个过程中, 外力做的总功为

$$A = \int \frac{Q(t)}{C}\,dQ = \frac{q^2}{2C}$$

由于 $q = CU_{AB}$, 所以上式也可以表示为

$$A = \frac{1}{2}CU_{AB}^2 = \frac{1}{2}qU_{AB}$$

此时电容器中储存的静电能就等于这个功的数值, 即

$$W_e = \frac{q^2}{2C} = \frac{1}{2}CU_{AB}^2 = \frac{1}{2}qU_{AB} \tag{9.43}$$

这个结果对任何电容器都适用.

上面阐述了带电体系在带电过程中如何从外界获得能量. 现在我们进一步说明这些能量是如何分布的. 实验证明, 在电磁现象中, 能量能够以电磁波的形式和有限的速度在空间传播, 这说明带电体系所储存的能量分布在它所激发的电场空间之中, 即电场具有能量. 电场中单位体积的能量称为电场的能量密度, 用 w_e 表示. 现在以平板电容器为例, 导出电场的能量密度公式.

对于极板面积为 S, 极板间距为 d 的平行板电容器, 有

$$C = \frac{\varepsilon S}{d}, \quad U_{AB} = Ed$$

将以上二式代入式 (9.43), 有

$$W_e = \frac{1}{2}\frac{\varepsilon S}{d}(Ed)^2 = \frac{1}{2}\varepsilon E^2 Sd = \frac{1}{2}\varepsilon E^2 V$$

式中 $V = Sd$ 为电容器内电场空间的体积. 由于平行板电容器中的电场是均匀的, 所以其能量密度应该为常量. 将电场能量除以电场体积, 即为电场的能量密度,

$$w_e = \frac{W_e}{V} = \frac{1}{2}\varepsilon E^2 = \frac{1}{2}DE$$

上述结果虽然是从平行板电容器这一特例导出的, 但可以证明它是一个普遍适用的公式. 一般情况下, 上式应该写成

$$w_e = \frac{1}{2}\boldsymbol{D} \cdot \boldsymbol{E} \tag{9.44}$$

的形式. 在非均匀电场中, 它不再是常量, 电场能量由下式给出:

$$W_e = \int w_e\,dV = \frac{1}{2}\int \boldsymbol{D} \cdot \boldsymbol{E}\,dV \tag{9.45}$$

因为能量是物质的状态特性之一, 所以它不能和物质分割开. 电场具有能量充分说明了电场的物质性.

例 9.12 计算两极板半径分别为 R_1 和 R_2, 带电量分别为 $\pm q$ 的球形电容器中电场的能量密度及总能量, 并由此能量求其电容.

解 球形电容器的电场只存在于两极板之间, 极板上的电荷分别为 ±q 时, 场强大小为

$$E = \frac{q}{4\pi\varepsilon_0 r^2}$$

电场能量密度为

$$w_e = \frac{1}{2}\varepsilon_0 E^2 = \frac{q^2}{32\pi^2\varepsilon_0 r^4}$$

取半径为 r、厚度为 dr 的球壳为体积元, 其体积为 $dV = 4\pi r^2\,dr$, 此薄层中的静电场能量为

$$dW_e = w_e\,dV = \frac{q^2}{8\pi\varepsilon_0 r^2}\,dr$$

因此静电场的总能量为

$$W_e = \int_{R_1}^{R_2} dW_e = \int_{R_1}^{R_2} \frac{q^2}{8\pi\varepsilon_0 r^2}\,dr = \frac{q^2}{8\pi\varepsilon_0}\left(\frac{1}{R_1} - \frac{1}{R_2}\right)$$

由式 (9.43) 可得

$$C = \frac{q^2}{2W_e} = \frac{4\pi\varepsilon_0 R_1 R_2}{R_2 - R_1}$$

因此, 式 (9.43) 提供了计算电容的另一种方法.

习　题

9-1 氢键的作用使水有很多不同寻常的性质. 氢键的一种简化的模型可以用呈直线排列的四个点电荷的相互作用来表示, 如习题 9-1 图所示. 试用图中的数据计算模型中氢键的作用力.

9-2 将 6 个带正电 q 的点电荷固定在正六边形的顶点上 (习题 9-2 图), 现将负电荷 −kq 置于正六边形中心, 发现松开正电荷后它们仍能静止. 求 k 的值.

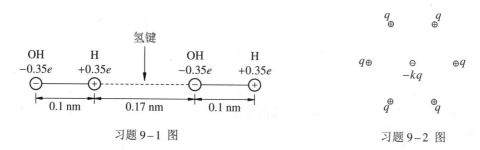

习题 9-1 图　　　　　　　　　　习题 9-2 图

9-3 两个等量同性点电荷 q 被固定在相距为 2d 的两点, 其连线的中点为 O. 质量为 m 的点电荷 Q 放置在连线中垂面上距 O 点为 x 处.

(1) 求 Q 受到的静电力;

(2) 当 x 为何值时, Q 受力最大, 并求出此力;

(3) 若 Q = −q, 求点电荷 Q 在 O 点附近作微小振动的周期 (只考虑静电力).

9-4 一电偶极子原来与一均匀电场平行, 将它转到与电场反平行时, 外力做功 0.1 J. 问当此电偶极子与场强成 45° 时, 作用于它的力偶矩有多大?

9-5 肿瘤的质子疗法是用高速质子轰击肿瘤, 杀死其中的恶性细胞. 设质子的加速距离为 3.0 m, 要使质子从静止开始被加速到 $1.0 \times 10^7\ \mathrm{m \cdot s^{-1}}$, 不考虑相对论效应, 求平均电场强度的大小.

9-6 用绝缘细线弯成半径为 a 的圆弧, 圆弧对圆心所张的角度为 θ_0, 电荷 q 均匀分布于圆弧上. 求圆心处的电场强度.

9-7 在一水平放置的均匀长直带电直线的正下方 1.20 cm 的位置, 悬有一个电子. 求直线的线电荷密度.

9-8 两个均匀带电的同轴无限长圆柱面, 里边的圆柱面截面半径为 R_1, 面电荷密度为 $+\sigma$, 外面的圆柱面截面半径为 R_2, 面电荷密度为 $-\sigma$, 求空间的场强分布.

9-9 设气体放电形成的等离子体在圆柱内的电荷分布可用下式表示:

$$\rho(r) = \frac{\rho_0}{\left[1 + \left(\frac{r}{a}\right)^2\right]^2}$$

式中 r 是到圆柱轴线的距离, ρ_0 是轴线处的电荷体密度, a 是常量. 试计算其场强分布.

9-10 一厚度为 d 的无限大平板, 平板内均匀带电, 体电荷密度为 ρ, 求板内外的场强分布.

9-11 根据量子理论, 氢原子中心是一个带正电 q_0 的原子核 (可看成是点电荷), 外面是带负电的电子云, 在正常状态 (核外电子处在 s 态) 下, 电子云的电荷密度分布是球对称的,

$$\rho(r) = -\frac{q_0}{\pi a_0^3} e^{-2r/a_0}$$

式中 a_0 为常量 (玻尔半径). 求原子的场强分布.

9-12 四个点电荷两两相距 1.0 m 排列在一条直线段上, 其中两个电荷的电量为 1.0 μC, 另外两个电荷的电量为 -1.0 μC.

(1) 要使线段中心的电势最低, 四个电荷应该按什么顺序排列? 求出线段中心的电势;

(2) 需要做多少功才能将处于线段端点的电荷移至无限远处?

9-13 求均匀带电细圆环轴线上的电势和场强分布. 设圆环半径为 R, 带电量为 Q.

9-14 电荷 q 均匀分布在半径为 R 的球体内, 求空间电势分布.

9-15 如习题 9-15 图所示, $AB = 2R$, $\overset{\frown}{CDE}$ 是以 B 为中心、R 为半径的圆弧, A 点放置正点电荷 q, B 点放置负电荷 $-q$.

(1) 把单位正电荷从 C 点沿 $\overset{\frown}{CDE}$ 移到 D 点, 电场力对它做了多少功?

(2) 把单位负电荷从 E 点沿 AB 的延长线移到无穷远处, 电场力对它做了多少功?

9-16 如习题 9-16 图所示, 电荷 q 均匀分布在长为 $2l$ 的线段上, 线段与 x 轴重合且其中心与原点重合.

(1) 求线段延长线上任一点 ($|x| > l$) 的电势, 并用梯度法求电场强度 $E(x,0)$;

(2) 求线段中垂面上任一点 ($|y| > 0$) 的电势, 并用梯度法求电场强度 $E(0,y)$.

习题 9-15 图　　　　　　　　　　　　习题 9-16 图

9-17 利用电偶极子电势公式 $U = \dfrac{1}{4\pi\varepsilon_0}\dfrac{p\cos\theta}{r^2}$, 求其场强分布.

9-18 试证明球形电容器两极板之间的半径差很小 (即 $R_2 - R_1 \ll R_1$) 时, 它的电容公式趋于平行板电容公式.

9-19 细胞膜的表面积为 1.1×10^{-7} m², 相对介电常数为 5.2, 厚度为 7.2 nm. 若细胞膜两侧的电势差为 70 mV, 求:

(1) 细胞膜两侧表面的电荷;

(2) 细胞膜两侧表面上各带有多少离子?假设离子都带有单一电荷 ($|q| = e$).

9–20 两块无限大带电平板导体如习题 9–20 图排列, 证明:

(1) 在相向的两面上 (习题 9–20 图中的 2 和 3), 其电荷面密度总是大小相等而符号相反, 在相背的两面上 (习题 9–20 图中的 1 和 4), 其电荷面密度总是大小相等且符号相同;

(2) 如果两块平板带有等量异号电荷, 则它们都分布在相向的两个面上, 而相背的两面不带电.

9–21 如习题 9–21 图所示, 平行板电容器的两个极板均为长 a, 宽 b 的矩形, 间距为 d. 将一厚度为 δ, 宽为 b 的导体平板沿与电容器极板平行的方向插入电容器之间. 略去边缘效应, 求插入导体平板后的电容与插入深度 x 之间的函数关系式.

9–22 一个半径为 R_1 的金属球 A, 它的外面套一个内、外半径分别为 R_2 和 R_3 的同心金属球壳 B. 二者带电后电势分别为 U_A 和 U_B. 求此系统的电荷及电场分布. 如果用导线将球和壳连接起来, 结果又将如何?

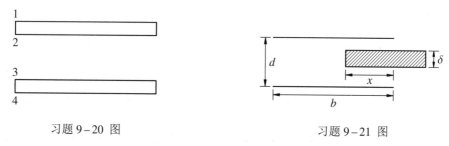

习题 9–20 图　　　　　　　　　习题 9–21 图

9–23 半径为 R 的导体球带有电荷 q, 球外有一均匀电介质同心球壳, 球壳的内外半径分别为 a 和 b, 相对介电常数为 ε_r. 求空间电位移矢量、电场强度和电势分布.

9–24 在两板相距为 d 的平行板电容器中, 插入一块厚 $d/2$ 的金属大平板 (此板与两极板平行). (1) 其电容变为原来的多少倍? (2) 如果插入的是相对介电常数为 ε_r 的大平板, 则又如何?

9–25 三个导体球, 相互离得很远, 半径分别为 2 cm, 3 cm, 4 cm, 电势分别为 1800 V, 1200 V, 900 V. 现用一细导线将它们连接起来, 求:

(1) 三个球的总电荷;

(2) 连接后的电势;

(3) 总电容.

9–26 在内极板半径为 a, 外极板半径为 b 的圆柱形电容器内, 装入一层相对介电常数为 ε_r 的同心圆柱形壳体 (内半径为 r_1、外半径为 r_2), 其电容变为原来的多少倍?

9–27 氢原子由位于中心的一个质子和距离质子约为 0.0529 nm 的一个电子构成.

(1) 求其电势能;

(2) 电势能是万有引力势能的多少倍?

9–28 利用例题 9–11 的结果证明, 场强为 E 的匀强电场中电偶极子受到力矩的大小为

$$M = -\frac{\mathrm{d}W}{\mathrm{d}\theta}$$

其中 θ 为电偶极矩与电场强度之间的夹角, W 为电偶极子的电势能.

9–29 根据习题 9–1 图给出的氢键模型, 估算要破坏一个氢键需要的能量.

9–30 一平行板电容器的两极板间有两层均匀电介质, 一层电介质 $\varepsilon_r = 4.0$, 厚度 $d_1 = 2.0$ mm, 另一层电介质的 $\varepsilon_r = 2.0$, 厚度为 $d_2 = 3.0$ mm. 极板面积 $S = 50$ cm^2, 两极板间电压为 200 V. 求:

(1) 每层介质中的电场能量密度;

(2) 每层介质中总的静电能;

(3) 用公式 $qU/2$ 计算电容器的总静电能.

9-31 两个同轴圆柱面, 长度均为 l, 半径分别为 a 和 b, 两圆柱面之间充有介电常量为 ε 的均匀电介质. 当这两个圆柱面带有等量异号电荷 $\pm q$ 时,

(1) 求半径为 $r(a < r < b)$ 处电场的能量密度以及介质中的总电场能量;

(2) 由电场能量计算圆柱电容器的电容.

第 10 章　恒定磁场

磁场是运动电荷周围存在的一种特殊物质. 空间分布不随时间变化的磁场称为恒定磁场. 在恒定磁场中最为典型的是由恒定电流引起的磁场, 本章我们在介绍恒定电流的基础上, 介绍恒定磁场的基本规律和性质, 进而描述磁场对运动电荷、载流导体的作用, 以及物质中的磁化现象.

10.1　恒定电流

10.1.1　电流密度

电流是由大量电荷的定向运动形成的. 通常用电流强度 (简称电流) I 描述电流的强弱. 若在时间 $\mathrm{d}t$ 内通过某一截面的电荷为 $\mathrm{d}q$, 则通过该截面的电流为

$$I = \frac{\mathrm{d}q}{\mathrm{d}t}$$

电流是标量, 单位是 A (安培).

I 的大小反映了电流的强弱, 是针对导体的截面整体而言的, 不能说明电流在截面上各点的分布. 若电流沿粗细均匀的导线流动, 则引入电流强度的概念就可以了. 但在实际问题中, 常常遇到电流在粗细不均或材料不均匀或是任意形状的导体中通过的情况. 这时就必须引入描述电流分布的物理量, 这就是电流密度矢量.

空间某点的电流密度矢量, 数值上等于该点单位垂直截面上的电流强度, 方向与该点正电荷定向运动的方向一致. 用 j 表示电流密度的大小, 可表示为

$$j = \frac{\mathrm{d}I}{\mathrm{d}S_\perp}$$

设想在某一点取一个面元 $\mathrm{d}S$ (图10−1), 则通过 $\mathrm{d}S$ 的电流 $\mathrm{d}I$ 与该点电流密度 j 的关系为

$$\mathrm{d}I = j \cdot \mathrm{d}S = j\,\mathrm{d}S\cos\theta \tag{10.1}$$

式 (10.1) 表明, 电流强度是电流密度矢量对面积的通量. 电流密度的时空分布构成电流场, 电流场可用电流线形象地表示, 电流线上每点的切线方向代表该点电流密度的方向. 在 SI 制中, 电流密度的单位是 $\mathrm{A \cdot m^{-2}}$. 对于有限截面 S, 通过它的电流可用下面的积分表示:

$$I = \int_S j \cdot \mathrm{d}S \tag{10.2}$$

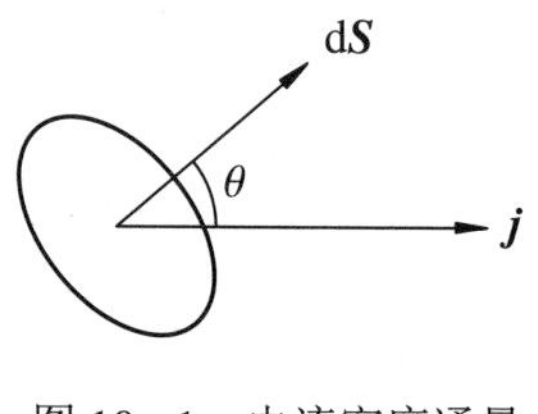

图 10−1　电流密度通量

电流 I 的正负取决于面元 $\mathrm{d}S$ 与电流密度 j 的方向.

形成电流的作定向运动的正负电荷统称为载流子. 对于负的载流子 (如导体中的电子), 可以把它们等效成与之运动方向相反的正载流子. 这里以正载流子为例, 介绍电流密度的一种最简单的微观模型. 设所有正载流子的电荷为 q, 它们以相同的速度 $\boldsymbol{v}$ 运动, 如图 10-2 所示. 垂直于电流密度的方向取一面元 $\mathrm{d}S$, 在 $\mathrm{d}t$ 时间能够穿过该面元的载流子全部落入以 $\mathrm{d}S$ 为底, $v\,\mathrm{d}t$ 为高的柱体内, 如果单位体积的载流子数为 n, 则由定义, 电流密度的大小为

$$j = \frac{nq\,\mathrm{d}Sv\,\mathrm{d}t}{\mathrm{d}S\,\mathrm{d}t} = nqv$$

写成矢量式为

$$\boldsymbol{j} = nq\boldsymbol{v} \tag{10.3}$$

这个模型显示, 电流密度的大小不仅与单个载流子的电荷及其定向运动的速率成正比, 还与单位体积的载流子数目成正比.

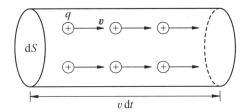

图 10-2　电流密度的微观模型

10.1.2　电流场的连续性方程

电荷守恒是物理学中的一条基本规律: 在一个孤立系统中电荷总量始终保持不变. 下面我们将电荷守恒定律用于电流通过的空间某闭合曲面 S, 见图 10-3. 设 S 的外法向为正向, 则单位时间通过 S 向外净流出的电荷为 $\oint \boldsymbol{j} \cdot \mathrm{d}\boldsymbol{S}$, 根据电荷守恒定律, 它应等于单位时间 S 内电荷的减少量, 即

$$\oint_S \boldsymbol{j} \cdot \mathrm{d}\boldsymbol{S} = -\frac{\mathrm{d}q}{\mathrm{d}t} \tag{10.4}$$

式 (10.4) 称为电流场的连续性方程, 是电荷守恒定律的数学表达式. 当 $\dfrac{\mathrm{d}q}{\mathrm{d}t} > 0$ 时, 闭合曲面 S 内正电荷增加, 单位时间经 S 流入的电荷多于从 S 内流出的电荷; 反之, 当 $\dfrac{\mathrm{d}q}{\mathrm{d}t} < 0$ 时, 闭合曲面 S 内正电荷减少, 单位时间经 S 流入的正电荷少于流出的电荷; 当 $\dfrac{\mathrm{d}q}{\mathrm{d}t} = 0$, S 内电荷总量维持不变.

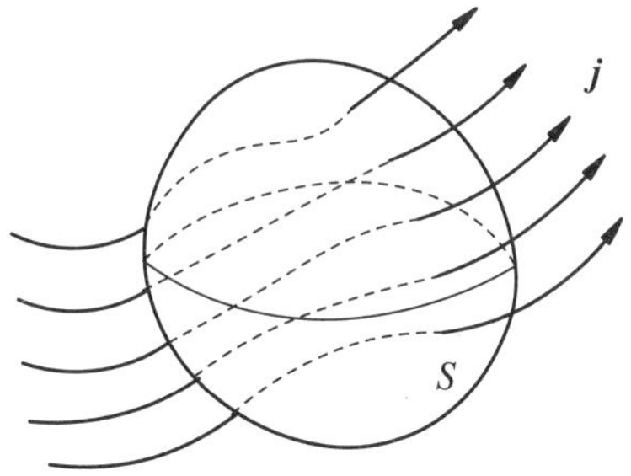

图 10-3　电流连续性原理

如果电流密度对任意闭合曲面的通量都满足方程

$$\oint \boldsymbol{j} \cdot \mathrm{d}\boldsymbol{S} = 0 \tag{10.5}$$

则称该电流为恒定电流, 式 (10.5) 称为电流的恒定条件. 在恒定电流中任意小的区域内电荷量都不随时间变化, 也可以认为电流恒定就意味着空间定点的电荷密度不随时间变化. 但

是, 不同位置的电荷密度可以不同, 电荷分布不变并不意味没有电荷的运动. 比如导体内通有恒定电流时, 电子沿电流密度的反方向作定向运动, 但电子经过的每个区域都存在有等量的正电荷, 导体本身仍是电中性的.

用电流线的概念对式 (10.5) 的解释为, 在恒定电流场中电流线是既无起点也无终点的闭合曲线, 这叫做恒定电流的闭合性.

10.1.3　欧姆定律的微分形式

对于恒定电流, 空间电荷分布不随时间变化, 从而空间电场分布也不随时间变化. 这种电场称为恒定场, 它和静电场一样, 满足 $\oint \boldsymbol{E} \cdot \mathrm{d}\boldsymbol{l} = 0$, 因此, 电势及电势差 (电压) 的概念仍然有效. 欧姆定律是由欧姆通过实验总结出的规律, 它可表述为: 在恒定条件下, 通过一段导体的电流 I 与导体两端的电压成正比, 即 $I \propto U$, 写成等式为

$$I = \frac{U}{R}$$

式中 R 称为导体的电阻, 其单位为 Ω (欧姆), $1\ \Omega = 1\ \mathrm{V} \cdot \mathrm{A}^{-1}$.

电阻的大小取决于导体的材料及几何形状. 由同种材料制成粗细均匀的导线, 其电阻 R 的数值与导线的长度 l 成正比, 与横截面积 S 成反比. 写成等式, 有

$$R = \rho \frac{l}{S} \tag{10.6}$$

式中比例系数 ρ 称为材料的电阻率, 它是材料本身性质决定的. 电阻率的单位为 $\Omega \cdot \mathrm{m}$. 若材料的截面不均匀或电阻率不是常量, 则一般情况下, 计算电阻的公式为

$$R = \int \rho \frac{\mathrm{d}l}{S} \tag{10.7}$$

R 的倒数 $G = 1/R$ 称为电导, 电阻率 ρ 的倒数 $\sigma = 1/\rho$ 称为电导率. 在国际单位制中, 电导的单位为西门子, 用 S 表示, 电导率的单位为 $\mathrm{S} \cdot \mathrm{m}^{-1}$.

实验发现, 在通常的温度下且温度变化范围不大时, 几乎所有金属导体的电阻率与温度之间存在如下近似的线性关系:

$$\rho(t) = \rho_0 (1 + \alpha t) \tag{10.8}$$

式中, t 以 ℃ 为单位; $\rho(t)$ 表示温度为 t 时的电阻率; ρ_0 为 0 ℃ 的电阻率; α 叫做电阻率的温度系数. 一些材料的温度系数列于表 10−1.

纯水其实是绝缘体, 20 ℃ 时水的最大电阻率约为 $2.5 \times 10^5\ \Omega \cdot \mathrm{m}$. 水的电阻率依赖于水中杂质的浓度, 因此测定水的电阻率可以间接检测水的纯度.

现在我们将欧姆定律用于图 10−4 所示的一段微小电流管. 管长 $\mathrm{d}l$, 其横截面垂直于电流密度 $\boldsymbol{j}$, 面积为 $\mathrm{d}S$. 在这个微元上, 电导率 σ, 电流密度 $\boldsymbol{j}$ 及电场 $\boldsymbol{E}$ 都可认为是均匀的. 微元两端电势差为 $\mathrm{d}U = E\,\mathrm{d}l$, 电阻为 $R = \mathrm{d}l/(\sigma\,\mathrm{d}S)$, 通过的电流为 $\mathrm{d}I = j\,\mathrm{d}S$. 将这些量代入欧姆定律

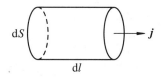

图 10−4　微元上的欧姆定律

$$\mathrm{d}U = R\,\mathrm{d}I$$

表 10-1　一些材料 20 °C 时的电阻率与温度系数

材料	$\rho/(\Omega \cdot m)$	$\alpha/°C$	材料	$\rho/(\Omega \cdot m)$	$\alpha/°C$
银	1.59×10^{-8}	3.8×10^{-3}	碳	3.5×10^{-5}	-0.5×10^{-3}
铜	1.67×10^{-8}	4.1×10^{-3}	锗	0.6	-50×10^{-3}
金	2.35×10^{-8}	3.4×10^{-3}	硅	2300	-70×10^{-3}
铝	2.65×10^{-8}	3.9×10^{-3}	玻璃	$10^{10} \sim 10^{14}$	
钨	5.40×10^{-8}	4.5×10^{-3}	有机玻璃	$> 10^{13}$	
铁	9.71×10^{-8}	5.0×10^{-3}	硬橡胶	$10^{13} \sim 10^{16}$	
铅	21×10^{-8}	3.9×10^{-3}	聚四氟乙烯	$> 10^{13}$	
铂	10.6×10^{-8}	3.6×10^{-3}	木材	$10^{8} \sim 10^{11}$	

可得

$$j = \sigma E$$

尽管电子热运动的方向是随机的, 但在电场的作用下, 导体中电子定向运动具有确定的方向, 这个方向就是电流密度的方向, 它与电场 E 的方向一致. 因此, 上式可写成矢量形式

$$j = \sigma E \tag{10.9}$$

式 (10.9) 称为欧姆定律的微分形式. 它表明, 电流场中任意一点的电流密度矢量 j 等于该点的场强 E 与导体电导率的乘积.

欧姆定律的微分形式虽然是在恒定条件下推导出来的, 但它在变化不太快的非恒定情况下仍然适用.

10.1.4　电动势

如果在闭合电路中各处的电流都只由静电力维持, 则沿着电流的方向电势必然越来越低, 这就不可能使电荷再返回电势能较高的原来位置, 即电流线不可能是闭合的. 这样的结果必然引起电荷堆积, 破坏恒定条件. 因此, 要维持恒定电流, 靠静电力是办不到的, 只能靠其他类型的力, 这类力使正电荷逆着静电场的方向运动, 从低电势移到高电势. 我们称这类力为非静电力. 由于它的作用, 保持了稳定的电荷分布, 从而得到了恒定电流, 并把其他形式的能量转变成电势能.

提供非静电力的装置称为电源, 如图 10-5 所示. 电源有正、负两个极, 如果电源不接外电路, 电源内的正电荷在非静电力 F_k 的作用下从负极向正极运动, 使正、负极分别带有正、负两层电荷, 这两层电荷使电源内部形成从正极指向负极的静电场. 因此, 电源内的正电荷还会受到一个指向负极的静电力 F_e 的作用, 它与非静电力的方向相反. 随着电荷的移动, 静电力越来越大, 直到它与非静

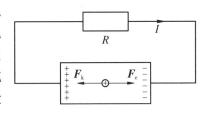

图 10-5　电源及外电路

电力平衡为止. 此时, 两极上的电荷不再增加, 电源两端存在一个定值的电势差. 用导线将正负两个极相连时, 就形成了闭合回路. 在这一回路中电源外的部分 (叫外电路), 在恒定电场作用下, 正电荷由正极流向负极. 这时在电源内部 (叫内电路), 处于电源两极的电荷就有减少的趋势, F_e 也就有小于 F_k 的趋势, 于是电源内部的正电荷又从负极向正极运动. 分析整个过程, 可以发现, 非静电力起主导作用, 它使正电荷由负极向正极运动. 显然, 要使正电荷由负极移到正极, 非静电力 F_k 必须克服静电力 F_e 做正功. 在这一过程中电荷的电势能增大了, 电源把其他形式的能量转化为电势能. 所以从能量的角度看, 电源是一个把其他形式能量转化为电能的换能器.

电源的类型很多, 不同类型的电源中, 非静电力的本质不同. 例如, 化学电池中的非静电力是一种化学作用, 发电机中的非静电力则是电磁感应作用.

在不同的电源内, 由于非静电力的不同, 相同的电荷由负极移到正极时, 非静电力 F_k 做的功是不同的. 这说明不同的电源转化能量的本领是不同的. 为了定量描述电源转化能量本领的大小, 引入电动势的概念. 一个电源的电动势 $\mathscr{E}$ 定义为把单位正电荷从负极通过电源内部移到正极时非静电力所做的功. 我们用 E_k 表示作用在单位正电荷上的非静电力. 用场的概念, 可以把 E_k 看作是一种非静电场强, 它对电荷 q 的非静电力就是 $F_k = qE_k$. 在电源内, 电荷 q 由负极移到正极时非静电力做的功为

$$A = \int_-^+ qE_k \cdot dl \qquad (\text{电源内})$$

因此, 电源的电动势为

$$\mathscr{E} = \int_-^+ E_k \cdot dl \qquad (\text{电源内}) \tag{10.10}$$

式 (10.10) 对应于非静电力集中在一段电路内 (如电池内) 的情形. 在有些情况下非静电力存在于整个电流回路中, 这时整个回路中的总电动势应为

$$\mathscr{E} = \oint E_k \cdot dl \tag{10.11}$$

10.2 磁场 磁感应强度

10.2.1 磁现象与其电本质

人类对天然磁现象的了解, 可以追溯到远古时期, 那时发现天然磁石 (主要成分是 Fe_3O_4) 具有吸铁的性质, 这个性质称为磁性, 具有磁性的物体称为磁铁. 除了天然磁铁 (石), 还有人造磁铁, 它们是由铁、镍、钴及其合金制成的. 天然磁铁和人造磁铁都能长期保持着吸引铁、镍、钴等物质的性质, 因此常把它们称为永久磁铁. 到了大约公元 11 世纪时, 中国人认识到磁石的指向性, 发明了指南针. 人们对于磁现象的早期认识, 可归纳为以下几点:

(1) 磁铁具有吸引铁、钴、镍等物质的性质. 磁铁上磁性特别强的区域称为磁极.

(2) 如果使磁针在水平面内自由转动, 最终磁针的两极大致指向南北. 指北的一极称为北极, 用 N 表示; 指南的一极称为南极, 用 S 表示.

(3) 磁极间存在着相互作用力, 称为磁力. 同性磁极相斥, 异性磁极相吸.

(4) 如果把一条磁铁折成数段, 不论段数多少或各段的长短如何, 每一小段仍将形成一个很小的磁铁, 仍具有 N、S 两极, 即 N 极与 S 极相互依存而不可分离. 但是, 正电荷或负电荷却可以独立存在, 这是磁现象和电现象的基本区别.

1820 年 4 月, 丹麦物理学家奥斯特发现了通电导线能使它旁边的磁针发生偏转, 并在随后的三个月里, 经过反复的实验, 总结了电流对磁针作用力的方向以及导线与磁针的距离对作用力的影响. 1820 年 7 月 21 日发表了题为《关于磁针上电流碰撞的实验》的论文, 十分简洁地报告了他的实验, 向科学界宣布了电流的磁效应, 揭示了磁现象的电本质.

1820 年 9 月 11 日安培在法国科学院听到关于奥斯特实验的报告后, 引起极大兴趣, 第二天就重做了奥斯特的实验, 并于 9 月 18 日向法国科学院提交了第一篇论文, 提出磁针转动方向和电流方向的关系服从右手定则 (以后这个定则被命名为安培定则). 之后, 安培通过实验和数学归纳, 阐述了各种形状的曲线载流导体之间的相互作用; 给出了通电导线在磁场中受力情况的公式, 称为安培力公式.

奥斯特和安培的工作引起了人们对 "磁性本质" 的关注.

安培根据磁是由运动的电荷产生的这一观点来说明地磁的成因和物质的磁性, 并且在1821 年 1 月提出了著名的分子电流假说. 安培认为构成磁体的分子内部存在一种环形电流——分子电流. 由于分子电流的存在, 每个分子成为小磁体, 两侧相当于两个磁极. 通常情况下分子电流取向是杂乱无章的, 它们产生的磁场互相抵消, 对外不显磁性. 当外界磁场作用后, 分子电流的取向大致相同, 分子间相邻的电流作用抵消, 而表面部分未抵消的电流导致了宏观磁性. 安培的分子电流假说在当时物质结构的知识甚少的情况下无法证实, 它带有相当大的臆测成分; 在今天已经了解到物质由分子组成, 而分子由原子组成, 原子中有绕核运动的电子, 安培的分子电流假说有了实在的内容, 已成为认识物质磁性的重要依据.

10.2.2 磁场 磁感应强度

磁铁与磁铁之间、电流与磁铁之间以及电流与电流之间的相互作用, 是通过磁场来实现的. 也就是说, 任何磁铁、电流或运动电荷周围空间里都存在着磁场, 它们之间的相互作用实际上是磁场间的相互作用, 是磁场力的具体表现. 磁场是广泛存在的, 地球, 恒星 (如太阳), 星系 (如银河系), 行星、卫星, 以及星际空间, 都存在着磁场.

值得指出, 运动电荷与静止电荷不同之处在于: 静止电荷的周围空间只存在静电场, 而运动电荷周围的空间, 除了和静止电荷一样存在电场之外, 还存在磁场. 电场对处于其中的任何电荷 (不论运动与否) 都有电场力作用; 而磁场则只对运动电荷有磁场力作用.

我们可以从磁场的各种表现中, 选取其中任何一种表现来定量描述它. 本节利用 "磁场对运动着的试探电荷有磁场力作用" 这一对外表现, 引入磁感应强度 $\boldsymbol{B}$ 这一物理量, 来描述磁场在各点的方向和强弱. 有关运动的正试探电荷 q_0 在磁场中任一指定点处所受的磁场力的实验结果, 可以归纳如下:

(1) 当点电荷沿磁场中某一特征方向运动时, 它不受磁场力作用.

(2) 当点电荷垂直于上述磁场中的特征方向运动时, 它所受的磁场力最大, 用 F_{max} 表示. 这个力的方向垂直于上述特征方向与点电荷运动方向所构成的平面; 力的大小正比于运动

试探点电荷的大小 q_0 和速度的大小 v, 即有 $F_{max} \propto q_0 v$.

(3) 对磁场中某一指定点而言, 比值 $\dfrac{F_{max}}{q_0 v}$ 是一个与 q_0 和 v 的大小都无关的常量, 这个常量仅与磁场在该点的性质有关.

鉴于上述实验规律, 我们对磁感应强度 B 作如下定义: 磁场中某点磁感应强度的大小为

$$B = \frac{F_{max}}{q_0 v}$$

B 的方向沿上述特征方向, 但特征方向本身有两个完全相反的具体指向, 因此规定满足矢积 $v \times B$ 的指向正电荷受力 F 的特征方向为 B 的方向. 磁感应强度 B 是表征磁场中各点磁场强弱和方向的物理量. 在 SI 制中, B 的单位是 T (特[斯拉]), 它与高斯制中的相应单位高斯 (Gs) 的换算关系为 1 T = 10^4 Gs.

就像在静电场中用电场线来表示静电场的分布一样, 我们可以在磁场中用曲线来表示磁场中各处磁感强度 B 的方向和大小, 这样的曲线称为磁感应线. 磁感应线上任一点的切线方向都和该点的磁场方向一致. 为了使磁感应线也能够定量地描述磁场的强弱, 我们规定: 通过某点上垂直于 B 矢量的单位面积的磁感应线条数, 与该点 B 矢量的大小成正比. 在均匀磁场中, 磁感应线是一组间隔相等的同方向平行线. 图 10-6 和图 10-7 分别用磁感应线表示了长直载流导线和地球的磁场. 通过对各种磁场的磁感应线的分析, 可归纳出磁感应线具有如下特征:

(1) 在任何磁场中每一条磁感应线都是环绕电流的闭合曲线, 既没有起点也没有终点.

(2) 在任何磁场中, 每一条闭合的磁感应线的方向与该闭合磁感应线所包围的电流流向服从右手螺旋定则.

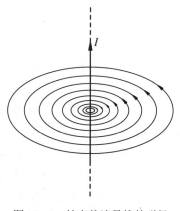

图 10-6 长直载流导线的磁场

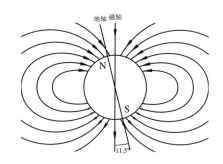

图 10-7 地球的磁场

在图 10-6 中, 直导线通有向上的电流, 自上而下看来, 磁感应线逆时针环绕, 如果用右手大拇指指向电流的方向, 则其余四指的环绕方向正好指向磁场方向, 有关长直载流导线的磁感应强度的定量分析, 将在下节讲述. 图 10-7 显示, 地球周围的磁感应线就像一个条形磁铁被埋在地球中心产生的. 在地面附近, 大多数地方的磁场并不与地面平行, 而是存在一个明显的竖直分量. 在北半球, 竖直分量向下, 而在南半球, 竖直分量向上. 远离地表时, 磁感应线会发生扭曲, 这是太阳风的干扰造成的.

太阳风指的是从太阳大气最外层的日冕,向空间持续抛射出来的物质粒子流.日冕具有极高的温度,作用于日冕气体上的引力不能平衡压力差,因此日冕中很难维持流体静力平衡,日冕不可能处于稳定静止状态,而是稳定地向外膨胀,热电离气体粒子连续地从太阳向外流出,就形成了太阳风.太阳风有两种:一种持续不断地辐射出来,速度较小,在飞到地球附近时,平均速度约为 450 km·s⁻¹.粒子含量也比较少,每立方厘米含质子数为 1~10 个.这种太阳风称为"持续太阳风"或被科学家们称做"宁静太阳风";另一种是在太阳活动时辐射出来,速度比较大.在飞到地球附近时,速度可达 1000 ~ 2000 km·s⁻¹,粒子含量也比较多,每立方厘米含质子数为几十个.这种太阳风称为"扰动太阳风",高速太阳风对地球的影响很大,当它抵达地球时,往往引起很大的磁暴与强烈的极光.极光是宇宙中的高能带电粒子在地磁场作用下折向南北极地区,与高空的气体分子或原子碰撞,使分子或原子激发而发光的现象.

种种迹象表明,有些生物是通过地球磁场进行导航的.蜜蜂和信鸽等鸟类在晴天时可以利用太阳的位置辨明方位,但阴天时它们仍然能够精准地找到回家的路,原来这些生物的大脑中存在永磁晶体,它们就是靠微量的磁性晶体产生磁感的.

10.3 毕奥－萨伐尔定律

10.3.1 毕奥－萨伐尔定律

计算载流导体周围的磁感应强度时,可将导体分成无限多个小的载流线元,即在载流导体中沿电流流向取一段长度为 dl 的线元,每个小的载流线元的电流情况可用 I dl 来表征,称为电流元.电流元可作为计算电流磁场的基本单元.

实验证明,磁场也服从叠加原理.也就是说,整个载流导线回路在空间中某点所激发的磁感应强度 **B**,就是这导线上所有电流元在该点激发的磁感应强度 d**B** 的矢量和.因此只要能够确定电流元的磁感应强度,就可根据磁场叠加原理计算整个载流导体的磁感应强度.

如图 10－8 所示.电流元在真空中的磁感应强度为

$$\mathrm{d}\boldsymbol{B} = \frac{\mu_0}{4\pi} \frac{I\,\mathrm{d}\boldsymbol{l} \times \boldsymbol{r}}{r^3} \qquad (10.12)$$

dB 的大小为

$$\mathrm{d}B = \frac{\mu_0}{4\pi} \frac{I\,\mathrm{d}l \sin\theta}{r^2}$$

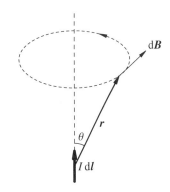

图 10－8 毕奥－萨伐尔定律

式中 $\mu_0 = 4\pi \times 10^{-7}$ N·A⁻²,称为真空磁导率.式 (10.12) 称为毕奥－萨伐尔定律,它指出,任意电流元 I dl 在空间任意一点产生的磁感应强度 d**B** 的大小与电流元 I dl 的大小成正比,与电流元 I dl 到场点的距离 r 的平方成反比;d**B** 的方向垂直于 I dl 和 r 构成的平面,其指向由右手螺旋定则给出.任意形状载流导体的磁感应强度可由叠加原理得出:

$$\boldsymbol{B} = \int \frac{\mu_0}{4\pi} \frac{I\,\mathrm{d}\boldsymbol{l} \times \boldsymbol{r}}{r^3} \qquad (10.13)$$

需要注意的是, 上式中 $\mathrm{d}\boldsymbol{l}$ 为积分变量, 而 $\boldsymbol{r}$ 表示电流元 $I\,\mathrm{d}\boldsymbol{l}$ 指向场点的矢量, 因而也是一个变量. 利用上式计算空间磁感应强度分布时, 一般情况下需要将 $\mathrm{d}\boldsymbol{l}$ 和 $\boldsymbol{r}$ 统一到具体的坐标变量后再积分. 另外还要注意矢量叠加的方向性问题.

10.3.2　毕奥－萨伐尔定律应用举例

例 10.1　一段通有电流 I 的直导线, 空间一点 P 到导线的距离为 a. 计算 P 点的磁感应强度 $\boldsymbol{B}$.

解　如图 10–9 所示, 从 P 点向导线引垂线, 以垂足 O 为原点, 沿电流方向建立 l 轴, 在轴上坐标为 l 处取电流元 $I\,\mathrm{d}\boldsymbol{l}$. 简单分析可知, 导线上所有电流元在 P 点磁感应强度的方向都相同, 因此只需作标量积分即可.

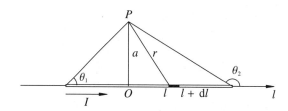

图 10–9　有限长载流直导线的磁场

$$\mathrm{d}B = \frac{\mu_0}{4\pi}\frac{I\,\mathrm{d}l\sin\theta}{r^2}$$

由图中的几何关系可以看出

$$l = -a\cot\theta, \quad \mathrm{d}l = \frac{a\,\mathrm{d}\theta}{\sin^2\theta}, \quad r = \frac{a}{\sin\theta}$$

所以

$$\mathrm{d}B = \frac{\mu_0}{4\pi}\frac{I\sin\theta\,\mathrm{d}\theta}{a}$$

于是

$$B = \int_{\theta_1}^{\theta_2}\frac{\mu_0}{4\pi}\frac{I\sin\theta}{a}\,\mathrm{d}\theta = \frac{\mu_0 I}{4\pi a}(\cos\theta_1 - \cos\theta_2) \tag{10.14}$$

式中 θ_1 和 θ_2 的几何意义见图 10–9.

对于无限长载流直导线, 有 $\theta_1 = 0$, $\theta_2 = \pi$, 此时有

$$B = \frac{\mu_0 I}{2\pi a} \tag{10.15}$$

即无限长载流直导线周围任一点的磁感应强度的大小与该点到导线的距离成反比, 与电流强度成正比.

例 10.2　计算半径为 R 的通有电流 I 的载流圆环轴线上的磁感应强度分布.

解　如图 10–10 (a) 所示, 以线圈轴线为 z 轴, 环心处为原点建立坐标系. 线圈上任一电流元 $I\,\mathrm{d}\boldsymbol{l}$ 到轴线上 $P(z)$ 的径矢为 $\boldsymbol{r}$, $\boldsymbol{r}$ 与 z 轴的夹角为 θ. 按毕奥－萨伐尔定律, 电流元在 P 点的磁感应强度为

$$\mathrm{d}\boldsymbol{B} = \frac{\mu_0}{4\pi}\frac{I\,\mathrm{d}\boldsymbol{l}\times\boldsymbol{r}}{r^3}$$

由于圆线圈的轴对称性, 电流元的磁感应强度的垂直于轴的分量将在叠加时相互抵消, 而平行分量相互加强, 所以我们只需计算磁感应强度的轴向分量即可.

$$dB_z = \frac{\mu_0}{4\pi} \frac{I\,dl}{r^2} \cos\left(\frac{\pi}{2} - \theta\right)$$

由几何关系可知

$$r^2 = R^2 + z^2, \quad \sin\theta = \frac{R}{\sqrt{R^2 + z^2}}$$

将它们代入 dB_z 的表达式, 有

$$dB_z = \frac{\mu_0}{4\pi} \frac{I R\,dl}{(R^2 + z^2)^{3/2}}$$

积分可得

$$B = B_z = \frac{\mu_0}{2} \frac{I R^2}{(R^2 + z^2)^{3/2}} \tag{10.16}$$

$\boldsymbol{B}$ 的方向沿轴线方向, 且与电流方向构成右手螺旋关系. 圆形载流线圈轴线上的磁感应强度 B 随 z 的关系示于图 10–10 (b).

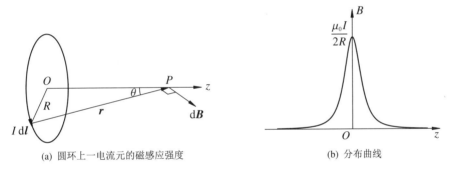

(a) 圆环上一电流元的磁感应强度   (b) 分布曲线

图 10–10 圆形载流线圈轴线上的磁感应强度分布

下面讨论两种特殊情况.

(1) 圆形线圈中心, $z = 0$, 有

$$B = \frac{\mu_0 I}{2R} \tag{10.17}$$

(2) 圆形线圈轴线上离线圈很远处 $(|z| \gg R)$ 的磁感应强度

$$B = \frac{\mu_0}{2} \frac{I R^2}{|z|^3 \left[1 + (R/z)^2\right]^{3/2}} \approx \frac{\mu_0 I R^2}{2|z|^3} \tag{10.18}$$

令 $\boldsymbol{p}_\mathrm{m} = IS\boldsymbol{e}_\mathrm{n}$, $\boldsymbol{e}_\mathrm{n}$ 为与电流成右手关系的线圈法向单位矢量, 即图 10–10 (a) 中 z 轴方向. S 为线圈的面积, p_m 称为载流线圈的磁矩. 用磁矩将式 (10.18) 改写为

$$B = \frac{\mu_0 I \pi R^2}{2\pi |z|^3} = \frac{\mu_0 p_\mathrm{m}}{2\pi |z|^3} \tag{10.19}$$

即当 $|z| \gg R$ 时, 圆形载流线圈轴线上的磁感应强度的大小与线圈的磁矩成正比, 与距离的三次方成反比.

例 10.3　求通有电流 I 的螺线管轴线上的磁感应强度分布. 已知螺线管半径为 R, 单位长度的匝数为 n.

解　直螺线管是指均匀地密绕在直圆柱面上的螺旋形线圈, 如图 10−11(a) 所示. 螺旋线每个周期称为一匝.

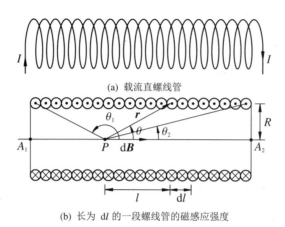

(a) 载流直螺线管

(b) 长为 $\mathrm{d}l$ 的一段螺线管的磁感应强度

图 10−11　计算螺线管轴线上的磁感应强度分布

如图 10−11(b), 取螺线管上长度为 $\mathrm{d}l$ 的一小段, 该段的匝数为 $n\,\mathrm{d}l$. 由于线圈是密绕的, 因此这一小段螺线管相当于通有电流为 $In\,\mathrm{d}l$ 的一个圆形线圈. 根据圆形载流线圈轴线上的磁感应强度公式, 可以写出这一小段螺线管在轴线上距离 $\mathrm{d}l$ 为 l 的一点 P 上所产生的磁感应强度

$$\mathrm{d}B = \frac{\mu_0}{2}\frac{R^2 nI\,\mathrm{d}l}{(R^2 + l^2)^{3/2}}$$

$\mathrm{d}B$ 的方向为沿螺线管的轴线向右. 考虑到螺线管的各个小段在 P 点所产生的磁感应强度的方向均相同, 因此整个螺线管所产生的总磁感应强度为

$$B = \int \mathrm{d}B = \int \frac{\mu_0}{2}\frac{R^2 nI\,\mathrm{d}l}{(R^2 + l^2)^{3/2}}$$

为了简化上面的积分计算, 引入参变量 θ 角, 由 P 点向 $\mathrm{d}l$ 段线圈上任一点作矢量 $\boldsymbol{r}$, θ 即为矢量 $\boldsymbol{r}$ 与螺线管轴线上磁场方向之间的夹角. 从图 10−11(b) 中可以看出

$$l = R\cot\theta$$

对上式微分得

$$\mathrm{d}l = -R\csc^2\theta\,\mathrm{d}\theta$$

将以上二式代入积分, 注意到

$$R^2 + l^2 = R^2 \csc^2\theta$$

将积分上、下限用 θ_2, θ_1 代入, 得

$$B = \frac{\mu_0 nI}{2}\int_{\theta_1}^{\theta_2}(-\sin\theta)\,\mathrm{d}\theta = \frac{\mu_0 nI}{2}(\cos\theta_2 - \cos\theta_1) \tag{10.20}$$

有限长直螺线管轴线上的磁感应强度分布大致如图 10–12 所示, 图中的曲线是按螺线管的长度为 $L = 10R$ 绘出的.

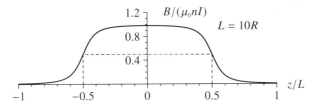

图 10–12 螺线管轴线上的磁感应强度分布

当长度远大于直径时, 螺线管可视为无限长的. 此时 $\theta_1 \to \pi$, $\theta_2 \to 0$, 于是

$$B = \mu_0 nI \tag{10.21}$$

即无限长直螺线管内的磁场是均匀的.

对于半无限长直螺线管, 例如将图 10–11 (b) 中螺线管从 A_2 点向右无限延伸, 则对于螺线管的端点 A_1, $\theta_1 \to \pi/2$, $\theta_2 \to 0$, 有

$$B = \frac{1}{2} \mu_0 nI$$

10.3.3 运动电荷的磁场

设导线的截面积为 S, 利用式 (10.3), 将电流元表示为

$$I\,\mathrm{d}\boldsymbol{l} = jS\,\mathrm{d}\boldsymbol{l} = nqS\boldsymbol{v}\,\mathrm{d}\boldsymbol{l} \tag{10.22}$$

代入毕奥－萨伐尔定律的表达式中, 有

$$\mathrm{d}\boldsymbol{B} = \frac{\mu_0}{4\pi} \frac{(nS\,\mathrm{d}l)q\boldsymbol{v} \times \boldsymbol{r}}{r^3} = \frac{\mu_0}{4\pi} \frac{\mathrm{d}Nq\boldsymbol{v} \times \boldsymbol{r}}{r^3}$$

式中 $\mathrm{d}N = nS\,\mathrm{d}l$ 是电流元中的载流子数. 每个载流子对 $\mathrm{d}\boldsymbol{B}$ 的贡献为

$$\boldsymbol{B} = \frac{\mu_0}{4\pi} \frac{q\boldsymbol{v} \times \boldsymbol{r}}{r^3} \tag{10.23}$$

这就是电荷 q 以速度 $\boldsymbol{v}$ 运动时的磁感应强度公式, $\boldsymbol{r}$ 是由电荷 q 指向场点的矢量. 值得注意的是, 单个点电荷的运动不满足电流的恒定条件, 其磁场也不是恒定的, 因此, 式 (10.23) 仅适用于电荷缓慢运动 (事实上要求其速率远远小于光速) 的情形.

例 10.4 设氢原子中的电子在库仑力的作用下沿半径为 $r = 5.3 \times 10^{-11}$ m 的圆形轨道作匀速圆周运动. 求电子轨道中心的磁感应强度和电子的轨道磁矩.

解 设电子轨道运动的速率为 v, 则根据库仑定律和牛顿第二定律, 有

$$\frac{e^2}{4\pi\varepsilon_0 r^2} = m\frac{v^2}{r}$$

从上式解出电子圆周运动的速率为

$$v = \frac{e}{2\sqrt{\pi\varepsilon_0 mr}} \tag{1}$$

由式 (10.23) 可得电子在圆心处的磁感应强度为

$$B = \frac{\mu_0}{4\pi} \frac{-e\boldsymbol{v} \times \boldsymbol{r}}{r^3}$$

由图 10–13, 可以判断出 $\boldsymbol{B}$ 的方向垂直纸面向内. 考虑到 $\boldsymbol{v}$ 与 $\boldsymbol{r}$ 成直角, 圆心处磁感应强度的大小为

$$B = \frac{\mu_0}{4\pi} \frac{ev}{r^2} \tag{2}$$

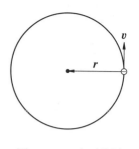

图 10–13　电子轨道

将式 (1) 代入式 (2), 可解

$$B = \frac{\mu_0 e^2}{8\sqrt{\pi^3 \varepsilon_0 m r^5}} = 12.4 \text{ T}$$

电子轨道运动形成的圆形电流为 $I = \dfrac{e}{2\pi r/v}$, 所以电子轨道磁矩的大小为

$$p_{\mathrm{m}} = I\pi r^2 = \frac{evr}{2} = \frac{e^2}{4}\sqrt{\frac{r}{\pi\varepsilon_0 m}} = 9.3 \times 10^{24} \text{ A} \cdot \text{m}^2$$

方向垂直纸面向内.

10.4　恒定磁场的性质

10.4.1　磁场的高斯定理

在磁场中设想一个面元 $\mathrm{d}S$, 其方向取为它的法线方向. 如果 $\mathrm{d}S$ 与该处 $\boldsymbol{B}$ 矢量之间的夹角为 θ, 定义穿过 $\mathrm{d}S$ 的磁通量为

$$\mathrm{d}\Phi_{\mathrm{m}} = \boldsymbol{B} \cdot \mathrm{d}\boldsymbol{S} = B\,\mathrm{d}S \cos\theta \tag{10.24}$$

在磁场中穿过有限曲面 S 的磁通量为

$$\Phi_{\mathrm{m}} = \int_S \boldsymbol{B} \cdot \mathrm{d}\boldsymbol{S} \tag{10.25}$$

磁通量的单位是 Wb (韦伯), $1 \text{ Wb} = 1 \text{ T} \cdot \text{m}^2$.

在磁场中任意取一个闭合曲面, 由于每一条磁感应线都是闭合线, 因此有几条磁感应线进入闭合曲面, 必然有相同条数的磁感应线穿出闭合曲面. 所以, 通过任何闭合曲面的总磁通量必为零, 即

$$\oint \boldsymbol{B} \cdot \mathrm{d}\boldsymbol{S} = 0 \tag{10.26}$$

这就是磁场的高斯定理. 它是反映磁场性质的一个重要定理, 表示磁场是无源场. 对一个闭合曲面, 规定面上任一点的外法线方向为该处面元的正方向. 这样, 当磁感应线从闭合曲面穿出时磁通量为正, 当磁感应线穿入闭合曲面时磁通量为负.

对照静电场的高斯定理可以发现, 磁场的高斯定理实际上否认了磁单极的存在. 即不存在单独的 N 极, 也不存在单独的 S 极, 磁场的两极总是成对出现的, 否则围绕磁单极的闭合曲面的磁通量将不再是零.

10.4.2 安培环路定理

在恒定磁场中, 磁感强度 **B** 沿任意闭合路径的线积分, 等于这闭合路径所包围的各个电流之代数和的 μ_0 倍. 这个结论称为安培环路定理. 其表达式为

$$\oint \boldsymbol{B} \cdot \mathrm{d}\boldsymbol{l} = \mu_0 \sum_i I_i \tag{10.27}$$

式中环路所包围电流的正负号服从右手螺旋定则. 当闭合路径包围的电流与回路的绕行方向成右手螺旋关系时取正号; 反之取负号.

安培环路定理的严格证明需要较长的篇幅, 在此我们以无限长直载流导线的磁场为例来验证.

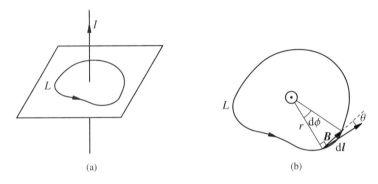

图 10-14 围绕长直载流导线的闭合路径

设无限长载流直导线通有电流 I, 在垂直于导线的平面内作任意闭合曲线 L, 如图 10-14(a) 所示. 图 10-14(b) 为俯视图, 图中线元 $\mathrm{d}l$ 与该处 **B** 的夹角为 θ. $\boldsymbol{B} \cdot \mathrm{d}\boldsymbol{l} = B\,\mathrm{d}l\cos\theta$, 而 $\mathrm{d}l\cos\theta = r\,\mathrm{d}\phi$, $\mathrm{d}\phi$ 是 $\mathrm{d}l$ 对导线的张角. 当绕闭合曲线一周时, $\oint \mathrm{d}\phi = 2\pi$, 因此

$$\oint_L \boldsymbol{B} \cdot \mathrm{d}\boldsymbol{l} = \oint_L \frac{\mu_0 I}{2\pi r} r\,\mathrm{d}\phi = \frac{\mu_0 I}{2\pi} \oint \mathrm{d}\phi = \mu_0 I$$

如果上述积分的绕行方向不变而电流反向时, 则 **B** 的方向与原来相反, $\mathrm{d}l\cos\theta = -r\,\mathrm{d}\phi$, 从而

$$\oint_L \boldsymbol{B} \cdot \mathrm{d}\boldsymbol{l} = -\mu_0 I$$

如果闭合曲线 L 不包围导线, 则 L 对导线所张的圆心角为零, 此时

$$\oint_L \boldsymbol{B} \cdot \mathrm{d}\boldsymbol{l} = 0$$

综上可知, 对任一闭合曲线, 尽管它上面的磁场分布与所有的电流有关, 但 **B** 的环路积分只与闭合曲线包围的电流有关, 与闭合曲线的形状及曲线外的电流无关. 安培环路定理是描述磁场性质的重要定理, 它反映了电流与磁场的关系, 表明磁场是一个有旋场或非保守场, 在这样一个场中不存在类似于静电场中的标量势函数.

在静电场中应用高斯定理可以方便地计算一些具有对称性的带电体的场强分布. 同样, 应用安培环路定理也可以方便地计算出某些具有对称性的电流分布的磁场.

例 10.5 无限长圆柱形导体, 截面半径为 R, 均匀通过电流 I, 求导体内外的磁感应强度.

解　如图 10-15 所示, 由电流分布的轴对称性可知, 场点 P 处的磁感应强度的大小只与 P 到圆柱轴线的距离 r 有关. 为了分析磁场的方向, 可将无限长圆柱体看成由许多无限长载流直导线组成的, 截面图中画出了其中一对面元 $\mathrm{d}S$ 和 $\mathrm{d}S'$. 这对导线在 P 点的磁感应强度 $\mathrm{d}\boldsymbol{B}$ 和 $\mathrm{d}\boldsymbol{B}'$ 沿 $\boldsymbol{r}$ 方向的分量相互抵消, 合成的磁感应强度与 $\boldsymbol{r}$ 垂直.

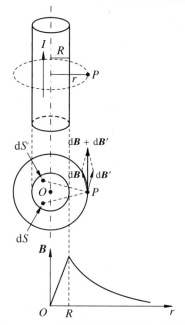

对于半径为 r 的圆周上的其他点, 用类似的分析可得相同的结论, 即圆周上各点的磁感应强度都沿圆周的切线方向, 并与电流形成右手螺旋关系. 为此, 我们选取过场点 P 半径为 r 的以圆柱轴线为中心的圆周作为积分路径.

$$\oint \boldsymbol{B} \cdot \mathrm{d}\boldsymbol{l} = \oint B\,\mathrm{d}l = B \oint \mathrm{d}l = 2\pi r B$$

由安培环路定理, 上述积分等于积分环路内通过的总电流的 μ_0 倍, 即

图 10-15　无限长圆柱载流导体的磁场

$$2\pi r B = \begin{cases} \mu_0 I \dfrac{r^2}{R^2}, & r < R \\[2ex] \mu_0 I, & r > R \end{cases}$$

于是导体内外的磁感应强度分布为

$$B = \begin{cases} \dfrac{\mu_0 I r}{2\pi R^2}, & r < R \\[2ex] \dfrac{\mu_0 I}{2\pi r}, & r > R \end{cases}$$

B 随 r 的分布见图 10-15.

例 10.6　求通有电流 I 的无限长直螺线管内的磁场, 已知单位长度的匝数为 n.

解　由于螺线管无限长, 所以管内磁场是一个均匀磁场, 其方向与螺线管的轴线方向平行. 螺线管外侧, 磁场很弱, 忽略不计. 取如图 10-16 所示的矩形积分回路 $abcda$, 使 bc 平行于螺线管的轴线方向, 因而也平行于 $\boldsymbol{B}$ 的方向. 设 bc 边的长度为 l, 则环路积分为

$$\oint \boldsymbol{B} \cdot \mathrm{d}\boldsymbol{l} = \int_a^b \boldsymbol{B} \cdot \mathrm{d}\boldsymbol{l} + \int_b^c \boldsymbol{B} \cdot \mathrm{d}\boldsymbol{l} + \int_c^d \boldsymbol{B} \cdot \mathrm{d}\boldsymbol{l} + \int_d^a \boldsymbol{B} \cdot \mathrm{d}\boldsymbol{l} = 0 + Bl + 0 + 0 = Bl$$

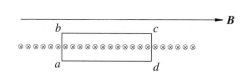

图 10-16　长直螺线管内的磁场

由于闭合曲线 $abcda$ 包围的总电流为 nII, 所以由安培环路定理得

$$Bl = \mu_0 nlI$$

于是有

$$B = \mu_0 nI$$

结果显示, 长直螺线管内的磁感应强度与单位长度的匝数及通过的电流成正比.

10.5 磁场对运动电荷的作用

10.5.1 洛伦兹力

我们已经知道, 带电粒子沿磁场方向运动时受到的磁作用力为零, 垂直于磁场方向运动时受到的磁作用力最大. 实验表明, 一般情况下, 运动带电粒子所受磁作用力 $\boldsymbol{F}$ 与其电荷 q, 运动速度 $\boldsymbol{v}$ 以及磁感应强度之间的关系为

$$\boldsymbol{F} = q\boldsymbol{v} \times \boldsymbol{B} \tag{10.28}$$

式 (10.28) 称为洛伦兹力公式. 洛伦兹力的大小为

$$|F| = |q|vB\sin\theta \tag{10.29}$$

式中 θ 为 $\boldsymbol{v}$ 与 $\boldsymbol{B}$ 之间的夹角. 对于正电荷, $\boldsymbol{F}$ 与 $\boldsymbol{v} \times \boldsymbol{B}$ 的方向一致; 对于负电荷, $\boldsymbol{F}$ 与 $\boldsymbol{v} \times \boldsymbol{B}$ 的方向相反. 不论是何种电荷, 洛伦兹力的方向都垂直于 $\boldsymbol{v}$ 和 $\boldsymbol{B}$ 构成的平面, 因此, 洛伦兹力的方向都垂直于电荷运动的方向, 洛伦兹力不对运动的带电粒子做功, 只改变粒子的运动方向.

如果带电粒子运动的空间既有磁场又有电场, 则该带电粒子受到的力可以表示为

$$\boldsymbol{F} = q(\boldsymbol{E} + \boldsymbol{v} \times \boldsymbol{B}) \tag{10.30}$$

式 (10.30) 为电磁学的基本关系式, 它不仅适用于静电场和恒定磁场, 也适用于变化的电磁场, 还满足相对论不变性的要求.

10.5.2 带电粒子在均匀磁场中的运动

设电荷为 q 质量为 m 的带电粒子以速度 $\boldsymbol{v}$ 进入磁感应强度为 $\boldsymbol{B}$ 的均匀磁场中, 为了便于分析, 将 $\boldsymbol{v}$ 分解为垂直于磁场方向的分量 $\boldsymbol{v}_1$ 和平行于磁场的分量 $\boldsymbol{v}_2$, 如图 $10-17$ (a) 所示, 粒子受到的洛伦兹力为

$$\boldsymbol{F} = q\boldsymbol{v} \times \boldsymbol{B} = q\boldsymbol{v}_1 \times \boldsymbol{B}$$

若只有分量 $\boldsymbol{v}_2$, 则粒子不受磁作用力, 粒子将沿磁场方向作匀速直线运动; 若只有 $\boldsymbol{v}_1$, 洛伦兹力不改变粒子的速率, 只改变其运动方向, 这时粒子将在一个平面内作匀速圆周运动. 由牛顿第二定律, 有

$$qv_1B = m\frac{v_1^2}{R}$$

由此可得带电粒子作圆周运动的半径 (回转半径) 为

$$R = \frac{mv_1}{qB} \tag{10.31}$$

周期 (回转周期) 为

$$T = \frac{2\pi R}{v_1} = \frac{2\pi m}{qB} \tag{10.32}$$

可以看出, 回转周期与带电粒子的速率及回转半径无关. 当两个分量同时存在时, 带电粒子同时参与以上两种运动, 粒子的轨迹将是一条螺旋线, 见图 10–17 (b). 螺旋线的半径由式 (10.31) 给出, 螺距为

$$h = v_2 T = \frac{2\pi m v_2}{qB} \tag{10.33}$$

式 (10.33) 表明, 螺距与垂直于磁场方向的速度分量 v_1 无关.

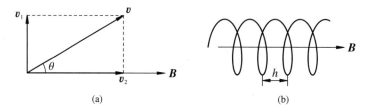

图 10–17　带电粒子在均匀磁场中的运动

螺距与 v_1 无关的性质可用于磁聚焦. 如图 10–18 所示, 带电粒子束从 P 点以很小的发散角进入磁场, 并使各带电粒子的速率 v 很接近. 由于其速度与磁场的夹角很小, 可近似为零, 因此, $v_2 \approx v$. 由式 (10.33) 可得

$$h \approx \frac{2\pi m v}{qB}$$

即这些带电粒子的螺距也近似相等, 所以各个粒子经过距离 h 后又重新会聚在一起, 这就是磁聚焦. 磁聚焦原理常用于各种真空电子设备中聚焦电子束.

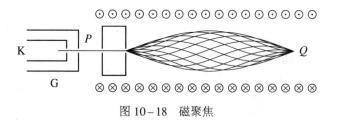

图 10–18　磁聚焦

10.5.3　质谱仪

质谱仪是用来测定带电粒子电荷与质量的比值 (荷质比) 的仪器, 是研究物质同位素的常用分析仪器. 由于同位素具有相同的核外电子数, 所以其化学性质相同, 不能用常规的化学方法加以区分, 借助质谱仪可以简单有效地对它们进行物理分析.

质谱仪的原理如图 10-19 所示. 从离子源 O 产生的离子 q, 经狭缝 S_1, S_2 间的高压加速后进入速度选择器. 速度选择器由相互垂直的电场和磁场构成, 设电场强度为 E, 磁感应强度为 B', 则只有速度满足

$$F = q(E + v \times B') = 0$$

的离子才能沿原来方向通过狭缝 S_3. 由于 v, E 和 B' 两两垂直, 所以能够通过狭缝 S_3 进入下面磁场区域的离子的速度大小为

$$v = \frac{E}{B'}$$

这些离子在均匀磁场 B 中沿圆形轨道运动, 由上式和式 (10.31), 离子的荷质比为

$$\frac{q}{m} = \frac{v}{RB} = \frac{E}{RBB'} \qquad (10.34)$$

如果离子的电荷相同而质量不等, 由式 (10.34) 可以看出, 质量越大的离子半径越大. 这些离子按质量的不同

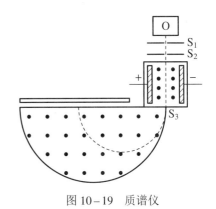

图 10-19 质谱仪

射向照相底片上的不同位置, 形成若干条谱线状条纹. 利用这些条纹可以测出它们的轨道半径, 从而计算出它们的质量.

10.5.4 霍尔效应

1879 年, 美国科学家霍尔在实验中观察到, 把一载流导体薄板放在磁场中时, 如果磁场方向垂直于薄板平面, 则在薄板的上、下两侧面之间会产生电势差, 这一现象称为霍尔效应, 相应的电势差称为霍尔电势差. 实验表明, 霍尔电势差 $U_{AA'}$ 与电流 I, 磁感应强度 B 都成正比, 与板的厚度 d 成反比, 即

$$U_{AA'} = K\frac{BI}{d} \qquad (10.35)$$

式中的比例系数 K 称为霍尔系数, 它的大小由导体材料和温度决定.

霍尔效应可用载流子受洛伦兹力作用来解释. 如图 10-20 所示, 当电流向右流动时, 设所有载流子 q 定向漂移速度均为 v, 受到的洛伦兹力为 $qv \times B$, 其方向向上, 于是上表面产生载流子的堆积, 下表面出现等量异号电荷. 这样上、下表面之间出现附加的电场 E, 称为霍尔电场. 霍尔电场阻止载流子进一步作横向运动, 当电场力与洛伦兹力平衡时, 有

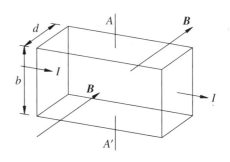

图 10-20 霍尔效应

$$F = q(v \times B + E) = 0$$

载流子不再偏转, 霍尔电场具有恒定的值

$$E = -v \times B$$

霍尔电势差为

$$U_{AA'} = \int_A^{A'} \boldsymbol{E} \cdot \mathrm{d}\boldsymbol{l} = vBb$$

利用电流密度的概念, 电流 I 可表示为

$$I = jbd = nqvbd$$

式中 j 为电流密度的大小, n 为单位体积的载流子数. 因此

$$U_{AA'} = \frac{1}{nq}\frac{BI}{d} \tag{10.36}$$

比较式 (10.35) 与式 (10.36), 可得霍尔系数

$$K = \frac{1}{nq} \tag{10.37}$$

当只有一种载流子时, 霍尔系数的大小与载流子的数密度成反比, 其正负决定于载流子是带正电还是带负电. 金属中的载流子是带负电的自由电子, 霍尔系数一般为负值 (也有例外, 用固体能带理论可以解释). N 型半导体和 P 型半导体的载流子分别是电子和带正电的空穴, 所以霍尔系数分别为负值和正值. 半导体中载流子的浓度与温度有明显的依赖关系, 故其霍尔系数与温度有关. 因半导体中的载流子浓度比金属中自由电子的浓度低, 故半导体的霍尔系数比金属的要大, 霍尔效应也比金属要明显得多.

10.6　磁场对载流导线的作用

10.6.1　安培力

1820 年, 安培通过实验总结出了载流回路中一段电流元在磁场中受力的基本规律, 称为安培定律. 安培定律可以表述为: 磁场中任意点处的电流元 $I\,\mathrm{d}\boldsymbol{l}$, 受到磁场的作用力 $\mathrm{d}\boldsymbol{F}$ 等于电流元 $I\,\mathrm{d}\boldsymbol{l}$ 与该点磁感应强度 $\boldsymbol{B}$ 的乘积, 即

$$\mathrm{d}\boldsymbol{F} = I\,\mathrm{d}\boldsymbol{l} \times \boldsymbol{B} \tag{10.38}$$

$\mathrm{d}\boldsymbol{F}$ 的大小为

$$\mathrm{d}F = IB\sin\theta\,\mathrm{d}l$$

式中 θ 为 $I\,\mathrm{d}\boldsymbol{l}$ 与 $\boldsymbol{B}$ 小于 180° 的夹角. 通常把磁场作用于载流导线上的力称为安培力. 有限长载流导线受到的安培力就是导线上各电流元所受安培力的矢量和, 即

$$\boldsymbol{F} = \int I\,\mathrm{d}\boldsymbol{l} \times \boldsymbol{B} \tag{10.39}$$

式中积分沿导线进行.

安培定律可用洛伦兹力来解释. 设导线截面积为 S, 其中单位体积的载流子数为 n, 以速度 $\boldsymbol{v}$ 作定向运动, 则每个载流子受到的洛伦兹力为 $q\boldsymbol{v} \times \boldsymbol{B}$. 因为电流元 $I\,\mathrm{d}\boldsymbol{l}$ 中共有 $nS\,\mathrm{d}l$ 个载流子, 所以电流元受到的磁场力为

$$\mathrm{d}\boldsymbol{F} = nS\,\mathrm{d}l\,q\boldsymbol{v} \times \boldsymbol{B}$$

由于 $\boldsymbol{v}$ 与 d$\boldsymbol{l}$ 方向相同, 故 $nS\,\mathrm{d}l\,q\boldsymbol{v} = nSq\boldsymbol{v}\,\mathrm{d}l$. 利用式 (10.22) 可得式 (10.38). 因此, 安培力实际上是洛伦兹力的表现.

下面, 我们用安培定律研究两条相互平行的长直载流导线间的安培力. 设两条导线相距为 a, 分别通以电流 I_1 和 I_2, 如图 10-21 所示. 根据式 (10.15), 导线 1 在导线 2 处产生的磁感应强度为

$$B_1 = \frac{\mu_0 I_1}{2\pi a}$$

在导线 2 上任取电流元 $I_2\,\mathrm{d}l_2$, 该电流元受到的安培力为

$$\mathrm{d}F_{12} = I_2\,\mathrm{d}l_2 B_1 = \frac{\mu_0 I_1 I_2}{2\pi a}\,\mathrm{d}l_2$$

其方向在两导线构成的平面内垂直指向导线 1. 单位长度的导线受到的安培力为

$$\frac{\mathrm{d}F_{12}}{\mathrm{d}l_2} = \frac{\mu_0 I_1 I_2}{2\pi a}$$

图 10-21 平行无限长载流直导线

同理, 导线 1 单位长度所受安培力的大小为

$$\frac{\mathrm{d}F_{21}}{\mathrm{d}l_1} = \frac{\mu_0 I_1 I_2}{2\pi a}$$

其方向垂直指向导线 2. 两条平行导线中通以同方向的电流时, 相互吸引. 不难分析出, 若电流沿相反方向, 则它们相互排斥.

在 SI 制中, 电流的单位 "安培" 就是据此定义的: 在真空中两根截面积可忽略的平行长直导线, 二者之间相距 1 m, 通以流向相同、大小等量的电流时, 调节导线中电流的大小, 使得两导线间每单位长度的相互吸引力为 2×10^{-7} N, 则规定这时每根导线中的电流为 1 A.

例 10.7 U 形载流导线通有电流 I, 其弯曲部分是半径为 R 的半圆, 如图 10-22 所示. 均匀磁场 $\boldsymbol{B}$ 与导线所在平面垂直 (图中垂直于纸面向外), 求导线所受的安培力.

解 容易分析出, 左、右直线部分受力大小相等而方向相反, 故相互抵消. 我们只需考虑半圆部分即可. 在图中任意 θ 角处选微小圆弧 $R\,\mathrm{d}\theta$, 对应于电流元 $I\,\mathrm{d}l = IR\,\mathrm{d}\theta$, 受到安培力的大小为

$$\mathrm{d}F = IBR\,\mathrm{d}\theta\sin\frac{\pi}{2} = IBR\,\mathrm{d}\theta$$

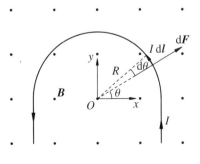

图 10-22 U 形载流导线所受磁力

将 $\mathrm{d}F$ 分解为 x 分量和 y 分量,

$$\mathrm{d}F_x = \mathrm{d}F \cos\theta = IBR\cos\theta\,\mathrm{d}\theta$$

$$\mathrm{d}F_y = \mathrm{d}F \sin\theta = IBR\sin\theta\,\mathrm{d}\theta$$

对 θ 从 0 到 π 积分, 可得

$$F_x = \int_0^\pi IBR\cos\theta\,\mathrm{d}\theta = 0$$

$$F_y = \int_0^\pi IBR\sin\theta\,\mathrm{d}\theta = 2IBR$$

结果表明, 导线受到的安培力方向平行于正 y 轴, 大小为 $2IBR$.

10.6.2　均匀磁场对载流线圈的作用

考虑一个边长分别为 l_1 和 l_2 的矩形平面载流线圈 $abcd$, 通以电流 I, 置于磁感强度为 $\boldsymbol{B}$ 的均匀磁场中, 线圈平面的法向和磁场方向成任意角 ϕ, 长为 l_2 的两边与磁场方向垂直, 如图 10–23 (a) 所示. 坐标系是这样选取的: 以线圈中心为原点, 沿磁场方向建立 y 轴, 使 z 轴平行于长为 l_2 的两边 ab 和 cd, 最后按右手系的规定建立 x 轴. 由安培力公式, 不难分析出矩形载流线圈四个边受到的磁场力分别为

$$\boldsymbol{F}_{ab} = Il_2B\boldsymbol{i}$$

$$\boldsymbol{F}_{cd} = -Il_2B\boldsymbol{i}$$

$$\boldsymbol{F}_{da} = Il_1B\cos\phi\,\boldsymbol{k}$$

$$\boldsymbol{F}_{bc} = -Il_1B\cos\phi\,\boldsymbol{k}$$

因此, 整个线圈所受的合力为零, 即

$$\boldsymbol{F} = \boldsymbol{F}_{ab} + \boldsymbol{F}_{cd} + \boldsymbol{F}_{da} + \boldsymbol{F}_{bc} = 0$$

从俯视图 10–23 (b) 可以分析出, $\boldsymbol{F}_{ab}$ 和 $\boldsymbol{F}_{cd}$ 这两个力虽然大小相等方向相反, 但它们并没有作用在一条直线上, 从而形成了绕 z 轴的力偶矩

$$\boldsymbol{M} = Il_2B\left(\frac{l_1}{2}\sin\phi + \frac{l_1}{2}\sin\phi\right)\boldsymbol{k} = Il_1l_2B\sin\phi\,\boldsymbol{k}$$

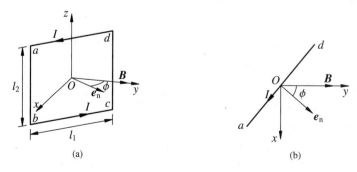

图 10–23　均匀磁场对矩形线圈的作用

利用线圈的磁矩可将上式表示为

$$M = p_m \times B \tag{10.40}$$

这个结果虽然是从矩形线圈这一特例导出的, 但可以证明, 它适用于均匀磁场中任意形状的平面线圈.

综上所述, 平面载流线圈在均匀磁场中要受到一个力矩的作用, 该力矩试图使线圈的平面转向与磁场垂直的方向, 或使其磁矩转到与磁场一致的方向. 磁场对载流线圈产生力矩的作用规律具有广泛的用途, 例如, 电动机的工作原理就是基于这个规律的, 另外, 由于磁力矩依赖于电流, 各种磁电式仪表也运用了这个效应.

10.7 磁介质

10.7.1 磁介质及其磁化

在磁场作用下发生变化并能反过来影响磁场的物质叫做磁介质. 磁介质在磁场作用下的变化称为磁化. 事实上, 任何物质在磁场作用下都或多或少地发生变化并反过来影响磁场, 因此任何物质都可以看成磁介质. 磁介质磁化后, 其内部的磁感应强度为外加磁场 B_0 与磁介质磁化产生的附加磁场的磁感应强度 B' 的矢量和, 即

$$B = B_0 + B'$$

根据磁介质的不同, B' 与外磁场 B_0 有的方向相同, 有的方向相反.

根据磁介质的磁化特征, 磁介质可分为三类. 第一类磁介质产生的附加磁感应强度 B' 与外磁场同向, 从而使 $B > B_0$, 这一类磁介质称为顺磁质. 铝、铬、铀、锰、钛等物质都属于顺磁质. 第二类磁介质产生的附加磁感应强度 B' 与外磁场反向, 使 $B < B_0$, 这一类磁介质称为抗磁质. 铋、金、银、铜、硫、氢、氮等物质都属于抗磁质. 对顺磁质和抗磁质来说, B 和 B_0 相差很小, 即 $B \approx B_0$. 由于顺磁质和抗磁质对磁场的影响都极其微弱, 因此, 常把它们称为弱磁性物质. 还有一类磁介质, 如铁、镍、钴及其合金和某些含铁的氧化物等, 磁化后产生的附加磁感应强度与原来磁场方向相同, 并且可以显著地增强和影响外磁场, 使 $B \gg B_0$, 这类磁介质称为铁磁质. 铁磁质常被称为强磁性物质. 铁磁质用途广泛, 平常所说的磁性材料主要是指这类磁介质.

铁磁质的磁化与顺磁质和抗磁质有很大不同, 下面我们先介绍顺磁质与抗磁质的磁化机理, 在本节最后再介绍铁磁质的磁化机理.

磁化现象可用分子电流和分子磁矩来解释. 分子中每个电子同时参与了两种运动: 一是电子绕原子核的轨道运动, 可把它看成一个圆形电流, 具有一定的轨道磁矩; 二是电子的自旋, 相应地有自旋磁矩. 实际上原子核也有磁矩. 一个分子的磁矩, 是它所包含的所有粒子各种磁矩的矢量和, 统称为分子固有磁矩 (也称分子磁矩), 用 p_m 表示. 弱磁性材料之所以表现为顺磁性或抗磁性, 正是因为两类材料分子磁矩的不同. 在顺磁性物质中, 每个分子都有固有磁矩. 即顺磁质中, 每个分子均显示出磁性. 在抗磁性物质中, 分子中各种磁矩完全抵消, 其矢量和为零, 每个分子的固有磁矩均为零.

　　顺磁质在没有磁场作用时, 虽然分子磁矩不为零, 但是由于分子的热运动, 使各分子磁矩的取向杂乱无章, 在介质中任意宏观区域内, 所有分子磁矩的矢量和均为零, 因而, 宏观上顺磁质不显现磁性, 如图 10-24(a) 所示. 当存在外磁场时, 磁场对分子磁矩施加一个力矩, 使分子磁矩有转向磁场方向的趋势. 外磁场越强, 分子磁矩的转向越明显, 排列越规则, 如图 10-24(b) 所示. 每个分子电流激发的磁场或多或少地沿着外磁场的方向, 分子磁矩叠加的结果是产生一个与外磁场方向相同的附加磁场 B', 从而宏观上表现为顺磁性.

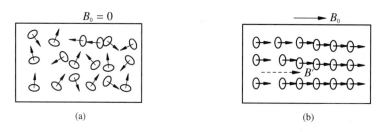

图 10-24　顺磁质的磁化机理

　　抗磁质中分子没有固有磁矩, 其磁化机理相对复杂一些. 在此我们通过分析外磁场对电子轨道磁矩的影响来讨论抗磁质磁化的微观机制. 设电子在带正电的原子核的库仑力作用下, 绕核作圆周运动. 由于电子带负电, 所以电子的轨道磁矩 p_m 与其轨道角动量 L 的方向相反. 当分子处于外磁场 B_0 中, 电子的轨道磁矩要受到磁力矩的作用, 其方向垂直于 B_0 和 L 组成的平面. 在这个力矩的作用下, 电子的轨道角动量将绕与外磁场方向平行的轴旋进, 不管是图 10-25(a) 的情形还是图 10-25(b) 的情形, 旋进方向总是与外磁场 B_0 的方向构成右手螺旋关系. 电子旋进也等效于一个圆电流, 由于旋进电流产生的磁矩方向总是与外磁场方向相反, 该附加磁矩通常称为感应磁矩, 用 Δp_m 表示. 整个分子在外磁场中的附加磁矩, 是其中各个电子的附加磁矩之矢量和. 显然, 分子附加磁矩的方向也总是与外磁场的方向相反, 这就导致了磁介质中 $B < B_0$, 宏观上表现为抗磁性. 应当指出, 不论是顺磁质还是抗磁质, 感应磁矩是普遍存在的, 只不过在通常情况下, 感应磁矩与固有磁矩相比要小得多, 在顺磁质的磁化过程中可以忽略.

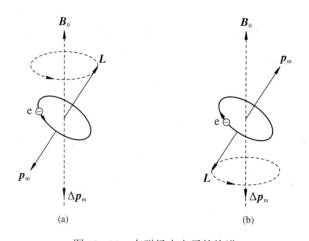

图 10-25　在磁场中电子的旋进

为了从宏观上描述磁介质的磁化方向和磁化的强弱程度,引入磁化强度 M 这一物理量,其定义式为

$$M = \lim_{\Delta V \to 0} \frac{\sum p_m}{\Delta V} \tag{10.41}$$

式中, ΔV 是磁介质内绕任一点 P 所作的闭合曲面所围的体积; p_m 表示分子磁矩. 当闭合曲面以任意方式缩于一点时, 式 (10.41) 就定义为该点的磁化强度. 磁化强度是一个矢量, 在 SI 制中的单位是 $\mathrm{A} \cdot \mathrm{m}^{-1}$.

对于顺磁质, 分子磁矩取向排列, 当磁介质磁化时, 分子磁矩的矢量和沿外磁场方向, 故由磁化强度的定义可知, M 也沿外磁场方向. 外磁场越强, 分子磁矩在磁力矩作用下沿外磁场方向排列越整齐, M 值越大. 对于抗磁质, 磁介质磁化时, 感应磁矩沿外磁场的反方向, 由磁化强度的定义可知, M 也沿外磁场的反方向.

不论是顺磁质还是抗磁质, 磁化后都会在磁介质的表面产生一层等效的电流, 称为磁化电流. 下面我们以顺磁质的均匀磁化 (M 为常矢量) 为例加以说明. 图 10-26(a) 显示, 当介质磁化后, 各分子磁矩沿外磁场方向排列, 分子电流与分子磁矩的方向成右手螺旋关系. 在介质内部, 相邻分子电流的方向彼此相反, 相互抵消, 而在介质截面边缘各点上分子电流未被抵消, 它们在宏观上形成了分布于介质表面的等效圆形电流, 见图 10-26(b), 这一等效电流称为磁化电流. 顺磁质与抗磁质的磁化电流的方向是相反的. 磁化电流的产生不伴随电荷的宏观移动, 故磁化电流又称为束缚电流. 相反, 凡伴随电荷的宏观移动的电流称为传导电流. 两种电流在激发磁场和受磁场作用方面是完全一致的.

(a) 分子电流   (b) 等效电流

图 10-26 磁化电流的形成

磁化电流和磁化强度是对介质磁化程度的两种描述方式, 两者之间必然存在着内在的联系. 图 10-27 为圆柱状顺磁质在外磁场中磁化的情形. 圆柱的横截面积为 S, 圆柱的轴沿磁场方向. 设圆柱体表面沿轴线方向单位长度的磁化电流为 i_s, 则穿过图中矩形 $abcd$ 的磁化电流为 $I_s = l i_s$, l 为 ab 的长度. 由磁矩的定义, 长度为 l 的一段磁化电流的总磁矩为

$$\sum p_m = i_s l S e_n$$

式中 e_n 为磁化强度方向的单位矢量. 于是由磁化强度的定义式 (10.41) 可得 $M = i_s e_n$. 沿矩形 $abcda$ 作积分, 考虑到介质外的磁化强度为零, 得

$$\oint M \cdot \mathrm{d}l = \int_a^b M \cdot \mathrm{d}l = Ml = i_s l = I_s \tag{10.42}$$

虽然式 (10.42) 是从均匀磁化及矩形闭合回路的特殊情况下得到的, 但它却是普遍适用的关系式, 它定量描述了磁化强度与磁化电流之间的关系, 即磁化强度 M 对任意闭合回路的曲线积分等于通过该闭合曲线内的磁化电流的代数和 I_s.

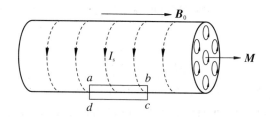

图 10-27　磁化强度与磁化电流的关系

对于非均匀磁化, 磁化强度 M 在介质内部呈非均匀分布. 这种情况下, 介质内部也存在磁化电流, 但是, 式 (10.42) 仍然适用.

10.7.2　有磁介质时的安培环路定理

当有磁介质存在时, 空间任一点的磁感强度等于传导电流和磁化电流分别在该点激发的磁感强度的矢量和. 由于磁化电流与传导电流以相同的方式激发磁场, 并以相同的方式受磁场的作用, 所以磁化电流的磁场也是无源场, 其磁感应线同样为一系列闭合曲线, 即

$$\oint \boldsymbol{B}' \cdot \mathrm{d}\boldsymbol{S} = 0$$

所以有磁介质时磁场的高斯定理为

$$\oint \boldsymbol{B} \cdot \mathrm{d}\boldsymbol{S} = \oint \boldsymbol{B}_0 \cdot \mathrm{d}\boldsymbol{S} + \oint \boldsymbol{B}' \cdot \mathrm{d}\boldsymbol{S} = 0 \tag{10.43}$$

也就是说磁介质不会改变磁场的无源性.

在有磁介质的情况下, 磁场的安培环路定理中, 还须计入通过闭合曲线的磁化电流, 即

$$\oint \boldsymbol{B} \cdot \mathrm{d}\boldsymbol{l} = \mu_0 \left(\sum_i I_i + I_s \right) \tag{10.44}$$

传导电流是可测量的, 而磁化电流是分子的等效电流, 不能直接测量, 这给应用安培环路定理带来一定的困难. 为此, 用磁化强度代替磁化电流, 将式 (10.42) 代入式 (10.44), 整理后得

$$\oint \left(\frac{\boldsymbol{B}}{\mu_0} - \boldsymbol{M} \right) \cdot \mathrm{d}\boldsymbol{l} = \sum_i I_i$$

引入一个新的量 $\boldsymbol{H}$, 令

$$\boldsymbol{H} = \frac{\boldsymbol{B}}{\mu_0} - \boldsymbol{M} \tag{10.45}$$

则有

$$\oint \boldsymbol{H} \cdot \mathrm{d}\boldsymbol{l} = \sum_i I_i \tag{10.46}$$

式中 $\boldsymbol{H}$ 称为磁场强度矢量, 式 (10.46) 就是有磁介质时的安培环路定理. 它表明磁场强度矢量沿任意闭合回路的线积分等于通过该闭合回路所有传导电流的代数和. 在 SI 制中, 磁场强度的单位是 $\mathrm{A \cdot m^{-1}}$. 磁场强度是描述磁场的一个辅助量, 与电场中的电位移矢量具有相似的作用. 确定磁场中运动电荷或电流受力的是磁感应强度, 而不是磁场强度.

实验表明, 对于各向同性的磁介质, 磁化强度与磁场强度满足线性关系

$$M = \chi_m H \tag{10.47}$$

式中的比例系数 χ_m 称为磁化率, 它是一个无量纲的量. 常温下一些物质的磁化率示于表 10-2 中. 将式 (10.47) 代入式 (10.45) 有

$$B = \mu_0 (H + M) = \mu_0 (1 + \chi_m) H$$

$1 + \chi_m$ 也是一个无量纲数. 令

$$\mu_r = 1 + \chi_m \tag{10.48}$$

称为介质的相对磁导率. 对于顺磁质, $\mu_r > 1$; 对于抗磁质, $\mu_r < 1$, 由表 10-2 可知, 实际上顺磁质和抗磁质的磁性都很弱, 其相对磁导率非常接近于 1; 对于真空, $\mu_r = 1$. 引入 $\mu = \mu_0 \mu_r$, 称为介质的磁导率, 可得磁感应强度与磁场强度的关系式

$$B = \mu_0 \mu_r H = \mu H \tag{10.49}$$

表 10-2　常温下一些物质的磁化率

名称	χ_m	名称	χ_m
真空	0	岩盐	-1.4×10^{-5}
空气	4×10^{-7}	兔肝	-6.4×10^{-7}
铂	2.6×10^{-4}	水稻	-10^{-7}
钠	7.2×10^{-6}	小麦	-10^{-7}
氧	1.9×10^{-6}	水	-9×10^{-6}
碳	-2.1×10^{-5}	血液	-7×10^{-6}

10.7.3 铁磁质

铁、钴、镍及其许多合金以及含铁氧化物都属于铁磁质. 与真空或弱磁材料相比, 铁磁质主要有以下特性:

(1) 铁磁质的相对磁导率很大, 一般为 $10^2 \sim 10^4$ 量级, 并且不是常数, 是磁场强度的非线性函数.

(2) 铁磁质的磁感强度 B 与磁场强度 H 的关系是非线性关系, 一般用磁化曲线来描述.

(3) 铁磁质的磁化过程是不可逆的, 具有磁滞现象, 铁磁质磁化后再撤去外磁场, 仍能保留部分磁性.

(4) 存在一个临界温度, 高于临界温度时铁磁质就转化为顺磁质, 该临界温度称为铁磁质的居里点.

在描述铁磁质的磁化规律时, 一般用磁场强度 H 表示传导电流产生的激励磁场, 用磁感应强度 B 表示铁磁质中的磁场强弱. 铁磁质的磁化特性可用实验方法测定, 实验结果可用 B-H 曲线或 M-H 曲线表示, 称为磁化曲线. 弱磁质的磁化曲线为直线, 例如顺磁质, 其磁化曲线如图 10-28 (a) 显示的那样, 图中直线的斜率就是磁化率 χ_m. 铁磁质的磁化曲线表

现为明显的非线性, 图 10-28(b) 是铁磁质的典型磁化曲线. 当铁磁质开始磁化时, M 随 H 的增加先是缓慢增大然后迅速增大, 当 H 增大到一定程度后, M 的变化渐渐趋缓, 最后磁化强度达到 M_s 而不再增加, 这种状态叫做磁饱和. 磁化曲线上未达到磁饱和的 OC 段称为起始磁化曲线.

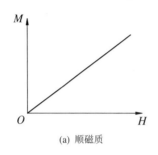

(a) 顺磁质

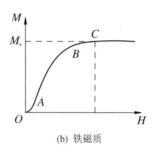

(b) 铁磁质

图 10-28　磁介质的磁化曲线

　　如图 10-29 所示, 设铁磁质已经沿曲线 OA 达到磁饱和, B_s 为开始饱和时的磁感应强度. 当外加磁场由强逐步减弱至 $H = 0$ 时, 铁磁质中的 B 不为零, 而为 B_r, 称为剩余磁感应强度, 简称剩磁. 要消除剩磁需加反向磁场, 使铁磁质中的磁感应强度恢复为零, 这时的反向磁场强度 H_c 称为矫顽力. 继续增强反方向的磁场, 磁化沿曲线 DA' 达到反方向饱和. 当磁场强度变化一个周期后, 铁磁质的磁化曲线形成一条闭合曲线. 磁化曲线说明铁磁质中的磁感应强度与磁场强度之间不存在单值的关系, 要知道某一 H 对应的 B 值, 必须先了解它的磁化历史. 从图中还可看出, 磁感应强度的变化总是落后于磁场强度的变化, 这种现象称为磁滞, 上述闭合曲线称为磁滞回线.

　　不同类型的磁性材料, 其磁滞回线的形状也不相同. 按矫顽力的大小, 可将铁磁材料分为软磁材料和硬磁材料. 软磁材料的矫顽力小, 磁滞现象不明显, 在交变磁场中容易被清除, 适于制造电机或变压器的铁芯. 硬磁材料的矫顽力较大, 撤去外磁场后仍可长久保持很强的磁性, 适于制成永久磁铁, 或用作 "磁记录" 材料, 如磁带、磁盘等.

　　图 10-30 是计算机中硬盘驱动器的示意图. D 为盘片, 它是将铁氧体磁粉附着在坚固的铝合金基片上形成的, 盘片在主轴电机的驱动下, 绕轴 O_1 高速旋转. H 为读写磁头, 由

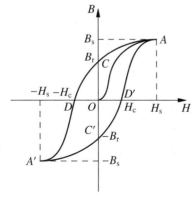

图 10-29　磁滞回线

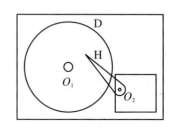

图 10-30　硬盘驱动器

可绕轴 O_2 转动的电磁铁磁针构成. 电磁铁是由软铁芯插入螺线管内制成的, 当螺线管通有电流时形成磁场, 磁场的强弱可由电流大小控制, 磁场的方向可由电流的方向改变. 磁头尖端部位的运动轨迹是一段圆弧, 可以近似看作沿盘片直径方向运动. 磁头由驱动定位系统控制, 让磁头定位在要读写的数据存储位置, 通过读写电路控制磁头的读写操作, 从而完成硬盘的定位和读写.

值得注意的是, 铁磁质磁化时, B 不再是 H 的单值函数, 所以 $B = \mu H$ 这一关系式对铁磁质不再成立. 但是对于软磁材料, 由于它的磁滞回线非常狭窄, 与起始磁化曲线近似重合, 所以可以认为 B 与 H 近似于单值关系, $B = \mu H$ 仍然可用, 只不过, 即使对于同一种磁性材料, 相同温度下 μ 也不是常量了.

铁磁质的磁化机理需要用磁畴理论来说明. 从原子结构来看, 铁原子的最外层有两个电子, 会因电子自旋而产生强耦合的相互作用. 这一作用的结果使得许多铁原子的电子自旋磁矩在多个小的区域内整齐排列起来, 形成一个个微小的自发磁化区, 称为磁畴. 磁畴的体积为 $10^{-18} \sim 10^{-12}$ m³, 含有 $10^{17} \sim 10^{21}$ 个原子, 相邻磁畴之间存在约 100 个原子厚的过渡区域, 称为磁壁. 在铁磁质中存在着许多磁畴, 它们决定了铁磁质的磁化性质.

图 10-31 为铁磁质磁化过程的示意图. 在无外磁场时, 各磁畴的排列是不规则的, 各磁畴的磁化方向也不同, 产生的磁效应相互抵消, 整个铁磁质不呈现磁性. 铁磁质被磁化时, 磁畴发生变化, 这种变化分为两个过程. 当外磁场较弱时, 凡是磁矩方向与外磁场相同或相近的磁畴, 磁壁向外移动; 而磁矩方向与外磁场相反或磁矩在外磁场方向的分量与外磁场相反时, 磁壁向内收拢, 磁畴变小. 当外磁场较强时, 每个磁畴的磁矩都不同程度地转向外磁场方向. 外磁场越强, 这种转向越明显. 当外磁场强到使所有磁畴的磁矩都转到与外场相同方向之后, 再增大外场, 磁化强度也不能继续增大了, 这时磁化到达饱和状态.

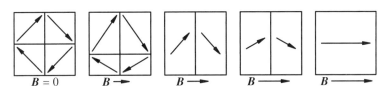

图 10-31　铁磁质的磁化过程

由于磁畴壁移动的过程是不可逆的, 即外磁场减弱后, 磁畴不能恢复原状, 故表现在退磁时, 磁化曲线不沿原路返回, 而形成磁滞回线. 当温度高于居里点时, 热相互作用超过电子耦合作用, 铁磁性物质内的磁畴结构瓦解, 铁磁质转化为顺磁质.

习　题

10-1　将同样粗细的碳棒和铁棒串联起来, 适当地选取两棒的长度可使总电阻不随温度变化, 问此时碳棒与铁棒的长度之比是多大? 已知碳和铁在 0 ℃ 的电阻率分别为 ρ_{10} 和 ρ_{20}, 电阻率的温度系数分别为 α_1 和 α_2.

10-2　直径为 2 mm 的导线, 通有 10 A 的电流. 已知导线的电阻率为 1.57×10^{-8} Ω·m, 电流密度均匀分布, 求导线内的电场强度.

10-3 球形电容器的两个极板之间充满电阻率为 ρ 的均匀介质, 设内外极板的半径分别为 R_1 和 R_2, 求该电容器的漏电电阻.

10-4 一个电阻形状为圆台, 电阻率为 ρ, 底面半径分别为 a 和 b, 高为 h. 求该电阻的阻值.

10-5 两根长直导线互相平行地放置, 相距为 $2r$ (见习题 10-5 图), 导线内通以流向相同、大小为 $I_1 = I_2 = 10$ A 的电流, 在垂直于导线的平面 (纸面) 上有 M 和 N 两点, M 点为 O_1O_2 连线的中点, N 点在 O_1O_2 的垂直平分线上, 且与 M 点相距为 r. 设 $r = 2$ cm, 求 M 和 N 两点处的磁感应强度 B 的大小和方向.

10-6 两根长直导线沿半径方向引到铁环上 M 和 N 两点, 并与很远的电源相连, 如习题 10-6 图所示. 求环中心的磁感应强度.

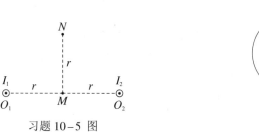

习题 10-5 图

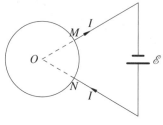

习题 10-6 图

10-7 如习题 10-7 图所示, 一宽为 b 的无限长薄金属板, 其电流为 I. 试求在薄板平面上, 距板的一边为 r 的点 P 的磁感应强度.

10-8 如习题 10-8 图所示, 一个半径为 R 的无限长半圆柱面导体, 沿长度方向的电流 I 在柱面上均匀分布. 求半圆柱面轴线 OO' 的磁感应强度.

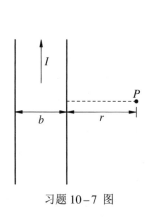

习题 10-7 图

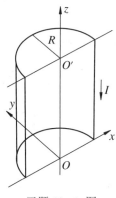

习题 10-8 图

10-9 正方形载流线圈的边长为 $2a$、电流为 I. 求:

(1) 正方形中心和轴线上距中心为 x 处的磁感应强度;

(2) $a = 1.0$ cm, $I = 5.0$ A 时在 $x = 0$ 和 $x = 10$ cm 处的磁感应强度.

10-10 半径为 R 的圆片上均匀带电, 电荷密度为 σ, 以匀角速度 ω 绕它的轴旋转. 求轴线上距圆片中心为 x 处的磁感应强度.

10-11 如习题 10-11 图所示, 半径为 R 的木球上绕有密集的细导线, 线圈平面彼此平行, 且以单层线圈覆盖住半个球面, 设线圈的总匝数为 N, 通过线圈的电流为 I, 求球心 O 处的磁感应强度.

10-12 一边长为 0.15 m 的立方体如习题 10-12 图所示放置, 有一均匀磁场 $\boldsymbol{B} = (6\boldsymbol{i} + 3\boldsymbol{j} + 1.5\boldsymbol{k})$ T 通过立方体所在区域, 计算:

(1) 通过立方体上阴影面积的磁通量;

(2) 通过立方体六面的总磁通量.

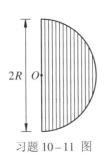

习题 10-11 图

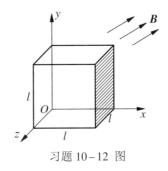

习题 10-12 图

10-13 沿轴线从 $-\infty \sim \infty$ 作载流圆环轴线上磁感应强度的线积分, 证明它满足

$$\int_{-\infty}^{\infty} \boldsymbol{B} \cdot \mathrm{d}\boldsymbol{l} = \mu_0 I$$

其中 I 为载流圆环的电流.

10-14 一无限长载流直圆管, 内半径为 a, 外半径为 b, 电流强度为 I, 电流沿轴线方向流动并且均匀分布在管的横截面上. 求空间的磁感应强度分布.

10-15 电流 I 均匀流过半径为 R 的圆形长直导线, 试计算单位长度导线通过习题 10-15 图中所示剖面的磁通量.

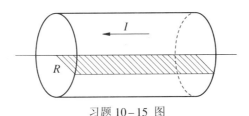

习题 10-15 图

10-16 一细导线弯成半径为 4.0 cm 的圆环, 置于不均匀的外磁场中, 磁场方向对称于圆心并都与圆平面的法线成 60°, 如习题 10-16 图所示. 导线所在处 B 的大小是 0.1 T. 计算当 $I = 15.8$ A 时线圈所受的合力.

10-17 一无限长直导线载有电流 $I_1 = 2.0$ A, 旁边有一段与它垂直且共面的导线, 长度为 40 cm, 载有电流 $I_2 = 3.0$ A, 靠近 I_1 的一端到 I_1 的距离 $d = 40$ cm(习题 10-17 图). 求 I_2 受到的作用力.

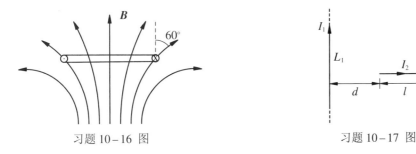

习题 10-16 图　　　　　　　习题 10-17 图

10-18 电动机中的转子由 100 匝、半径为 2.0 cm 的线圈构成, 电动机中的磁铁提供磁感应强度为 0.20 T 的磁场. 当通过线圈的电流为 50.0 mA 时, 电动机能够提供的最大力矩是多少?

10-19 载有电流 I_1 的长直导线旁有一正三角形回路, 边长为 a, 载有电流 I_2, 一边与直导线平行且离直导线的距离为 b, 直导线与回路处于同一平面内. 求三角形回路受到的安培力.

10-20 一半径为 $R = 0.10$ m 的半圆形闭合线圈, 载有电流 $I = 10$ A, 放在 $B = 0.5$ T 的均匀磁场中, 磁场的方向与线圈平面平行 (习题 10-20 图), 求线圈所受磁力矩的大小和方向.

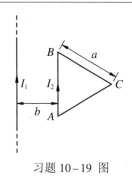

习题 10-19 图

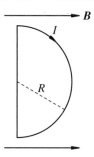

习题 10-20 图

10-21 设电子质量为 m, 电荷为 e, 以角速度 ω 绕带正电的质子作圆周运动, 当加上外磁场 **B** (**B** 的方向与电子轨道平面垂直) 时, 设电子轨道半径不变, 而角速度则变为 ω'. 证明: $\Delta\omega = \omega' - \omega \approx \pm\frac{1}{2}\frac{e}{m_e}B$ (电子角速度的近似变化值).

10-22 在某一地区存在方向垂直的电场和磁场. 磁感应强度为 0.65 T, 竖直向下. 电场强度为 2.5×10^6 V·m^{-1}, 水平向东. 一个电子水平向北行进, 受到两个场的合力为零因而继续沿直线运动. 电子的速率多大?

10-23 天然碳包含两种同位素, 最丰富的同位素的原子质量为 12.0 u. 天然碳离子经相同的电势差加速后, 垂直进入匀强磁场中, 经感光板成像发现, 较丰富的同位素在半径为 15 cm 的圆上运动, 而稀有的同位素在半径为 15.6 cm 的圆上运动. 稀有同位素的原子质量是多少($1\ u=1.66\times10^{-27}$ kg)?

10-24 一电子在 $B = 2.0\times10^{-3}$ T 的磁场里沿半径 $R = 0.02$ m 的螺旋线运动, 螺距 $h = 0.05$ m, 见习题 10-24 图. 已知电子的荷质比 $e/m = 1.76\times10^{11}$ C·kg^{-1}. 求这电子速度的大小.

10-25 如习题 10-25 图所示, 在磁感应强度为 **B** 的匀强磁场(垂直纸面向外)中放入厚度为 d 的薄容器, 容器左右两端插入两根铅直管子, 注入密度为 ρ 的能导电的液体. 在容器上、下两面装有铂制电极 A(+) 和 K(−), 经外接电源保持两极间的电势差 U. 若测得两根竖管中液面的高度差为 h, 求流过容器中液体的电流 I.

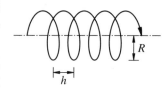

习题 10-24 图

10-26 如习题 10-26 图所示, 磁导率为 μ_1 的无限长磁介质圆柱体, 半径为 R_1, 其中通以电流 I, 且电流沿横截面均匀分布. 在它的外面有半径为 R_2 的无限长同轴圆柱面, 圆柱面与柱体之间充满着磁导率为 μ_2 的磁介质, 圆柱面外为真空. 求磁感应强度分布.

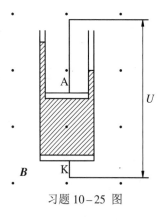

习题 10-25 图

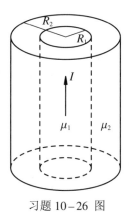

习题 10-26 图

10-27 一铁环中心线的周长为 30 cm, 横截面积为 1.0 cm^2, 在环上密绕线圈 300 匝. 当导线中通有电流 32 mA 时, 通过环的磁通量为 2.0×10^{-6} Wb. 试求:

(1) 铁环内部磁感应强度 B 的大小;

(2) 铁环内部磁场强度 H 的大小;

(3) 铁环的磁导率 μ;

(4) 铁环的磁化强度 M 的大小.

第 11 章　电磁感应与电磁场

电磁感应现象是电磁学领域最重要的发现之一. 如果说奥斯特发现电流的磁效应, 促使电学与磁学紧密地联系在一起, 那么电磁感应现象则进一步揭示了电与磁之间的内在联系, 促使麦克斯韦对电与磁之间的相互转化进行了深入的思考, 提出了感生电场和位移电流的概念, 并用四个方程高度概括了电磁学的基本规律. 麦克斯韦方程组的提出, 标志着人们对电磁现象的认识从感性上升到理性, 形成了电磁场理论.

11.1　电磁感应的基本规律

11.1.1　电磁感应现象

自从 1820 年奥斯特发现了电流的磁效应, 人们自然地联想到: 电流可以产生磁场, 磁场是否也能产生电流呢? 法拉第从 1821 年开始, 多次重复了奥斯特电流磁效应的实验, 收集了各种电磁实验的资料, 仔细分析思考, 确信由磁也能产生电. 他认为, 地球上有丰富的磁铁和磁石资源, 如果能转化为电, 那么人类就可以得到强大的、源源不断的电力供应了. 为此法拉第坚持了长达 10 年的苦心实验研究, 终于在 1831 年 10 月发现了电磁感应现象.

因为电磁感应是建立在广泛的实验基础之上的, 所以先介绍两个典型的电磁感应实验.

如图 11–1 所示, 线圈和一个电流计连成回路, 由于回路中没有电源, 所以电流计的指针不会偏转. 当用一条形磁铁插入线圈时, 电流计的指针向一侧偏转, 表明回路中有电流通过. 如果磁铁插入后静止于线圈内, 电流计指针示零, 表明没有电流流过. 当把磁铁从线圈中抽出时, 电流计的指针向另一侧偏转, 这说明回路中有与插入时相反的电流流过. 把磁铁的 N 和 S 两极对调, 重复刚才的过程, 观察到的现象基本相同, 只不过电流计的指针偏转方向与原来相反了. 如果将条形磁铁固定, 而把线圈沿磁极方向来回推拉, 也可观察到回路中有电流通过. 上述实验表明, 只有磁铁与线圈之间有相对运动时, 才能使回路中产生电流, 并且相对运动的速率越大, 电流也越强. 若将磁铁用载流螺线管代替, 也可观察到同样的现象.

上述实验中, 线圈中的电流与相对运动紧密联系, 表面上, 这是一个动能转化为电能的过程. 然而, 这样的解释并不能揭示电流产生的本质. 在图 11–2 所示的实验中, 将两个线圈近距离放置, 其中一个线圈与电流计连成回路, 另一个线圈与电源和一个变阻器串联在一起形成另一个回路. 保持两个线圈相互静止, 打开或关闭电键 K 时, 都发现了电流计指针偏转, 但偏转方向相反. 保持电键 K 闭合, 改变变阻器的阻值时, 同样观测到了电流计指针发生偏转的现象. 这个实验表明, 只有在接有电源的回路中电流改变时, 才能在另一个线圈中产生电流, 自始至终没有相对运动.

第一个实验没有伴随电流的变化, 第二个实验没有伴随相对运动, 却都在线圈中产生了电流. 仔细分析可以发现, 两个实验的共同点是它们都伴随着线圈中磁通量的变化. 因此, 可

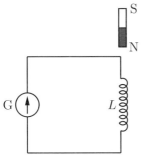

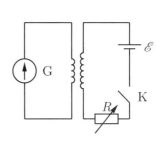

图 11-1　条形磁铁相对于线圈运动　　　　图 11-2　线圈中电流变化时的电磁感应现象

得如下结论: 不管什么原因使穿过闭合导体回路所包围面积内的磁通量发生变化 (增加或减少), 回路中都会产生电流, 这种电流称为感应电流. 由磁通量的变化引起感应电流的现象叫做电磁感应现象. 在磁通量增大和减小这两种情况下, 回路中感应电流的流向相反. 感应电流的大小则取决于穿过回路中的磁通量变化的快慢. 磁通量变化越快, 感应电流越大; 反之, 感应电流就越小.

　　1834年, 物理学家海因里希·楞次在总结了大量实验规律的基础上, 得出了一条快速判断感应电流方向的规律, 称为楞次定律. 楞次定律可表述为: 闭合导体回路中的感应电流, 其流向总是企图使感应电流自己激发的穿过回路面积的磁通量, 能够反抗或补偿引起感应电流的磁通量的变化. 根据楞次定律, 当引起感应电流的磁通量增大时, 感应电流的磁场方向与引起感应电流的磁场方向相反, 感应电流的磁通量阻碍了引起感应电流的磁通量的增大; 当引起感应电流的磁通量减小时, 感应电流磁场方向与引起感应电流的磁场方向相同, 感应电流的磁通量阻碍了引起感应电流的磁通量的减小; 当回路中的磁通量不变时, 既不需要反抗也不需要补偿, 故此时没有感应电流的磁场, 也就没有感应电流.

11.1.2　法拉第电磁感应定律

　　从上述电磁感应现象中看到, 当闭合导体回路所包围面积的磁通量变化时, 此回路中就出现感应电流, 这意味着该回路中必定存在电动势. 这种直接由电磁感应现象所引起的电动势叫做感应电动势, 记做 $\mathscr{E}_i$. 在任何电磁感应现象中, 只要穿过回路的磁通量发生变化, 回路中就一定有感应电动势产生. 若导体回路是闭合的, 感应电动势就会在回路中产生感应电流; 若导体回路不是闭合的, 回路中仍然有感应电动势存在, 但是不会形成电流.

　　法拉第电磁感应定律可表述为: 当穿过闭合回路的磁通量发生变化时, 在回路中都会出现感应电动势 $\mathscr{E}_i$, 而且感应电动势的大小总是与磁通量的时间变化率 $\mathrm{d}\Phi_m/\mathrm{d}t$ 成正比. 在 SI 制中此定律可表示为

$$\mathscr{E}_i = -\frac{\mathrm{d}\Phi_m}{\mathrm{d}t} \tag{11.1}$$

式中负号是楞次定律的数学表示, 当沿磁场方向穿过回路的磁通量增大时, 感应电动势的方向与磁场方向成左手螺旋关系; 反之, 感应电动势的方向与磁场方向成右手螺旋关系.

　　式 (11.1) 是针对单匝回路而言的, 如果导体回路是由 N 匝线圈密绕而成的, 每一匝都可看成单个回路, 则可用法拉第电磁感应定律求出每匝中的感应电动势. 因为各匝线圈是串联

的,所以回路的总电动势就是每匝中感应电动势之和. 对于密绕情形, 穿过每匝线圈的磁通量都相等, 因此 N 匝线圈的总感应电动势为

$$\mathcal{E}_i = -N \frac{\mathrm{d}\Phi_m}{\mathrm{d}t} = -\frac{\mathrm{d}(N\Phi_m)}{\mathrm{d}t} = -\frac{\mathrm{d}\Psi_m}{\mathrm{d}t} \tag{11.2}$$

式中 Φ_m 是穿过单匝线圈的磁通量, $\Psi_m = N\Phi_m$ 叫做总磁通量或磁匝链数. 如果各匝中的磁通量不同, 则应该用各匝磁通量之和 $\sum \Phi_m$ 取代 $N\Phi_m$.

11.2 动生电动势和感生电动势

利用磁通量的定义, 单匝回路的电磁感应定律可以表示为

$$\mathcal{E}_i = -\frac{\mathrm{d}}{\mathrm{d}t} \int \boldsymbol{B} \cdot \mathrm{d}\boldsymbol{S} \tag{11.3}$$

感应电动势是由磁通量的时间变化率决定的, 而影响磁通量随时间变化的因素有两个: 一是磁感应强度在回路所张的曲面内的分布随时间的变化, 另一个是回路所包围的闭区域随时间的变化情况. 我们把磁场分布不变而单独由导体的运动或回路的大小、取向或形状改变引起的感应电动势称为动生电动势, 把导体或回路静止而单独由磁场分布随时间变化引起的感应电动势称为感生电动势.

应当指出, 由于运动是相对的, 所以把感应电动势分成动生电动势和感生电动势的做法在一定程度上也只有相对的意义.

11.2.1 动生电动势

考虑图 11−3 所示的导体回路. 一均匀磁场垂直于静止的 U 形导体线框所在平面, 长为 l 的导体棒 ab 与 U 形导体构成回路. 当导体棒以速度 $\boldsymbol{v}$ 沿导轨滑动时, 回路的磁通量发生变化, 因此感应电动势为

$$\mathcal{E}_i = -\frac{\mathrm{d}\Phi_m}{\mathrm{d}t} = -vBl$$

显然, 磁场大小和方向都未随时间变化, 感应电动势属于动生电动势. 我们知道, 电动势来源于非静电场或非静电力, 那么产生动生电动势的非静电力的来源是什么呢? 实际上, 动生电动势是导体中自由电子受洛伦兹力作用的结果. 如图 11−4 所示, 导体棒向右以速度 $\boldsymbol{v}$ 运动, 导体内的自由电子也随之向右运动, 每个自由电子所受的洛伦兹力为

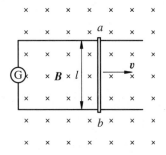

图 11−3 导体棒在均匀磁场横向运动

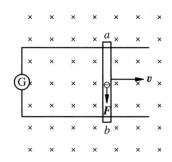

图 11−4 动生电动势的非静电力

$$F = (-e)v \times B$$

在洛伦兹力的作用下, 自由电子沿导体棒向下运动, 使得导体的上端带正电, 下端带负电, 导体棒的上下两端形成了电动势的正负极. 非静电场强度即为单位正电荷受到的洛伦兹力, 为 $E_k = v \times B$, 所以对于运动的导体中任一线元 dl, 动生电动势为

$$d\mathscr{E}_i = (v \times B) \cdot dl \tag{11.4}$$

有限长导线在磁场中运动时, 其动生电动势为

$$\mathscr{E}_i = \int (v \times B) \cdot dl \tag{11.5}$$

根据式 (11.5), 图 11-4 回路的动生电动势为

$$\mathscr{E}_i = \int_a^b (v \times B) \cdot dl = -vBl$$

结果与前面用法拉第定律所得结果一致. 式中负号表示感生电动势的方向与积分路径相反, 为由 b 到 a.

例 11.1 半径为 R 的半圆形平面线圈, 所在平面与磁感应强度为 B 的均匀磁场垂直. 线圈绕过其直径一端 O 且平行于磁场的轴以匀角速度 ω 转动, 如图 11-5 所示. (1) 分别计算直径 OP 及半圆弧 $\widehat{OP}$ 上的动生电动势; (2) 从计算结果可得出什么结论? 试用法拉第电磁感应定律解释之.

解 (1) 在直径上距离点 O 为 l 处取一线元 dl, 它的速率为 $v = \omega l$, 方向与磁场及线元均垂直, 如图 11-5(a) 所示. 由于 $v \times B$ 与线元同方向, 所以

$$d\mathscr{E}_i = (v \times B) \cdot dl = \omega l B \, dl$$

对上式积分可得直径 OP 上的动生电动势

$$\mathscr{E}_i = \int_0^{2R} \omega l B \, dl = 2\omega B R^2$$

在半圆弧 $\widehat{OP}$ 上任一点取一线元 dl', 该点与点 O 的弦长为 r, 线元的速率为 $v' = \omega r$, 方向与弦垂直. $v' \times B$ 的方向沿弦的延长线, 与线元 dl' 夹角为 θ, 见图 11-5(b). 因此,

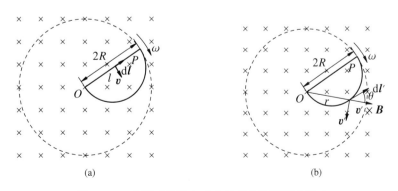

(a)   (b)

图 11-5 半圆形线圈在垂直于磁场的平面内转动

$$\mathrm{d}\mathscr{E}_i{}' = (\boldsymbol{v}' \times \boldsymbol{B}) \cdot \mathrm{d}\boldsymbol{l}' = \omega r B \, \mathrm{d}l \cos\theta = \omega r B \, \mathrm{d}r$$

线元所在的动点从 O 沿半圆弧移动到点 P 的过程中, 弦长 r 从 0 增大到 $2R$, 于是, 半圆弧上的动生电动势为

$$\mathscr{E}_i{}' = \int_0^{2R} \omega r B \, \mathrm{d}r = 2\omega B R^2$$

(2) 计算结果显示 $\mathscr{E}_i{}' = \mathscr{E}_i$. 这个结果可用法拉第电磁感应定律来解释: 虽然半圆形回路在垂直于磁场的平面内转动, 回路中两部分都存在动生电动势, 但穿过回路的磁通量在转动过程中始终不变, 因此, 回路中的感应电动势为零. 这可表示为

$$\mathscr{E}_{it} = \mathscr{E}_{iOP} + \mathscr{E}_{i\widehat{PO}} = \mathscr{E}_i - \mathscr{E}_i{}' = 0$$

据此分析可知, 若把半圆弧换成其他任意形状的导线, 结果不受影响, 从而我们得到一个结论: 在均匀磁场中运动的导线, 其感应电动势都等于起点与终点与导线相同的直导线作相同运动时的感应电动势.

11.2.2　感生电动势　感生电场

动生电动势对应的非静电力是洛伦兹力. 对于感生电动势, 导体回路与磁场没有相对运动, 其电动势单纯由变化的磁场产生, 对应的非静电力不可能是洛伦兹力, 也不可能是库仑力, 因为库仑力不会与磁场的变化有关. 麦克斯韦分析和研究了这类电磁感应现象后提出: 不论有无导体或导体回路, 变化的磁场都将在其周围空间产生具有闭合电场线的电场, 并称此为感生电场或涡旋电场, 用 $\boldsymbol{E}_i$ 表示. 感生电场与静电场相同之处在于它们都对带电体施加作用力, 产生感生电动势的非静电力就是感生电场对自由电荷的作用力, 称为感生电场力. 除了产生的机理不同外, 感生电场与静电场的性质截然不同, 感生电场是一个无源场, 对于空间任意闭合曲面, 满足

$$\oint \boldsymbol{E}_i \cdot \mathrm{d}\boldsymbol{S} = 0 \tag{11.6}$$

同时, 感生电场又是一个有旋的场, 对于空间任一闭合曲线, 有

$$\oint \boldsymbol{E}_i \cdot \mathrm{d}\boldsymbol{l} = -\frac{\mathrm{d}\Phi_m}{\mathrm{d}t} \tag{11.7}$$

如果该曲线由导体构成, 则上式就是导体回路的感生电动势. 处于感生电场中一段导体 ab 上的感生电动势可以表示为

$$\mathscr{E}_i = \int_a^b \boldsymbol{E}_i \cdot \mathrm{d}\boldsymbol{l} \tag{11.8}$$

在导体回路静止的条件下, 法拉第电磁感应定律可以表示为

$$\mathscr{E}_i = \oint \boldsymbol{E}_i \cdot \mathrm{d}\boldsymbol{l} = -\frac{\mathrm{d}}{\mathrm{d}t}\int \boldsymbol{B} \cdot \mathrm{d}\boldsymbol{S} = -\int \frac{\partial \boldsymbol{B}}{\partial t} \cdot \mathrm{d}\boldsymbol{S} \tag{11.9}$$

式中的曲面积分与环量积分之间通过右手螺旋关系相联系, 即积分的绕行方向与积分面元的正法向之间满足右手螺旋定则. 式 (11.9) 是电磁感应定律的普遍积分形式, 它是电磁场的基本方程之一.

例 11.2 截面半径为 R 的圆柱形空间分布着均匀磁场, 其横截面如图 11-6 所示. 磁感应强度 B 随时间以恒定速率 dB/dt 变化. 求 (1) 感生电场分布; (2) 图中长为 l 的导体棒 MN 中的感生电动势.

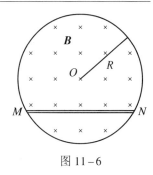

图 11-6

解 (1) 本题中磁场分布具有轴对称性, 因此以圆柱轴线为轴的圆周上感生电场强度的大小处处相等. 我们先用反证法证明感生电场的径向分量和轴向分量都不存在. 作半径为 r, 高为 h 的同轴圆柱面, 如图 11-7(a) 所示, 若感生电场为径向的, 则感生电场对此封闭圆柱面的通量, 按式 (11.6), 有

$$\oint E_i \cdot dS = 2\pi r h E_i = 0$$

这与前述假设矛盾, 因此, 不存在径向感生电场分量.

再假设感生电场是轴向的, 作高为 h 的矩形回路 $abcda$, 其中 ab 与 cd 边平行于圆柱轴线, 见图 11-7(b). 由于磁场沿圆柱的轴向, 所以穿过矩形回路的磁通量为零. 根据式 (11.9), 沿矩形回路的环路积分为

$$\oint E_i \cdot dl = (E_{i1} - E_{i2})h = 0$$

E_{i1} 和 E_{i2} 分别表示 ab 和 cd 处的感生电场强度. 造成上述结果有两种可能性: 一是轴向感生电场强度处处为零; 二是轴向感生电场强度处处相等. 若是后者, 则整个空间的电场能量就是无限大的, 这是不可能的; 若是前者, 则与感生电场存在轴向分量的假设矛盾, 所以感生电场不可能存在轴向分量.

综上所述, 感生电场只可能沿横向. 为此, 以半径为 r 的同轴圆周作为积分路径, 见图 11-8(a), 选取顺时针方向为积分回路的绕行方向, 按右手关系, 垂直于纸面向内的方向为相应积分面元的正法向. 于是

$$\oint E_i \cdot dl = 2\pi r E_i$$

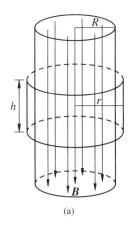

(a)

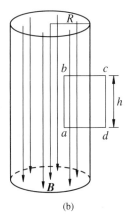

(b)

图 11-7

而磁通量的变化率

$$\int \frac{\partial \boldsymbol{B}}{\partial t} \cdot \mathrm{d}\boldsymbol{S} = \begin{cases} \pi r^2 \dfrac{\mathrm{d}B}{\mathrm{d}t}, & r < R \\[3mm] \pi R^2 \dfrac{\mathrm{d}B}{\mathrm{d}t}, & r > R \end{cases}$$

根据式 (11.9), 有

$$E_{\mathrm{i}} = \begin{cases} -\dfrac{1}{2} r \dfrac{\mathrm{d}B}{\mathrm{d}t}, & r < R \\[3mm] -\dfrac{R^2}{2r} \dfrac{\mathrm{d}B}{\mathrm{d}t}, & r > R \end{cases}$$

式中负号表示如果 $\mathrm{d}B/\mathrm{d}t > 0$ 则实际 E_{i} 的方向与所选积分回路的绕行方向相反, 即感生电场应该沿图中的逆时针方向. 感生电场的分布曲线见图 11-8(b).

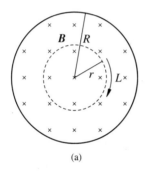
(a)

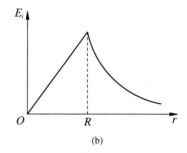
(b)

图 11-8

　　(2) 由上面的结果可知, 感生电场的方向处处沿圆的切向, 图 11-9 中 MO 和 ON 两条线段上各点的线元处处与 E_{i} 垂直, 根据式 (11.8), 这两段的感生电动势为零, 故图中 NM 段的感应电动势就等于图中 $\triangle MON$ 回路的电动势, 即

$$\mathscr{E}_{\mathrm{i}} = \int_N^M \boldsymbol{E}_{\mathrm{i}} \cdot \mathrm{d}\boldsymbol{l} = \oint_{(ONMO)} \boldsymbol{E}_{\mathrm{i}} \cdot \mathrm{d}\boldsymbol{l}$$

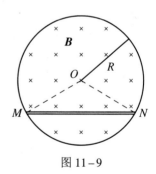

图 11-9

由磁场的均匀性可得通过 $\triangle MON$ 的磁通量为

$$\Phi_{\mathrm{m}} = \frac{1}{2} B l \sqrt{R^2 - l^2/4}$$

由电磁感应定律,

$$\mathscr{E}_{\mathrm{i}} = -\frac{\mathrm{d}\Phi_{\mathrm{m}}}{\mathrm{d}t} = -\frac{1}{2} l \sqrt{R^2 - \frac{l^2}{4}} \frac{\mathrm{d}B}{\mathrm{d}t}$$

式中负号表示感生电动势的方向与积分方向相反, 实际方向为由 M 到 N. 上述结果也可以由式 (11.8) 直接积分得到, 作为练习, 请读者自行验证.

11.2.3　涡电流

　　当块状金属在非均匀磁场中移动或处在随时间变化的磁场中时, 在感生电场的作用下, 金属中的自由电子作往复的涡旋运动, 其路径往往犹如水中的漩涡, 因此称为涡电流或简称涡流, 也叫做傅科电流. 因涡流导致的能量损耗称为涡流损耗. 如变压器的铁芯, 其中有随时间变化的磁通量, 从而产生涡流. 这些涡流使铁芯发热, 消耗电能, 因此铁芯一般采用叠片式(例如硅钢片, 在其表面涂有薄层绝缘漆或绝缘的氧化物), 以降低涡流损耗. 在感应加热装置中, 利用涡流可对金属工件进行热处理. 若在金属圆柱体上绕一线圈, 当线圈中通入交变电流时, 金属圆柱体便处在交变磁场中. 设想金属圆柱体由一系列不同半径的圆柱形薄壳构成, 每层金属薄壳就是一个闭合回路, 在交变磁场中有感应电流通过. 这些感应电流在金属圆柱体内汇集出强大的涡流, 释放出大量的焦耳热, 可使金属自身熔化. 这就是高频感应炉冶炼金属的原理.

如果涡流是由于导体在非均匀磁场中运动而产生, 根据楞次定律, 感应电流的效果总是反抗引起感应电流的原因. 此时涡流除热效应外, 还产生具有阻尼作用的机械效应来阻碍导体和磁场之间的相对运动, 这种作用称为电磁阻尼. 磁电式仪表中, 就是利用电磁阻尼原理, 使仪表中的线圈和固定在它上面的指针能迅速地停止运动.

即便变化的磁场是由通过导体自身的电流引起的, 也会对导体内的电流密度分布造成影响, 这种影响也是通过涡电流实现的, 其结果是电流密度不再均匀分布于导体的横截面上, 而是越靠近导体表面的地方电流密度越大. 这种交变电流集中于导体表面的现象叫做趋肤效应. 趋肤效应的程度与电流变化的快慢有关, 变化频率越高, 趋肤效应越明显. 利用趋肤效应, 可以在高频电路中以空心导线代替实心导线, 以节约铜材; 还可以在导线表面镀银以减小电阻.

感生电场还可用来加速电子, 电子感应加速器就是利用感生电场对电子加速的设备. 利用它可将电子加速到几十万到数百万电子伏, 用加速后的高能电子束轰击各种靶, 可得到穿透力很强的 X 射线, 科学上可用于高能物理的研究, 技术上可用于工业探伤和医学诊断与治疗等.

11.3 自感和互感

11.3.1 自感

任意通有电流的回路在周围空间产生的磁场, 必有一部分磁感应线穿过回路本身, 见图 11–10. 如果导体回路中电流变化, 穿过回路自身的磁通量也会变化. 我们把这种由于回路中的电流改变产生磁通量变化而在自己回路中激起感生电动势的现象, 称为自感现象, 相应的电动势称为自感电动势.

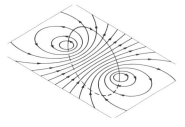

图 11–10 自感现象

设一回路通有电流 I, 此电流产生的磁场的磁感应强度与电流 I 成正比, 所以穿过该回路的总磁通量 $\varPsi_{\mathrm{m}}$ 也应正比于回路中的电流 I, 即

$$\varPsi_{\mathrm{m}} = LI \tag{11.10}$$

式中比例系数 L 称为该回路的自感系数, 简称电感或自感. 在 SI 制中自感系数的单位是 H (亨利).

　　在回路周围不存在铁磁质的情况下, 自感系数是一个由回路的匝数、几何形状、大小以及周围介质的磁导率决定的物理量, 与电流 I 无关. 如果决定 L 的上述因素都保持不变时, L 就是一个常量. 根据电磁感应定律, 自感电动势为

$$\mathscr{E}_L = -\frac{\mathrm{d}(LI)}{\mathrm{d}t} = -L\frac{\mathrm{d}I}{\mathrm{d}t} \tag{11.11}$$

式中负号表示自感电动势产生的感应电流的方向总是反抗回路中电流 I 的变化. 根据式 (11.11), 在电流变化率相同的情况下, 自感系数越大, 产生的自感电动势越大, 电流越不容易变化. 也就是说, 自感作用越强的回路, 保持其电流不变的性质越强.

　　自感现象在各种电路设备和无线电技术中有广泛的应用. 日光灯的镇流器就是利用线圈自感现象的一个例子. 镇流器是一个带铁芯的自感系数很大的线圈, 它的作用是在点亮日光灯时产生一个瞬时高压, 而在正常工作中它与日光灯灯管串联起着降压限流作用, 保证日光灯的正常工作. 此外, 在电工设备中, 常利用自感作用制成自耦变压器或扼流圈; 在电子技术中, 利用自感器和电容器可以组成谐振电路或滤波电路等.

　　自感现象也有不利的一面. 在自感系数很大而电流又很强的电路中, 在切断电路的瞬间, 由于电流强度在很短的时间内发生很大的变化, 会产生很高的自感电动势, 使开关的闸刀和固定夹片之间的空气电离, 形成电弧. 这会烧坏开关, 甚至危及工作人员的安全. 因此, 切断这类电路时必须采用特制的安全开关. 常见的安全开关是将开关放在绝缘性能良好的油中, 防止电弧的产生.

　　例 11.3　如图 11–11 所示, 同轴传输电缆由半径分别为 R_1 和 R_2 的同轴导体圆筒组成, 其间充满磁导率为 μ 的均匀介质. 电流由内筒的一端流入, 由外筒流回. 试计算长为 l 的一段传输线的自感系数.

　　解　由安培环路定理, 可得同轴传输电缆通有电流 I 时的磁感应强度分布为

$$B = \begin{cases} 0, & r < R_1, \\ \dfrac{\mu I}{2\pi r}, & R_1 < r < R_2, \\ 0, & r > R_2 \end{cases}$$

磁感应线垂直穿过图 11–12 中阴影部分的矩形区域, 通过面元 $\mathrm{d}S = l\,\mathrm{d}r$ 的磁通量为

$$\mathrm{d}\varPhi_\mathrm{m} = B\,\mathrm{d}S = Bl\,\mathrm{d}r = \frac{\mu Il\,\mathrm{d}r}{2\pi r}$$

所以穿过阴影部分的总磁通量为

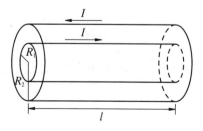

图 11–11　同轴传输电缆

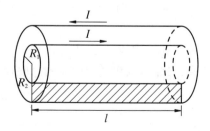

图 11–12　计算同轴电缆的磁通量

$$\Phi_m = \int_{R_1}^{R_2} \frac{\mu I l \, dr}{2\pi r} = \frac{\mu I l}{2\pi} \ln \frac{R_2}{R_1}$$

由自感系数的定义, 可得长为 l 的一段传输电缆的自感系数为

$$L = \frac{\Phi_m}{I} = \frac{\mu l}{2\pi} \ln \frac{R_2}{R_1}$$

可以看出, 它只与自感材料的尺寸、形状和介质的磁导率有关, 与电流和磁场无关.

11.3.2 互感

由于一个导体回路中的电流发生变化, 在邻近导体回路内产生感应电动势的现象, 称为互感现象. 相应的感应电动势称为互感电动势. 图 11-13 为两相邻回路 1 和 2, 设回路 1 中的电流为 I_1, 它产生的磁场穿过回路 2 的总磁通量为 Ψ_{21}. 当两个回路的结构、相对位置及周围介质的磁导率不变时, Ψ_{21} 与 I_1 成正比, 即

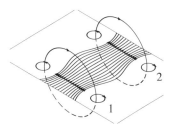

图 11-13　互感现象

$$\Psi_{21} = M_{21} I_1 \qquad (11.12)$$

同理, 若回路 2 中通以电流 I_2, 它在回路 1 中的总磁通量与 I_2 成正比, 为

$$\Psi_{12} = M_{12} I_2 \qquad (11.13)$$

系数 M_{21} 称为回路 1 对回路 2 的互感系数, M_{12} 称为回路 2 对回路 1 的互感系数. 可以证明 M_{21} 与 M_{12} 相等, 因此省去下标, 记

$$M_{12} = M_{21} = M \qquad (11.14)$$

互感系数可以简称为互感, 它由回路的几何形状、尺寸、匝数、周围介质的磁导率以及回路的相对位置决定, 与回路中的电流无关. 互感系数在 SI 制中的单位为 H.

当 M 不变时, 应用电磁感应定律, 可以得出由于电流 I_1 的变化在回路 2 中产生的互感电动势

$$\mathscr{E}_{21} = -\frac{d\Psi_{21}}{dt} = -M \frac{dI_1}{dt} \qquad (11.15)$$

同样也可以得出由于电流 I_2 的变化在回路 1 中产生的互感电动势

$$\mathscr{E}_{12} = -\frac{d\Psi_{12}}{dt} = -M \frac{dI_2}{dt} \qquad (11.16)$$

互感现象已被广泛地应用于无线电技术、电磁测量技术及传感器中. 通过互感线圈能够使能量或信号由一个线圈方便地传递到另一个线圈. 电工、无线电技术中使用的各种变压器都是互感器件. 常见的有电力变压器、中周变压器、输入输出变压器、电压互感器和电流互感器. 互感也有害处. 例如, 有线电话往往由于两路电话线之间的互感造成串音; 收录机、电视机及电子设备中也会由于导线或部件间的互感而妨碍正常工作. 这些互感的干扰都要设法尽量避免.

例 11.4　如图 11-14 所示, 在一个共有 N_1 匝的密绕长直螺线管 C_1 外, 又绕着一个匝数 N_2 的螺线管 C_2, 它们的长度都为 l, 截面积都为 S. 试求: (1) 这两个螺线管的互感; (2) 它们的互感与自感的关系.

解 （1）设螺线管 C_1 中通过电流 I_1，由此在管内产生的磁感应强度为

$$B = \mu_0 \frac{N_1 I_1}{l}$$

在螺线管 C_2 中的总磁通量为

$$\Psi_{21} = N_2 SB = \mu_0 \frac{N_1 N_2 S}{l} I_1$$

根据互感的定义，

$$M = \frac{\Psi_{21}}{I_1} = \frac{\mu_0 N_1 N_2 S}{l}$$

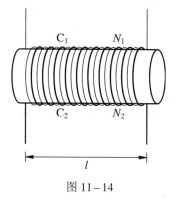

图 11-14

（2）当螺线管 C_1 中通过电流 I_1 时，C_1 中的总磁通量为

$$\Psi_1 = N_1 BS = \frac{\mu_0 N_1^2 S I_1}{l}$$

因此

$$L_1 = \frac{\Psi_1}{I_1} = \frac{\mu_0 N_1^2 S}{l}$$

同理可得

$$L_2 = \frac{\mu N_2^2 S}{l}$$

由以上结果可以看出

$$M^2 = L_1 L_2 \quad 或 \quad M = \sqrt{L_1 L_2}$$

上式只适用于一个回路的电流所产生的磁感应线全部穿过另一回路的情形．一般情况下，$M = k\sqrt{L_1 L_2}$，$k \in [0, 1]$，k 称为耦合系数．

　　观察上面 L_1 或 L_2 的表达式，可以发现，对于长为 l，单位长度匝数为 n 的螺线管，其自感系数可以表示为

$$L = \frac{\mu_0 N^2 S}{l} = \mu_0 n^2 V$$

V 为螺线管的体积．若螺线管内充满磁导率为 μ 的介质，则自感系数为 $L = \mu n^2 V$．

11.4　磁场能量

　　我们知道，电场能量储存在电场之中．与此类似，磁场能量储存在磁场之中．考察自感系数为 L 的线圈建立磁场的过程：在给线圈通电时，由于自感电动势的作用，电流不能立刻稳定在某一数值上，而是有一个自零增大到恒定值的短暂过程．与此同时，随着电流增大，电流激发的磁场也由零逐渐增强．在此过程中，电源做的功一部分转化为电路中的焦耳热，另一部分用于反抗电流建立过程中出现的自感电动势，转化为磁场的能量．因此，磁场能量可以通过电流由 0 增大到某个定值的过程中，反抗自感电动势做的功来计算．

　　设 i 表示电路中的瞬态电流，在 $\mathrm{d}t$ 时间内，电源反抗自感电动势做的功为

$$\mathrm{d}A = -\mathscr{E} i\, \mathrm{d}t = -\left(-L \frac{\mathrm{d}i}{\mathrm{d}t}\right) i\, \mathrm{d}t = L i\, \mathrm{d}i$$

当线圈中的电流从零增大到恒定值 I 时, 电源反抗自感电动势所做的功为

$$A = \int_0^I Li\, di = \frac{1}{2}LI^2$$

于是自感线圈储存的磁场能量为

$$W_m = \frac{1}{2}LI^2 \tag{11.17}$$

从式 (11.17) 中可以看出, 在电流相同的情况下, 自感系数 L 越大的线圈, 回路储存的磁场能量越大. 但是此式表示的磁场能量并没有体现出与磁场的直接关联, 下面以充满磁导率为 μ 的磁介质的长直螺线管为例来推导磁场能量公式. 对于均匀密绕的长直螺线管, 通有电流 I 时, 它内部的磁感强度为 $B = \mu nI$, 螺线管的自感系数为 $L = \mu n^2 V$. 于是, 式 (11.17) 可改写为

$$W_m = \frac{1}{2}LI^2 = \frac{1}{2}\mu n^2 V \left(\frac{B}{\mu n}\right)^2 = \frac{1}{2}BHV$$

由于无限长直螺线管内的磁场是均匀的, 因此, 单位体积储存的磁场能量是一个常量. 上式除以体积, 即得磁能密度

$$w_m = \frac{1}{2}BH$$

虽然上式是从一个特例导出的, 但可以证明它是一个普遍适用的公式. 更一般地, 对于各向同性介质, 磁能密度应表示为

$$w_m = \frac{1}{2}\boldsymbol{B} \cdot \boldsymbol{H} \tag{11.18}$$

若要计算空间某区域的磁能, 可在该区域对式 (11.18) 积分, 即

$$W_m = \frac{1}{2}\int \boldsymbol{B} \cdot \boldsymbol{H}\, dV \tag{11.19}$$

对于线圈, 由式 (11.19) 及式 (11.17) 可以计算出它的自感系数.

例 11.5 计算图 11-11 中当通有电流 I 时长为 l 的一段传输电缆所储存的磁能, 并由此计算自感系数.

解 由安培环路定理可计算出空间磁场分布为

$$H = \begin{cases} 0, & 0 < r < R_1 \\ \dfrac{I}{2\pi r}, & R_1 < r < R_2 \\ 0, & r > R_2 \end{cases} \qquad B = \begin{cases} 0, & 0 < r < R_1 \\ \dfrac{\mu I}{2\pi r}, & R_1 < r < R_2 \\ 0, & r > R_2 \end{cases}$$

取半径为 r, 厚度为 dr, 长为 l 的圆柱薄壳为体积元, $dV = 2\pi rl\, dr$. 由式 (11.19) 得

$$W_m = \frac{1}{2}\int BH\, dV = \int_{R_1}^{R_2} \frac{\mu I^2}{8\pi^2 r^2} 2\pi rl\, dr = \frac{\mu I^2 l}{4\pi}\ln\frac{R_2}{R_1}$$

由式 (11.17), 长为 l 的电缆的自感系数为

$$L = \frac{2W_m}{I^2} = \frac{\mu l}{2\pi}\ln\frac{R_2}{R_1}$$

这与例 11.3 的结果是一致的.

如果两个线圈各自形成一个回路, 且两个线圈之间存在互感, 则在两个回路电流的建立过程中, 电源除了要克服自感电动势做功以外还要克服互感电动势做功. 设两个回路的瞬态电流分别为 i_1 和 i_2, 稳态电流分别为 I_1 和 I_2, 为了计算互感磁能, 我们假定先使回路 1 中的电流从零增大到 I_1, 这时电源克服回路 1 中的自感电动势做功贡献的磁能为

$$W_{m1} = \frac{1}{2} L_1 I_1^2$$

再让回路 2 的电流从零增大到 I_2, 这时回路 2 中的电源克服回路 2 中的自感电动势做功贡献的磁能为

$$W_{m2} = \frac{1}{2} L_2 I_2^2$$

而回路 2 中电流的变化会引起回路 1 中磁通量的变化, 从而出现互感电动势. 这时回路 1 为了保持其 I_1 的稳态电流, 就必须克服这个互感电动势做额外的功, 这就是互感磁能:

$$W_{m3} = \int_0^{I_2} M_{12} \frac{di_2}{dt} I_1 \, dt = \int_0^{I_2} M_{12} I_1 \, di_2 = M_{12} I_1 I_2$$

总磁能为

$$W_m = W_{m1} + W_{m2} + W_{m3} = \frac{1}{2} L_1 I_1^2 + \frac{1}{2} L_2 I_2^2 + M_{12} I_1 I_2 \tag{11.20}$$

同理, 如果改变两个回路电流的建立次序, 即先在回路 2 中建立 I_2 的稳态电流, 再给回路 1 通电, 则总磁能为

$$W_m' = \frac{1}{2} L_1 I_1^2 + \frac{1}{2} L_2 I_2^2 + M_{21} I_1 I_2 \tag{11.21}$$

两个回路构成的系统的磁场能量不应该与电流的建立次序有关, 因此 $W_m' = W_m$, 比较式 (11.20) 与式 (11.21) 可知

$$M_{12} = M_{21}$$

这就证明了上一节遗留的命题.

11.5　麦克斯韦方程组　电磁场

电流的磁效应, 说明电流可以激发磁场. 麦克斯韦根据电磁感应规律提出了感生电场的概念, 并说明变化的磁场可以激发电场. 而另一种联系, 即随时间变化的电场能否激发磁场呢? 麦克斯韦研究了安培环路定理用于非恒定电流的矛盾之后, 又提出了位移电流的假说.

11.5.1　位移电流

我们知道, 恒定电流是连续的, 在恒定电流的磁场中, 安培环路定理可以写成

$$\oint_L \boldsymbol{H} \cdot d\boldsymbol{l} = \int_S \boldsymbol{j} \cdot d\boldsymbol{S} = I \tag{11.22}$$

式中 I 是穿过以 L 回路为边界的任意曲面 S 的传导电流, $\boldsymbol{j}$ 是传导电流密度.

图 11-15 是给电容器充电的电路图, 我们只关心开关 K 闭合后到电容器充电完成的瞬态过程. 在这个过程中, 电荷经导线向电容器的两个极板聚集, 形成充电电流. 在电容器的一

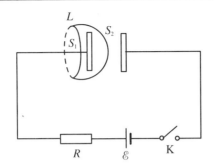

图 11-15　电容器充电电路图

个极板附近, 任取一包围导线的闭合曲线 L, 以 L 为边界作 S_1 和 S_2 两个曲面, 曲面 S_1 和导线相交, 曲面 S_2 绕过电容器的一个极板. 当把安培环路定理应用于这两个曲面时, 对于曲面 S_1 有

$$\oint_L \boldsymbol{H} \cdot \mathrm{d}\boldsymbol{l} = \int_{S_1} \boldsymbol{j} \cdot \mathrm{d}\boldsymbol{S} = I$$

而对于曲面 S_2 有

$$\oint_L \boldsymbol{H} \cdot \mathrm{d}\boldsymbol{l} = \int_{S_2} \boldsymbol{j} \cdot \mathrm{d}\boldsymbol{S} = 0$$

显然上面二式是相互矛盾的, 这说明恒定磁场的安培环路定理已不适用于非恒定电流的情形, 需要进行修正.

　　通过对电容器充放电过程的分析可以发现, 虽然传导电流在电容器两个极板之间中断了, 但是两个极板之间却出现了变化的电场. 在电容器充放电过程中, $q, \boldsymbol{E}$ 和 $\boldsymbol{D}$ 都随时间变化. 这提示我们, 导线中的传导电流、电容器极板上电荷的变化、极板之间变化的电场存在某种必然的联系. 麦克斯韦假设静电场和恒定磁场的高斯定理在非恒定条件下依然成立. 选取由 S_1, S_2 组成的闭合曲面, 有

$$\oint \boldsymbol{D} \cdot \mathrm{d}\boldsymbol{S} = q$$

上式对时间求导, 并利用电流的连续性方程, 得

$$\oint \frac{\partial \boldsymbol{D}}{\partial t} \cdot \mathrm{d}\boldsymbol{S} = \frac{\mathrm{d}q}{\mathrm{d}t} = -\oint \boldsymbol{j} \cdot \mathrm{d}\boldsymbol{S}$$

或

$$\oint \left(\frac{\partial \boldsymbol{D}}{\partial t} + \boldsymbol{j} \right) \cdot \mathrm{d}\boldsymbol{S} = 0$$

可见 $\frac{\partial \boldsymbol{D}}{\partial t} + \boldsymbol{j}$ 是连续的.

　　为了在非恒定电流产生的磁场中使安培环路定理也能成立, 麦克斯韦把

$$\boldsymbol{j}_\mathrm{d} = \frac{\partial \boldsymbol{D}}{\partial t} \tag{11.23}$$

定义为位移电流密度, 把

$$I_\mathrm{d} = \int \boldsymbol{j}_\mathrm{d} \cdot \mathrm{d}\boldsymbol{S} \tag{11.24}$$

称为位移电流. 若定义全电流密度为

$$j_{全} = \frac{\partial \boldsymbol{D}}{\partial t} + \boldsymbol{j}$$

则全电流是连续的, 即

$$\oint \boldsymbol{j}_{全} \cdot \mathrm{d}\boldsymbol{S} = 0$$

或

$$I_{全} = \int_{S_1} \left(\frac{\partial \boldsymbol{D}}{\partial t} + \boldsymbol{j}\right) \cdot \mathrm{d}\boldsymbol{S} = \int_{S_2} \left(\frac{\partial \boldsymbol{D}}{\partial t} + \boldsymbol{j}\right) \cdot \mathrm{d}\boldsymbol{S}$$

引入位移电流概念以后, 在电流非恒定情况下安培环路定理应推广为

$$\oint \boldsymbol{H} \cdot \mathrm{d}\boldsymbol{l} = \int \left(\boldsymbol{j} + \frac{\partial \boldsymbol{D}}{\partial t}\right) \cdot \mathrm{d}\boldsymbol{S} \tag{11.25}$$

式 (11.25) 表明, $\frac{\partial \boldsymbol{D}}{\partial t}$ 与 $\boldsymbol{j}$ 按相同的规律激发磁场. 传导电流依赖电荷的移动, 而位移电流却可以存在于真空和介质中. 真空中的位移电流密度为 $\varepsilon_0 \frac{\partial \boldsymbol{E}}{\partial t}$, 所以真空中的安培环路定理可以简化为

$$\oint \boldsymbol{H} \cdot \mathrm{d}\boldsymbol{l} = \varepsilon_0 \int \frac{\partial \boldsymbol{E}}{\partial t} \cdot \mathrm{d}\boldsymbol{S}$$

位移电流的引入, 进一步完善了电场和磁场之间的内在联系, 补充了电场和磁场之间的对称性, 不仅变化的磁场可以激发电场, 而且变化的电场也可以激发磁场.

例 11.6　如图 11-16 所示, 两个半径为 R 的平行导体圆板相距为 d, 与端电压为 $U = U_0 \sin \omega t$ 的电源相连接. 在两个平板之间放一个矩形线圈, 其高为 a, 宽为 b, 一边与圆形平板的轴线重合. 忽略边缘效应, 求: (1) 平板之间的位移电流; (2) 平板之间与圆板轴线相距 $r(r < R)$ 处的磁感应强度; (3) 矩形线圈中的感应电动势.

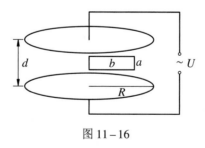

图 11-16

解　(1) 平板之间的电位移为

$$D = \varepsilon_0 E = \varepsilon_0 \frac{U}{d} = \varepsilon_0 \frac{U_0}{d} \sin \omega t$$

平板之间的位移电流密度为

$$j_{\mathrm{d}} = \frac{\partial D}{\partial t} = \frac{\varepsilon_0 \omega U_0}{d} \cos \omega t$$

位移电流为

$$I_{\mathrm{d}} = \int j_{\mathrm{d}} \, \mathrm{d}S = \frac{\pi \varepsilon_0 \omega U_0 R^2}{d} \cos \omega t$$

(2) 以两平板中心连线为对称轴, 在平行于圆板的平面内, 以该平面与中心线交点为圆心, 以 r 为半径作圆形闭合回路, 由对称性可知, 回路上各点的磁场强度相等, 方向沿圆周的切线方向. 选回路的绕行方向与磁场强度一致, 根据式 (11.25), 有

$$2\pi r H = j_{\mathrm{d}}\pi r^2$$

所以磁场强度

$$H = \frac{j_{\mathrm{d}}r}{2} = \frac{\varepsilon_0\omega U_0 r}{2d}\cos\omega t$$

磁感应强度为

$$B = \mu_0 H = \frac{\varepsilon_0\mu_0\omega U_0 r}{2d}\cos\omega t$$

(3) 穿过矩形回路的磁通量为

$$\Phi_{\mathrm{m}} = \int \boldsymbol{B}\cdot\mathrm{d}\boldsymbol{S} = \int_0^b Ba\,\mathrm{d}r = \int_0^b \frac{\varepsilon_0\mu_0 a\omega U_0 r}{2d}\cos\omega t\,\mathrm{d}r = \frac{\varepsilon_0\mu_0\omega a U_0 b^2}{4d}\cos\omega t$$

由电磁感应定律, 可以计算出矩形回路中的感应电动势

$$\mathscr{E}_{\mathrm{i}} = -\frac{\mathrm{d}\Phi_{\mathrm{m}}}{\mathrm{d}t} = \frac{\varepsilon_0\mu_0\omega^2 ab^2 U_0}{4d}\sin\omega t$$

回路中的感应电动势与电源的相位相同.

11.5.2 麦克斯韦方程组

麦克斯韦将描述电磁现象的普遍规律概括为 4 个方程, 通常称之为麦克斯韦方程组. 下列方程组是它的积分形式

$$\oint \boldsymbol{D}\cdot\mathrm{d}\boldsymbol{S} = q \tag{11.26a}$$

$$\oint \boldsymbol{E}\cdot\mathrm{d}\boldsymbol{l} = -\int \frac{\partial \boldsymbol{B}}{\partial t}\cdot\mathrm{d}\boldsymbol{S} \tag{11.26b}$$

$$\oint \boldsymbol{B}\cdot\mathrm{d}\boldsymbol{S} = 0 \tag{11.26c}$$

$$\oint \boldsymbol{H}\cdot\mathrm{d}\boldsymbol{l} = \int \left(\boldsymbol{j} + \frac{\partial \boldsymbol{D}}{\partial t}\right)\cdot\mathrm{d}\boldsymbol{S} \tag{11.26d}$$

式中描述电场的量 $\boldsymbol{E}$ 和 $\boldsymbol{D}$ 既包括电荷激发的部分, 又包括变化的磁场产生的部分; 描述磁场的量 $\boldsymbol{B}$ 和 $\boldsymbol{H}$ 既包括传导电流产生的部分, 又包括位移电流 (实质上是随时间变化的电场) 产生的部分.

对于静电场, 式 (11.26a) 的实验基础是库仑定律, 它表明静电场是有源场. 在这里, 把它推广到一般情况, 假定对于随时间变化的电场此式依然成立, 这意味着感生电场是一个无源场, 只有电荷激发的场对式 (11.26a) 有贡献. 式 (11.26b) 是对法拉第电磁感应定律的推广, 即认为对于随时间变化的场仍然适用. 这意味着电荷激发的电场的场强, 不管电荷运动与否, 对任意闭合路径的线积分都是零. 式 (11.26c) 将恒定磁场的无源性推广到随时间变化的磁场. 式 (11.26d) 已在前面作了讨论.

麦克斯韦方程组中, 式 (11.26a) 和式 (11.26c) 分别是对电场和磁场性质的描述, 式 (11.26b) 和式 (11.26d) 则深刻揭示了电场与磁场之间紧密的联系.

有介质存在时, 电场强度和磁感应强度都与介质的特性有关, 因此, 麦克斯韦方程组是不完备的, 还需要补充描述介质性质方程, 对于各向同性介质, 它们是

$$
\left.
\begin{aligned}
\boldsymbol{D} &= \varepsilon \boldsymbol{E} \\
\boldsymbol{B} &= \mu \boldsymbol{H} \\
\boldsymbol{j} &= \sigma \boldsymbol{E}
\end{aligned}
\right\}
\tag{11.27}
$$

一旦给定了电荷与电流分布, 结合初始条件和边界条件, 原则上可以解决各种宏观电磁场问题. 理论上可证明, 麦克斯韦方程组的解具有唯一性. 另外, 麦克斯韦方程组满足狭义相对论的相对性原理, 即在洛伦兹变换下方程的形式保持不变.

11.5.3　电磁场

静止电荷周围存在静电场, 运动电荷周围既存在电场, 又存在着磁场, 特别是加速运动的电荷, 在其周围的空间除了磁场外, 还有随时间变化的电场. 一般来说, 电场的变化率也是时间的函数, 因而它所激发的磁场也随时间变化. 同样, 电流激发磁场, 变化的电流激发变化的磁场. 一般而言, 磁场的变化率也是时间的函数, 因而它所激发的电场也随时间变化. 总之, 充满变化的电场的空间也存在着变化的磁场, 充满变化的磁场的空间里也存在着变化的电场. 变化的电场与磁场相互激发的结果, 使闭合的电场线与磁场线就像链条相互嵌套. 电场与磁场相互联系, 在一定条件下又可以相互转化, 形成一个对立统一体, 叫做电磁场. 静电场和恒定磁场只是电磁场的两种特殊形式.

麦克斯韦关于位移电流的概念是作为理论假设提出来的, 麦克斯韦方程组中含有从特殊情况向一般情况的假设性推广. 它的正确性已经由它所导出的许多结论与实验结果的吻合得到证实.

习　题

11–1　试探线圈可用来测量某区域内的磁场. 将匝数为 N, 面积为 S 的小试探线圈放到待测磁场中, 起初其轴线与磁场方向平行, 然后将线圈的轴线转过 180°, 与磁场方向反平行. 线圈与一冲击电流计相连, 冲击电流计是一种能测出流过其自身的总电荷 ΔQ 的仪器. 试证明待测磁感应强度的大小为

$$
B = \frac{R\Delta Q}{2NS}
$$

式中 R 是电路的电阻. 假设试探线圈足够小, 其所在区域的磁场可认为是均匀的.

11–2　250 匝线圈中每一匝的面积为 $S = 9.0 \times 10^{-2} \ \text{m}^2$.

(1) 如果线圈中的感应电动势为 7.5 V, 穿过线圈各匝的磁通量的变化率多大?

(2) 如果磁通量是由与线圈轴线成 45° 的一均匀磁场产生的, 感应出线圈中所具有的电动势必须具有多大的磁场变化率?

11–3　一平面线圈由两个正方形构成, 如习题 11–3 图所示. 已知两个正方形的边长分别为 a 和 b, 有随时间按 $B = B_0 \sin \omega t$ 变化的磁场与线圈平面垂直, 线圈单位长度的电阻为 R_0. 求线圈中感应电流的最大值.

11-4 如习题 11-4 图所示, 一无限长直导线通有交变电流 $i(t) = I_0 \sin \omega t$, 它旁边有一与它共面的矩形线圈 $ABCD$, AB 和 CD 与导线平行, 矩形线圈长为 l, AB 边和 CD 边到直导线的距离分别为 a 和 b. 求:

(1) 通过矩形线圈所围面积的磁通量;

(2) 矩形线圈中的感应电动势.

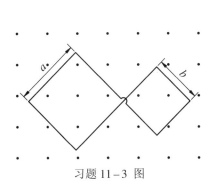
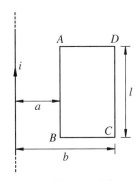

习题 11-3 图　　　　　　习题 11-4 图

11-5 如习题 11-5 图所示, 长直载流导线载有电流 I, 一导线框与它处在同一平面内, 导线 ab 可以在线框上滑动. 使 ab 向右以匀速度 v 运动, 求线框中感应电动势.

11-6 如习题 11-6 图所示, 两平行导轨上放置一导体杆 ab, 长为 l, 电阻为 R. 均匀磁场垂直通过导轨所在平面, 已知导轨两端的电阻分别为 R_1 和 R_2. 忽略导轨的电阻, 求当导体杆以恒定速率 v 运动时杆中通过的电流 I (不计摩擦及回路的自感).

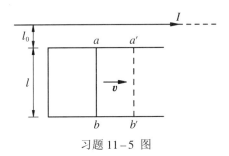
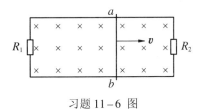

习题 11-5 图　　　　　　习题 11-6 图

11-7 如习题 11-7 图所示, 长为 l 的导体棒 OP, 处于均匀磁场中, 并绕 OO' 轴以角速度 ω 旋转, 棒与转轴间夹角恒为 θ, 磁感应强度 B 与转轴平行. 求 OP 棒在图示位置处的电动势.

11-8 半径为 a 的半圆形线圈, 置于磁感应强度为 B 的均匀磁场中. 线圈绕垂直于磁场方向的直径 OO' 以匀角速度 ω 转动, 当线圈平面转至与 B 平行时 (习题 11-8 图所示位置), 求线圈中的动生电动势.

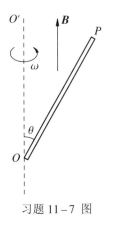
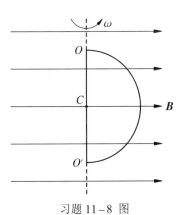

习题 11-7 图　　　　　　习题 11-8 图

11-9 如习题 11-9 图所示, 均匀磁场 B 被限制在半径 $R = 0.10\,\mathrm{m}$ 的无限长圆柱空间内, 方向垂直纸面向外, 设磁场以 $\dfrac{\mathrm{d}B}{\mathrm{d}t} = 100\,\mathrm{T\cdot s^{-1}}$ 的匀速率增加, 已知 $\theta = \dfrac{\pi}{3}$, $Oa = Ob = 0.04\,\mathrm{m}$, 试求等腰梯形导线框 $abcd$ 的感应电动势, 并判断感应电流的方向.

11-10 如习题 11-10 图所示, 边长为 20 cm 的正方形导体回路, 放置在圆柱形空间的均匀磁场中, 已知磁感应强度的方向垂直于导体回路所围平面 (如习题 11-10 图所示), 若磁场以 $0.1\,\mathrm{T\cdot s^{-1}}$ 的变化率减小, AC 边沿圆柱体直径, B 点在磁场的中心.

(1) 用矢量表示出习题 11-10 图中 A, B, C, D, E, F, G 各点处感生电场 E_i 的方向和大小;

(2) AC 边内的感生电动势有多大?

(3) 如果回路的电阻为 2 Ω, 回路中的感应电流多大?

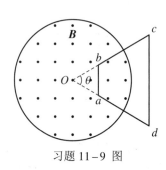

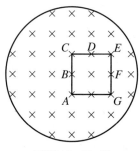

习题 11-9 图　　　　　　　　习题 11-10 图

11-11 在长为 60 cm, 直径为 5.0 cm 的空心纸筒上绕多少匝导线, 才能得到自感系数为 $6.0 \times 10^{-3}\,\mathrm{H}$ 的螺线管?

11-12 一截面为长方形的螺线管, 其尺寸如习题 11-12 图所示, 共有 N 匝, 求此螺线管的自感.

11-13 一圆形线圈由 50 匝表面绝缘的细导线绕成, 圆面积 $S = 4.0\,\mathrm{cm^2}$, 放在另一个半径为 $R = 20\,\mathrm{cm}$ 的大圆形线圈中心, 两者同轴, 如习题 11-13 图所示. 大圆形线圈由 100 匝表面绝缘的导线绕成. 求:

(1) 两线圈间的互感系数;

(2) 当大线圈导线中电流每秒减少 50 A 时, 小线圈中的感生电动势为多少?

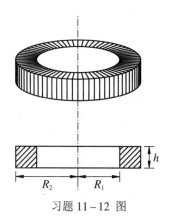

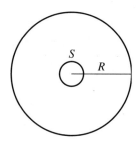

习题 11-12 图　　　　　　　　习题 11-13 图

11-14 两个螺线管, 单位长度的匝数分别为 n_1 和 n_2, 横截面积分别为 S_1 和 S_2, 且 $S_1 < S_2$, 长度分别为 l_1 和 l_2, $l_1 < l_2$. 将螺线管 1 同轴地放入螺线管 2 内部, 求它们之间的互感系数.

11-15 有两根相距为 d 的无限长平行直导线, 它们通以大小相等流向相反的电流, 且电流均以 $\mathrm{d}I/\mathrm{d}t$ 的变化率增长. 若有一边长为 d 的正方形线圈与两导线处于同一平面内, 如图所示. 求:

(1) 双导线与线圈之间的互感系数;

(2) 线圈中的感应电动势.

11-16　如习题 11-16 图 所示, 两个共轴线圈, 半径分别为 R 和 r, 且 $R \gg r$, 匝数分别为 N_1 和 N_2, 相距为 l. 求两线圈的互感系数.

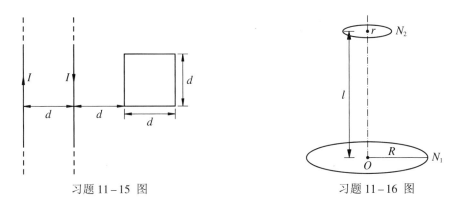

习题 11-15 图　　　　　　　　　　　　习题 11-16 图

11-17　一个 40 mH 的螺线管在不发生过热现象的条件下, 允许流过的最大电流为 6.0 A. 问螺线管中储存的最大能量是多少? 电流多大时, 储能是最大值的一半?

11-18　需要多大的能量才能在 1.0 m³ 的空间中建立起大小为 1.0 T 的均匀磁场?

11-19　在真空中, 若一均匀电场中的电场能量密度与一 0.50 T 的均匀磁场中的磁场能量密度相等, 该电场的电场强度为多少?

11-20　试证明平行板电容器中的位移电流可写为

$$I_d = C \frac{dU}{dt}$$

式中 C 为电容器的电容, U 是两极板的电势差. 如果不是平行板电容器, 上式是否成立?

第四篇
波 与 粒 子

波动是物质的一种常见的运动形式. 早期人们认识到的水面波、声波和弦上的波都是波动的例子, 它们属于机械波. 干涉、衍射和偏振都是波动所特有的现象. 惠更斯提出波前和子波的概念成功解释了波的衍射现象. 19 世纪初, 杨氏干涉实验首次证实了光是一种波, 1815 年, 菲涅尔发展了惠更斯原理的内容, 建立了惠更斯 – 菲涅尔原理, 成功地解释了光的衍射.

自 19 世纪 60 年代麦克斯韦方程组问世以后, 由于麦克斯韦方程组中隐含着一组有关电场强度和磁场强度的波动方程, 所以有了电磁波的预言. 1888 年, 赫兹利用电容器放电的振荡性质设计制作了电磁波源和电磁波检测器, 首次通过实验检测到电磁波并测定了电磁波的波速. 光与电磁现象的一致性使人们认识到光是电磁波的一种, 产生了光的电磁理论.

1901 年, 普朗克通过能量子假说成功解释了困扰人们很久的黑体辐射的实验规律. 1905 年爱因斯坦借鉴能量子假说提出了光子的概念, 成功解释了光电效应实验. 而从麦克斯韦方程组无法导出普朗克和爱因斯坦的结论, 于是人们又重新认识到光有粒子性的一面. 在光的波粒二象性的启发下, 德布罗意于 1924 年提出一个假说, 认为不仅光具有波粒二象性, 传统意义下的粒子也具有波粒二象性. 1927 年海森堡的不确定原理给出了波粒二象性的数学描述. 在此基础上, 玻恩、玻尔、薛定谔和狄拉克等人共同创立了量子力学, 打开了人们研究微观世界的窗口.

随着人们对微观世界认识的不断深入, 发现越来越多的粒子其实还有内部结构, 所谓的基本粒子其实还能再分割成更基本的粒子, 高能物理的发展为发现新粒子提供了手段, 使基本粒子的家族不断充实和壮大.

第 12 章 波 动

12.1 简谐波

12.1.1 波动及其分类

波动 (简称波) 是一个物理量的振动在空间逐点传播时形成的运动形式. 波的传播总是伴随着能量的传输.

波存在于我们生活的世界中, 地震也许是世界上最危险的震动和波动了. 我们听到的声音是一种波, 看到的光也是一种波, 没有波我们无法听见声音, 也看不见物体; 没有波, 我们甚至无法生存. 无论是水波不兴还是大浪滔天, 都是水波的行为表现. 电视、移动电话机、收音机应用电磁波工作.

下面介绍波动的几种分类方法.

根据波的性质, 波可分为机械波、电磁波、物质波. 有关物质波的内容, 我们将在后面介绍.

机械波是机械振动的传播. 机械波对我们来说非常熟悉, 例如水波、声波等. 这些波具有的共同特征是, 它们都遵从牛顿运动定律, 并且只能在介质中存在和传播, 例如水、空气及其他介质.

电磁波是电磁振动的传播. 电磁波的传播不需要介质, 所有电磁波在真空中都以光速传播.

按波的传播方向与振动方向之间的关系, 波可分为横波和纵波.

振动方向与传播方向垂直的波动叫做横波. 例如图 12–1 中绳上的波, 绳上任意点 P 上、下振动, 由于 P 点的质点与和它相邻的质点之间的弹性力或准弹性力, 带动相邻质点上、下振动, 使波沿绳子传播开来. 振动方向与传播方向平行的波称为纵波. 在纵波中, 质点振动方向与波的传播方向平行, 在一条直线上, 介质的密度交替发生变化, 声波就是纵波. 在图 12–2 中, 弹簧一端的水平振动会沿着弹簧本身传播出去, 弹簧上每个质点都沿水平方向振动.

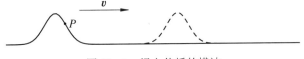

图 12–1 绳上传播的横波

在固体中, 可以同时存在横波和纵波, 横波来自于切向扰动, 纵波来自于伸缩扰动. 地震波既含有纵波, 也含有横波. 流体由于其流动性, 不能承受切向应力. 所以, 纵波可以在流体内部传播, 而横波不能. 但是引力和表面张力能够提供横向回复力, 因此横波可沿着流体表面传播.

图 12-2 弹簧上传播的纵波

需要指出的是, 波动是振动状态的传播, 介质本身并不随着波向前迁移. 例如, 图 12-1 中绳子上的每个质点只能在竖直方向运动, 不存在水平方向的迁移; 再如图 12-2 中弹簧上的每个质点都在其平衡位置附近作水平方向的振动, 但没有沿着弹簧作定向运动. 稍微复杂一点的是深水表面的水波, 水面上任一质元的运动是横波和纵波的叠加, 导致每一质元的运动轨迹接近于圆形, 相对于其平衡位置, 在水平和竖直方向上均发生位移. 但是, 它们并未沿水面作定向的大范围移动.

另外, 波动还有其他分类方法. 按波面形状, 可分为平面波、球面波、柱面波等; 按波的复杂程度, 可分为复波和简谐波; 按持续时间, 可分为连续波和脉冲波.

12.1.2 波动的表示方法

我们知道, 振动可以表示为时间的函数. 这意味着波的传播路径上, 每一点的振动都可以表示成时间的函数, 在波的传播路径上不同点的振动不完全相同. 因此, 描述波动的波函数既是时间的函数, 又是空间坐标的函数. 所以, 一般情况下, 对波动的数学描述要比对振动的数学描述更复杂. 下面, 我们以弦上的横波为例, 说明波函数的特点.

考虑一条沿 x 轴伸展的弦, 弦的一端 ($x = 0$) 通过外在因素按照函数 $y(0,t) = f(t)$ 运动, 结果产生了一列沿 x 方向传播、波速为 v 的横波. 弦上任意点 (坐标为 x) 都复制原点的运动, 但是时间会滞后 x/v (波以速率 v 传播距离 x 所需要的时间), 所以波动可以写成

$$y(x,t) = f\left(t - \frac{x}{v}\right) \tag{12.1}$$

的形式. 虽然描述波的函数有两个自变量 (x 和 t), 但它们一定以 $t - x/v$ 的特殊形式出现, 这样才能够使波沿 x 方向传播时, 坐标为 x 的点在时刻 $t = x/v$ 重复原点的振动 (图 12-3).

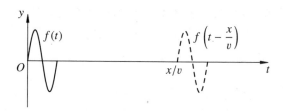

图 12-3 原点的振动经时间 x/v 后在坐标 x 处重现

另一方面, 设 $t = 0$ 时刻的波形为 $y(x,0) = f(x)$, 则 t 时刻, 这列波必然沿 x 轴传播了 vt 的距离, 如图 12-4 所示. 这就意味着, t 时刻的波形必然是初始时刻的波形沿 x 轴平移了 vt 距离后的结果, 即

$$y(x,t) = f(x - vt) \tag{12.2}$$

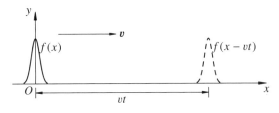

图 12-4 波形沿传播方向平移

波函数中的自变量以 $x - vt$ 的形式出现.

在上面的讨论中, 我们假定波沿 x 正方向传播. 对于沿 x 轴反方向传播的波, 按相同的方法可得, 自变量一定以 $t + x/v$ 或 $x + vt$ 的特殊形式出现.

总之, 在 x 轴上传播的波, 其波函数总可以写成 $t \pm x/v$ 或 $x \pm vt$ 的函数式. 若 x 和 t 异号, 则波沿 x 正轴方向传播; 若 x 和 t 同号, 则波沿 x 反方向传播.

波的传播速度取决于介质的性质, 例如空气中的声速为 $340 \text{ m} \cdot \text{s}^{-1}$, 而在氢气中, 声速可达 $1000 \text{ m} \cdot \text{s}^{-1}$. 固体中的波速与固体物质的切变模量、弹性模量以及密度有关. 液体中的波速取决于液体的体积模量和密度, 弦线中的波速与弦中的张力、弦线的线质量密度 (单位长度的质量) 有关. 表 12-1 中列出了机械波的波速公式.

表 12-1 机械波的波速公式

介质形态	固体	固体	液体	弦线
波速公式	$v = \sqrt{\dfrac{G}{\rho}}$ (横波)	$v = \sqrt{\dfrac{E}{\rho}}$ (纵波)	$v = \sqrt{\dfrac{K}{\rho}}$	$v = \sqrt{\dfrac{F}{\rho_l}}$

表中 G 和 E 分别表示固体材料的剪切模量和杨氏模量, F 表示弦中的张力, ρ 和 ρ_l 分别表示介质的质量密度和线质量密度. 在流体中只能形成和传播纵波, K 为流体的体积弹性模量, 表示流体发生单位体积的形变时需要增加的压强. 三个弹性模量的单位均为 Pa. 由以上波速公式可知, 波在弹性介质中的传播速率决定于弹性介质的弹性和惯性, 弹性模量是介质弹性的反应, 密度则是介质惯性的反应.

12.1.3 简谐波的描述

周期性波动由周期性振动形成, 周期波一遍一遍地重复同样的波形, 每个重复片段有一定的能量产生, 然后再把这些能量输送出去. 把一些石子平稳有序地投入水中, 可激发周期水波; 握住绳子的一端, 一遍一遍地以同样的方式上下抖动绳子, 可以在绳中产生周期波. 当周期波沿绳子传播的时候, 绳上每点都以同样的方式上下振动, 只是不同位置有不等的时间延迟. 音乐通常是周期波, 而噪声则是非周期波. 当我们人类以稳定的音调唱出元音的时候, 就发出了周期声波, 而大多数辅音则是非周期的.

简谐波是一种特殊的周期波, 它是简谐振动在空间传播时形成的. 简谐波可用正弦或余弦函数表示. 设波源位于原点, 波源作简谐振动的表达式为

$$y(t) = A \cos(\omega t + \phi)$$

根据式 (12.1), 波沿 x 轴正方向以速率 v 传播时该简谐波的波函数为

$$y(x,t) = A\cos\left[\omega\left(t - \frac{x}{v}\right) + \phi\right] \tag{12.3}$$

从上式可以看出, 波的传播路径上任意一点, 都在作振幅为 A, 角频率为 ω 的简谐振动, 所以 A 和 ω 叫做简谐波的振幅和角频率, ϕ 也被称为简谐波的初相位.

对于空间任一点, 使周期波的相位改变 2π 对应的时间间隔叫做该波的周期, 用 T 表示. 显然, 对于简谐波, 周期与角频率之间仍然满足式 (5.8).

下面, 我们依照周期的定义, 引入波长的概念. 任意时刻 t_0, 使周期波的相位改变 2π 对应的空间距离叫做该波的波长, 用 λ 表示. 对于简谐波, 由波长的定义, 有

$$\omega\left(t_0 - \frac{x+\lambda}{v}\right) + \phi - \left[\omega\left(t_0 - \frac{x}{v}\right) + \phi\right] = -2\pi$$

式中右端的负号表示坐标为 $x+\lambda$ 处的相位落后于坐标为 x 处的相位, 即经过距离 λ 后相位发生了延迟. 由上式可得

$$\lambda = \frac{2\pi v}{\omega} = \frac{v}{\nu} = \nu T \tag{12.4}$$

式中 $\nu = \omega/2\pi$ 表示波的频率, T 表示时间周期, 我们也可以把 λ 当作 "空间周期". 利用式 (12.4) 将式 (12.3) 改写为

$$y(x,t) = A\cos\left(\omega t - \frac{2\pi}{\lambda}x + \phi\right) \tag{12.5}$$

令

$$k = \frac{2\pi}{\lambda} \tag{12.6}$$

则简谐波还可以写成下面的形式:

$$y(x,t) = A\cos(\omega t - kx + \phi) \tag{12.7}$$

k 称为角波数, 其单位为 $\mathrm{rad \cdot m^{-1}}$. 角波数与角频率和波速通过下式相联系:

$$k = \frac{\omega}{v} \tag{12.8}$$

综上所述, 简谐波由振幅、角频率 (或频率、周期)、初相位和角波数 (或者波长、波速) 共同描述, 其中前三者与描述简谐振动的参数完全相同. 另外, 相位中时间 t 与坐标 x 前的系数如果同号, 表示波沿 x 轴的反方向传播; 如果异号, 表示波沿 x 轴正方向传播.

例 12.1 一横波在沿绳子传播时的波动函数为

$$y = 0.2\cos(2.5\pi t - \pi x) \text{ m}$$

(1) 求波的振幅、波速、频率及波长.

(2) 求绳上质点振动时的最大速度.

(3) 分别画出 $t = 1\,\mathrm{s}$ 时的波形和 $x = 1\,\mathrm{m}$ 处质点的振动曲线.

解 (1) 由波函数可以读出角频率 $\omega = 2.5\pi\,\mathrm{rad \cdot s^{-1}}$, 波数 $k = \pi\,\mathrm{rad \cdot m^{-1}}$, 振幅 $A = 0.2\,\mathrm{m}$. 由此可得频率、波速和波长分别为

$$\nu = \frac{\omega}{2\pi} = 1.25\,\mathrm{Hz}, \quad v = \frac{\omega}{k} = 2.5\,\mathrm{m \cdot s^{-1}}, \quad \lambda = \frac{2\pi}{k} = 2\,\mathrm{m}$$

(2) 质点振动时的速度

$$v = \frac{\mathrm{d}y}{\mathrm{d}t} = -0.5\pi \sin(2.5\pi t - \pi x) \ \mathrm{m \cdot s^{-1}}$$

因此, 振动的最大速度为 $0.5\pi \ \mathrm{m \cdot s^{-1}}$.

(3) $t = 1$ s 时的波形和 $x = 1$ m 处质点的振动曲线分别示于图 12−5(a) 和图 12−5(b).

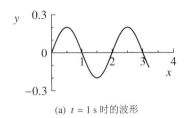

(a) $t = 1$ s 时的波形

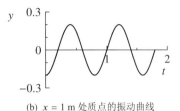

(b) $x = 1$ m 处质点的振动曲线

图 12−5

例 12.2 波源作简谐运动, 振幅为 0.10 m, 周期为 0.02 s, 若该振动以 $100 \ \mathrm{m \cdot s^{-1}}$ 的速度沿直线传播, 设 $t = 0$ s 时, 波源处的质点经平衡位置向正方向运动, 求:

(1) 距波源 15 m 处质点的运动方程和初相位;

(2) 同一时刻距波源 16 m 和 17 m 处两质点间的相位差.

解 (1) 由题意可知, $\lambda = vT = 2$ m, $k = 2\pi/\lambda = \pi \ \mathrm{rad \cdot m^{-1}}$, $\omega = 100\pi \ \mathrm{rad \cdot s^{-1}}$, 波源的初相位 $\phi = -\pi/2$ rad. 由式(12.7)知, $x = 15$ m 处质点的运动方程为

$$y(t) = 0.10\cos\left(100\pi t - 15\pi - \frac{\pi}{2}\right) \mathrm{m} = 0.10\cos(100\pi t - 15.5\pi) \ \mathrm{m}$$

初相位为 -15.5π rad.

(2) 同一时刻距波源 16 m 和 17 m 处两质点间的相位差 $\Delta\varphi = k(x_2 - x_1) = \pi$ rad.

12.1.4 波面 波线

式 (12.7) 表示的简谐波的相位为 $\omega t - kx + \phi$, 可以看出, 任意时刻相位相等的点的集合构成空间一个平面, 这个平面就是该简谐波的等相位面, 所以式 (12.7) 表示的简谐波也叫平面简谐波. 一般而言, 波的等相位面, 即任意时刻相位相等的点的集合构成的空间曲面称为波面. 同一时刻, 不同的相位对应于不同的波面. 某一时刻, 波传播到最前面的波面称为波前.

波面为平面的波叫平面波, 波面为球面的波叫球面波, 波面为柱面的波叫柱面波. 点波源在各向同性的均匀介质中向各方向发射的波就是球面波, 各波面都以波源为球心. 距离点波源很远的地方, 空间任意有限区域内各球面的曲率都很小了, 可近似看作相互平行的平面, 所以可近似为平面波. 从无限长直线上发出的波, 在各向同性均匀介质中波面为一系列以该直线为轴的柱面, 所以是柱面波.

沿着波的传播路径作一些带箭头的线, 叫做波线, 波线指向波的传播方向. 在各向同性介质中, 波线总是与波面垂直. 平面波的波面为垂直于波面的一系列平行直线. 球面波的波线是垂直于各球面的径向直线.

12.1.5   简谐波的能量密度和能流密度

我们可以在绳上悬挂一物体, 并且施加一竖直方向的振动, 产生一脉冲波向右传播, 当脉冲波经过悬挂的物体时, 物体发生向上的位移. 这说明在这个过程中, 能量传递给了悬挂的物体并且物体的势能增大了. 这个实验直观地演示了波在介质中传播时必然伴随着能量的传播.

我们以一维正弦波为例讨论能量传递的速率. 假设外界在一根水平弦线的左端施力对其做功并使弦线左端上下振动, 能量传递给弦线, 并且沿绳子传播, 如图 12–6 所示. 弦线上每个质元都以相同的角频率 ω 和振幅 A 在竖直方向作简谐振动. 设弦线的线质量密度为 ρ_l, 则弦上长为 $\mathrm{d}x$ 的一段质元的质量为 $\mathrm{d}m = \rho_l \mathrm{d}x$, 动能为

$$\mathrm{d}E_\mathrm{k} = \frac{1}{2}(\rho_l \mathrm{d}x)v_y^2$$

式中 v_y 为质元的横向振动速度. 将 v_y 的表达式代入上式, 得

$$\mathrm{d}E_\mathrm{k} = \frac{1}{2}\rho_l \omega^2 A^2 \sin^2(\omega t - kx)\mathrm{d}x$$

上式中我们假设简谐波的初相位为零, 但这样做并不影响下面的讨论, 只要选择合适的计时起点, 很容易使初相位为零.

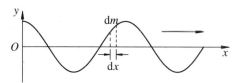

图 12–6   简谐波在张紧的弦线上向右传播

除了具有动能, 每一质元离开平衡位置时由于回复力作用具有弹性势能, 通过类似的分析可得任意时刻 t 质元 $\mathrm{d}m$ 的弹性势能为

$$\mathrm{d}E_\mathrm{p} = \frac{1}{2}\rho_l \omega^2 A^2 \sin^2(\omega t - kx)\mathrm{d}x$$

质元 $\mathrm{d}m$ 的总机械能为

$$\mathrm{d}E = \rho_l \omega^2 A^2 \sin^2(\omega t - kx)\mathrm{d}x$$

由此可得单位长度弦线上的波的能量为 $\rho_l \omega^2 A^2 \sin^2(\omega t - kx)$.

上面的结果是从弦线上的横波得到的, 这个结果可以推广到三维空间的横波和纵波. 三维空间中单位体积的波的能量叫做波的能量密度, 用 w 表示. 可以证明, 机械波的能量密度可以表示为

$$w = \rho \omega^2 A^2 \sin^2(\omega t - kx) \tag{12.9}$$

式中 ρ 为介质的密度. 上式表明, 机械波的能量密度与振幅的平方、频率的平方和介质密度的乘积成正比. 同一位置波的能量密度通常是时间的函数, 随时间周期性变化. 对式 (12.9)

求一个周期 (π/ω) 的平均值, 可得坐标 x 处单位体积的平均能量 (称为平均能量密度)

$$\overline{w} = \frac{1}{\pi/\omega} \int_0^{\pi/\omega} \rho\omega^2 A^2 \sin^2(\omega t - kx) \mathrm{d}x = \frac{1}{2}\rho\omega^2 A^2 \tag{12.10}$$

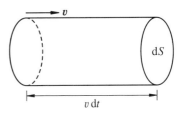

图 12−7　能流密度的推导

既然能量随着波的传播在介质中传递, 那么就有必要引入一个物理量描述能量传递的快慢. 单位时间通过某面积的波的能量称为通过该面积的能流. 单位时间内通过垂直于波的传播方向的单位面积的能流, 称为能流密度. 它是一个矢量, 其方向定义为能量传递的方向. 平均能流密度又称波的强度, 用 I 表示, 在 SI 中的单位是 $\mathrm{W \cdot m^{-2}}$. 声波的强度叫声强, 光波的强度叫做光强. 在图 12−7 中, $\mathrm{d}t$ 时间内垂直通过面元 $\mathrm{d}S$ 传递的平均能量为 $\overline{w}\mathrm{d}Sv\mathrm{d}t$, 因此波的强度为

$$I = \frac{\overline{w}\mathrm{d}Sv\mathrm{d}t}{\mathrm{d}S\mathrm{d}t} = \overline{w}v \tag{12.11}$$

机械波的平均能流密度为

$$I = \frac{1}{2}\rho\omega^2 A^2 v \tag{12.12}$$

人耳可以感受到很大范围的声波的强度, 该范围很宽, 用对数表示更方便, 称为声强级 (用 L 表示).

$$L = 10\log\frac{I}{I_0} \tag{12.13}$$

其中 $I_0 = 1.00 \times 10^{-12} \ \mathrm{W \cdot m^{-2}}$, 表示人耳能感受到的最低声强; I 为声强级 L 对应的声强, 声强级的单位为贝尔 (B), 更常用的是分贝 (dB), 1 B = 10 dB. 引起人耳痛觉的声强约为 $1.00 \ \mathrm{W \cdot m^{-2}}$, 对应着声强级为 120 dB.

长时间暴露在高的声强下会引起听觉的损伤, 研究表明声音污染(噪声)会引起高血压、紧张焦虑、神经过敏等.

表 12−2　常见声源的声强级

声源	声强级/dB	声源	声强级/dB
飞机附近	150	通常讲话	50
手提电钻、机关枪	130	蚊子的嗡嗡声	40
摇滚音乐会	120	低声细语	30
动力割草机	100	微风吹动的树叶	10
交通繁忙的大街	80	听觉的最低阈值	0

12.2　波的叠加

12.2.1　波的叠加原理

在前面的讨论中, 我们只涉及只有一列波的情形. 如果有多列波同时从空间某处经过, 它们之间会不会互相影响呢? 交响乐演奏时, 人们能分辨出不同乐器的声音; 几个人同时讲话时, 人们也可分辨出每个人讲话的声音. 这些现象表明, 同时有多列波传播时, 一列波的传播不因其他波的存在而受影响.

　　具有小振幅的几列波在传播过程中, 在空间某一区域相遇后再分开, 之后各自按照单独存在时的方式传播, 仍保持各自原有的特性 (频率、波长、振动方向等), 继续沿原来的传播方向前进, 这称为波的独立传播原理. 但是, 在多列波相互交叠的区域, 任意点的振动等于每列波在该点单独引起的振动的矢量和. 这个规律叫做波的叠加原理.

　　根据波的叠加原理, 我们就可以知道在多列波共存的区域各点的振动情况. 波的叠加原理的意义还在于, 可将一列复杂的波分解为多列简谐波的组合, 就像任何一个周期性的振动都可以分解为多个简谐振动的组合一样.

12.2.2　波的干涉

　　一般情况下, 两列或多列波在同一点叠加的结果是非常复杂的. 在这里, 我们只研究其中一种简单而有规律的情形. 如果两列或多列波的频率相等、振动方向相同、彼此初相位差恒定, 那么它们在同一点相遇时, 各列波在该点上的振动具有恒定的相位差, 空间不同的点的相位差不同, 但都与时间无关. 在空间某些点, 振动始终加强; 而在另外一些点, 振动始终减弱, 形成波的强度在空间稳定分布的现象, 称为波的干涉现象. 能够产生干涉现象的波称为相干波, 它们必须满足频率相同、振动方向相同并且相位差恒定的条件, 这些条件称为相干条件. 激发相干波的波源, 称为相干波源.

　　如图 12–8 所示, 位于 S_1 和 S_2 处的两相干波源, 它们发出的相干波在空间某一点 P 相遇, S_1 和 S_2 到点 P 的距离分别为 r_1 和 r_2. 假设波源 S_1 和 S_2 的振动方向垂直于 S_1, S_2 和 P 所在的平面, 两波源均为简谐振动, 即

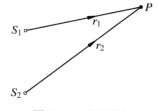

图 12–8　相干叠加

$$y_1 = A_{10} \cos (\omega t + \phi_1)$$

$$y_2 = A_{20} \cos (\omega t + \phi_2)$$

式中, ω 为两个波源的振动角频率; ϕ_1 和 ϕ_2 为它们的初相位. 波到达 P 点的振幅分别为 A_1 和 A_2, 则点 P 处两列波产生的振动分别为

$$y_{1P} = A_{10} \cos (\omega t + \phi_1 - kr_1)$$

$$y_{2P} = A_{20} \cos (\omega t + \phi_2 - kr_2)$$

式中 k 为角波数. 根据波的叠加原理, 并利用同方向同频率简谐振动的合成公式, 可得点 P 的振动为

$$y_P = y_{1P} + y_{2P} = A \cos (\omega t + \phi)$$

其中 A 是合振动的振幅,

$$A = \sqrt{A_1^2 + A_2^2 + 2A_1 A_2 \cos [\phi_2 - \phi_1 - k(r_2 - r_1)]}$$

合振动的初相位 ϕ 由下式确定:

$$\tan \phi = \frac{A_1 \sin (\phi_1 - kr_1) + A_2 \sin (\phi_2 - kr_2)}{A_1 \cos (\phi_1 - kr_1) + A_2 \cos (\phi_2 - kr_2)}$$

因为两列相干波在空间任一点 P 引起的两个振动的相位差

$$\Delta\varphi = \phi_2 - \phi_1 - k(r_2 - r_1)$$

不随时间变化, 所以 P 点的合振幅也不随时间变化. 当

$$\Delta\varphi = 2m\pi, \quad m = 0, \pm1, \pm2, \cdots$$

时, 合振动的振幅具有最大值, $A = A_1 + A_2$, 表示该点振动加强, 称为干涉加强, 或相长干涉. 当

$$\Delta\varphi = (2m+1)\pi, \quad m = 0, \pm1, \pm2, \cdots$$

时, 合振动的振幅具有最小值, $A = |A_1 - A_2|$, 表示该点振动减弱, 称为干涉减弱, 或相消干涉. 由于波的强度与振幅的平方成正比, $I \propto A^2$, 所以两相干波源在它们产生干涉的空间任一点 P 的波强可以表示为

$$I = I_1 + I_2 + 2\sqrt{I_1 I_2}\cos\Delta\varphi \tag{12.14}$$

波强随相位差的变化曲线示于图 12-9. 从图中可以看到, 从相长干涉到相消干涉的波强并未发生突变, 波的强度是连续变化的, 相长干涉和相消干涉的位置只是干涉波强度的极大值和极小值所在的地方. 图 12-10 为作简谐振动的两个点波源位于相距 2λ 的 S_1 和 S_2 两点, 在空间产生的干涉现象, 图中显示了两个波源所在平面上的波强分布.

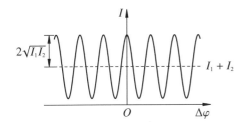

图 12-9　干涉波强随相位差的变化曲线

图 12-10　两个点波源的干涉现象

12.2.3 驻波

行波的特点是波峰和波谷的位置随时间变化. 现在我们讨论两列振动方向相同、振幅和频率相等、沿相反方向传播的同类波, 它们相干叠加后形成一种波峰和波谷不随时间变化的波, 称为驻波.

设弦线一端固定, 使另一端轻轻振动, 则在弦线上同时有两列相向传播的行波 (入射波和由固定端反射回来的反射波). 如果弦线两端固定, 只要在弦线上任一点产生连续的振动, 则波就会在弦线中来回反射, 并在弦线上叠加. 如果满足一定的条件, 相向传播的行波就会发生干涉, 形成驻波, 所以驻波实际上是两列波发生干涉的一种特殊形式.

如图 12-11 所示, 以长度为 l 的弦线两端固定, 通过某种方式让弦上产生横向振动, 建立弦上的横波. 不妨假设向右传播的行波为入射波, 其表达式为

$$y_1(x, t) = A\cos(\omega t - kx)$$

k 为角波数. 反射波必然向 x 轴的反方向传播, 不妨设其表达式为

$$y_2(x, t) = A' \cos (\omega t + kx + \phi), \quad 0 \leqslant \phi < 2\pi$$

两列波叠加后, 在弦线上每一点的振动为 $y(x, t) = y_1(x, t) + y_2(x, t)$.

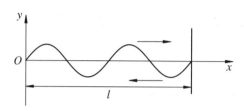

图 12-11 两端固定的弦线

下面根据边界条件确定反射波的振幅和初相位. 因为弦的左端固定, 所以 $y(0, t) = 0$ 对于任意时刻 t 都成立; 又因为弦的右端固定, 所以 $y(l, t) = 0$. 将入射波和反射波的表达式代入这两个边界条件, 可得 $A' = A, \phi = \pi$, 以及 $k = m\pi/l, m = 1, 2, 3, \cdots$. 于是弦上各点的振动可以化为

$$y(x, t) = 2A \sin \frac{m\pi x}{l} \cos \left(\omega t + \frac{\pi}{2} \right) \tag{12.15}$$

这就是驻波的波函数. 式 (12.15) 表明, 驻波的特点是各点振幅仅与位置有关, 与时间无关. 形成驻波时, 弦线上各点作振幅为 $|2A \sin(n\pi x/l)|$、角频率皆为 ω 的简谐振动. 下面作进一步的讨论:

(1) 由 $k = 2\pi/\lambda = m\pi/l$, 可得

$$l = m \frac{\lambda}{2}$$

这就是形成驻波时弦长必须满足的条件, 即只有弦长为半波长的整数倍时, 才能形成驻波.

(2) 弦线上坐标为

$$x = \frac{n}{m} l, \quad m = 1, 2, \cdots; n = 0, 1, \cdots, m$$

的点振幅为零, 这些点叫做波节.

(3) 弦线上坐标为

$$x = \frac{n + 1/2}{m} l, \quad m = 1, 2, \cdots; n = 0, 1, \cdots, m$$

的点振幅最大, 这些点叫做波腹.

(4) 相邻波节 (或波腹) 间的距离为 $\lambda/2$.

图 12-12 表示弦长分别为 $\lambda/2$, λ 和 $3\lambda/2$ 时, 弦线上各点振动的最大值和最小值.

12.2.4 波的衍射 惠更斯原理

如图 12-13 所示, 从 S 发出的水波被挡板 AA' 和 BB' 挡在了波的传播路径上, 两块挡板之间留有一条窄缝 $A'B$. 结果, 在挡板后面出现了图中显示的水波纹, 就像它们是从 $A'B$ 发出的一样. 这种在波的传播过程中, 遇到障碍物发生的波线弥散性偏折, 绕过障碍物的现

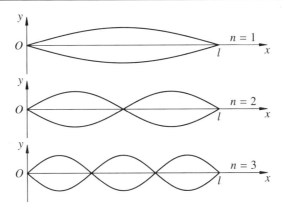

图 12-12 弦线上各点的位移分布

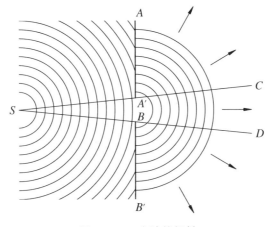

图 12-13 水波的衍射

象, 叫做波的衍射现象. 衍射是波的重要特征之一. 如果没有衍射, 水波只能在 CSD 围成的扇形区域传播, 而现在由于衍射, 在两块挡板后面出现了水波纹.

实验发现, 只有缝的宽度跟波长相差不多或者比波长更小时, 才能观察到明显的衍射现象. 相对于波长而言, 障碍物的线度越大衍射现象越不明显, 障碍物的线度越小衍射现象越明显. 1678年, 惠更斯提出了一种非常有效的几何方法用于解释波的行为, 例如波的衍射等, 该方法被称为惠更斯原理. 其内容如下: 行进中的波面上的所有点都可看成发射球面次波 (或子波) 的点波源, 而此后的任一时刻这些次波的包络面就是新的波前. 例如, 图 12-14 中, t 时刻的平面波波前为平面 S_1, 按照惠更斯原理, S_1 上的每一个点均可看成一个点波源, 以这些点为球心, 以 $v\Delta t$ 为半径作球面 ($v\Delta t$ 表示在这段时间内波传播的距离), 作这些球面包络面, 得到新的波前 S_2, 这就是 $t + \Delta t$ 时刻新的波前. 同理, 对于球面波 (图 12-15), t 时刻的波前为球面 S_1, 以 S_1 上的次波源为球心, 以 $v\Delta t$ 为半径作无数个球面, 它们的包络面为新的波前 S_2. 因此, 惠更斯原理可以解释波在传播过程中波面保持延续性.

惠更斯原理还可以解释波的衍射现象. 如图 12-16 所示, 平面波遇到狭缝时, 缝上每个点可看作新的次波源, 以这些次波源为中心的球面次波的包络面不再是平面, 靠近缝的边缘处, 波前弯曲, 波面呈发散状, 相当于平面波绕过了形成狭缝的挡板.

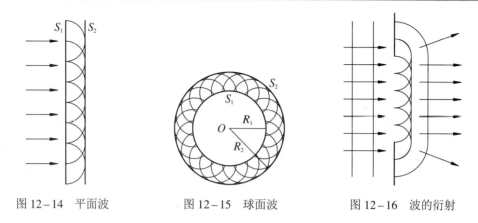

图 12-14　平面波　　　　　图 12-15　球面波　　　　　图 12-16　波的衍射

需要说明的是, 障碍物或孔径的大小, 并不是决定衍射能否发生的条件, 它只是衍射现象是否容易观察的因素. 相对于障碍物或小孔而言波长越长, 越容易产生显著的衍射现象.

12.3　多普勒效应

当高速行驶的火车鸣笛而来时, 人们听到汽笛的音调变高; 而火车鸣笛离去的时候, 人们听到的音调变低. 人们听到的音调变高说明听者接收到的频率变大, 反之, 音调变低说明听者接收到的频率变小. 当波源或观察者相对于波介质运动时, 观察者测得的频率与波源的振动频率不相等的现象称为多普勒效应. 频率的改变量叫做多普勒频移. 根据多普勒频移的程度, 可以计算出波源沿着观测方向运动的速度.

为了简便地计算多普勒频移, 我们只考虑波源和观察者都在它们的连线上相向或相背运动的情形. 以 v_0 表示观察者相对于介质的速度, 以趋近波源为正, 背离波源为负; 以 v_s 表示波源相对于介质的速度, 以趋近观察者为正. 当波源和观察者都相对于介质静止时, 观察者测得的频率就是波源振动的频率,

$$\nu = \frac{v}{\lambda}$$

式中, v 表示波的传播速度, λ 为波长.

当波源朝向相对于介质静止的观察者运动时, 如图 12-17 所示, 相邻圆环的间距为一个波长, 图中由于波源的运动, 使波的传播方向的圆环被挤压, 观察者 o 接收到的波长 λ' 变短, 小于波源相对于介质静止时的波长 λ. 在一个周期内, 波源移动的距离为 $v_s T = v_s/\nu$, 波长缩短了该距离, 因此观察者观测到的波长为 $\lambda' = \lambda - v_s/\nu$, 频率为

$$\nu' = \frac{v}{\lambda'} = \frac{v}{\lambda - \dfrac{v_s}{\nu}} = \frac{v}{v - v_s}\nu \tag{12.16}$$

图中波源右侧的观察者测得的频率变大, 波长变短. 假如波源左侧有一观察者, 测出波源的速度为负值, 频率变小, 波长变长. 波源的速率越大, 所产生的频移越大.

当观察者向着相对于介质静止的波源运动时, 波在介质中各方向的传播速度相同, 相邻波前之间的距离均为一个波长, 如图 12-18 所示. 这时波相对于观察者的传播速度为

$v' = v + v_o$, 但是波长未变. 根据频率与波速之间的关系可得观察者接收到的频率

$$\nu' = \frac{v'}{\lambda} = \frac{v + v_o}{\lambda} = \frac{v + v_o}{v}\nu \tag{12.17}$$

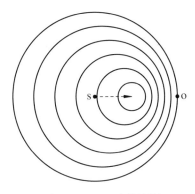

图 12-17　运动的波源

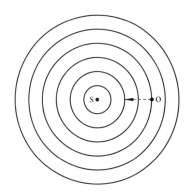

图 12-18　运动的观察者

当波源和观察者相对于介质同时运动时, 综合上述两种情况分析, 不难得到 (读者可自己证明), 观察者接收到的频率为

$$\nu' = \frac{v + v_o}{v - v_s}\nu \tag{12.18}$$

例 12.3　一列火车鸣响汽笛以 10.0 m·s^{-1} 的速率接近站台. 站台上一位音乐家听到的汽笛声为 "中音 C", 其频率为 261 Hz. 当时无风, 声速为 340 m·s^{-1}. 火车停下时站台上的音乐家听到的汽笛声频率为多少?

解　在这种情况下, 汽笛作为声源正在运动, 而观察者静止, $v_o = 0$. 声源向着观察者运动, $v_s = 10.0$ m·s^{-1}. 观察者观测到的频率 $\nu' = 261$ Hz 要高于声源发出的频率. 当火车静止时, 观测到的频率等于声源频率. 根据式 (12.18) 可得

$$\nu = \frac{v - v_s}{v}\nu' = 253 \text{ Hz}$$

由于多普勒效应, 当波源朝向观察者运动时, 观测到的频率增大; 当波源背离观察者运动时, 观测到的频率减小.

光波也会发生多普勒效应. 当光源与观察者接近时, 测量到光的频率增加; 当光源远离观察者时, 测得光的频率降低. 频率增加被称为 "蓝移", 频率降低被称为 "红移". 例如, 通过测量遥远的星系发射的光的红移可以计算出它们后退的速度. 一个快速旋转的恒星在转离我们的一侧显示红移, 而在转向我们的一侧发生蓝移. 科学家可根据多普勒效应计算出恒星的旋转速度.

当波源运动的速度和波的传播速度一样大时, 会发生一些有趣的事情. 波会堆积到波源的前面. 一只小虫以恒定的频率轻拍水面, 会在平静的池塘激起水波纹. 假如踩水的小虫恰以波速在水面上运动, 那么小虫就会随着它产生的波的前缘一起向前运动. 当小虫的运动速度大于波速时, 小虫就超过了它产生的水波. 水波在边缘重叠并产生了一个 V 形, 被称为弓形波.

快艇划开水面产生二维的弓形波, 而超音速飞机产生三维冲击波. 就像弓形波是由重叠的圆圈形成 V 形一样, 冲击波是由重叠的球体形成的锥形波 (图 12-19). 快艇的弓形波会一直传播到湖泊的岸边, 而超音速飞机产生的锥形波会一直传播到地面.

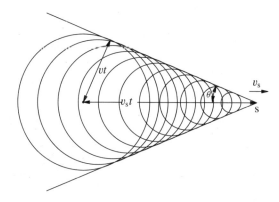

图 12-19   冲击波

超音速飞机后面扫过的压缩空气锥壳, 到达地面的听众时, 他们听到的是尖锐的噼啪声, 被称为音爆. 从头上飞过的超音速子弹产生了噼啪的声音, 就是一个小的音爆. 子弹越大, 在它飞行的路线上会扰动更多的空气, 音爆越强烈. 当马戏团巡视员甩动鞭子发出噼啪声时, 噼啪声实际上是鞭子顶端运动的速度大于声速时产生了音爆. 子弹和鞭子本身并不是声源, 但是, 以超音速运动时, 它们产生冲击波, 发出了声音. 蝙蝠靠发射和随即探测反射回来的超声波进行导航和觅食. 超声波的频率比人类能听到的声音频率高. 例如, 菊头蝠发射的超声波的频率是 83 kHz, 比人类听力的上限 20 kHz 高得多. 超声波由蝙蝠的鼻孔发出后, 可能遇到飞蛾而反射 (回声) 到蝙蝠的耳朵里. 蝙蝠与飞蛾相对于空气的运动使蝙蝠听到的频率与它发射的频率有几千赫兹的差别. 蝙蝠自动地把这个频率差翻译成它自己与飞蛾的相对速率, 使它可以对准飞蛾飞去. 有些飞蛾能从它们听到的超声波传来的方向飞开而逃避捕捉. 有些飞蛾逃避捕捉, 是因为它们发出自己的超声波, "干扰" 蝙蝠的定向系统, 使蝙蝠陷入混乱.

12.4   电磁波

12.4.1   电磁波的产生和传播

要产生电磁波, 首先要有电磁振源. 我们知道, 一切电场和磁场都来源于电荷及其运动. 如果电荷作变速运动, 那么, 其周围的电场和磁场都将随时间变化, 从而引起变化的电磁场在空间的相互激发, 这个过程就是电磁波辐射.

下面我们以振荡的电偶极子为例定性介绍电磁波的辐射.

最简单的振荡偶极子是电偶极矩按余弦方式变化的偶极子, 它的电偶极矩为

$$p = p_0 \cos \omega t$$

式中, p_0 为振幅; ω 为角频率. 组成偶极子的正负电荷相对于它们的公共中心作简谐振动, 这种振荡偶极子所激发的电场和磁场都是迅速变化的. 在偶极振子中心附近的近场区, 即在离振子中心的距离 r 远小于电磁波波长 λ 的范围内, 可以忽略传播时间, 瞬态电场分布接近于一个静态偶极子的电场. 按上面的公式, $t = 0$ 时偶极振子的正负电荷都在其各自最大位移处, 在随后的简谐振动过程中, 起始于正电荷终止于负电荷的电场线的形状也随时间而变化. 图 12–20 定性地画出了在偶极振子附近一条电场线从开始到形成闭合曲线, 然后脱离电荷并向外扩张的过程. 伴随着电场的变化感生出了磁场, 磁场线是以偶极振子为轴的疏密相间的同心圆. 电场线与磁场线互相嵌套并以一定的速度由近及远地向外传播. 在离偶极振子足够远的远场区域, 即在 $r \gg \lambda$ 的远场区波阵面逐渐趋于球面, 电磁场的分布如图 12–21 所示.

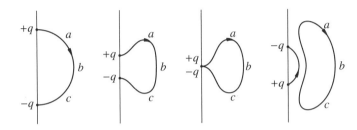

图 12–20　振荡电偶极子附近的电场线

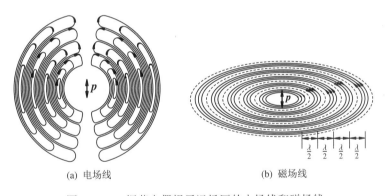

(a) 电场线　　　　　　　　(b) 磁场线

图 12–21　振荡电偶极子远场区的电场线和磁场线

1888 年, 赫兹根据电容器放电的振荡性质, 设计制作了电磁波源和电磁波检测器, 通过实验检测到电磁波, 测定了电磁波的波速, 并观察到电磁波与光波一样, 具有偏振性质, 能够反射、折射和聚焦. 从此麦克斯韦的理论逐渐为人们所接受. 图 12–22 (a) 是其实验装置示意图. 接到感应圈的两个电极上的两根共轴的黄铜杆 A 和 B, 是赫兹用以产生电磁波的振荡偶极子, 感应圈能够周期性地在它的两极上产生很高的电势差. A 和 B 中间留有一个空隙, 使当偶极子被充电到很高的电势差时击穿空气放电, 电流往复地通过空隙而产生火花, 两根杆被连成一条导电通路, 这时它相当于一个振荡偶极子. 由于偶极子的电容和自感都很小, 因而振荡频率很高, 其频率的数量级是 10^8 Hz. 由于电路中存在电阻, 所以振荡是减幅振荡. 感应圈周期性地使 A, B 充电, 产生周期性的减幅振荡, 如图 12–22 (b) 所示.

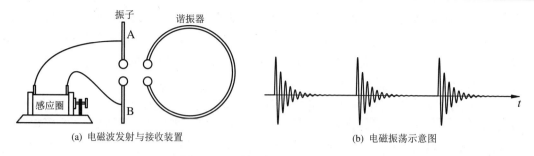

图 12-22　赫兹的电磁波实验装置

为了探测由振荡偶极子发射出来的电磁波, 赫兹用一个不接感应圈的偶极振子, 称为谐振器, 并将它置于振荡偶极子的附近. 谐振器外面装有套子用来调节长度, 以此改变谐振器的固有频率. 当偶极子振荡并发射电磁波时, 由于电磁感应, 谐振器产生电磁受迫振荡, 在空隙中也就有火花发生. 当谐振器的固有频率等于振荡偶极子的振荡频率时, 形成共振, 火花更强.

麦克斯韦电磁场理论通过赫兹电磁波实验的证实, 开辟了一个全新的领域——电磁波的应用和研究. 1896 年洛伦兹提出的电子论, 将麦克斯韦方程组应用到微观领域, 并把物质的电磁性质归结为原子中电子的效应. 这样不仅可以解释物质的极化、磁化、导电等现象以及物质对光的吸收、散射和色散现象; 而且还成功地说明了关于光谱在磁场中分裂的正常塞曼效应; 此外, 洛伦兹还根据电子论导出了关于运动介质中的光速公式, 把麦克斯韦理论向前推进了一步.

12.4.2　平面电磁波的性质

在弄清楚电磁波辐射的基础上, 我们研究电磁波的传播特性. 虽然麦克斯韦方程组只有 4 个方程, 但由于介质的多样性, 以及边界条件和初始条件的复杂性, 实际存在的电磁波的形态是千变万化的. 在这里, 我们只讨论自由电磁波的一些基本性质. 所谓自由电磁波, 是没有自由电荷和传导电流存在情况下的电磁波, 在此条件下, 麦克斯韦方程组可以简化为

$$\oint \boldsymbol{D} \cdot \mathrm{d}\boldsymbol{S} = 0 \tag{12.19a}$$

$$\oint \boldsymbol{E} \cdot \mathrm{d}\boldsymbol{l} = -\int \frac{\partial \boldsymbol{B}}{\partial t} \cdot \mathrm{d}\boldsymbol{S} \tag{12.19b}$$

$$\oint \boldsymbol{B} \cdot \mathrm{d}\boldsymbol{S} = 0 \tag{12.19c}$$

$$\oint \boldsymbol{H} \cdot \mathrm{d}\boldsymbol{l} = \int \frac{\partial \boldsymbol{D}}{\partial t} \cdot \mathrm{d}\boldsymbol{S} \tag{12.19d}$$

这组方程最简单的非零解是平面电磁波函数. 将所得平面波函数代入方程组, 可得自由平面电磁波的基本性质. 这些性质可归纳如下:

(1) 电场与磁场相互垂直, 并且都与传播方向垂直, 传播方向就是 $\boldsymbol{E} \times \boldsymbol{H}$ 的方向. 这表明自由平面电磁波是横波, 如图 12-23 所示.

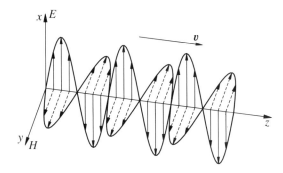

图 12-23 平面电磁波的传播

(2) 对于空间同一点，E 与 H 的量值成正比，可表示为

$$\sqrt{\varepsilon}E = \sqrt{\mu}H \tag{12.20}$$

式 (12.20) 表明，电场强度的振幅 E_0 和磁场强度的振幅 H_0 满足 $\sqrt{\varepsilon}E_0 = \sqrt{\mu}H_0$；$E$ 和 H 的相相位同，频率相等.

(3) 电磁波的波速为

$$v = \frac{1}{\sqrt{\varepsilon\mu}} = \frac{1}{\sqrt{\varepsilon_r\mu_r\varepsilon_0\mu_0}} \tag{12.21}$$

真空中电磁波的传播速度为

$$c = \frac{1}{\sqrt{\varepsilon_0\mu_0}} \tag{12.22}$$

将 ε_0 和 μ_0 的数值代入式 (12.22)，可得 $c = 2.997\,924\,58 \times 10^8 \text{ m} \cdot \text{s}^{-1}$. 这个结果与实验测出的真空中的光速非常吻合.

电磁波在介质中的传播速度可以表示为

$$v = \frac{c}{\sqrt{\varepsilon_r\mu_r}} = \frac{c}{n} \tag{12.23}$$

$n = \sqrt{\varepsilon_r\mu_r}$ 称为介质的折射率. 对于弱磁质，$\mu_r \approx 1$，因此，介质的折射率常表示为 $n \approx \sqrt{\varepsilon_r}$. 真空的折射率为 1，对于不同频率的电磁波它是一个常数；介质的折射率依赖于它的相对介电常数，而相对介电常数又与电磁波的频率相关，因而不同频率的电磁波在介质中传播时具有不同的速度，这个特性称为介质的色散. 玻璃是一种对可见光透明的介质，利用玻璃的色散，制成三棱镜，可以方便地观察可见光的光谱.

12.4.3 电磁波的能量密度与能流密度

存在电磁波的空间里，既有电场能量又有磁场能量. 伴随着电磁波的传播，存在能量的传输. 这种以电磁波形式传输的能量，叫做辐射能. 电磁场的能量密度是单位体积的电场能量与磁场能量之和，即

$$w = w_e + w_m = \frac{1}{2}D \cdot E + \frac{1}{2}B \cdot H = \frac{1}{2}(\varepsilon E^2 + \mu H^2) \tag{12.24}$$

电磁波的能流密度也称为辐射强度, 它是一个矢量, 用 S 表示. 利用能流密度与能量密度的关系 $S = wv$, 可知电磁波的能流密度的大小为

$$S = \frac{1}{2}(\varepsilon E^2 + \mu H^2)\frac{1}{\sqrt{\varepsilon\mu}} = \frac{1}{2}\left(\varepsilon E\sqrt{\frac{\mu}{\varepsilon}}H + \mu H\sqrt{\frac{\varepsilon}{\mu}}E\right)\frac{1}{\sqrt{\varepsilon\mu}} = EH$$

因为辐射能的传播方向就是电磁波的传播方向, 所以上式的矢量表达式为

$$S = E \times H \tag{12.25}$$

设有以波速 v 沿 z 轴传播的平面电磁波

$$E = E_0 \cos\left[\omega\left(t - \frac{z}{v}\right) + \phi\right]$$

$$H = H_0 \cos\left[\omega\left(t - \frac{z}{v}\right) + \phi\right]$$

其能流密度的大小为

$$S = E_0 H_0 \cos^2\left[\omega\left(t - \frac{z}{v}\right) + \phi\right]$$

它是时间和空间的瞬变函数. S 的时间平均值称为波的强度, 或平均辐射强度. 不难看出, 上式表示的能流密度在同一位置随时间周期性变化, 且周期为 π/ω, 所以平面电磁波强度可计算如下:

$$\overline{S} = \frac{\omega}{\pi}\int_0^{\pi/\omega} S\,\mathrm{d}t = \frac{1}{2}E_0 H_0 \tag{12.26}$$

将式 (12.20) 代入上式可得另外两个表达式

$$\overline{S} = \frac{1}{2}\sqrt{\frac{\varepsilon}{\mu}}E_0^2 \tag{12.27}$$

或

$$\overline{S} = \frac{1}{2}\sqrt{\frac{\mu}{\varepsilon}}H_0^2 \tag{12.28}$$

例 12.4 求距离 100.0 W 的灯泡 4.00 m 处灯光的电场强度与磁感应强度的振幅. 假设电功率的 60% 用于电磁辐射, 并且辐射是单色的和各向同性的.

解 由于辐射是各向同性的, 所以电磁波的强度仅取决于到灯泡的距离. 距灯泡 $R = 4.00$ m 处电磁辐射的平均能流密度为

$$\overline{S} = \frac{60\%\,\overline{P}}{4\pi R^2} = 0.298\ \mathrm{W\cdot m^{-2}}$$

由式 (12.27), 所求电场强度的振幅为

$$E_0 = \sqrt{2\overline{S}\sqrt{\frac{\mu_0}{\varepsilon_0}}} = 15.0\ \mathrm{V\cdot m^{-1}}$$

同理, 由式 (12.28) 可得磁场强度的振幅

$$H_0 = \sqrt{2\overline{S}\sqrt{\frac{\varepsilon_0}{\mu_0}}} = 0.0398\ \mathrm{A\cdot m^{-1}}$$

磁感应强度的振幅 $B_0 = \mu_0 H_0 = 5.0 \times 10^{-8}$ T.

12.4.4　电磁波谱

电磁波在真空中具有相同的传播速度, 但它们的波长或频率却相差很大, 不同波长的电磁波的产生机理和应用领域也有很大区别. 电磁波是一个大家族, 把各类电磁波按频率或波长大小依次排成一列, 称为电磁波谱 (图 12-24). 若按波长从小到大依次排列, 有 γ 射线、X 射线、紫外线、可见光、红外线、无线电波 (微波、超短波、短波、长波) 等. 由于它们的性质各不相同, 因而用途也不同. 理论上电磁波的波长没有上限和下限, 随着科学技术的不断进步, 相信电磁波谱还会向两端不断扩展, 电磁波的应用范围也将进一步扩大.

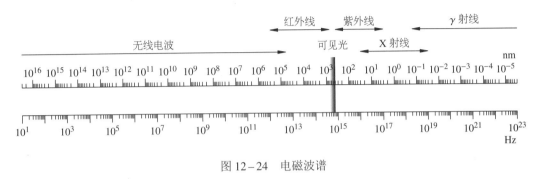

图 12-24　电磁波谱

γ 射线最常见于放射性物质发出的电磁波, 波长极短. 脉冲星、中子星、黑洞和超新星爆炸也是飞向地球的 γ 射线的来源, 幸运的是, 它们会被大气吸收, 否则它极强的穿透力会对地球上的生物造成伤害. 借助 γ 射线可研究天体或原子核的结构.

X 射线是由 X 射线管产生的电磁波, 是用高速电子束轰击原子中的内层电子产生的. X 射线具有很强的穿透能力, 与普通光线一样, 它对照相胶片有感光成像作用, 还可以使荧光屏发光. X 射线可用来研究晶体结构, 或对农作物摄影. X 射线进入生物体内, 使生物体内的分子和原子产生电离和激发, 发生一系列生化反应, 从而引起生理变化与遗传变异. 因此, 可以用来培育新种.

太阳光中含有大量紫外线, 它是介于 X 射线与可见光之间的波段. 透过大气层的紫外线波长大多在 300 ~ 400 nm 的范围. 紫外线能激发荧光, 日光灯就是管内紫外线激发涂在灯管内壁上的荧光粉而发光的照明灯. 紫外线也常用于杀菌和防伪技术上. 常规制备的蛋白质中常常含有核酸, 利用紫外线吸收光谱可以测量核酸 – 蛋白质复合物中蛋白质和核酸的量.

可见光是能引起人的视觉感觉的电磁波, 所以又叫光波, 其波长范围为 400 ~ 760 nm. 人眼所看到的不同颜色的光实际上是不同频率的电磁波, 白光则是不同频率可见光混合的结果. 真空中不同波长的可见光对应于人类看到的颜色示于图 12-25.

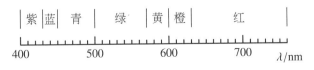

图 12-25　真空中可见光的波长

红外线常见于炽热物体发出的电磁波,根据波长由短到长可以将它再分为近红外、中红外和远红外三个波段.它们会导致物体温度升高,我们接收到的来自太阳辐射的能量约一半为红外线.红外电磁波在特定的红外敏感胶片上能形成热成像.很多物质的分子结构和化学成分都有其特定的红外吸收光谱,所以研究物质的红外吸收光谱可以分析物质的组成和分子结构.另外,红外探测器的灵敏度很高,广泛用于各种工农业生产、军事和天文观测中.有些蛇类有感知红外辐射的器官,有助于它们在夜间定位猎物.有些甲虫可以部分地通过探测红外线感知远处的森林火灾.

无线电波是在电子线路驱动下由无线电天线中自由电子发生振荡而产生的电磁波.由波长从短到长可将无线电波再分为毫米波、微波、短波、中波和长波等.不同波长的无线电波可用于不同领域的通信、广播或导航等.

12.5   电磁波的吸收和色散

除了真空,没有一种介质对电磁波是绝对透明的.电磁波在介质中传播时,与介质发生相互作用主要表现在两个方面:① 电磁波的传播速度减小为真空中光速的 $1/n$ ($n > 1$, 为介质的折射率);② 电磁波强度随传播距离的增大不断减小,若电磁波的能量转化为介质的内能,称为吸收,若电磁波被介质内的分子向各方向反射,则称为散射.

12.5.1   电磁波的吸收

物质对电磁波的吸收分为一般吸收与选择吸收两种情况.在一定的波长范围内,如果物质对各种波长的电磁波的吸收程度几乎相同,称为一般吸收;若物质对某些波长的电磁波的吸收特别强烈,则称为选择吸收.

譬如石英,它对所有可见光几乎都是透明的,而对 $3.5 \sim 5.0 \ \mu m$ 波段的红外线却是不透明的.这说明石英对可见光的吸收甚微,而对上述红外光有强烈的吸收.石英对可见光的吸收属于一般吸收,它的特点是吸收很少,并且在某一给定波段内吸收率与波长无关;石英对 $3.5 \sim 5.0 \ \mu m$ 红外光属于选择吸收.任何物质对电磁波的吸收都包含这两种吸收.在可见光范围内一般吸收意味着光束通过介质后只改变强度,不改变颜色.例如空气、纯水、无色玻璃等介质在可见光范围内产生普遍吸收.白光经过对其具有选择吸收的介质后会变为彩色光.绝大部分物体呈现颜色,都是其对可见光进行选择吸收的结果.

为了在实验上研究电磁波的吸收和散射,通常利用测量电磁波在介质中传播时波强能随穿透距离变化的规律,来揭示介质对电磁波吸收的强烈程度.

1729 年,布格通过实验得出了电磁波的吸收规律,1760 年朗伯用一个简单的假设从理论上证明了这个规律.设电磁波在介质中传播了距离 x 时的强度为 I, 又传播了一段无限小的距离 dx 后,强度增加到 $I + dI$. 朗伯假设:电磁波在同一介质经相同的距离后有相同比例的电磁波能量被吸收.根据朗伯假设,电磁波经单位距离损失的强度与原来波强之比是一个常量,用 α_a 表示,即

$$\frac{-dI}{I \, dx} = \alpha_a$$

上式在 0 到 l 区间内对 x 积分, 得

$$I = I_0 e^{-\alpha_a l} \tag{12.29}$$

式中, I_0 和 I 分别为 $x = 0$ 和 $x = l$ 处的波强; α_a 叫做吸收系数, 具有长度倒数的量纲. 式 (12.29) 称为朗伯定律.

不同物质的 α_a 值可在一个很大的范围内变化. 对于可见光来讲, 压强为 1 atm 的空气的 α_a 值约等于 10^{-5} cm^{-1}, 玻璃的 α_a 值约等于 10^{-2} cm^{-1}. 吸收系数与光强无关, 实验证明, 朗伯定律在光的强度变化非常大的范围内 (约 10^{20} 倍) 都是正确的.

实验表明, 稀溶液的吸收系数与溶液浓度有关. 溶液的吸收系数 $\alpha_a = AC$, 式中 A 是一个与浓度无关的常量, 它表征吸收物质的分子特性, 因而式 (12.29) 可写成如下形式:

$$I = I_0 e^{-ACl} \tag{12.30}$$

上式称为比尔定律. 该定律仅适用于物质分子的吸收本领不受其四周的邻近分子影响的情况. 当浓度很大时, 分子间的相互影响不能忽略, 此时比尔定律不成立. 在比尔定律成立的情况下, 根据式 (12.30), 可以由光在溶液中被吸收的程度来测定溶液的浓度.

若同时考虑吸收和散射, 电磁波通过厚度为 l 的介质后, 波强 I 应该表示为

$$I = I_0 e^{-\alpha l} = I_0 e^{-(\alpha_a + \alpha_s)l} \tag{12.31}$$

式中 α_s 为物质的散射系数, $\alpha = \alpha_a + \alpha_s$.

令具有连续谱的电磁波 (例如白光) 通过待研究的具有选择吸收的物质, 然后利用摄谱仪或分光光度计, 可以观测到在连续光谱的背景上呈现有一条条暗线或暗带, 这表明某些波长或波段的电磁波被吸收了, 因而形成了吸收光谱. 一般来说, 原子气体的吸收谱是线状谱, 而分子气体、液体和固体的吸收谱多是带状光谱. 同一物质的发射谱和吸收谱之间有相当严格的对应关系, 某种物质自身发射哪些波长的波, 它就强烈地吸收哪些波长的波.

12.5.2 色散

介质的折射率随波长变化的现象称为色散. 即 $n = n(\lambda)$. 如果 $dn/d\lambda < 0$, 称为正常色散. 科希于 1836 年根据当时所能利用的玻璃和透明液体所做的实验结果, 首先得到了描述正常色散的经验公式:

$$n = A + \frac{B}{\lambda^2} + \frac{C}{\lambda^4} \tag{12.32}$$

式中, λ 是真空中的波长; A, B, C 是与物质有关的常量, 这些数值都由实验测定. 正常色散的典型曲线如图 12–26 所示.

1862 年勒鲁用充满碘蒸气的三棱镜观察到紫光的折射率比红光的折射率小. 由于这个现象的色散率 $dn/d\lambda > 0$ 与前述的正常色散相反, 故称它为反常色散. 后来发现反常色散与物质对光的选择吸收有密切联系. 我们知道, 所有物质在一定的波长范围内都会有选择吸收. 所以, 所谓的反常色散正是物质的一种普遍性质, 并无任何反常之处. 只因为正常色散发生在物质一般吸收波段, 物质对该波段的电磁波基本呈透明状态, 容易通过实验测定; 而反常色散发生在选择吸收波段, 物质对电磁波基本表现为不透明, 透过的电磁波强度极小, 不容易测定.

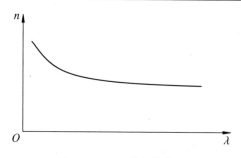

图 12-26 正常色散曲线

12.5.3 经典物理学对吸收和色散的解释

经典物理学认为, 介质与电磁波的相互作用主要表现在介质中的分子在电磁波电场振动下的极化. 如果把极化后的分子看成一个个电偶极子, 则每个电偶极子存在一个固有振动角频率 ω_0, 由于分子之间的相互作用, 振动中存在阻尼力. 电磁波通过介质时, 这些偶极子在交变电场作用下作受迫振动.

设电磁波的电场强度按

$$E = E_0 \cos(\omega t)$$

的规律振动, 电偶极矩的振幅为 qA, 则由受迫振动的理论, 有

$$A = \frac{qE_0/m}{\sqrt{(\omega^2 - \omega_0^2)^2 + (b\omega/m)^2}}$$

式中, m 是振子的质量; b 为阻尼系数. 若单位体积的偶极子数为 n, 则此时介质的极化强度的振幅为 $P_0 = nqA$. 对于各向同性的介质, 相对介电常数为

$$\varepsilon_r = 1 + \chi_e = 1 + \frac{P_0}{\varepsilon_0 E_0} = 1 + \frac{nq^2}{m\varepsilon_0 \sqrt{(\omega^2 - \omega_0^2)^2 + (b\omega/m)^2}}$$

所以折射率为

$$n = \sqrt{\varepsilon_r} = \left(1 + \frac{nq^2}{m\varepsilon_0 \sqrt{(\omega^2 - \omega_0^2)^2 + (b\omega/m)^2}}\right)^{1/2}$$

显然, 折射率强烈依赖于角频率, 这就是色散.

当通过介质的电磁波的角频率与共振角频率接近的情况下, 受迫振动的振幅很大, 电磁波被介质强烈吸收, 这就是选择吸收的机理. 反常色散发生在共振吸收的情形下.

当通过介质的电磁波的角频率远离共振角频率的情况下, 受迫振动的振幅很小, 介质对电磁波的吸收为一般吸收, 介质的色散为正常色散. 例如当 $\omega \ll \omega_0$ 时, 通过近似可得

$$n \approx 1 + \frac{nq^2}{2m\varepsilon_0 \omega_0^2}\left(1 + \frac{\omega^2}{\omega_0^2} + \frac{\omega^4}{\omega_0^4}\right)$$

利用 $\omega = \dfrac{2\pi c}{\lambda}$ 将上式改写, 并与式 (12.32) 相比较即可得到科希公式中的常量

$$A = 1 + \frac{nq^2}{2m\varepsilon_0 \omega_0^2}, \quad B = \frac{2\pi^2 c^2 nq^2}{m\varepsilon_0 \omega_0^4}, \quad C = \frac{8\pi^4 c^4 nq^2}{m\varepsilon_0 \omega_0^6}$$

必须指出, 受经典理论的限制, 这个模型也不是万能的. 在后面的章节我们会发现, 用此模型无法解释光电效应的实验规律.

习 题

12-1 在波线上相距 2.5 cm 的 A, B 两点, 已知点 B 的振动相位比点 A 落后 30°, 振动周期为 2 s, 求波速和波长.

12-2 一横波沿一根弦线传播时的波函数为 $y = 0.02\cos(50\pi t - 4\pi x)$, 式中 x, y 的单位为 m, t 的单位为 s. 求该波的振幅、波长、频率、周期和波速.

12-3 某机械波按 $y = 0.01\cos(5x - 200t - 0.5)\pi$ 传播, 式中各量均采用 SI 制.

(1) 求简谐波的振幅、角频率、初相位、波长和传播速度;

(2) 求 $x = 1$ m 处的质元在 $t = 1$ s 时的运动速度.

12-4 一平面简谐波沿 x 轴正方向传播, 已知振幅为 A, 周期为 T, 波长为 λ. 在 $t = 0$ s 时坐标原点处的质点位于平衡位置沿 y 轴正方向运动, 求该简谐波的表达式.

12-5 如习题 12-5 图所示, 两平面简谐波源 S_1 和 S_2 均位于 x 轴上, 相距 20 m, 作同方向、同频率 ($\nu = 100$ Hz) 的简谐振动, 振幅均为 $A = 0.05$ m, 点 S_1 为波峰时, 点 S_2 恰为波谷, 波速均为 $u = 300$ m·s^{-1}. 若两列波相向传播,

(1) 写出两波源的振动表达式;

(2) 以 S_1 为坐标原点写出两列波的表达式;

(3) 求两个波源连线上因波的叠加而静止的各点的位置.

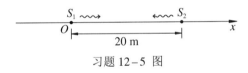

习题 12-5 图

12-6 如习题 12-6 图所示, 一角频率为 ω, 振幅为 A 的平面简谐波沿 x 轴正方向传播. 设在 $t = 0$ 时刻该波在原点 O 处引起的振动使介质元由平衡位置向 y 轴的负方向运动. M 是垂直于 x 轴的波密介质反射面. 已知 $OO' = 7\lambda/4$, $PO' = \lambda/4$ (λ 为该波波长). 设反射波不衰减, 求:

(1) 入射波与反射波的表达式;

(2) P 点的振动表达式.

习题 12-6 图

12-7 一弹性波在媒质中传播的速度为 $v = 10^3$ m·s^{-1}, 振幅 $A = 1.0 \times 10^{-4}$ m, 频率 $\nu = 10^3$ Hz. 若媒质的密度为 $\rho = 800$ kg·m^{-3}, 求:

(1) 该波的平均能流密度;

(2) 1 min 内垂直通过面积 $S = 4 \times 10^{-4}$ m^2 的总能量.

12-8 一平面简谐波的频率 $\nu = 400$ Hz, 在空气中传播速率为 $v = 340$ m·s^{-1}. 已知空气的密度为 $\rho = 1.21$ kg·m^{-3}, 此波到达人耳的振幅 $A = 10^{-7}$ m. 试求耳中声波的平均能量密度和声强.

12-9 P, Q 为两个振动方向相同、频率相等的同相波源, 它们相距 $3\lambda/2$, R 为 PQ 连线上 Q 外侧的任意一点, 求自 P, Q 两波源发出的两列波在 R 点处引起的振动的相位差.

12-10 一驻波波函数为 $y = 0.02 \cos 20x \cos 750t$ (SI). 求:

(1) 两行波的振幅和波速;

(2) 相邻两波节间的距离.

12-11 一驻波波函数为 $y = 0.02 \cos 20x \cos 750t$ (SI). 试计算:

(1) 形成此驻波的两行波的振幅和波速;

(2) 相邻两波节间的距离;

(3) $t = 2.0 \times 10^{-3}$ s 时, $x = 5.0 \times 10^{-2}$ m 处质点振动的速度.

12-12 火车以 20 m·s^{-1} 的速度鸣笛向站台驶来, 笛声频率为 275 Hz.

(1) 静止在站台上的旅客听到的频率是多少?

(2) 当火车鸣笛驶去时站台上的人听到的频率又是多少(设常温下空气中声速为 340 m·s^{-1})?

12-13 一物体以速率 v 背离静止的波源作直线运动, 波源向运动的物体发射频率为 $\nu_0 = 25$ kHz 的超声波, 在波源处, 接收器测得波源发射波与运动物体反射波合成的拍频为 $\nu_b = 200$ Hz, 已知声速为 $u = 340$ m·s^{-1}, 求物体的运动速率 v.

12-14 真空中一列电磁波的电场为 $\boldsymbol{E} = -E_0 \cos (kx + \omega t) \boldsymbol{j}$. 已知 $k = 4.0$ m^{-1}, $E_0 = 60$ V·m^{-1}.

(1) 电磁波沿什么方向传播?

(2) 求 ω 的值;

(3) 写出磁场的波函数.

12-15 50 Hz 交流电的辐射波长是多少? 频率为 100 MHz 的调频无线电波的波长又是多少?

12-16 一支 2.0 mW 的激光笔发出的光束直径为 1.5 mm. 当它意外地指向一个人的眼睛时, 光束被聚焦成视网膜上直径为 20.0 μm 的一个光斑并且视网膜被照射 80 μs. 求:

(1) 激光束的强度;

(2) 入射到视网膜上的光强;

(3) 射到视网膜上的总能量.

12-17 有一平均辐射功率为 50 kW 的广播电台, 假定天线辐射的能流密度各方向相同. 试求在离电台天线 100 km 远处的平均能流密度 $\overline{S}$, 电场强度振幅 E_0 和磁场强度振幅 H_0.

12-18 有一圆柱形导体, 半径为 a, 电阻率为 ρ, 载有电流 I.

(1) 求在导体内距轴线为 r 处某点的电场强度的大小和方向;

(2) 求该点磁场强度的大小和方向;

(3) 求该点能流密度矢量的大小和方向;

(4) 试将 (3) 的结果与长度为 l, 半径为 r 的导体单位时间消耗的能量作比较.

12-19 真空中正弦电磁波具有 $E_0 = 64.0$ mV·m^{-1} 的电场振幅. 求:

(1) 电场强度的方均根值;

(2) 磁感应强度的方均根值;

(3) 电磁波的强度.

12-20 某种介质的吸收系数为 $\alpha_a = 0.32$ cm^{-1}, 求透射光强为入射光强的 0.1, 0.2, 0.5, 0.8 倍时, 该介质的厚度为多少?

12-21 一个长为 30 cm 的玻璃管中有含烟的空气, 它能透过约 60% 的光. 若将烟粒完全去除后, 则 92% 的光能透过. 如果烟粒对光只有散射而无吸收, 试计算吸收系数和散射系数.

第 13 章 光 波

本章从波动的视角研究光的干涉、衍射、偏振现象.

13.1 相干光

当我们谈论光时, 实际上是指我们可以用肉眼看到的电磁辐射. 产生光的方式多种多样. 一个白炽灯灯泡的灯丝发射的光, 是由于其表面的高温产生的; 在温度为 3000 K 时, 热辐射的主要部分出现在可见光范围内. 萤火虫所发出的光是化学反应的结果, 它并没有很高的表面温度. 荧光物质 (比如涂在荧光灯泡内侧的物质) 在吸收紫外线后发射可见光.

多数物体都不是光源, 通过反射或透射光人们才能看到它们. 光入射在物体上时, 一部分被吸收, 一部分透射通过该物体, 其余部分被反射. 若两束光满足相干条件, 则称之为相干光. 两束普通光源 (比如太阳、白炽灯或者荧光灯等) 发出的光, 不满足相干条件, 称它们为非相干光, 这些光源也叫非相干光源. 普通光源发出的光, 之所以不具备相干性, 是因为在原子或分子层面上, 是由大量独立光源发出的, 它们何时从高能态向下跃迁, 是完全随机的, 也就是说不同原子或分子发射的光的初相位是随机的. 任何两束这样的光的初相位差也是随机的, 不存在相位上的关联.

获得相干光波的方法主要有以下两种.

(1) 根据惠更斯原理, 波面上每一点都发射球面子波, 而且这些子波源具有相同的初相位. 因此从同一波面上取出若干子波源, 它们发出的光一定是相干光. 这种产生相干光的方法叫做波面分割法. 例如, 先用普通光源照亮一个小孔, 小孔足够小, 可以视作点光源. 在小孔后面放置开有两个距离很近的小孔的屏, 并使双孔到前一个小孔的距离相等, 则从前面小孔发射的球面波, 同时到达屏上的双孔, 即双孔于同一球面波的波面上. 双孔作为两个新的子波源具有相同的初相位, 从而具有相干性.

(2) 从普通光源上同一点发出的光, 经过反射和折射等方法使它们沿两条或多条不同的路径传播并再次相遇. 这些不同传播路径的光波交汇到一点时, 具有相同的频率、振动方向和恒定的相位差, 从而获得了相干性. 这种获得相干光的方法叫做振幅分割法.

与普通光源不同, 激光是相干性和单色性都很好的光源. 激光是受激辐射产生的. 受激发射的光, 与入射光具有相同的频率、相位、传播方向和振动方向. 因此, 大量粒子在同一相干辐射场激发下产生的受激发射光是相干的.

为了便于研究光波的干涉或衍射, 常常用光程差代替相位差. 我们知道, 光在真空中的波长与在介质中的波长是不同的. 若光在真空中的波长为 λ, 则在介质中的波长 $\lambda' = \lambda/n$, n 为介质的折射率, 相应的角波数 $k' = nk$, k 为真空中的角波数. 在同一种介质中, 如果知道了光的传播路程 r, 就可以用 $k'r$ 方便地确定光在传播过程中的相位延迟. 但当光在传播途中通过多种介质时, 就不能用几何路程与同一个角波数的乘积计算相位延迟了. 为此我们引入光程的概念. 对于真空中波长为 λ 的单色光, 定义传播过程中所经过的介质的折射率与相对应的路程的乘积之和为光程. 光程可以表示为

$$s = \sum_i n_i r_i \tag{13.1}$$

式中, n_i 表示第 i 种介质的折射率; r_i 为光在第 i 种介质中经过的几何路程. 不同路径的光程的差值叫做光程差, 记作 Δ. 有了光程差, 就可以用真空中的角波数与光程差的乘积表示相位差:

$$\Delta\varphi = k\Delta = \frac{2\pi}{\lambda}\Delta \tag{13.2}$$

在光的干涉或衍射实验中, 常常借助薄透镜将点光源发出的光扩束成为平行光束, 或将平行光束聚焦到透镜的焦平面上. 那么透镜会不会引入附加光程差呢? 在图 13-1 中 S' 是物点 S 经透镜所成的像, 从 S 发出的不同光线到达 S' 的几何路程是不等的, 经过透镜中心的最短, 经过透镜边缘的最长, 但这些光线的光程是相等的. 这种等光程性可以从两方面理解. 一方面, 透镜材料的折射率大于 1, 几何路程较短的可以通过在透镜中经历的更长的光程来补偿; 另一方面, 透镜一侧处于同一波面上的不同点 (图中虚线) 在透镜另一侧仍然位于同一波面上. 在图 13-2 中, 平行光束经透镜会聚到其焦平面上一点 F', 同一波面上的 A, B, C 三点到 F' 的光程也是相等的. 透镜不会引入附加光程差.

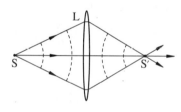

图 13-1 透镜成像

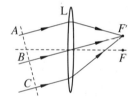

图 13-2 平行光经透镜会聚

13.2 杨氏双缝干涉 劳埃德镜

13.2.1 杨氏双缝干涉

1801 年, 托马斯·杨利用波面分割法首先实现了光的干涉现象, 证明了光的波动性. 在最初的实验中, 托马斯·杨使用双孔进行的实验, 而不是双缝. 图 13-3 是双缝干涉的示意图.

光投射到含有一条狭缝的屏 M_1 上, 被照亮的狭缝发射柱面波, 然后到达包含平行双狭缝 S_1 和 S_2 的第二个屏 M_2 上. 双狭缝位于同一个波面上, 所以从双狭缝出射的波具有相同的初相位. 光波是横波, 其振动方向与传播方向垂直. 若光振动只存在垂直于纸面的分量, 则自动满足振动方向相同的条件. 如果有平行于纸面的振动, 则它们必与光线垂直, 考虑到双缝对屏上任意一点所张的角度都非常小, 所以来自两条缝的光的振动方向近似平行. 事实上, 只要光的振动方向不垂直, 同频率、初相位差恒定的两束光就可以产生干涉, 振动方向

越趋于平行, 干涉条纹的明暗反差越大, 越容易观察到. 因此, 双狭缝是一对相干光源, 在观察屏 M_3 上观察到的就是双缝干涉的图样.

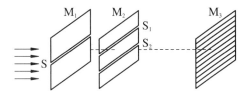

图 13-3 杨氏双缝干涉实验装置

下面, 我们利用图 13-4 分析杨氏双缝实验的光程差. 考虑观察屏上 P 点, 观察屏与双狭缝所在的屏垂直距离为 D, 两个狭缝之间的距离为 d, D 远大于 d, r_1 和 r_2 分别为两个狭缝到 P 点的距离, 考虑到空气的折射率近似为 1, 所以光程差

$$\Delta = r_2 - r_1 = \sqrt{D^2 + \left(x + \frac{d}{2}\right)^2} - \sqrt{D^2 + \left(x - \frac{d}{2}\right)^2} = D\sqrt{1 + \left(\frac{x + d/2}{D}\right)^2} - D\sqrt{1 + \left(\frac{x - d/2}{D}\right)^2}$$

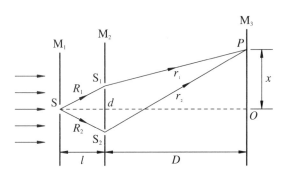

图 13-4 杨氏双缝实验的光程差分析

利用近似公式 $\sqrt{1 + y} \approx 1 + y/2 \ (y \ll 1)$ 可得

$$\Delta = \frac{d}{D}x \tag{13.3}$$

当光程差满足条件

$$\Delta = \frac{d}{D}x = m\lambda, \quad m = 0, \pm 1, \pm 2, \cdots$$

即光程差为波长整数倍时, 相干加强. 所以明纹中心的坐标为

$$x = m\frac{\lambda D}{d}, \quad m = 0, \pm 1, \pm 2, \cdots \tag{13.4}$$

式中 m 称为级次. 中心位于坐标原点的明纹称为 0 级明纹, 其两侧的第一条明纹分别为 ± 1 级, 依此类推.

当光程差满足

$$\Delta = \frac{d}{D}x = \left(m + \frac{1}{2}\right)\lambda, \quad m = 0, \pm 1, \pm 2, \cdots$$

时, 相干相消. 即

$$x = \left(m + \frac{1}{2}\right)\frac{\lambda D}{d}, \quad m = 0, \pm 1, \pm 2, \cdots \tag{13.5}$$

为暗纹中心的坐标.

从式 (13.4) 或式 (13.5) 可以得出相邻明纹或相邻暗纹中心之间的距离为

$$\Delta x = \frac{\lambda D}{d} \tag{13.6}$$

条纹间距与级次无关, 表明条纹是等间隔排列的, 又因为明纹或暗纹中心位置只与 x 有关, 所以杨氏双缝干涉条纹是一系列平行的直条纹. 若每条缝光源的光强为 I_0, 则根据波的干涉理论, 观察屏上干涉条纹的光强分布为

$$I = 4I_0 \cos^2\left(\frac{k\Delta}{2}\right) = 4I_0 \cos^2\frac{\pi d}{\lambda D}x \tag{13.7}$$

杨氏实验提供了一种测量光的波长的方法, 历史上, 托马斯·杨曾经用该实验装置测量光的波长, 并且该实验为光的波动说提供了强有力的证据.

例 13.1 观察屏至双缝的垂直距离为 1.20 m, 双缝间距 0.3 mm. 第二级明条纹($m = 2$)距离中心线 4.5 mm, 试确定: (1) 光的波长; (2) 两相邻明纹间的距离.

解 (1) 由题意可知, $m = 2$, $x_2 = 4.5 \times 10^{-3}$ m, $D = 1.20$ m, $d = 3.0 \times 10^{-4}$ m. 由明纹条件可得

$$\lambda = \frac{x_2 d}{mD} = 5.63 \times 10^{-7} \text{ m} = 563 \text{ nm}$$

(2) 相邻明纹间的距离 $\Delta x = \dfrac{\lambda D}{d} = 2.25$ mm.

13.2.2 劳埃德镜

杨氏双缝实验利用从单一光源发出的光波照射到两狭缝上形成相干光源, 我们可以观察到光的干涉现象. 另一具有独创性的例子是劳埃德镜(Lloyd's mirror)实验. 如图 13-5 所示, M 为一平面镜, 一点光源置于 S 点. S 点距离平面镜非常近, 点光源发出的光波可以直接通过路径 SP 照射到观察屏上的 P 点, 也可以通过镜面反射到 P 点 (如光线 SAP). 反射光线可以被认为是虚光源 S′ 发出的, S′ 为 S 通过平面镜所成的像, 当观察屏距离点光源非常远时, 在观察屏上可看到干涉现象, S 和 S′ 犹如两个相干光源. 但是, 明条纹和暗条纹的位置与杨氏实验中的明暗条纹的位置颠倒. 其原因是 S 和 S′ 相位差为 π, 由于反射引起这一相位突变. 为了更加深入探讨相位突变这一问题, 我们研究与 S 和 S′ 等距离的 P′ 点的情况. 根据

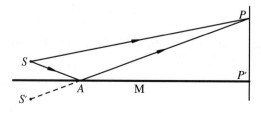

图 13-5 劳埃德镜实验

前面的讨论, 在 P' 点应出现明纹, 但实验观察到的却是暗条纹. 这就说明光在镜面反射时发生了相位为 π 的突变. 电磁波从光疏媒质入射到光密媒质时, 发生 π 的相位突变的现象叫做半波损失 (相位改变 π 相当于光程改变了半个波长). 电磁波从光密媒质入射到光疏媒质并反射时无相位突变发生.

13.3 薄膜干涉

我们观察植物和动物时所看到的大部分颜色——褐色的眼睛、绿色的叶子、黄色的向日葵——源于色素对光线的选择性吸收. 我们看到的颜色是白光中没有被吸收并反射的部分呈现出来的. 在一些动物中, 颜色则通过另外的方法产生. 例如, 中南美洲种类繁多的大闪蝶翅膀上闪耀着的强烈蓝光, 其色素却是浅浅的颜色; 当它的翅膀或观察者移动时, 翅膀的颜色会发生轻微的变化, 出现美丽的"虹彩". 有些甲虫、鱼的鳞片也会出现虹彩. 这些现象均源于光的薄膜干涉.

空气中的肥皂泡或水面上的油膜会呈现五颜六色的彩色条纹, 也是肥皂膜和油膜干涉引起的.

薄膜干涉属于分振幅干涉. 从光源上一点发出的光入射到薄膜的表面时, 被分解为反射光和折射光. 折射光到达薄膜下表面时又会发生反射和折射, ……, 最终, 入射到薄膜表面的光, 一部分返回到薄膜入射光一侧的介质, 一部分透过薄膜进入薄膜另一侧的介质, 其余的在薄膜两个表面之间来回反射并逐渐被薄膜所吸收. 一旦薄膜同一侧的光再次相遇便会发生干涉. 薄膜干涉分为两类: 厚度均匀的薄膜产生的干涉称为等倾干涉, 厚度不均匀的薄膜产生的干涉称为等厚干涉.

13.3.1 等倾干涉

图 13-6 为一观察等倾干涉的装置的原理图, 其中 S 为具有一定发光面积的单色光源. 从 S 上一点出射的光波经半反射平面镜 M 反射到薄膜的上表面, 经薄膜两个表面反射回来的光再次经半反射镜透射, 再经理想薄透镜 L 会聚到位于透镜焦平面的屏上.

为了分析等倾干涉的光程差, 先看图 13-7 所示的薄膜局部放大图. 薄膜的折射率为 n, 薄膜上方介质的折射率为 n_1, 下方介质的折射率为 n_2. 从单色光源上一点发出的一条光线, 以入射角 i 投射到厚度为 h 的平行介质膜上表面的点 A, 直接反射的光线记为光线 1. 经上表面的折射后以入射角 r 入射到下表面上点 B, 再由点 B 反射至上表面的点 C, 经上表面折射后形成光线 2. 此外还有从点 C 继续反射的光线, 最终还会形成很多条与光线 1 和 2 平行的光线, 但由于能量已经很小了, 所以我们主要考虑由光线 1 和光线 2 这两条光线经透镜会聚后交于屏上一点. 因为透镜不会引入附加光程差, 所以这两条光线的光程差为

$$\Delta' = n(AB + BC) - n_1 AD \tag{13.8}$$

由几何关系不难看出,

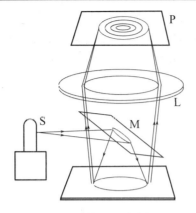

图 13-6　等倾干涉的装置

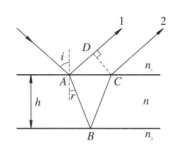

图 13-7　等倾干涉的光程差分析

$$AB = BC = \frac{h}{\cos r}$$

$$AD = AC \sin i = 2h \tan r \sin i$$

将它们代入式 (13.8) 并利用折射定律 $n_1 \sin i = n \sin r$, 可得

$$\Delta' = 2nh \cos r \tag{13.9}$$

上式的推导过程中我们没有考虑由于薄膜两个表面的反射可能引起的半波损失或相位突变. 不难分析出, 当两个表面的反射都存在或都不存在半波损失时, 总光程差即为式 (13.9). 这种情况对应于 $n_1 < n < n_2$ 或 $n_2 < n < n_1$. 除此之外, 光在薄膜两个表面上的反射只有一次存在半波损失, 因此总光程差应该在式 (13.9) 的基础上再加上 (或减去) 半个波长, 在此不妨取 $+\lambda/2$, 有

$$\Delta = \begin{cases} 2nh \cos r, & \text{两个表面反射存在 0 或 2 次半波损失} \\ 2nh \cos r + \dfrac{\lambda}{2}, & \text{两个表面反射只存在 1 次半波损失} \end{cases} \tag{13.10}$$

等倾干涉相干加强或减弱的条件是

$$\Delta = \begin{cases} m\lambda, & m = 1, 2, \cdots \text{ (加强)} \\ (2m+1)\dfrac{\lambda}{2}, & m = 0, 1, 2, \cdots \text{ (减弱)} \end{cases} \tag{13.11}$$

由于 h 和 n 都是常量, 所以光程差取决于入射角. 凡是入射角相同的就形成同一级条纹, 因此对应于各种大小不同的入射角的光束经薄膜反射形成的干涉图样是一些明暗相间的同心圆环, 如图 13-8 所示, 这种干涉称为等倾干涉. 入射角为零的光最终会聚到圆环中心位置, 对应的光程差最大, 级次最高. 而越靠近边缘级次越低. 从图中可以看出, 等倾圆环是不等间距的, 具有内疏外密的特点.

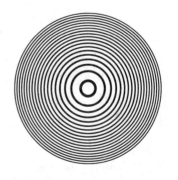

图 13-8　等倾圆环

至此, 我们可以解释本节开始时提到的蝴蝶翅膀上的虹彩了. 蝴蝶的翅膀上覆盖了微小的部分重叠的鳞片. 鳞片上的白色、黄色、橘色、红色、棕色、灰色和黑色可由其上的色

素产生, 但是绿色和蓝色色素非常稀少. 鳞片上的绿色和蓝色大部分情况下是结构色, 其他颜色偶尔也会是结构色. 蓝色大闪蝶的鳞片表面存在一系列阶梯状结构, 如图 13–9 所示. 已知阶梯结构的折射率 $n = 1.5$, 厚度 $d = 64$ nm, 两阶梯结构间距为 127 nm, 介质为空气, 折射率为 1. 若从阶梯状结构上表面反射的两条光线 a 和 b 发生相长干涉, 则该两束光的光程差为波长的整数倍, 读者可自行验证当我们直视蝴蝶时此波长的光干涉加强, 呈蓝色! 我们只考虑了相邻两阶梯结构的反射, 如果它们相长干涉, 所有其他阶梯顶端的反射也都是相长干涉. 从不同角度观察蝴蝶翅膀, 会得到不同波长的光的相长干涉, 颜色也随之变化, 这就是翅膀出现虹彩的原理.

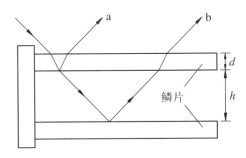

图 13–9 鳞片表面阶梯状结构

硅是制造太阳能电池的常用半导体材料, 为了减小反射光, 硅电池表面经常被镀上一层透明薄膜使反射光干涉相消, 光能的损失可从 30% 降到 10%, 从而更多的光到达电池表面产生更多的电能. 实际上镀层不是理想的完全没有反射, 因为所需镀层厚度依赖于入射光波长, 而入射的白光不是单色光. 许多光学系统要求反射率高达 99.9%. 靠单层薄膜是不可能获得足够高的反射率的, 所以必须采用多层介质膜, 使多层膜界面的反射光同相位, 从而使反射光增强.

为了提高透镜的透射率, 在透镜表面镀有一层薄膜, 称为增透膜. 最常见的增透膜材料是氟化镁. 当我们分析增透膜时, 仍然可以依据反射的光程差公式, 这是因为反射光总是与透射光形成互补, 当反射光相干相消时, 透射光必然相干加强, 反之亦然. 对于复色光, 这种互补还表现在波长方面, 反射光中某些波长的光相干加强了, 则透射光中这些波长的光必然相干减弱了.

CD 和 DVD 中的数据以一系列数字 0 和 1 的形式存储, 通过光盘反射的激光被读取. 强反射代表 0, 弱反射代表 1. CD 轨道由一系列长短不一的凹坑的序列组成, 当光盘转动时, 光电探测器将变化的反射光强度转换成一串 0 和 1. 为了让光强的变化更显著而且易于探测, 凹陷深度定为激光波长的 1/4. 当激光束照射到凹陷或平台部位的边缘时, 一部分光线由平台反射, 另一部分从相邻的凹陷部位反射, 获得相互抵消的干涉光, 对应数字信号1; 而反射光在平台部位得到较强的反射光强, 对应数字信号 0. 标准 CD 采用波长 780 nm 的红外线, DVD 则使用波长更短的为 635 nm 的激光, 其轨道间距、凹陷点深度都会更小一些.

例 13.2 在空气中波长为 602 nm 的光垂直照射到折射率为 1.33 的肥皂薄膜上. (1) 计算反射光干涉加强时薄膜的最小厚度; (2) 如果肥皂薄膜放在玻璃平板上, 反射光相长干涉时肥皂薄膜的最小厚度.

解 (1) 因为两束反射光有一次相位突变, 所以相干加强的条件是

$$2nh + \frac{\lambda}{2} = m\lambda, \quad m = 1, 2, \cdots$$

其中 $m = 1$ 时, 薄膜最薄, 其厚度为 $h = \lambda/4n = 113$ nm.

(2) 当肥皂薄膜放在玻璃平板上, 相位突变次数为 2, 相干加强的条件是

$$2nh = m\lambda, \quad m = 1, 2, \cdots$$

最薄厚度对应于 $m = 1$, $h = \lambda/2n = 226$ nm.

13.3.2 等厚干涉

等厚干涉发生在厚度不均匀的薄膜表面附近. 如图 13-10 所示, 从光源上一点发射的一条光线经由薄膜上、下表面的反射, 交于 C 点. 以 S 为圆心, 以 SA 为半径的圆弧交 SC 于 D 点. 因为 $SA = SD$, 所以光程差为

$$\Delta' = n(AB + BC) - n_1DC$$

实际中薄膜两个表面的夹角非常小, 可近似视为平行, SA 与 SC 的夹角也很小, 所以可把三角形 ADC 近似看成直角三角形. 利用折射定律, 上式可近似表示为

$$\Delta' = \frac{2nh}{\cos r} - n_1AC\sin i = 2nh\cos r$$

考虑到反射过程中的半波损失, 等厚干涉的光程差仍然可用式 (13.10) 表示. 特别是光源距离薄膜较远, 观察干涉条纹的范围又较小时, 可以认为入射角 i 不变, 此时的光程差完全取决于薄膜厚度. 处于同一条干涉条纹上的各个点, 是薄膜上厚度相同的地方的反射光干涉后形成的, 故称这种干涉为等厚干涉.

与等倾干涉不同的是, 在等厚干涉中, 干涉条纹不再定域于无穷远处, 而是定域在薄膜表面附近.

最简单的一种等厚干涉是楔形薄膜的干涉, 称为劈尖干涉. 劈尖的两个表面都是平面, 其间有一个很小的夹角. 实验时用平行光近乎垂直地照射到劈尖表面. 劈尖的等厚线是一组与棱边平行的直线, 所以劈尖干涉条纹为平行楔棱的明暗相间的直条纹. 图 13-11 是劈尖干涉的示意图, 劈尖上表面的虚线表示明纹中心位置, 实线表示暗纹中心位置. 相邻暗纹 (或

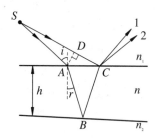

图 13-10 等厚干涉的光程差分析

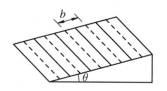

图 13-11 劈尖干涉

明纹) 中心的间距 b 叫做劈尖干涉的条纹宽度. 由于图中 θ 很小, 故式 (13.10) 中的 $r \approx 0$, 所以条纹宽度 b 对应的薄膜厚度差为 $b \sin \theta \approx b\theta$. 根据式 (13.10), 有

$$2nb\theta = \lambda$$

因此有

$$\theta = \frac{\lambda}{2nb} \tag{13.12}$$

利用上式, 可以测量楔形平板的微小角度.

等厚干涉在光学检验上有重要作用, 如测定光学表面的曲率或测量长度的微小变化等. 图 13-12 (a) 是检查光学表面的平整度的装置, P_1 为理想光学平板, P_2 是待检测的平板. 若待检测的平板表面为理想的光学表面, 其干涉条纹为图 13-12 (b) 所示的一组等间距的平行直线, 若待检验表面凹凸不平, 则干涉条纹将出现弯曲和畸变, 比如图 13-12 (c) 呈现的形状.

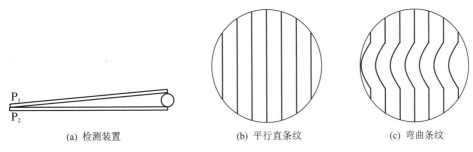

(a) 检测装置   (b) 平行直条纹   (c) 弯曲条纹

图 13-12　检测表面平整度

另一种观察光的干涉现象的装置, 是将一曲率半径很大的平凸透镜放在平板玻璃上, 如图 13-13 (a) 所示. 单色光源发出的光, 经半反射镜 M 反射后, 垂直射向透镜与平板玻璃之间形成的空气劈形气隙, 并在空气薄膜的上下表面处反射, 在显微镜 T 内可观察到圆环形的明暗相间的干涉条纹. 这些明暗相间的圆形条纹是牛顿首次发现的, 所以称为牛顿环. 在以接触点为圆心的每个圆周上各点, 气隙的厚度相等. 若用单色平行光垂直照射透镜, 由气隙上下表面形成的反射光在气隙表面干涉形成同心圆环状的等厚干涉条纹.

如图 13-13 (b) 所示, 两玻璃表面之间的空气薄膜厚度从零逐渐变化. 在接触点 O, 厚度为 0, 假设实验中单色光的波长为 λ, 第 m 级暗环中心的半径为 r_m, 对应的薄膜厚度为 h_m, 则由几何关系可知

$$r_m^2 = R^2 - (R - h_m)^2 = 2Rh_m - h_m^2$$

考虑到 $R \gg h_m$, 忽略上式中 h_m 的平方项, 并计入半波损失引入的附加光程差, 得

$$\Delta = 2h_m + \frac{\lambda}{2} = \frac{r_m^2}{R} + \frac{\lambda}{2}$$

根据暗纹条件

$$\Delta = (2m + 1)\frac{\lambda}{2}, \quad m = 0, 1, 2, \cdots$$

可得第 m 级暗环的半径

$$r_m = \sqrt{mR\lambda} \tag{13.13}$$

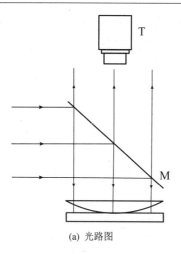

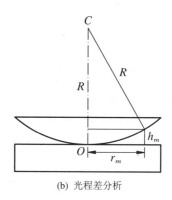

(a) 光路图   (b) 光程差分析

图 13–13　牛顿环实验原理

从上式可以看出, $r_1 : r_2 : r_3 : \cdots = 1 : \sqrt{2} : \sqrt{3} : \cdots$,
相邻圆环的半径随着级次的增大而减小. 在触点 O, 由于
光程差为半波长, 所以牛顿环中心为一个暗斑. 除此之外,
其余各级条纹呈现出内疏外密的特点 (图13–14), 与等倾
圆环类似. 与等倾圆环不同的是, 牛顿环越靠近边缘级次
越高, 而等倾圆环中央级次最高.

利用牛顿环可以很方便地检查透镜曲面的质量. 如果
两个表面分别为标准的球面和平整的光学平面, 牛顿环为
同心圆, 若透镜凸面不是标准的球面, 则牛顿环将发生畸
变. 利用牛顿环可准确测定透镜的曲率半径, 或已知曲率
半径测定光波波长.

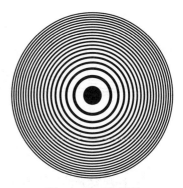

图 13–14　牛顿环

13.3.3　迈克耳孙干涉仪

迈克耳孙干涉仪是光学干涉测量的常用装置, 主要用
于长度和折射率的测量, 由阿尔伯特·亚伯拉罕·迈克耳
孙发明, 利用分振幅法产生双光束以实现干涉. 图 13–15
为迈克耳孙干涉仪的示意图. 从光源 S 发出的单色光被
半反射镜 M_0 分成两束, 一束光被 M_0 反射正好射向平面
镜 M_1, 第二束光透过 M_0 垂直射向平面镜 M_2. 两束光分
别被 M_1, M_2 反射后, 在 M_0 处汇聚并产生干涉, 干涉图样
可以从左侧观察, 也可用探测器 D 记录.

两束光的干涉情况, 取决于它们所经路径长短的不
同, 当 M_1 和 M_2 严格垂直时, 可观察到等倾干涉条纹. 当

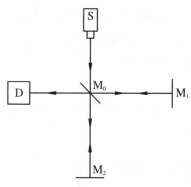

图 13–15　迈克耳孙干涉仪

M_1 和 M_2 接近于垂直时可观测到等厚干涉. 对于等倾干涉而言, M_1 前后移动, 环状条纹就会

收缩或扩张. 若 M_1 处于某位置时干涉图样的中心恰好是暗斑, 接下来 M_1 向 M_0 移动 $\lambda/4$, 光程差变化了 $\lambda/2$, 使得中心位置的由暗变亮. M_1 继续向 M_0 方向移动 $\lambda/4$, 图样中心又由明变暗. M_1 每移动 $\lambda/2$ 的距离, 光程差改变一个波长, 干涉图样中心变化一个周期. 光的波长的测定是通过计算 M_1 移动一定距离引起条纹变化的数量来确定的. 2016 年 2 月 11 日, 加州理工学院、麻省理工学院以及"激光干涉引力波天文台"的研究人员利用有效路径几千米的激光束迈克耳孙干涉仪成功探测到了引力波. 探测到的引力波信号初始频率为 35 Hz, 接着迅速提升到了 250 Hz, 最后变得无序而消失, 整个过程持续了仅 0.25 s. 通过分析记录到的数据, 美国和欧洲的科学家们推断, 该引力波是两个黑洞合并时产生的.

13.4 光的衍射

13.4.1 衍射的分类

光学衍射系统一般由光源、衍射屏和观察屏三部分组成. 按它们相互间距离的大小, 通常将衍射分为两类: 第一类为菲涅耳衍射. 在菲涅耳衍射中, 光源、观察屏 (或二者之一) 距离衍射屏的距离为有限远, 这时入射光和衍射光 (或两者之一) 不是平行光, 光波波面的曲率不能忽略. 另一种衍射, 称为夫琅禾费衍射, 光源和观察屏都距衍射屏无限远, 入射光和衍射光均为平行光. 实际中借助凸透镜将衍射的平行光会聚到位于透镜焦平面上的观察屏上. 图 13-16 是典型的菲涅耳衍射和夫琅禾费衍射的示意图. 相对于菲涅耳衍射, 夫琅禾费衍射理论分析较简单, 我们只讨论夫琅禾费衍射及其应用.

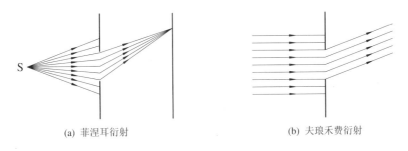

(a) 菲涅耳衍射   (b) 夫琅禾费衍射

图 13-16　两种类型的衍射

当一条狭缝放置在激光束和光屏之间时, 就会产生像图 13-17(a) 中的衍射图样. 图样由宽的亮的中央明纹和相邻的较窄较暗的其他明纹和一系列暗条纹组成. 这个现象不能用几何光学解释, 在几何光学理论中, 光沿直线传播, 光屏上应该呈现清晰的狭缝图像. 图 13-17(b) 是一枚硬币的衍射图样, 它有一个圆形阴影, 中心处有一个亮点, 在圆形阴影的边缘外还存在一系列明暗相间的圆环. 中心的圆点 (称为泊松亮斑) 无法由几何光学解释, 但可由菲涅耳的光的衍射理论解释.

1818年, 菲涅耳在惠更斯原理的基础上, 进一步提出"次波相干叠加"的思想, 即同一波前上各点都可以认为是发射球面子波的波源, 空间任意点的光振动是所有这些子波在该点的相干叠加, 这就是惠更斯 – 菲涅耳原理, 为研究衍射现象奠定了理论基础.

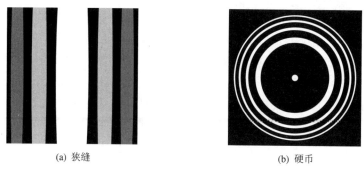

(a) 狭缝　　　　　　　　　　　　　(b) 硬币

图 13−17　光通过一狭缝和小硬币形成的衍射图样

13.4.2　单缝夫琅禾费衍射

单缝夫琅禾费衍射的实验装置见图 13−18. 单色用平行光垂直照射到宽度为 a 的狭缝上, 狭缝后放置焦距为 f 的理想薄透镜, 将射向无限远的衍射光聚焦到观察屏上用以观察衍射图样.

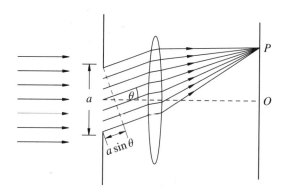

图 13−18　单缝衍射装置示意图

根据惠更斯 – 菲涅耳原理, 单缝的每一部分均可看成次级子波元, 观察屏上的光强分布是这些次波相干叠加的结果. 缝上各点发射的子波将沿各个方向传播, 子波线偏离入射光方向的角度 θ 叫做衍射角. 衍射角为 0 的方向上的子波线到达观察屏上时光程相等, 干涉加强, 成为中央明纹.

下面用光振动的矢量合成法分析单缝衍射的光强分布.

设想将狭缝平均分割成宽度为 a/N 的 N 个窄条, 每一窄条看成更细的缝, 把单缝衍射近似看作 N 个缝光源的干涉, 缝间距为 a/N. 显然, N 越大, 近似程度越高. 在衍射角 θ 方向上, 相邻缝光源到屏上同一位置的光程差为 $a\sin\theta/N$, 相位差

$$\Delta\varphi = \frac{2\pi a\sin\theta}{\lambda}$$

当 $\theta = 0$ 时, N 个缝光源的振动同相位叠加, 在屏上形成电场强度的振幅为 E_0 的振动. 因此, 每个缝光源的振幅为 E_0/N. θ 方向的振幅 E 可用图 13−19 所示的矢量合成法求得. 由几何

关系可得

$$E = 2R \sin \frac{N\Delta\varphi}{2} = 2R \sin \frac{\pi a \sin\theta}{\lambda}$$

从上式可以看到, 合振幅并不会随 N 的增大而变化. 当 $N \to \infty$ 时, 代表每个缝光源的小矢量将变得无限小, 从 E 矢量起点到终点的拆线成为一段圆弧, 弧长就是 E_0, 它等于圆弧的圆心角 $N\Delta\varphi$ 与半径 R 的乘积:

$$E_0 = N\Delta\varphi R = \frac{2\pi a \sin\theta}{\lambda}$$

令

$$\alpha = \frac{\pi a \sin\theta}{\lambda} \tag{13.14}$$

可将 E 表示为

$$E = E_0 \frac{\sin\alpha}{\alpha} \tag{13.15}$$

由于光强正比于振幅的平方, 因此单缝衍射的光强分布为

$$I = I_0 \left(\frac{\sin\alpha}{\alpha}\right)^2 \tag{13.16}$$

根据上式作出的曲线示于图 13-20.

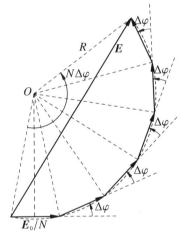

图 13-19 光振动的矢量合成

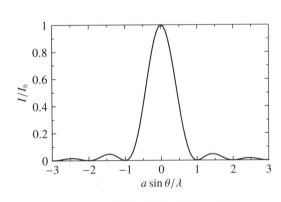

图 13-20 单缝衍射的光强分布曲线

下面对光强公式进行讨论.

(1) 中央明纹. 当 $\theta = 0$ 时, 光强取得主极大值 I_0, 对应中央明纹的中心.

(2) 暗纹. 若 $\alpha = m\pi, m = 0, \pm 1, \pm 2, \cdots$, 或

$$a \sin\theta = m\lambda, \quad m = \pm 1, \pm 2, \cdots \tag{13.17}$$

则有 $I = 0$. 上式确定了暗纹中心的角位置.

(3) 次级明纹. 相邻暗纹之间存在一个次级明纹, 由

$$\frac{\mathrm{d}}{\mathrm{d}\alpha} \left(\frac{\sin\alpha}{\alpha}\right)^2 = 0, \quad \alpha \neq m\pi; \; m = 0, \pm 1, \pm 2, \cdots$$

可得 $\tan\alpha = \alpha$. 该方程的数值解可表示为

$$\sin\theta = \pm 1.43\frac{\lambda}{a},\ \pm 2.46\frac{\lambda}{a},\ \pm 3.47\frac{\lambda}{a},\ \cdots$$

这就是中央明纹中心两侧对称分布的各次级明纹中心的角位置所满足的条件.

13.4.3　圆孔夫琅禾费衍射

如果用小圆孔取代狭缝, 如图 13-21(a) 所示, 用单色平行光垂直照射在开有圆孔的衍射屏上, 圆孔后放置焦距为 f 的理想薄透镜 L, 在透镜的焦平面上与圆孔平面平行地放置一观察屏. 光经过圆孔后向各方向扩展, 衍射图样如图 13-21(b) 所示. 中央为一较明亮的圆斑, 称为艾里斑, 圆斑周围是一些明暗相间的同心圆环.

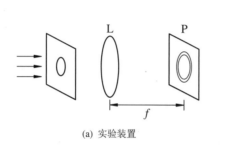

(a) 实验装置

(b) 衍射图样

图 13-21　圆孔衍射

可以证明, 一个直径为 D 的圆孔的衍射图样的第一级极小, 即艾里斑的角半径由下式给出:

$$\theta = 1.22\frac{\lambda}{D} \tag{13.18}$$

式中 θ 是从中心轴线与中心亮斑边缘上的任一点到透镜中心连线之间的夹角. 事实上, 各次级环状明纹看起来是非常暗淡的, 因为从圆孔透过的光, 能量的 84% 都由艾里斑所占据.

照相机、显微镜、望远镜, 包括人眼都可以看成光学成像系统. 从波动光学的观点来看, 这些都属于光通过圆孔后的衍射. 这种衍射会对成像系统造成影响, 如果要分辨 (辨识) 两个物体, 就必须形成两个分开的像. 如果衍射使得每个物体的像扩展到互相重叠, 仪器就无法分辨了. 当我们从望远镜中看远处一颗星时, 星星足够远, 从星星发出的光到达镜筒时可以看作平行光束, 但是由于光要通过望远镜中的圆孔, 得到的像不是一个几何点, 而是具有一定大小的圆斑. 如果我们观察两个或更多看起来靠得很近的星星会怎样呢? 两颗相对于观察者张角很小的星星发出的光会形成重叠的衍射图样, 由于这些星星是非相干光源, 它们的衍射图样会彼此没有干涉的重叠起来. 衍射图样相隔多远才能分辨出是不同的星星?

为了回答这个问题, 英国物理学家瑞利, 提出了一条有些主观但却方便易用的判据, 现在我们称之为瑞利判据: 当一个衍射图样的中心刚好落在另一个衍射图样的边缘 (即一级暗纹) 上时, 两者刚好能被分辨. 图 13-22 上方的曲线表示两个艾里斑的光强, 下方的曲线是它们相加的结果. 若两个圆斑足够小或它们的中心间距足够远, 则即便两个圆斑有一些重叠

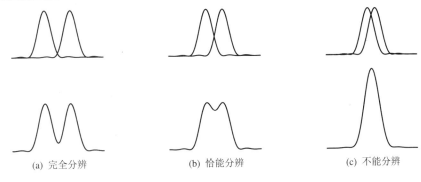

(a) 完全分辨　　　　(b) 恰能分辨　　　　(c) 不能分辨

图 13-22　圆孔衍射的瑞利判据

依然可以分辨它们, 如图 13-22(a) 所示. 在图 13-22(b) 中, 每个艾里斑的中心正好与另一个艾里斑的边缘相重合, 为恰能分辨. 而图 13-22(c) 中的两个圆斑靠得太近, 它们的中心间距小于每个艾里斑的半径, 就不能被分辨了.

　　根据瑞利判据, 参看图 13-23, 若两个点光源对透镜中心所张的角度为 θ, 那么两光源能被分辨的条件是

$$\theta \geqslant \theta_0 = 1.22 \frac{\lambda}{D} \tag{13.19}$$

上式中的 θ_0 称为透镜的最小分辨角.

　　在明亮的环境中, 眼睛瞳孔的直径约为 2 mm, 衍射效应限制了人眼的分辨能力. 在暗淡环境下, 瞳孔扩大, 这时限制人眼分辨能力的主要不是衍射, 而是视网膜的感光细胞的间距. 如果锥形细胞不够密集, 就会失去分辨能力; 如果它们过于密集, 由于衍射, 也不会获得更大的分辨能力. 后印象派画家乔治·修拉擅长一种著名的点彩画法, 这种画是由许多不同颜色紧密的点组成, 每个色点直径大约

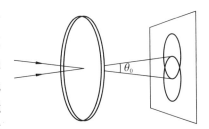

图 13-23　透镜的最小分辨角

2 mm. 靠近画会看到许多单独的色点. 从远处看, 这些点就混为一体了.

　　当用透镜而不是我们的视觉系统去分辨小距离的物体时, 我们希望衍射图样应该尽可能小. 根据式 (13.19), 可以通过增大透镜的直径或采用波长更短的光波来提高分辨能力. 在电子显微镜中, 电子束的有效波长是可见光波长的 10^{-5}, 可使分辨率提高几个数量级, 放大倍数可达数万倍至百万倍. 1990 年发射的哈勃太空望远镜的凹面物镜的直径为 2.4 m, 在大气层外 615 km 高空绕地运行, 可观察 130 亿光年远的太空深处, 发现了 500 亿个星系.

　　例13.3　设人眼在正常照度下的瞳孔直径约为 3 mm. 对于人眼最敏感的波长为 550 nm 的可见光, (1)人眼的最小分辨角有多大? (2) 距人眼 25 cm (明视距离) 处的两点之间距离多大时才能被分辨?

　　解　(1) 人眼的最小分辨角为

$$\theta_0 = 1.22 \frac{\lambda}{D} = 1.22 \times \frac{550 \times 10^{-9}}{3 \times 10^{-3}} = 2.2 \times 10^{-4} \text{ (rad)}$$

(2) 恰能分辨的两点之间的距离为

$$\delta = l\theta_0 = 25 \times 10^{-2} \times 2.2 \times 10^{-4} = 55 \times 10^{-6} \text{ (m)} = 55 \text{ μm}$$

目前, 普通计算机显示器的点距为 $180 \sim 290 \, \mu m$, 数倍于上述最小分辨距离, 所以显示效果不够精细.

13.5 衍射光栅

13.5.1 光栅方程

光栅是由大量的等宽、等间距的平行狭缝 (或反射面) 构成的, 是现代科技中常用的光学元件. 单色光通过光栅衍射可以产生明亮尖锐的亮纹, 复色光入射可产生光谱, 用以进行光谱分析. 透射光栅通常是用精密仪器在玻璃上刻出许多平行的刻痕来制作的, 刻痕之间透明的部分可看作狭缝. 典型的光栅每厘米有几千条刻线, 相邻刻线之间的距离称为光栅常量, 用 d 表示, 一个每厘米 5000 条刻线的光栅, $d = 2 \, \mu m$. 每条狭缝具有一定的宽度, 记作 a.

图 13–24 (a) 为平面透射光栅衍射实验示意图. 平行光束从左侧垂直入射到光栅平面上, 衍射光经透镜会聚在其焦平面上. 图中只画出了衍射角为 θ 的光线, 屏上不同位置对应于不同的衍射角. 图 13–24 (b) 展示了光栅的局部细节. 从相邻两条缝沿 θ 方向出射的衍射光具有光程差 $d \sin \theta$, 或用相位差表示为

$$\Delta \varphi = \frac{2\pi d \sin \theta}{\lambda}$$

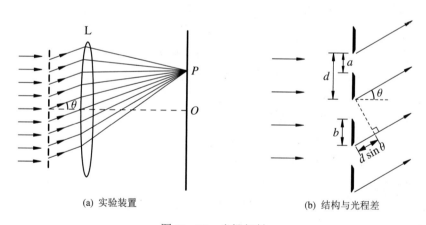

(a) 实验装置　　　　　　　　　(b) 结构与光程差

图 13–24　光栅衍射

对于有 N 条缝的光栅, 若不计缝宽, 就变成 N 条狭缝的干涉问题. 屏上 P 点的光振动是 N 个振动的矢量和, 且相邻两个振动的相位差为 $\Delta \varphi$. 设每条缝在 $\theta = 0$ 方向上的振幅为 E', 则只要将图 13–19 中的 E_0/N 替换为 E', 就可以用矢量合成法求出 P 点的合振动. 根据图 13–19, 容易得到

$$E = 2R \sin \frac{N \Delta \varphi}{2}$$

$$E' = 2R \sin \frac{\Delta \varphi}{2}$$

上面二式相除, 有

$$E = E' \frac{\sin \dfrac{N\Delta\varphi}{2}}{\sin \dfrac{\Delta\varphi}{2}}$$

令

$$\beta = \frac{\pi d \sin \theta}{\lambda} \tag{13.20}$$

可将合振幅表示为

$$E = E' \frac{\sin N\beta}{\sin \beta} \tag{13.21}$$

光强分布为

$$I = I' \left(\frac{\sin N\beta}{\sin \beta} \right)^2 \tag{13.22}$$

当 $\beta = m\pi$, $m = 0, \pm 1, \pm 2, \cdots$ 时, 上式有极大值 $N^2 I'$. 此时, 相邻两个缝光源到 P 点的光程差满足

$$d \sin \theta = m\lambda, \quad m = 0, \pm 1, \pm 2, \cdots \tag{13.23}$$

上式称为光栅方程, 是 N 个缝光源干涉主极大所满足的条件, m 叫做级次.

使式 (13.23) 取极小值的衍射角由下式确定:

$$d \sin \theta = \left(m + \frac{n}{N} \right)\lambda, \quad m = 0, \pm 1, \pm 2, \cdots; n = 1, 2, \cdots, N - 1 \tag{13.24}$$

由上式可以分析出, 相邻两个主极大之间存在 $N - 1$ 个极小值 (为零). 图 13–25 是根据式 (13.23) 作出的光强分布曲线, 可以看出, 相邻的极小值之间存在一个次极大, 也就是说相邻两个主极大之间有 $N - 2$ 个次极大. 随着 N 的增大, 各级衍射主极大变得越来越尖锐, 峰值与 N^2 成正比.

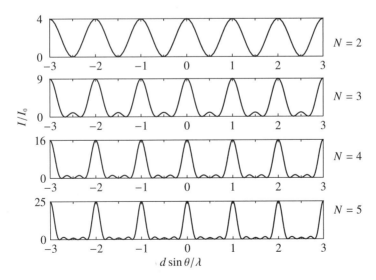

图 13–25 多缝干涉的光强分布

13.5.2 光栅衍射的光强分布

前面我们没有考虑缝宽的影响,把每条缝都看成了一个足够细的缝光源.而实际上由于每条缝具有一定宽度,在光栅平面上同一狭缝内所有的点都可以看作子波源,因此,每条缝还存在衍射效应.此时,式 (13.21) 中的 E' 不再是常量,而应该由式 (13.15) 给出.衍射角 θ 方向上的振幅为

$$E = E_0 \frac{\sin \alpha}{\alpha} \frac{\sin N\beta}{\beta}$$

光强为

$$I = I_0 \left(\frac{\sin \alpha}{\alpha} \right)^2 \left(\frac{\sin N\beta}{\beta} \right)^2 \tag{13.25}$$

上式中第一个括号的平方称为单缝衍射因子,第二个括号的平方称为多缝干涉因子.图 13–26 给出了 $N = 5$ 时的光栅衍射光强分布曲线.图中最上面的曲线表示单缝因子,中间的曲线表示多缝干涉因子,最下面的曲线是光栅光强分布曲线.图中显示,单缝因子的作用是对多缝干涉的光强进行调制,使得较高级次主极大的光强变小.另外,光栅衍射零级主极大的光强是每个缝光强的 N^2 倍,N 越大,衍射光强的峰值越大,明纹越尖锐.

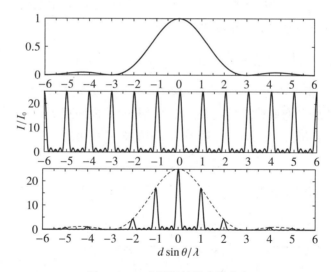

图 13–26   光栅衍射的光强分布

当单缝因子的零点位置恰好与多缝因子的主极大的位置重合时,即满足

$$\sin \theta = \frac{m\lambda}{d} = \frac{m'\lambda}{a}$$

或

$$\frac{d}{a} = \frac{m}{m'} \tag{13.26}$$

时光强为零,使本应出现的由光栅方程确定的主极大消失了,明纹变成暗纹,这个现象称为缺级.上式中 m, m' 均为整数,故缺级的条件是光栅常量与缝宽之比为整数比.图 13–26 中的 $d = 3a$,使 $m = \pm 3, \pm 6, \cdots$ 的级次出现缺级.

13.5.3 光栅光谱

复色光经光栅衍射后, 每种波长在观测屏上均形成衍射条纹. 根据光栅方程, 除零级以外, 衍射角与入射光的波长有关, 波长越长, 衍射角绝对值越大; 波长越短, 衍射角的绝对值越小, 这种现象叫光栅的色散. 光栅衍射产生的按波长排列的谱线, 叫光栅光谱. 各种波长的同级谱线就构成光源的一套光谱. 例如, 图 13–27 就是汞灯的一套可见光波段的特征光谱.

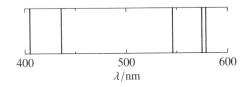

图 13–27　汞灯的特征光谱

光盘表面通常在白光照射下显示出五颜六色, 并且颜色随角度和光源位置而变化. 这是因为 CD 表面有凹槽, 呈螺旋形的轨迹, 轨迹间距离大约 1 μm, 所以光盘表面可作为反射光栅. 受到白光照射时, 不同波长的光在不同的衍射角度出现极大, 从而出现我们所看到的现象.

例 13.4　波长为 632.8 nm 的氦氖激光正入射到衍射光栅上, 光栅每厘米有 6.00×10^3 条刻痕. 求各级主极大的衍射角.

解　根据每厘米有 6.00×10^3 条刻痕可求出光栅常量

$$d = \frac{1}{6.00 \times 10^3} \text{ cm} = 1.67 \times 10^{-4} \text{ cm} = 1.67 \text{ μm}$$

根据光栅方程, 有

$$\sin \theta = m \frac{\lambda}{d}$$

由 $|\sin \theta| \leqslant 1$ 可得 $|m| \leqslant d/\lambda \approx 2.6$. 考虑到 m 只能取整数, 所以实际可观察的主极大共 5 级, 对应于 $m = 0, \pm 1, \pm 2$. 将 m 各个取值代入上式, 得各级主极大的衍射角分别为 $0°$, $22.3°$, $49.3°$.

13.5.4 光栅的分辨本领

利用光栅光谱, 我们很容易分析光源的频率或波长成分. 有些光源的光谱是线状的, 有些是连续的, 还有一些是间距很小的带状光谱. 如果相邻谱线的波长十分接近, 就有可能造成它们彼此之间无法分辨的情形. 为此, 我们引入光栅的分辨本领的概念. 定义

$$R = \frac{\overline{\lambda}}{\Delta \lambda} \tag{13.27}$$

为光栅的分辨本领. 式中 $\overline{\lambda}$ 是恰能被分辨的两条谱线的平均波长, $\Delta \lambda$ 是它们之间的波长差. R 越大, 光栅的分辨本领越强.

要有效地提高光栅的分辨本领, 一方面, 应使谱线之间的空间距离尽可能大; 另一方面, 要使谱线尽可能尖锐. 在波长 λ 附近, 单位波长间隔的两个衍射主极大之间的角距离称为光

栅的角色散率. 角色散率越大, 波长间隔相等的两条光谱的角距离就越大. 根据光栅方程, m
级衍射极大对应的角色散率可以表示为

$$\frac{\mathrm{d}\theta}{\mathrm{d}\lambda} = \frac{m}{d\cos\theta} = \frac{m}{\sqrt{d^2 - (m\lambda)^2}} \tag{13.28}$$

所以角色散率随级次的增大而单调地增大. 谱线的尖锐程度取决于光栅的总缝数 N, N 越
大, 谱线越细. 由瑞利判据可以证明, 光栅的分辨本领正比于 m 和 N, 其表达式为

$$R = mN \tag{13.29}$$

因此, 想要获得更大的分辨本领, 应使用刻线数更多的光栅, 或者对于特定的光栅, 若在较低
级次不能分辨的两条谱线, 可以考虑在较高级次去分辨它们.

13.6　X 射线衍射

　　1895 年, 伦琴发现当高速电子撞击某些固体时, 会产生一种看不见的射线, 它能透过许
多对可见光不透明的物质, 对感光乳胶有感光作用, 并能使许多物质产生荧光, 这就是所谓
的 X 射线, 它是电磁波的一种. 图 13–28 是常见的产生 X 射线的真空管. 从灯丝 (阴极) 发
射的电子经高压加速, 打到金属钨或铜制成的靶 (阳极) 上, 从而产生 X 射线. 典型的 X 射线
波长范围为 0.1 ~ 10 nm, 比可见光的波长短得多. 如果通过光栅观察 X 光的衍射, 则光栅常
量就必须比用于可见光的光栅小得多. 但目前的工艺无法制造出这样的光栅.

　　1912 年, 德国物理学家马克斯·冯·劳厄发现晶体中原子有规律的排列, 正是用于 X 射
线衍射最好的光栅. 原子的规则排列和间距可模拟传统光栅狭缝的规则排列, 不过晶体是一
个三维光栅. 当一束 X 光照射到该晶体表面时, X 射线会被原子散射到各个方向. 来自不同
原子散射的 X 射线在彼此干涉, 在某些方向上相干加强. 由于这种光栅是三维结构, 所以很
难确定干涉相长的方向. 澳大利亚物理学家威廉·劳伦斯布拉格发现了一个重要的简化模
型. 他认为我们可以把 X 射线看成是从原子组成的晶面上反射, 如果从相邻一对晶面反射的
X 射线的光程差是波长的整数倍则为干涉加强.

　　图 13–29 中, X 射线从间隔为 d 的两个晶面反射时, 从较低晶面反射的 X 射线比从上
一晶面反射的 X 射线多经历了 $2d\sin\theta$ 的光程, 这里 d 是晶面间距, θ 是入射光和反射光与
晶面的夹角. 于是相干加强的条件为

$$2d\sin\theta = m\lambda, \quad m = 1, 2, 3, \cdots \tag{13.30}$$

上式称为布拉格公式. 因为晶体中有许多平行的晶面, 每个都有自己的晶面间距, 所以运用
布拉格公式时需要注意 X 光是从哪两个晶面反射的. 实际上, 最大的晶面间距包含单位面积
上最多的散射中心 (原子), 所以它们会产生最强的明纹.

　　正如光栅可以将白光不同的颜色谱呈现出来, 晶体也可用于将一束波段较窄的 X 射线
分成连续的 X 射线谱. 如果晶体结构已知, 根据出射光束的角度可以用于确定 X 射线波长,
这是 X 射线光谱分析中的常用方法, 促进了原子结构的研究; 反之, 如果已知 X 射线的波长,
通过测量 θ 角, 可以求出晶面间距, 它是分析晶体结构的重要数据. X 射线衍射图样还可用

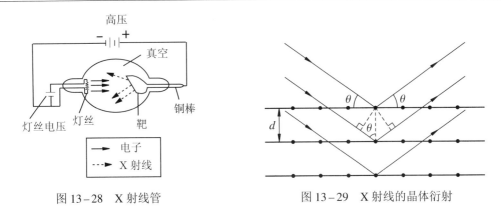

图 13-28 X 射线管   图 13-29 X 射线的晶体衍射

于确定生物分子如蛋白质的分子结构. 英国生物物理学家罗莎琳·富兰克林于 1953 年拍摄的衍射图样显示出带状交叉, 罗莎琳·富兰克林的 X 射线衍射研究对美国分子生物学家詹姆斯·沃森和英国弗朗西斯·克里克在 1953 年提出 DNA 分子的双螺旋结构起到了至关重要的作用. 同步加速器中电子辐射出的 X 射线已被用于研究病毒结构.

13.7 光的偏振

光的干涉和衍射证明了光的波动性. 根据电磁波的性质, 我们知道自由空间传播的电磁波是横波. 但是, 无论干涉还是衍射都无法证明电磁波的横波性质, 本节描述的偏振现象是电磁波横波性质的有力证据. 光的电磁理论指出, 光矢量 E 与光的传播方向垂直, 在垂直于光的传播方向的平面内, 光矢量 E 可能有 5 种不同的偏振状态: 自然光、线偏振光、圆偏振光、椭圆偏振光和部分偏振光.

(1) 自然光. 一自然光束含有大量的由光源的原子与分子发出的电磁波. 原子中的振动电荷像小的天线, 每一个原子都产生一个确定振动方向的 E 矢量, 对应原子的振动方向. 因为振动在所有方向上都是可能的, 而最终形成的电磁波是每个原子的电磁波的非相干叠加. 这是因为每个原子振动的初相位是随机的, 因而各方向的振动也不存在相位关联, 结果就形成了自然光 (非偏振光). 自然光在垂直于传播方向的每个平面内, 电场矢量沿各个方向的振幅都相等. 图 13-30(a) 是面向光的传播方向 E 矢量的振动情形, 图 13-30(b) 是另一种图示自然光的方法, 表示沿着垂直于光的传播方向看去, 纸面内的振动 (短线) 与垂直于纸面的振动 (圆点) 数目相等, 各占一半, 不存在一个特殊的方向其光振动更具优势.

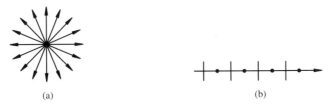

(a)   (b)

图 13-30 自然光

(2) 线偏振光. 在光的传播路径上, 每一点的光矢量总是沿着同样的方向振动, 光的这种偏振态称为平面偏振或线偏振. 图 13-31(a) 表示迎着光的传播方向看去, 光矢量沿特定直线方向振动, 故称为线偏振光; 图 13-31(b) 是沿着与传播方向垂直的方向看去, 要么只有垂直于纸面的电场振动 (上图), 要么只有纸面内的电场振动 (下图), 无论哪种情形, 都表示只有一个特定方向的电场振动. 又因为振动方向与传播方向正好构成一个平面, 所以这种偏振态也叫做平面偏振, 相应的平面也称为偏振面.

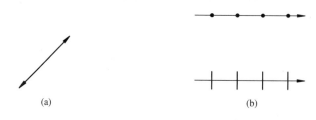

图 13-31　线偏振光

(3) 部分偏振光. 部分偏振光是振动状态介于自然光和线偏振光之间的光. 与自然光相同之处是部分偏振光各方向的光振动之间彼此没有固定的相位关系, 与自然光不同之处, 在于垂直于传播方向的每个平面内, 电场矢量沿各个方向的振幅不相等. 部分偏振光的图示方法见图 13-32.

图 13-32　部分偏振光

(4) 圆偏振光和椭圆偏振光. 如果在光的传播过程中, 光矢量 E 绕着传播方向旋转, 其旋转角速度对应光的角频率. 迎着光的传播方向看, 如果光矢量的端点轨迹为一圆, 则这种光叫做圆偏振光, 如图 13-33(a) 所示; 如果光矢量的端点轨迹为一椭圆, 则该光叫做椭圆偏振光, 如图 13-33(b) 所示. 面向光的传播方向看去, 光矢量顺时针旋转的, 称为右旋, 光矢量逆时针旋转的, 称为左旋.

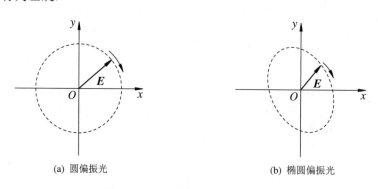

(a) 圆偏振光　　　　　　　(b) 椭圆偏振光

图 13-33　圆偏振光和椭圆偏振光

最常用的获得线偏振光的方法是利用某些物质的二向色性. 所谓二向色性, 是指物质对不同振动方向的光振动具有不同的吸收比的特性. 它对某一特定方向的光振动没有吸收作用 (该特定方向称为偏振化方向), 而吸收与前述特定方向垂直的光振动. 晶体的二向色性还与波长有关, 即具有选择吸收特性, 因此当振动方向互相垂直的两束线偏振白光通过这种晶体后呈现不同的颜色. 在天然晶体中, 电气石具有很强的二向色性. 将具有二向色性的晶体沿着与偏振化方向平行的方向切割成薄片, 形成偏振器 (或偏振片). 此外, 一些各向同性介质在受外界作用时也会产生各向异性, 并具有二向色性. 利用这一特性获取偏振光的器件叫做人造偏振片.

偏振器有两个作用: 一是用作产生线偏振光, 称为起偏器; 二是用作检验光是否偏振光, 称为检偏器.

图 13-34 中一束自然光入射到第一个偏振片 (起偏器), 通过第一个偏振片后光矢量沿竖直方向振动, 振幅为 E_1. 光强为 I_1. 第二个偏振片 (检偏器) 的偏振化方向与起偏器的偏振化方向的夹角为 θ; 将 E_1 沿两个方向分解, 垂直于检偏器偏振化方向的分量被完全吸收, 而平行分量 $E_1 \cos \theta$ 完全通过. 因为光的强度与电场强度的振幅的平方成正比, 所以透射光的强度为

$$I_2 = I_1 \cos^2 \theta \tag{13.31}$$

上式称为马吕斯定律. 马吕斯定律指出, 与偏振器的偏振化方向成 θ 角方向振动的线偏振光透过偏振器的光强与入射光强成正比, 与 $\cos^2 \theta$ 成正比.

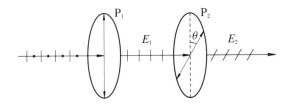

图 13-34   自然光垂直通过两个偏振片

当强度为 I_0 的自然光通过单一的理想偏振器时透射光的强度变为原光强的 1/2. 这个事实是因为 $\cos^2 \theta$ 在一个周期内平均值是 1/2. 在图 13-34 中, 如果入射到 P_1 上的自然光的强度为 I_0, 则有 $I_1 = I_0/2$.

图 13-35 显示了自然光垂直透过两个平行放置的偏振片后的光强, 图中的 "↕" 表示偏振化方向. 可以看出当两个偏振片的偏振化方向平行时, 透射光的强度最大, 当两个偏振片的偏振化方向垂直时, 透射光的强度为零. 几种偏振态的光通过检偏器后, 只有线偏振光才可能出现出射光强为零的情况. 利用这一特性, 可以有效地通过旋转检偏器鉴别出线偏振光.

13.8   反射光与折射光的偏振

在上节中我们介绍了利用起偏器获取偏振光的方法, 本节将介绍获取偏振光的另一种方法, 即利用光的反射或折射.

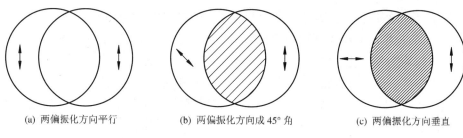

图 13－35　自然光通过两个偏振片后的透射光强

　　一般情况下, 当自然光入射到两种介质的交界面上时, 如图 13－36(a) 所示, 光矢量可以用两个互相垂直的分量来描述. 一个分量与入射面平行, 另一分量在入射面内且与光的传播方向垂直, 反射光中垂直于入射面的振动分量所占比例更多, 为部分偏振光. 折射光也是部分偏振光, 但折射光中平行于折射面的振动居多. 所谓入射面或折射面, 是指入射光线或折射光线与界面法线构成的平面. 实验发现, 存在一个特殊的角度, 当自然光以该角度入射时, 反射光为线偏振光, 其振动方向与入射面垂直, 如图 13－36(b) 所示. 这个特殊的角度用 i_B 表示, 称为布儒斯特角或者起偏角, 它满足

$$\tan i_B = \frac{n_2}{n_1} \tag{13.32}$$

这个规律是英国物理学家布儒斯特于 1815 年发现的, 称为布儒斯特定律, 式中的 n_1, n_2 分别表示入射光和折射光所在介质的折射率. 自然光以布儒斯特角入射时, 折射光仍为部分偏振光, 且平行于折射面的振动居多.

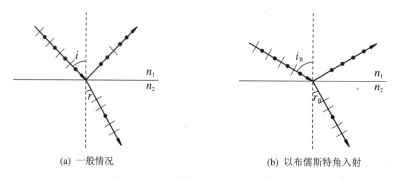

图 13－36　反射光与折射光的偏振

　　根据折射定律, 有

$$\frac{\sin i_B}{\sin r_B} = \frac{n_2}{n_1}$$

式中 r_B 为光以布儒斯特角入射时对应的折射角. 对比上式与式 (13.32), 可以发现

$$\sin r_B = \cos i_B$$

这说明光以起偏角入射时, 反射光与折射光相互垂直.

　　虽然利用布儒斯特定律, 可以得到线偏振状态的反射光, 但是因为从玻璃表面反射的线偏振光很微弱, 所以实际上是用玻璃片堆从透射光获得线偏振光的. 如图 13-37 所示, 自然光以布儒斯特角入射, 光波经过多片玻璃反射后, 透射光可以非常接近线偏振光, 有很高的偏振度, 并且透射光强也可以达到入射自然光的 50% 左右.

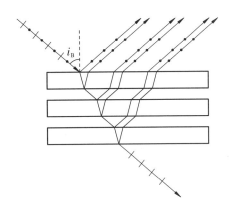

反射引起偏振的现象十分普遍. 太阳光经过水面、玻璃表面、雪地的反射都是部分偏振的. 如果反射表面是水平的, 反射光中的光振动沿水平方向的居多. 有此场合, 比如摄影时为了减少水面的反射光对成像的影响, 可以在镜头前加偏振滤光镜. 调整偏振滤光镜的偏振化方向为竖直方向, 可以有效吸收光振动的水平分量, 降低水面反射光的干扰.

图 13-37　玻璃片堆

习　　题

13-1 一单色光照射到相距为 0.2 mm 的双缝上, 双缝与屏幕的垂直距离为 1 m.

(1) 从第一级明纹到同侧的第四级明纹的距离为 7.5 mm, 求单色光的波长;

(2) 若入射光的波长为 600 nm, 求相邻两明纹间的距离.

13-2 在杨氏双缝干涉实验装置中, 入射光的波长为 550 nm, 用一片厚度为 8.53×10^3 nm 的薄云母片覆盖双缝中的一条狭缝, 这时屏幕上的第 9 级明纹恰好移到屏幕中央原零级明纹的位置, 问该云母片的折射率为多少?

13-3 在照相机镜头 (折射率为 1.56) 上有一层折射率为 $n = 1.38$ 的氟化镁膜, 要使人眼和照相底片最敏感的黄绿光(550 nm)反射率最低, 求膜的最小厚度.

13-4 在折射率为 1.5 的玻璃表面上镀一层折射率 2.5 的透明介质膜可增强反射. 若在镀膜过程中用波长为 $\lambda = 600$ nm 的单色光垂直照射到介质膜上, 并用仪器测量透射光的强度. 当介质膜的厚度逐渐增大时, 透射光的强度发生时强时弱的变化. 试计算当观察到透射光的强度第三次出现最弱时, 介质膜有多厚?

13-5 如习题 13-5 图所示, 已知玻璃的折射率 $n_2 = 1.5$, 氧化膜折射率 $n_1 = 2.21$, 膜的厚度为 δ. 用 $\lambda = 632.8$ nm 的激光垂直照射, 从 A 到 B 出现 11 条暗纹, 且 A 处恰为一暗纹. 求膜的厚度 δ.

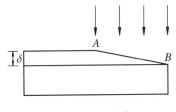

习题 13-5 图

13-6 在牛顿环实验中, 用紫光照射, 测得第 m 级明环的半径 $r_m = 3.0 \times 10^{-3}$ m, 第 $m + 16$ 级明环半径 $r_{m+16} = 5.0 \times 10^{-3}$ m, 平凸透镜的曲率半径 $R = 2.50$ m. 求紫光的波长.

13-7 一平面单色光波垂直照射在厚度均匀的薄油膜上, 油膜覆盖在玻璃板上. 油的折射率为 1.30, 玻璃的折射率为 1.50, 若单色光的波长可由光源连续调节, 只观察到 500 nm 和 700 nm 这两个波长的单色光在反射中强度减至最小. 试求油膜层的厚度.

13-8 迈克耳孙干涉仪中的反射镜 M_2 移动 0.235 mm, 测得干涉条纹移动 798 条. 试计算光的波长.

13-9 在迈克耳孙干涉仪的一臂放入一个长 100 cm 的玻璃管, 并充入空气, 使压强达到 1 atm. 用波长 $\lambda = 585$ nm 的光做干涉实验. 在将玻璃管逐渐抽成真空的过程中, 观察到 $N = 100$ 个干涉条纹的移动, 试计算空气的折射率.

13-10 一单缝, 宽为 $a = 0.1$ mm, 缝后放有一焦距为 50 cm 的会聚透镜, 用波长 $\lambda = 546.1$ nm 的平行光垂直照射单缝, 试求位于透镜焦平面处的屏幕上中央明条纹的宽度和中央明条纹两侧相邻暗纹中心之间的距离. 如将单缝位置作上下小距离移动, 屏上衍射条纹有何变化?

13-11 一单色光垂直入射一单缝, 其衍射第三级暗纹位置恰与波长为 660 nm 的单色光垂直入射该缝时衍射的第二级暗纹位置相重合, 试求该单色光波长.

13-12 平行可见光束垂直入射到单缝上, 已知缝宽 $a = 0.6$ mm, 焦距 $f = 0.4$ m, 屏上距中央明纹中心 $x = 1.4$ mm 处的 P 点位于某级次级明纹的中心位置. 求: 入射光波长和点 P 处的条纹级次.

13-13 人眼的瞳孔直径约为 3 mm, 对于视觉感受最灵敏的波长为 550 nm 的光, 问:

(1) 人眼最小分辨角是多少?

(2) 在教室的黑板上画一等号, 其两横线相距 2 mm, 坐在离黑板 10 m 远处的同学能否分辨这两条横线?

13-14 取波长为 550 nm, 试计算物镜直径为 5.0 cm 的普通望远镜和直径为 6.0 m 的反射式天文望远镜的最小分辨角. 设人眼的最小分辨角为 2.9×10^{-4} rad, 这两个望远镜的角放大率各为多少为宜?

13-15 每厘米含 4000 条刻线的光栅在白光垂直照射下, 可产生多少完整的光谱? 问哪一级光谱中的哪个波长的光开始与其他级次的光谱重叠? 设可见光的波长范围为 400 ~ 760 nm.

13-16 波长 $\lambda = 600$ nm 的单色光垂直入射到一光栅上, 测得第二级主级大的衍射角为 30° 且第三级缺级. 求:

(1) 光栅常量 d;

(2) 透光狭缝可能的最小宽度 a;

(3) 在选定了上述 d 和 a 之后, 屏幕上可能呈现的全部主极大的级次.

13-17 以波长 400 ~ 760 nm 的白光照射光栅, 在衍射光谱中, 第二级和第三级发生重叠, 试求第二级光谱被重叠的波长范围.

13-18 一光栅宽为 6.0 cm, 每厘米有 6000 条刻线, 问在第三级光谱中, 对波长 $\lambda = 500$ nm 附近的光, 可分辨的最小波长间隔是多少?

13-19 已知钠黄光 $\lambda = 589.3$ nm 实际上是由两条谱线 $\lambda_1 = 589.0$ nm 和 $\lambda_2 = 589.6$ nm 组成的, 若用光栅的第二级光谱观测钠黄光, 光栅缝数至少为多少才能分辨这两条谱线?

13-20 以铜作为阳极靶材料的 X 射线管发出的 X 射线主要是波长 $\lambda = 0.15$ nm 的特征谱线. 当它以掠射角 $\theta_1 = 11°15'$ 照射某一组晶面时, 在反射方向上测得一级衍射极大, 求该组晶面的间距. 若用以钨为阳极靶材料做成的 X 射线管所发出的波长连续的 X 射线照射该组晶面, 在 $\theta_2 = 36°$ 的方向上可测得什么波长的 X 射线的一级衍射极大?

13-21 试证明强度为 I_0 的自然光通过偏振片后的透射光强为 $I_0/2$.

13-22 自然光通过两个偏振化方向成 60° 的偏振片, 透射光强为 I_1. 若在这两个偏振片之间再插入另一个偏振片, 它的偏振化方向与前两个偏振片的偏振化方向均成 30°, 则透射光强为多少?

13-23 一束光是自然光和线偏振光的混合光, 当它垂直通过一偏振片后, 随着偏振片的透振轴取向的不同, 出射光强度的最大值是最小值的 5 倍. 问入射光中自然光与线偏振光的强度占入射光强度的比例各为多少?

13-24 平行平面玻璃板放置在空气中, 空气折射率近似为 1, 玻璃折射率为 1.5. 试计算当自然光以布儒斯特角入射到玻璃板的上表面时, 折射角是多少? 当折射光在下表面反射时, 其反射光是不是线偏振光?

第 14 章　量子物理学初步

14.1　光的本性的再认识

14.1.1　黑体辐射

任何一个物体, 在任何温度下都会向外辐射电磁波, 这种由于物体内部分子作热运动而向外界发射电磁波的现象, 称为热辐射. 室温下大多数物体辐射的电磁波分布在红外区域, 随着温度的升高, 单位时间内辐射的能量迅速增加, 辐射能中短波部分所占的比例随之增加. 例如, 在加热铁块时, 开始看不见颜色, 随着温度的升高, 它的颜色变得暗红、赤红、橙色, 最后成为黄白色. 这个例子说明物体热辐射的能量和温度 T 和波长 λ 有关. 为了定量描述热辐射的性质, 需要引入单色辐出度和辐出度的概念.

物体温度为 T 时, 单位时间从物体单位面积上所发出的在 λ 附近单位波长间隔内所发出的辐射能量称为单色辐出度, 用 $M_\lambda(T)$ 表示. 物体温度为 T 时, 单位时间从物体单位面积上所发出的各种波长的辐射能量的总和称为辐出度, 用 $M(T)$ 表示. 显然辐出度可由 $M_\lambda(T)$ 对各种波长的积分求得.

$$M(T) = \int_0^\infty M_\lambda(T)\,\mathrm{d}\lambda \tag{14.1}$$

物体在辐射电磁波的同时, 也会吸收投射到物体表面的电磁波. 当辐射和吸收达到平衡时, 物体的温度保持不变, 这时物体和外界达到了热平衡, 称为平衡热辐射. 一般来讲, 物体的辐射本领越强, 它的吸收本领也越强.

投射到物体表面的电磁波, 一部分被物体吸收, 一部分被物体反射和折射. 若一个物体能够全部吸收投射到它上面的辐射, 我们称之为黑体. 黑体只是一种理想模型. 除宇宙中的黑洞之外, 自然界中的物体都不是黑体. 通常把用不透明材料制成的带有小孔的空腔近似地作为黑体模型. 如图 14-1 所示, 射入小孔的电磁波被腔壁多次反射, 逐渐被腔壁吸收, 能从小孔中射出的只是极少的一部分, 因此空腔上的小孔就可以看作黑体. 如前所述, 空腔上的小孔也会向外辐射电磁波, 从小孔发射出的电磁辐射可作为黑体辐射.

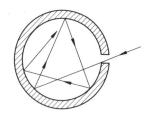

图 14-1　用空腔模拟黑体

1879年, 奥地利物理学家斯特潘从实验中发现, 黑体的辐出度与黑体温度的 4 次方成正比. 1884 年玻耳兹曼从热力学理论出发, 导出了相同的结果.

$$M(T) = \sigma T^4 \tag{14.2}$$

故上式称为斯特潘 – 玻耳兹曼定律, 其中常数 $\sigma = 5.670 \times 10^{-8}$ W·m^{-2}·K^{-4}, 称为斯特藩 – 玻耳兹曼常量. 从图 14-2 中可以看出, 随着温度的升高, 黑体单色辐出度的峰值波长减小,

向短波方向移动. 1893年, 维恩给出了温度与峰值波长之间的关系:

$$\lambda_{m}T = b \tag{14.3}$$

式中 b 为常量, $b = 2.898 \times 10^{-3}$ m·K.

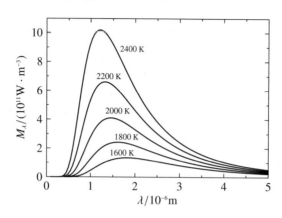

图 14-2　不同温度下的黑体辐射单色辐出度曲线

　　热辐射定律在现代科学技术上的应用相当广泛. 例如利用斯特潘－玻耳兹曼定律, 可以测星体表面的温度. 如果能测出恒星辐射光谱的 λ_{m}, 则可估算出该恒星的表面温度. 根据物体表面不同区域的峰值波长的变化情况, 可以绘制物体表面的温度分布图, 即所谓的热像图. 热像图可用于检查人体的病变部位, 监测森林防火情况等. 另外, 通过卫星遥感技术, 还可进行地球资源、地球表面地质状况的考察.

　　例 14.1　假设太阳表面的特性与黑体等效, 测得太阳表面单色辐出度的最大值所对应的波长为 465 nm. 试估计太阳表面的温度和辐出度.

　　解　$T = b/\lambda_{m} = 6323$ K, $M(T) = \sigma T^{4} = 8.552 \times 10^{7}$ W·m^{-2}.

　　图 14-2 很好地反应了黑体辐射的单色辐出度随温度和波长的变化关系. 针对一系列的实验曲线, 许多物理学家试图从经典物理学的理论出发, 找出符合实验曲线的函数关系式. 其中最著名的是维恩公式和瑞利－金斯公式. 1896年, 维恩假设黑体辐射的能谱分布和麦克斯韦速率分布率相似, 导出了一个公式

$$M_{\lambda}(T) = \frac{C_{1}}{\lambda^{5}} e^{-C_{2}/\lambda T}$$

式中 C_{1} 和 C_{2} 均为常数. 这个公式得到的关系曲线在短波区域与实验符合, 而在长波区域与实验偏差较大, 如图 14-3 所示. 1900 年至 1905 年间, 瑞利和金斯把统计物理学中能量按自由度均分原理应用于黑体辐射, 导出了瑞利－金斯公式:

$$M_{\lambda}(T) = \frac{2\pi ckT}{\lambda^{4}}$$

式中, k 为玻耳兹曼常量; c 是光在真空中的速度. 由图 14-3 可知, 在长波部分与实验结果符合, 但在短波部分却完全不符. 这在物理学史上被称为"紫外灾难". 这两个公式都是从经典物理学出发导出的, 反映出经典物理学存在很大的缺陷.

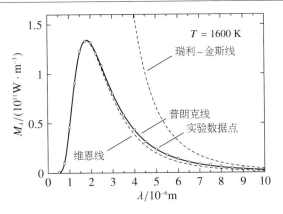

图 14–3 黑体辐射的理论公式与实验结果的比较

1900 年, 德国物理学家普朗克, 运用内插法将维恩公式和瑞利 – 金斯公式结合起来, 得到和实验结果符合很好的函数公式:

$$M_\lambda(T) = \frac{2\pi hc^2}{\lambda^5} \frac{1}{e^{hc/\lambda kT} - 1} \tag{14.4}$$

式中, c 为光速; k 为玻耳兹曼常量; h 为普朗克常量, 其值为 $h = 6.626 \times 10^{-34}$ J·s. 为了给出该公式的理论依据, 经过深入的研究和分析, 他不得不抛弃了经典的能量只能连续性分布的理论, 大胆地提出了新的能量子假说: 组成空腔壁的原子或分子可以看作一维的带电谐振子. 谐振子发射和吸收的能量只能是 $\varepsilon = h\nu$ 的整数倍, ν 为谐振子的振动频率.

例 14.2 已知质量 $m = 1.0$ kg 的物体和劲度系数 $k = 20$ N·m^{-1} 的弹簧组成一弹簧振子系统, 系统以振幅 $A = 0.01$ m 振动. 求:

(1) 若该系统的能量按普朗克假设是量子化的, 则量子数 n 为多少?

(2) n 改变一个单位, 系统能量变化的百分比为多大?

解 (1) 系统振动的频率为

$$\nu = \frac{1}{2\pi}\sqrt{\frac{k}{m}} = 0.71 \text{ Hz}$$

系统的机械能为

$$E = \frac{1}{2}kA^2 = 1.0 \times 10^{-3} \text{ J}$$

设 $E = nh\nu$, 则量子数 n 为

$$n = \frac{E}{h\nu} = 2.1 \times 10^{30}$$

(2) 若 n 改变一个单位, 系统能量变化的百分比为

$$\frac{\Delta E}{E} = \frac{\Delta n}{n} \approx 10^{-30}$$

可见, 对宏观振子来说, 量子数 n 非常大, 每改变一个单位导致的能量改变的百分比又是如此之小, 以致在实际观察中都无法分辨, 可以认为能量是连续的.

14.1.2　光电效应

1887年, 赫兹用两套放电电极做电磁波实验, 一套产生电磁振荡, 一套充当接收器. 当把接收电极用暗箱罩上时, 他发现接收电极间的火花变短了. 经研究发现, 当接收电极没有暗箱罩时, 紫外线会照在接收器的负电极上, 负电极上释放电子, 使得火花加强. 人们把这种光照射到金属表面上时, 有电子从金属表面逸出的现象称为光电效应. 其后, 德国物理学家勒纳德也在实验中发现了光电效应. 1905 年, 爱因斯坦提出了光量子的假说, 成功地解释了光电效应实验规律, 并于1921年获得诺贝尔物理学奖.

研究光电效应的实验装置如图 14-4 所示. 在一个抽成真空的容器内, 装有阴极 K 和阳极 A, 阴极 K 为金属板. 当单色的紫外光通过石英窗口照在阴极 K 上时, 阴极上便有电子释放出来, 这种电子称为光电子. 如果在 A, K 的两端加上正向电压 U, 即 A 接正极, K 接负极, 则在加速电场的作用下, 大量的光电子飞向阳极, 从而在电路中形成电流, 称为光电流. 光电流的强弱由电流表读出. 经研究发现, 光电效应实验的结果有如下几个规律.

(1) 饱和光电流

以一定光强的紫外光照射阴极, A, K 两端加正向电压 U, 随着 U 的增大, 光电流 I 也随之增大, U 和 I 之间的变化关系曲线称为光电伏安特性曲线 (图 14-5). 该曲线显示, 随着正向电压的增大, 电流逐渐增大, 最终达到一个饱和值, 称为饱和光电流. 这说明此时阴极 K 上单位时间释放的电子在电场的作用下全部到达了阳极, 光电流达到饱和. 实验显示, 饱和光电流的值与入射光强的大小成正比.

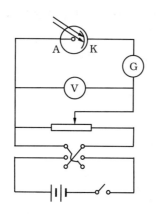

图 14-4　光电效应实验装置示意图

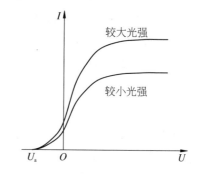

图 14-5　光电效应的伏安特性曲线

(2) 遏止电压

如果将 A 接负极, K 接正极, 此时 A, K 间加的是反向电压. 刚开始时, 电路中的光电流并不为零, 这表明, 即使在反向电场阻碍的作用下, 阴极上释放的光电子仍能有部分到达阳极. 当反向电压大到一定数值时, 光电流减小到零, 这时从阴极逸出的具有最大初动能的电子也不能到达阳极. 此时所加的反向电压被称为遏止电压 U_a. 遏止电压的存在表明逸出的电子的初速度具有上限值, 相应的动能为最大初动能.

$$eU_a = \frac{1}{2}mv_m^2 \tag{14.5}$$

式中, m 和 e 分别是电子的质量和电量; v_m 是光电子逸出金属表面时的最大初速度. 实验表明遏止电压和光强没有关系.

(3) 红限频率

实验表明遏止电压与入射光的频率有关, 具有如下的线性关系 (图 14–6, 不同金属阴极对应不同的直线).

$$U_a = K\nu - U_0 \tag{14.6}$$

式中 K 是直线的斜率, 是与金属种类无关的一个普适常量. 对同一金属, U_0 为一恒量. 将式 (14.5) 代入式 (14.6), 可得

$$\frac{1}{2}mv_m^2 = eK\nu - eU_0 \tag{14.7}$$

式 (14.7) 显示, 由于 $mv_m^2/2$ 必须是正值, 所以有 $\nu > U_0/K$. 可见, 光电子要从金属表面逸出, 入射光的频率必须大于某个值 $\nu_0 > U_0/K$, 称为红限频率.

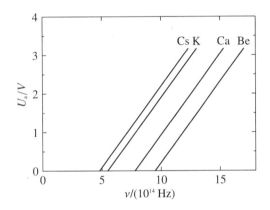

图 14–6 遏止电压与红限频率的关系

(4) 弛豫时间

当光照射到金属阴极上时, 无论如何微弱, 几乎在同时就有光电效应产生, 弛豫时间不超过 10^{-9} s.

如果我们仍用经典物理学的理论来解释上述光电效应的实验结果, 会遇到很大的困难. 首先是遏止电压与入射光的光强无关. 根据经典的理论, 阴极上的电子在光照作用下作受迫振动, 获得光的能量, 克服金属内部的束缚逸出表面. 电子作受迫振动时的振幅与入射光的振幅有关, 即电子获得能量的大小与入射光的光强有关 (光强与振幅的平方成正比). 因此, 光电子所具有的最大初动能应该决定于光振动的振幅, 即决定于入射光的光强. 相应的遏止电压应该与入射光的光强有关. 另外, 红限频率的存在也无法用经典理论来解释. 按照经典理论, 任何频率的入射光, 只要入射光的强度足够强, 就可以使金属表面的电子获得能量逸出表面, 产生光电效应. 最后, 电子在光照作用下作受迫振动, 积累逸出金属表面所需的能量, 这个过程需要时间. 而实验结果显示几乎在光照到阴极的同时就有光电效应产生, 不需要时间积累, 光电效应的发生具有瞬时性.

1905 年, 为了解释光电效应, 在普朗克能量子假说的启发下, 爱因斯坦提出了光子假说. 爱因斯坦认为普朗克只是考虑了黑体辐射中谐振子的能量量子化, 实际上与谐振子交换能

量的整个辐射场的能量也是量子化的. 光在空间传播时, 光可以看作是一束以光速传播的粒子流, 这些粒子叫做光子. 每一个光子的能量为

$$\varepsilon = h\nu \tag{14.8}$$

按照光子理论, 光电效应可以解释为: 光照在金属阴极上时, 金属内的一个电子吸收了入射光中一个光子的能量, 获得了能量, 如果大于电子的逸出功 A (所谓逸出功, 指的是电子从金属表面逸出时克服表面原子的引力作用所需的功), 则这个电子就可以从金属表面逸出. 由能量守恒定律, 应有

$$\frac{1}{2}mv_{\mathrm{m}}^2 = h\nu - A \tag{14.9}$$

根据爱因斯坦方程可以很好地全面说明光电效应的实验规律. 爱因斯坦方程表明, 光电子的最大初动能和入射光的频率成正比, 与入射光的光强没有关系. 要使某种金属的表面逸出光电子, 入射光的频率至少应为 $\nu_0 = A/h$. 如果入射光的频率低于频率, 不管光强有多大, 金属表面的电子也不能获得足够的能量逸出金属表面, 也就不会有光电效应的产生. 根据光子学说, 一个电子吸收一个光子的能量, 全部能量立即被吸收, 不需要积累能量的时间, 也就是说光电效应的产生是瞬时发生的.

例 14.3   图 14-7 为钠的遏止电压随入射光频率的变化曲线. 请根据图示确定以下各量: (1) 钠的红限频率; (2) 普朗克常量.

解   (1) 从图中读出 $\nu_0 = 4.4 \times 10^{14}$ Hz.

(2) 图中直线的斜率

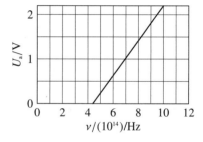

图 14-7   钠的遏止电压随光频的变化

$$K = \frac{2.2 - 0}{(10.0 - 4.4) \times 10^{14}} = 3.9 \times 10^{-15} \; (\mathrm{V \cdot s})$$

普朗克常量为 $h = eK = 6.2 \times 10^{-34}$ J·s.

光的干涉、衍射和偏振现象显示出光的波动性. 爱因斯坦提出的光子的假说, 又让人们认识到光还具有粒子性的一面, 光具有波粒二象性. 光在传播过程中, 波动性的特征比较明显, 而在和物质相互作用时, 其粒子性的一面较为突出. 光是一种波, 光的波动性用光波的波长和频率描述. 光又是一种粒子, 光的粒子性用光子的质量、能量和动量描述. 一个光子的能量为 $h\nu$, 根据相对论的质能关系 $E = mc^2$ 可以确定光子的静止质量为零. 再由相对论的能量与动量关系可得一个光子的动量为

$$p = \frac{h\nu}{c} = \frac{h}{\lambda} \tag{14.10}$$

可以看出, 描述光的粒子性特征的能量和动量与描述波动性的波长和频率, 通过普朗克常量联系在一起, 显示出光的波粒二象性.

14.1.3   康普顿效应

除光电效应之外, 另一个证实光子假说正确性的实验证据是康普顿效应. 1923 年康普顿研究了 X 射线经物质散射的实验, 显示该实验结果可以用光子理论加以圆满的解释.

图 14-8 为实验装置图.由X射线源发射一束波长为的 X 射线, 通过光阑成为一束狭窄的 X 射线.该射线投射到散射物质上 (如石墨), 其散射 X 射线的波长和相对强度可用摄谱仪进行测量.图 14-9 为不同的散射角对应的散射 X 射线的相对强度. 康普顿发现, 在散射 X 射线中, 除有与入射波长相同的射线外, 还有大于入射光波长的射线存在, 这种波长改变的散射现象称为康普顿效应. 康普顿因此效应的发现荣获 1927 年诺贝尔物理学奖. 我国物理学家吴有训在康普顿散射实验的实验技术和理论分析方面也作出了突出的贡献.

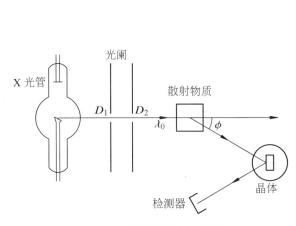

图 14-8　康普顿散射实验装置

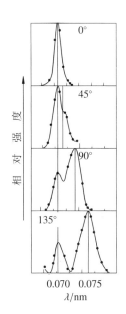

图 14-9　康普顿散射与角度的关系

按照经典电磁学理论, 电磁波照射到散射物质上时, 将引起物质中带电粒子作受迫振动, 受迫振动的频率和入射电磁波频率相同, 带电粒子吸收入射光的能量, 并向外辐射电磁波, 辐射波波长与入射光的波长相同 (此类波长不变的散射被称为瑞利散射). 日常生活中我们也经常见到此类现象, 例如, 当光线入射到不均匀的介质中, 如乳胶溶液、胶体溶液中, 入射光被溶液中的微小粒子散射产生散射光, 其波长和入射光波长几乎一样. 很显然, 康普顿X射线散射实验中出现了散射光波长变长的现象,此现象不能用经典理论予以解释.

如何认识康普顿 X 射线散射实验结果呢? 康普顿提出可以应用光子理论来解释康普顿效应. 散射物质尤其是金属内部, 存在许多受原子核束缚很弱的外层电子, 这些电子可以看作是自由电子. 当入射的光子与这些电子相互作用时, 由于电子的速度较小, 可以看作是静止的.康普顿把 X 射线被物质散射的过程看作是 X 射线的光子与物质中的自由静止的电子之间发生弹性碰撞的过程, 这个过程满足动量和能量守恒.

如图 14-10 所示, 一个 X 射线的光子与一个静止的电子发生碰撞. 碰撞前光子的能量为 $h\nu_0$, 动量为 $h\nu_0/c$, 电子的能量为 m_0c^2, 动量为 0. 碰撞后光子的能量为 $h\nu$, 动量为 $h\nu/c$, 电子的能量为 mc^2, 动量为 mv. 根据能量守恒定律, 有

$$h\nu_0 + m_0c^2 = h\nu + mc^2 \tag{14.11}$$

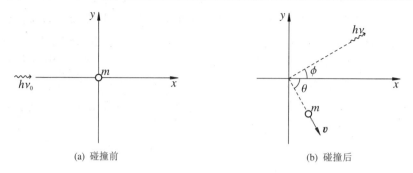

图 14−10   光子与静止的电子碰撞

由动量守恒定律, 有

$$\frac{h\nu_0}{c} = \frac{h\nu}{c}\cos\phi + mv\cos\theta \tag{14.12}$$

$$0 = \frac{h\nu}{c}\sin\phi - mv\sin\theta \tag{14.13}$$

考虑式中电子的质量 m 和 m_0 之间满足关系式 $m = m_0/\sqrt{1 - v^2/c^2}$, 从式 (14.11) ~ 式 (14.13) 可解得

$$\Delta\lambda = \lambda - \lambda_0 = \frac{h}{m_0 c}(1 - \cos\phi)$$

或

$$\Delta\lambda = \lambda - \lambda_0 = \frac{2h}{m_0 c}\sin^2\frac{\phi}{2} \tag{14.14}$$

式中 λ 和 λ_0 分别表示散射光和入射光的波长, 此式称为康普顿散射公式. 令

$$\lambda_C = \frac{h}{m_0 c} = 2.43 \times 10^{-12}\ \text{m}$$

λ_C 具有长度的量纲, 称为电子的康普顿波长, 它与短波 X 射线的波长相当. 式 (14.14) 显示散射光波长的偏移与散射物质以及入射 X 射线的波长无关, 而与散射角有关, 此结果与实验相符合.

对于可见光而言, 其波长的偏移量与入射光波长相比很小, 康普顿效应并不显著. 因此在光电效应实验中并没有考虑康普顿效应.

在以上的解释中, 只讨论了原子中的外层电子. 假定电子是自由的, 实际上还存在受原子核束缚很紧的内层电子. 当光子和这种电子碰撞时, 应看作是光子和整个原子的碰撞. 由于原子的质量远大于光子的质量, 弹性碰撞后光子的能量几乎没有改变, 散射光子的能量仍为 $h\nu_0$, 其波长与入射时波长一致, 没有改变. 式 (14.14) 中电子质量应换为原子质量, 它比电子质量大很多, $\Delta\lambda \to 0$. 正是由于此原因, 在散射光中还存在波长不变的射线.

康普顿效应和光电效应一样鲜明地揭示了光具有粒子性的一面, 同时, 该实验也证实对于微观粒子, 能量和动量守恒定律依然适用, 具有普适性.

14.1.4 氢原子的线状光谱

19 世纪中叶随着分光仪器的发展, 光谱学的研究得到了长足的发展. 大量的实验显示各种物质的气体光谱大都是离散的线状谱线. 气态下, 物质呈现离散的原子分子状态, 因此这些线状光谱就是原子光谱. 不同物质的原子光谱不同, 呈现一定的规律性, 这种规律性反映了原子内部结构的特征. 原子光谱成为了解原子内部结构的重要手段. 原子中氢原子是最简单的原子, 因此氢原子光谱自然地成为研究复杂原子光谱的基础.

19 世纪 80 年代初, 人们发现氢原子光谱中可见光波段的波长分布 (图 14–11). 1885 年, 瑞士的中学教师巴耳末发现了此光谱序列的波长可用下面的经验公式表示:

$$\lambda = B \frac{n^2}{n^2 - 4}, \quad n = 3, 4, 5, \cdots$$

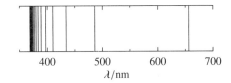

图 14–11　氢原子光谱的巴耳末系

式中 $B = 364.57$ nm. 1890 年瑞典物理学家里德堡将其改写为

$$\frac{1}{\lambda} = R\left(\frac{1}{2^2} - \frac{1}{n^2}\right), \quad n = 3, 4, 5, \cdots \tag{14.15}$$

式中 $R = 1.097 \times 10^7$ m^{-1} 称为里德堡常量, 满足上式的氢原子光谱称为巴耳末系. 后来又陆续发现了氢原子位于紫外和红外的谱线. 氢原子光谱的普遍形式可以表示为

$$\frac{1}{\lambda} = R\left(\frac{1}{m^2} - \frac{1}{n^2}\right), \quad m = 1, 2, 3, \cdots; n = m + 1, m + 2, m + 3, \cdots \tag{14.16}$$

当 $m = 1$ 时, $n = 2, 3, \cdots$, 对应的氢原子谱线系称为莱曼系; 当 $m = 3$ 时, $n = 4, 5, \cdots$, 对应的氢原子谱线系称为帕邢系; 当 $m = 4$ 时, $n = 5, 6, \cdots$, 对应的氢原子谱线系称为布拉开系; 当 $m = 5$ 时, $n = 6, 7, \cdots$, 对应的氢原子谱线系称为普丰德系. 莱曼系位于紫外波段, 巴耳末系位于可见波段, 其他谱线系位于红外波段.

氢原子光谱的规律性需要从原子的内部结构出发加以分析. 人们对原子结构的最初认识是 J.J.汤姆孙提出的葡萄干布丁模型. 该模型认为正电荷和原子的大部分都均匀分散在原子的整个空间中, 带负电的电子则像布丁中的葡萄干一样镶嵌其中. 1911 年卢瑟福在粒子散射实验的基础上提出了原子的有核模型. 他认为原子是由带正电的原子核和核外围绕原子核作圆或椭圆轨道运动的电子组成. 根据卢瑟福的有核模型, 由于电子沿圆或椭圆围绕原子核运动, 电子的绕核转动是一种加速运动, 加速运动的电子会不断地向外辐射电磁波, 不断地失去能量, 电子的轨道将逐渐缩小, 最后被吸引到原子核上. 事实上在一般情况下, 原子是一个稳定系统. 此外, 按照经典的电磁波理论, 电子向外辐射电磁波的频率应该和绕核运动的频率一致. 随着电子不断向核靠近, 运动频率逐渐减小, 辐射电磁波的频率也会连续变化, 也就是说原子光谱应该是连续光谱, 而不是线状光谱. 由此可见, 卢瑟福的原子有核模型和经典的电磁理论存在尖锐的矛盾.

1913 年丹麦物理学家玻尔在卢瑟福有核模型的基础上, 同时吸取了普朗克能量子和爱因斯坦的光子假说的成果, 提出了三条假设, 即玻尔的氢原子理论. 玻尔理论的三条假设为:

(1) 定态假设: 原子中存在一系列具有确定能量的定态, 在定态下, 电子围绕原子核运动, 既不向外辐射能量也不吸收能量.

(2) 跃迁假设: 当原子从高能量的定态 E_m 向低能量 E_n 的定态跃迁时, 发射一个频率为 ν 的光子, 光子的能量

$$h\nu = E_m - E_n$$

(3) 量子化条件: 电子以速率 v 在半径为 r 的圆周上围绕原子核运动, 其绕核运动的角动量满足

$$L = mvr = n\frac{h}{2\pi}, \quad n = 1, 2, 3, \cdots \tag{14.17}$$

上式称为量子化条件, 式中 m 为电子质量, n 称为量子数.

下面用上述三条假设推出氢原子能量公式, 并解释氢原子光谱的规律性. 电子受到与原子核之间库仑力的作用, 根据牛顿第二定律有

$$\frac{1}{4\pi\varepsilon_0}\frac{e^2}{r^2} = \frac{mv^2}{r} \tag{14.18}$$

由式 (14.17) 和式 (14.18) 可得电子在定态下的轨道半径

$$r_n = \frac{\varepsilon_0 h^2}{\pi me^2}n^2, \quad n = 1, 2, 3, \cdots \tag{14.19}$$

上式显示电子的轨道半径是量子化的. 当 $n = 1$ 时, 电子的轨道半径最小, 为

$$r_1 = \frac{\varepsilon_0 h^2}{\pi me^2}$$

这是氢原子第一个轨道的半径, 称作玻尔半径.

电子在某一定态轨道上运动时, 原子的总能量为

$$E = E_k + E_p = \frac{1}{2}mv^2 - \frac{e^2}{4\pi\varepsilon_0 r_n}$$

将式 (14.18) 和式 (14.19) 代入上式, 得

$$E_n = -\frac{me^4}{8\varepsilon_0^2 h^2}\frac{1}{n^2}, \quad n = 1, 2, 3, \cdots \tag{14.20}$$

这就是氢原子的能量公式, 由于量子数只能取正整数, 所以氢原子能量是量子化的, 这些量子化的能量值称为能级. 氢原子能级分布情况如图 14−12 所示. 当 $n = 1$ 时,

$$E_1 = -\frac{me^4}{8\varepsilon_0^2 h^2} = -13.6 \text{ eV}$$

称为氢原子的基态能级. 把电子从第一个玻尔轨道上移到无穷远处所需的能量称为氢原子的电离能, E_1 即为这个电离能, 该值与实验测得的结果相吻合. 当 $n > 1$ 时, 各定态下的能量

都大于基态能量, 这些状态称为激发态. 随着 n 的增大, 各激发态的能量间隔减小. 当 $n \to \infty$ 时, $E_n \to 0$, 能量趋于连续变化. 当 $E > 0$ 时, 原子处于电离状态, 能量连续变化.

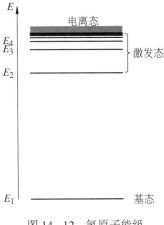

图 14-12 氢原子能级

根据玻尔假设和氢原子的能级公式, 可以计算出当氢原子由高能级向低能级跃迁时, 发射光子的频率 ν, 利用 $\lambda = c/\nu$, 有

$$\frac{1}{\lambda} = \frac{me^4}{8\varepsilon_0^2 h^3 c}\left(\frac{1}{m^2} - \frac{1}{n^2}\right) \tag{14.21}$$

将上式与式 (14.16) 比较不难发现, 里德堡常量的理论值为

$$R = \frac{me^4}{8\varepsilon_0^2 h^3 c} = 1.097\,373\,1 \times 10^7 \text{ m}^{-1}$$

玻尔理论较为成功地解释了氢原子光谱的规律性, 还对核外只有一个价电子的类氢离子的光谱规律性也能给出合理的解释. 但是, 玻尔理论存在着明显的缺陷. 该理论不能解释多电子原子的光谱, 对谱线的强度、宽度和偏振等无法给出说明, 根源在于其理论基础的不协调性. 一方面把电子和原子看作经典力学里的质点, 并用牛顿力学来处理电子的绕核运动; 另一方面, 又采用和经典物理学格格不入的量子化条件, 是经典物理生硬地加上量子条件的混合物. 但是, 玻尔理论仍然不愧为物理学发展史上的一个重要的里程碑. 它是继普朗克能量子假说和爱因斯坦光子假说后向微观领域研究所迈出的重要一步, 第一次指出经典物理学不能完全适用于微观粒子, 推动了原子物理的研究和发展. 另外, 它所提出的定态、能级、能级跃迁决定辐射光频率的概念, 在现代的量子力学理论中仍然适用.

14.2 实物粒子的二象性

14.2.1 德布罗意波的假设

从上节我们看到, 光具有波粒二象性. 光在和物质相互作用时, 粒子性的一面比较明显, 每个光子具有能量和动量, 而光在传播过程中, 波动性的一面较为明显, 这两方面的特性通过 h 联系在一起. 对于实物粒子, 如分子、原子、电子等, 人们经常看到它们的粒子性, 它们的波动性是否被忽视了呢?

1924 年博士研究生德布罗意从对称性考虑, 在他的《关于量子理论的研究》的论文中提出, 19 世纪在对光的研究上, 重视了光的波动性, 忽视了粒子性; 而在实物粒子的研究上, 则出现了相反的情况, 重视了实物粒子的粒子性, 忽略了波动性. 他指出实物粒子也有波动性的一面. 德布罗意认为, 和光子一样, 一个质量为 m, 以速率 v 运动的实物粒子, 其能量 E 和动量 p 可以分别表示为

$$E = mc^2 = h\nu \tag{14.22}$$

$$p = mv = \frac{h}{\lambda} \tag{14.23}$$

式中 ν 和 λ 分别为与实物粒子相联系的波的频率和波长. 上面这两个公式可以变为

$$\nu = \frac{E}{h} = \frac{mc^2}{h} = \frac{m_0 c^2}{h\sqrt{1 - v^2/c^2}} \tag{14.24}$$

$$\lambda = \frac{h}{p} = \frac{h}{mv} = \frac{h}{m_0 v}\sqrt{1 - \frac{v^2}{c^2}} \tag{14.25}$$

其中 m_0 为实物粒子的静止质量. 这种和实物粒子相联系的波称为德布罗意波或物质波.

14.2.2　德布罗意波的实验验证

德布罗意的物质波假说是如此的奇特和新颖, 人们迫切地希望用实验的方法来证明它的存在. 1927 年戴维孙 – 革末以及汤姆孙的实验证实了物质波的假说.

由于电子波的波长很短, 很难用观察可见光衍射的光栅来观察电子衍射, 一般利用晶体中原子有规律的整齐排列, 采用晶体作为衍射光栅. 戴维孙 – 革末的实验装置如图 14–13 所示. 电子枪发射电子束, 经过电压 U 加速垂直入射到镍单晶的水平面上. 电子束在晶面上散射后进入电子探测器.

实验中发现, 当加速电压为 54 V 时, 在 $\theta = 65°$ 的方向上散射电子束强度最大. 这个结果不能由电子的运动来解释, 而需要从电子的波动性来分析. 由波动理论出发, 散射电子束极大的方向应满足波的相干加强条件, 即

$$2d\sin\theta = k\lambda$$

镍晶体中晶面间距为 $d = 0.091$ nm, 上式中取 $k = 1$, 电子波的波长应为 $\lambda = 0.165$ nm. 而由式 (14.25), 该电子波的波长为

$$\lambda = \frac{h}{\sqrt{2meU}} = 0.167 \text{ nm}$$

上式理论得到的结果和上面的实验结果符合得很好, 这表明电子确实具有波动性.

在戴维孙 – 革末利用电子在单晶上的散射证实电子波存在的同一年, 英国物理学家 G.P.汤姆孙利用高能电子进行了电子衍射实验, 他采用多晶金属箔片作为衍射物, 得到了和 X 射线通过多晶薄膜后产生的衍射图样极为相似的衍射图样 (图 14–14).

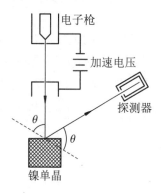

图 14–13　戴维孙 – 革末电子衍射实验装置

图 14–14　金属箔片的电子衍射图样

1961 年约恩孙做了电子的单缝、双缝、三缝等衍射实验, 得出的明暗条纹(图 14-15)进一步说明了电子具有波动性.

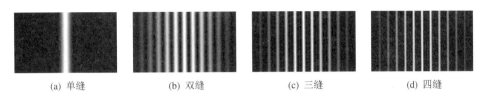

(a) 单缝   (b) 双缝   (c) 三缝   (d) 四缝

图 14-15　电子的多缝衍射图样

20 世纪 30 年代埃斯特曼和斯特恩观测到氢原子和氢分子在 LiF 晶体上的衍射, 随后又有物理学家观测到慢中子和快中子的衍射. 这些实验都证实了德布罗意波的存在. 如今, X 射线、电子和中子衍射实验已经成为探索物质微观结构的常用手段. X 射线可用于确定晶体结构以及生物分子如蛋白质的分子结构. 电子的穿透性较差, 电子衍射多适用于研究晶体表面的结构, 固体表面的腐蚀和催化等过程. 中子与物质中的原子核相互作用, 专门用于确定蛋白质或者其他生物大分子结构中氢原子的位置. 此外, 近年来, 人们还实现了原子或者分子束的干涉和衍射实验.

电子波的一大应用就是电子显微镜. 普通光学显微镜的分辨率受到衍射现象的限制, 分辨率与波长成反比. 使用可见光中波长最短的紫外光, 可分辨的距离不小于 200 nm. 而电子波的波长比可见光波长短很多, 从而获得极高的分辨率. 例如, 经过 37.4 V 电压的电场加速, 即可获得 0.2 nm 的电子波长. 电子显微镜的原理和光学显微镜类似, 这里用电子束代替了光束, 磁透镜代替了光学透镜实现电子束的聚焦和放大. 电子显微镜又分为透射式 (TEM) 和扫描式 (SEM). 透射式电子显微镜中电子束通过样品后被磁透镜聚焦, 从而在屏上形成样品的图像, 可观察细微的物质结构. 由于电子易散射或被物体吸收, 穿透力低, 因此透射式主要用于薄的样品. TEM 的分辨率一般为 0.1 ~ 0.2 nm. 扫描式显微镜主要通过磁透镜将电子束聚焦到样品上的各点, 然后收集作用后每一点产生的次级电子, 形成与物体表面的形貌相关的扫描图像. SEM 的分辨率没有 TEM 高, 最高可达 10 nm 左右.

14.2.3　不确定关系

在经典力学中, 粒子的运动状态由位置坐标和动量来描述, 粒子的运动遵从牛顿定律, 根据粒子初始的位置和动量, 可以确定任意时刻的位置和动量, 粒子的运动有确定的轨道. 然而由于粒子具有波动性, 波动性使得实际粒子和牛顿力学所设想的经典粒子根本不同, 经典的描述已经完全不适用. 粒子不再有确定的轨道, 不仅如此, 微观粒子的其他力学量如能量和角动量等一般也都是不确定的.

1927 年, 德国物理学家海森堡提出了海森堡坐标和动量的不确定关系式, 他认为粒子的坐标和动量不可能同时具有确定值. 假设 x 方向上, 粒子的位置不确定量为 Δx, 同时在该方向上的动量的不确定量为 Δp_x, 则有

$$\Delta x \Delta p_x \geqslant \frac{\hbar}{2} \tag{14.26}$$

式中

$$\hbar = \frac{h}{2\pi} = 1.054\,588\,7 \times 10^{-34}\ \text{J} \cdot \text{s}$$

称为约化普朗克常量. 下面我们利用电子单缝衍射实验来粗略地推导这一关系. 如图 14-16 所示, 一束动量为 p 的电子沿轴方向通过宽为 a 的单缝后发生衍射, 在屏上形成衍射条纹. 如果仍用坐标和动量描述该电子的运动状态, 我们发现对一个电子来说, 不能确定地说它是从缝中哪一点通过的, 而只能说它是从宽为 a 的缝中通过的, 因此它在 x 方向上的坐标具有不确定量 $\Delta x = a$. 屏上电子落点沿 x 方向展开, 说明电子通过缝时动量已有变化, 在 x 方向上的动量具有不确定量 Δp_x. 可从电子在屏上的分布来估算它的大小. 首先忽略次级极大, 考虑落在中央明纹内的电子. 假设 θ 为中央明纹旁的第一级极小的衍射角, 这些电子在通过缝时, 在 x 方向动量的分量的不确定量为 $\Delta p_x = 2p\sin\theta$. 如果考虑衍射条纹的次级极大, 则有

$$\Delta p_x \geqslant 2p\sin\theta \tag{14.27}$$

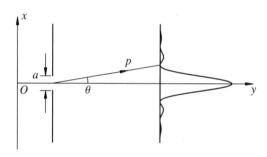

图 14-16 电子的单缝衍射

由单缝衍射公式, 有 $\Delta x \sin\theta = \lambda$, $\lambda = h/p$ 为电子波的波长. 因此有

$$\sin\theta = \frac{h}{p\Delta x}$$

将此式代入式 (14.27) 得

$$\Delta x \Delta p_x \geqslant 2h$$

以上的推导是粗略的、不严格的, 由量子力学理论可以推出式 (14.26). 除了坐标和动量的不确定关系外, 粒子的能量和时间也存在不确定关系. 如果微观粒子处于某一状态的时间为 Δt, 则其能量必有一个不确定量 ΔE, 由量子力学可以导出

$$\Delta E \Delta t \geqslant \frac{\hbar}{2} \tag{14.28}$$

这就是关于能量和时间的不确定关系式. 将这一关系用于原子系统可以解释原子各激发态的能级宽度和它在该激发态的平均寿命之间的关系. 除基态外, 原子的激发态平均寿命越长, 能级宽度越小. 由于能级存在宽度, 两个能级间跃迁所产生的光谱线也有一定的宽度.

14.3　波函数　薛定谔方程

14.3.1　概率波

德布罗意对照光的波粒二象性, 提出了微观粒子也具有波粒二象性, 即德布罗意波的概念. 然而, 这种波的本质是什么, 他本人并没有给出明确的回答. 当时对德布罗意波的认识还深受经典物理学概念的影响, 人们寄希望于用经典的粒子和波的概念来加以解释. 经典的粒子概念, 指客体不但具有物质的颗粒性, 即具有一定的质量、电荷等属性之外, 还具有一定的位置和一条确切的轨道. 而所谓波动性, 指某种实际的物理量 (如位移矢量、电场强度矢量) 在空间的分布作周期性的变化, 并呈现出反映相干叠加性的干涉、衍射现象. 显然, 经典的粒子和波永远不能统一到一个客体上. 历史上, 为了解释电子所具有的波动性, 曾有人设想电子是由许多波组合起来的一个波包. 然而这种说法很快被否定了. 其一, 波包是不同频率的波组成的, 不同频率的波在媒质中的速度不同, 物质波必然要发散而解体, 而实验中观察到的电子非常稳定. 其二, 波在两种媒质的界面上可分为反射和折射两部分, 而一粒电子是不可分的.

另一种看法是, 粒子是基本的, 波只是大量粒子分布密度的变化. 然而, 从实验事实看, 这种看法也是不恰当的. 首先, 电子能产生与光波相仿的衍射现象, 显示电子具有波动性. 其次, 电子双缝衍射实验还表明, 即使入射电子流非常弱, 弱到电子一个一个地通过双缝, 只要时间足够长, 清晰的双缝衍射图样始终可以得到. 足见波动现象不是和很多粒子同时存在相联系, 单个粒子本身就具有波动性. 由以上分析可以看出, 电子既不是经典的粒子, 也不是经典的波.

1926 年玻恩提出: 德布罗意波并不像经典波那样代表什么实际的物理量的波动, 而是描述了粒子在各处被发现的概率, 即德布罗意波是概率波.

为了理解玻恩的概率波的概念, 我们先来回顾一下光的衍射现象. 根据波动的观点, 光的衍射图样中, 条纹的明暗表示光强不同, 明纹处光强大, 暗纹处光强小. 而从光子的观点来看, 光强大的地方表示单位时间内到达该处光子的数目多, 光强小的地方表示单位时间内到达该处的光子的数目少. 实验表明, 如果考察单个光子的运动, 使光源弱到使光子一个一个地通过双缝, 则光子通过双缝中的哪一条缝不确定, 它在屏上的落点也是不确定的, 单个光子到达屏上的位置是随机的. 但是随着时间的延续, 大量光子落在屏上的位置存在规律性, 即大多落在光强的极大值位置, 显示光子落到屏上的位置有确定的概率分布. 这就是说, 光强决定了光子到达屏上各处的概率, 光强大的地方, 光子到达的概率也大. 因此从光子的观点来看, 光波是概率波. 再来看电子的双缝衍射, 电子和光子一样都具有波粒二象性, 其衍射图样与光的衍射图样相似, 因此应该得到类似的结论. 如果电子也是一种波的话, 某处电子波的强度也应反映了电子在该处出现的概率. 电子密集的地方, 电子波的强度大, 电子的数目多, 说明电子在该处出现的概率大. 因此所谓的德布罗意波既不是机械波, 也不是电磁波, 而是一种概率波, 在某处德布罗意波的强度反映了粒子在该处邻近出现的概率.

图 14-17 给出的是电子的双缝衍射的实验结果. 单个粒子在空间出现的位置是不确定

的、随机的, 随着粒子数的增多, 却显示出统计规律性, 呈现确定的宏观图像, 因此, 微观粒子的波动性, 只是对粒子运动的统计描述.

(a) 少量几个电子   (b) 电子数增多   (c) 大量电子

图 14-17   电子逐个通过双缝的衍射图样

14.3.2   波函数的统计诠释

在经典物理里, 描述波的物理量是波函数, 例如频率为 ν, 波长为 λ, 沿 x 轴方向传播的平面波的波函数为

$$y(x,t) = A \cos 2\pi \left(\nu t - \frac{x}{\lambda} \right) \tag{14.29}$$

或

$$\tilde{y}(x,t) = A \, e^{-i2\pi \left(\nu t - \frac{x}{\lambda} \right)} \tag{14.30}$$

式 (14.29) 是式 (14.30) 的实部.

薛定谔认为像质子、电子、中子这样的微观粒子的波动性也可以用波函数来描述, 而微观粒子波函数中的频率与能量, 波长与动量之间应满足德布罗意波的关系式. 对于自由粒子, 粒子在空间任何区域不受力的作用, 动量与能量都是常量. 由德布罗意波的关系式, 相应的波长与频率也是常量, 可看作是一单色平面波, 式 (14.30) 可改写为

$$\Psi(x,t) = \Psi_0 \, e^{-i\frac{2\pi}{h}(Et - px)} \tag{14.31}$$

这便是能量为 E, 动量为 p 的自由粒子的德布罗意波的波函数.

一般情况下, 波函数是时间、空间的复变函数, $\Psi = \Psi(\boldsymbol{r},t)$. 而概率是实正数, 所以德布罗意波的强度 (波函数模的平方), 也应是正实数, 写成 $\Psi^*\Psi$, Ψ^* 是 Ψ 的共轭复数. 这样在空间 $\boldsymbol{r}$ 处体积元 dV 中找到粒子的概率可表示为 $|\Psi|^2 \, dV$, $|\Psi|$ 就是粒子的概率密度, 即在 $\boldsymbol{r}$ 附近单位体积内发现粒子的概率. 这就是波函数的统计诠释, 1926 年由玻恩提出, 为此, 他与德国物理学家博特共获 1954 年诺贝尔物理学奖. 必须指出, 波函数的概率解释, 是量子力学的基本原理之一, 是一个基本假说, 不可由其他原理导出. 概率波的概念把微观粒子的波动性和粒子性统一了起来. 微观粒子的波动性, 并不是某种物理量在空间的波动, 而是反映了粒子运动的统计规律性, 刻画了粒子在空间的概率分布.

根据波函数的统计诠释, 波函数必须满足一些条件, 它必须是单值、有界、连续的, 我们把这些条件称为波函数的标准条件. 在空间任意位置, 粒子出现的概率是唯一的, 所以波函数必须是单值函数; 概率不能无限大, 总是小于 1 的值, 所以波函数必须有界; 概率不会在某处发生突变, 所以波函数必须随处连续. 另外, 在整个空间总能找到粒子, 即粒子在全空间

出现的概率为 1, 有

$$\int |\Psi(\boldsymbol{r},t)|^2 \, \mathrm{d}V = 1 \tag{14.32}$$

称为波函数的归一化条件.

14.3.3 薛定谔方程

经典力学里宏观物体的运动遵从牛顿第二定律, 对具体的运动物体建立牛顿力学方程之后, 只要知道初始条件, 可以求解方程, 给出物体任意时刻的位置与动量. 而微观粒子具有波粒二象性, 在空间任一点的位置只能用概率来描述, 粒子的运动状态用波函数来描述, 因此微观粒子运动不能用牛顿力学方程来描述, 应该建立一个新的动力学方程.

微观粒子所遵从的动力学方程由薛定谔建立, 称之为薛定谔方程. 薛定谔方程的解就是德布罗意波的波函数. 需要说明的是, 薛定谔方程是量子力学的基本方程, 不可能由其他更基本的方程推导出来. 换句话说, 薛定谔就是猜想出来的, 它的正确性只能由实验加以检验. 薛定谔方程在被提出后不久, 就很快用于原子、分子物理学的许多问题上, 如氢原子、定态能量、发射光谱线规律等, 并取得了很大的成功, 从实验验证了它的正确性.

以下我们先建立一维自由粒子的薛定谔方程, 由此推得更为一般的在势场中运动的微观粒子的薛定谔方程.

对于一个质量为 m, 动量为 p 的非相对论自由粒子, 假设它沿 x 轴运动, 其波函数由式 (14.31) 给出. 将式 (14.31) 对 x 取二阶偏导数, 得

$$\frac{\partial^2 \Psi}{\partial x^2} = -\frac{p^2}{\hbar^2} \Psi \tag{14.33}$$

对 t 取一阶偏导数, 得

$$\frac{\partial \Psi}{\partial t} = -\frac{\mathrm{i}}{\hbar} E \Psi \tag{14.34}$$

利用自由粒子的动量和动能的非相对性关系 $E = \dfrac{p^2}{2m}$, 再综合以上两式可得

$$-\frac{\hbar^2}{2m} \frac{\partial^2 \Psi}{\partial x^2} = \mathrm{i}\hbar \frac{\partial \Psi}{\partial t} \tag{14.35}$$

这就是一维自由粒子的含时薛定谔方程.

若粒子不是自由的而是在势场 $V(x,t)$ 中运动, 则粒子的总能量的形式是

$$E = \frac{p^2}{2m} + V(x,t)$$

将上式代入式 (14.34) 中, 得到

$$\frac{\partial \Psi}{\partial t} = -\frac{\mathrm{i}}{\hbar} \left(\frac{p^2}{2m} + V(x,t) \right) \Psi$$

再利用式 (14.33) 可得

$$\mathrm{i}\hbar \frac{\partial \Psi}{\partial t} = -\frac{\hbar^2}{2m} \frac{\partial^2 \Psi}{\partial x^2} + V(x,t)\Psi \tag{14.36}$$

此式即为在势场中作一维运动的粒子的含时薛定谔方程.

如果粒子在三维空间中运动, 可把上式推广为

$$i\hbar \frac{\partial \Psi}{\partial t} = -\frac{\hbar^2}{2m}\left(\frac{\partial^2 \Psi}{\partial x^2} + \frac{\partial^2 \Psi}{\partial y^2} + \frac{\partial^2 \Psi}{\partial z^2}\right) + V(x, y, z, t)\Psi$$

引入拉普拉斯算符

$$\nabla^2 = \frac{\partial^2}{\partial x^2} + \frac{\partial^2}{\partial y^2} + \frac{\partial^2}{\partial z^2}$$

利用 $r = xi + yj + zk$, 上式化为

$$i\hbar \frac{\partial \Psi(r, t)}{\partial t} = -\frac{\hbar^2}{2m}\nabla^2 \Psi(r, t) + V(r, t)\Psi(r, t) \tag{14.37}$$

此式即为三维空间的含时薛定谔方程.

由薛定谔方程, 再根据给定的初始条件和边界条件求解, 就可以得出描述粒子运动状态的波函数, 由此我们就可以了解粒子的运动状态随时间的变化. 实践证明, 薛定谔方程可以处理低速运动状态下, 微观粒子的运动问题. 而对于高速运动的粒子, 则应该由相对论波动方程确定.

在许多情形下, 微观粒子所处的势场在空间呈稳态分布, 即不随时间变化, $V = V(r)$, 这时的薛定谔方程 (14.37) 可以用分离变量法求解, 波函数可以写成空间坐标函数和时间函数的乘积

$$\Psi(r, t) = \psi(r)f(t) \tag{14.38}$$

将上式代入式 (14.37) 中, 整理可得

$$i\hbar \frac{1}{f(t)}\frac{\mathrm{d}f(t)}{\mathrm{d}t} = \left(-\frac{\hbar^2}{2m}\nabla^2 \psi(r) + V(r)\psi(r)\right)\frac{1}{\psi(r)}$$

注意等式左右两边自变量不同, 左边是时间的函数, 右边是坐标的函数, 只有两边均等于某一常数时才成立. 令此常数为 E, 上式化为两个方程

$$i\hbar \frac{\mathrm{d}f(t)}{\mathrm{d}t} = Ef(t) \tag{14.39}$$

$$-\frac{\hbar^2}{2m}\nabla^2 \psi(r) + V(r)\psi(r) = E\psi(r) \tag{14.40}$$

对式 (14.39) 积分得

$$f(t) = \mathrm{e}^{-\mathrm{i}Et/\hbar}$$

于是, 定态下的波函数应有下述形式

$$\Psi(r, t) = \psi(r)\,\mathrm{e}^{-\mathrm{i}Et/\hbar} \tag{14.41}$$

与自由粒子的德布罗意波函数式 (14.31) 相比可以看出, 常数 E 是能量. $\psi(r)$ 所满足的方程 (14.40) 称为定态薛定谔方程, $\psi(r)$ 为定态波函数.

定态问题的概率密度为

$$|\Psi(r, t)|^2 = \Psi^*\Psi = |\psi|^2\,\mathrm{e}^{\mathrm{i}Et/\hbar}\,\mathrm{e}^{-\mathrm{i}Et/\hbar} = |\psi|^2$$

这是一个与时间无关的量. 方程 (14.40) 之所以被称为定态, 不仅因为势场不随时间变化, 还缘于概率密度亦不随时间变化. 在求解定态问题时, 一般只须求解定态薛定谔方程 (14.40), 得到定态下的波函数. 求解过程中考虑波函数的标准化条件, 还会得到一系列物理量的量子化结果.

14.4 一维势场中的粒子

从本节开始, 我们来了解用薛定谔方程解决微观粒子问题的方法. 先来考虑处在一维势场中的粒子的定态问题.

14.4.1 一维无限深势阱

设想有一粒子在势能为 $V(x)$ 的外力场中运动, 并沿 x 轴作一维运动, 如图 $14-18$ 所示. 势能分布函数为

$$V(x) = \begin{cases} 0, & 0 \leqslant x \leqslant a \\ \infty, & x < 0, x > a \end{cases}$$

势阱的壁无限高, 叫无限深势阱. 粒子只能在宽为 a 的阱内自由运动, 所处的状态称为束缚态. 金属块中的自由电子, 在金属块内部可以自由运动, 但由于受到金属原子的吸引, 很难逸出金属表面. 这种情况, 自由电子可以认为处于以金属表面为边界的无限深势阱中. 由于势能函数与时间无关, 这是定态薛定谔方程适用的情况, 粒子在一维无限深势阱中的定态薛定谔方程为

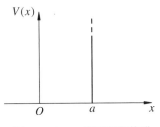

图 $14-18$ 一维无限深势阱

$$-\frac{\hbar^2}{2m}\frac{\mathrm{d}^2\psi}{\mathrm{d}x^2} + V\psi = E\psi \tag{14.42}$$

在 $x < 0$, 或 $x > a$ 的区域, $V = \infty$, 必须有 $\psi = 0$, 否则方程不成立. 在区域 $0 \leqslant x \leqslant a$, $V = 0$, 代入式 (14.42), 得

$$\frac{\mathrm{d}^2\psi}{\mathrm{d}x^2} = -\frac{2mE}{\hbar^2}\psi$$

令

$$k = \sqrt{\frac{2mE}{\hbar^2}} \tag{14.43}$$

将方程化为标准形式

$$\frac{\mathrm{d}^2\psi}{\mathrm{d}x^2} + k^2\psi = 0$$

这一方程类似简谐振动的微分方程, 它的通解是

$$\psi(x) = A\cos kx + B\sin kx \tag{14.44}$$

其中 A 和 B 是两个由边界条件决定的常数. 由于 ψ 在 $x = 0$ 和 $x = a$ 处必须连续, 所以有 $\psi(0) = \psi(a) = 0$, 将式 (14.44) 代入, 得

$$A = 0, \quad k = \frac{n\pi}{a}, \quad n = 1, 2, 3, \cdots$$

比较上式与式 (14.43), 可得势阱中粒子的能量

$$E_n = \frac{n^2\pi^2\hbar^2}{2ma^2}, \quad n = 1, 2, 3, \cdots \tag{14.45}$$

n 为量子数. 由此可见, 能量是量子化的, 只能取离散的值.

下面再来确定常数 B, 这个常数由归一化条件来定:

$$\int_{-\infty}^{\infty} |\psi(x)|^2 \, \mathrm{d}x = B^2 \int_0^a \sin^2 \frac{n\pi}{a} x \, \mathrm{d}x = 1$$

求得 $B = \sqrt{2/a}$. 于是, 完整的定态波函数为

$$\psi_n(x) = \begin{cases} \sqrt{\dfrac{2}{a}} \sin \dfrac{n\pi}{a} x, & x \in [0, a] \\ 0, & x < 0, \ x > a \end{cases} \tag{14.46}$$

图 14-19 给出了粒子在一维无限深方势阱中前 4 个能级的波函数和概率密度. 阱中的粒子有如下特点:

(1) 能量具有确定值, 可以精确测量. 而能量的取值是量子化的, 只能取一些分立值. 对于金属中的自由电子来讲, 它们只能处在一定的能级上. 这里 $E_n \neq 0$, 动能恒不为零, 与经典力学大不相同.

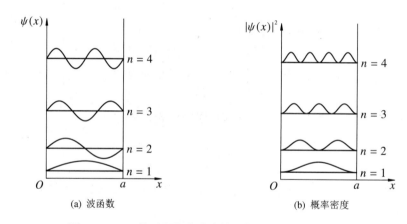

(a) 波函数　　　　　　　　　　(b) 概率密度

图 14-19　一维无限深势阱中粒子的波函数和概率密度

(2) 粒子在势阱中的概率分布

$$|\psi(x)|^2 = \frac{2}{a} \sin^2 \frac{n\pi}{a} x$$

是不均匀的, 在势阱中呈现驻波分布, 存在若干概率为零的点 (节点), 这和经典理论很不同. 若是经典粒子, 粒子在势阱内不受力, 来回自由运动, 在各处的概率密度应该相等.

(3) 由图 14-19(b) 可以看出, 随着量子数 n 的增大, 驻波的波腹的个数增多, 相邻峰值之间的距离逐渐减小, 越来越接近经典粒子的情况, 当 $n \to \infty$ 时, 在势阱中各处粒子出现的概率相同.

例 14.4　设粒子在一维无限深势阱中运动, 势阱宽为 a, 能量量子数为 n, 试求: (1) 距势阱内壁 1/4 宽度以内发现粒子的概率; (2) n 为何值时在上述区域内找到粒子的概率最大; (3) 当 $n \to \infty$ 时该概率的极限, 并说明这一结果的物理意义.

解　(1) 距势阱内壁 1/4 宽度以内发现粒子的概率为

$$P_{1/4} = \int_0^{a/4} \frac{2}{a} \sin^2 \frac{n\pi x}{a} \, \mathrm{d}x + \int_{3a/4}^a \frac{2}{a} \sin^2 \frac{n\pi x}{a} \, \mathrm{d}x$$

$$= \frac{1}{4} - \frac{1}{2n\pi} \sin \frac{n\pi}{2} + \frac{1}{4} + \frac{1}{2n\pi} \sin \frac{3n\pi}{2}$$

$$= \frac{1}{2} - \frac{1}{n\pi} \sin \frac{n\pi}{2}$$

(2) 当 $n = 3$ 时,

$$P_{1/4} = \frac{1}{2} + \frac{1}{3\pi}$$

在上述区域内找到粒子的概率最大.

(3) 当 $n \to \infty$ 时, 说明这时已趋于经典结果, 粒子在势阱内处处等概率.

14.4.2　势垒贯穿

考虑图 14-20 所示的势能分布

$$V(x) = \begin{cases} 0, & x < 0, x > a \\ V_0, & 0 \leqslant x \leqslant a \end{cases}$$

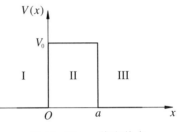

图 14-20　一维方势垒

这种势能分布称为方势垒. 假设有一粒子在区域 I 中沿轴正方向射向方势垒. 当粒子能量 $E < V_0$ 时, 按照经典理论, 粒子不能进入区域 II, 将全部反弹回来. 但按照量子理论, 微观粒子具有波动性, 是一种波, 如同波入射到两种不同媒质的分界面, 会发生反射和透射一样. 在区域 II 中应有反射和透射波, 区域 III 中有透射波. 也就是粒子仍可穿过方势垒到达区域 III. 大量实验证明, 量子结论是正确的. 图 14-21 表示势垒及其两侧的波函数. 由图可知, 在势垒中 (II 区) 及势垒后面 (III 区) 粒子仍有一定的概率分布, 说明粒子能够穿透势垒, 就好像在势垒内存在一个隧道一样, 把它形象地称为隧道效应.

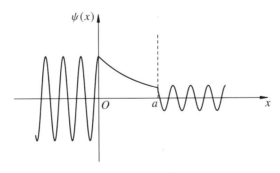

图 14-21　执垒贯穿

隧道效应是微观粒子具有波动性的体现, 已被大量的实验所证实. α 粒子通过隧道效应穿过原子核边界上的库仑势垒, 从放射核中逸出, 形成原子核的 α 衰变. 此外电子的场致发射、超导体中的隧道结都是隧道效应的结果. 日本人江崎发现了半导体中的隧道效应, 制成隧道二极管. 该器件的导电率由电子穿过势垒的概率决定, 可以用外加电压改变势垒的高度调制电流的大小, 因此开关频率很快, 可达 10^9 Hz.

扫描隧道显微镜 (STM) 则是量子隧道效应的又一重大应用. 在物质表面有一表层势垒阻碍内部的电子向外运动, 但是量子力学的知识告诉我们, 表面内的电子能够穿过这个表面势垒, 达到表面外形成一层电子云, 表层电子云的密度随着表面距离的增大而按指数规律迅速减小. 使用一根非常细的钨丝或铂铱合金作探针, 探针针尖只有一个原子大小. 将探针和被研究样品表面作为两个电极, 当针尖与样品表面之间的距离很近时 (通常只有几纳米), 探针尖头的电子和样品表面的电子云相互重叠. 这时在探针和样品之间加一微小电压, 则电子就会穿过两极之间的势垒到达另一个电极, 形成隧穿电流. 隧穿电流的大小对探针和样品之间的距离非常敏感. 当间距改变一个原子尺寸时, 隧穿电流可以变化上千倍. 控制隧穿电流保持恒定, 并使探针在样品表面扫描, 即可得到探针和样品之间的间距变化分布图, 该图反映出样品表面的原子尺度的三维图像. 因此扫描隧道显微镜用来观测物体表面的原子尺度形貌以及原子排列的状况, 在表面科学、材料科学和生命科学等领域的研究中有着重大的意义.

利用 STM 还可以操纵和移动原子, 在纳米尺度上对各种表面进行蚀刻和修饰. 使针尖与某原子间的吸引力几乎等于原子与金属衬底之间的吸附力, 但又不使原子脱离金属衬底而吸附到 STM 针尖上, 横向移动针尖就可以拖动该原子到指定的位置上, 实现原子操纵. IBM 公司的科学家用 STM 的针尖把蒸镀到铜表面上的 48 个铁原子排列成半径为 7.13 nm 的圆环形量子围栏, 观察到铜表面电子的波动形成的驻波 (图 14-22).

图 14-22 量子围栏

14.4.3 一维谐振子

本节讨论粒子在随 x 变化的势场中作一维运动的情形, 即谐振子的运动. 在量子力学中, 谐振子是一个非常重要的物理模型. 许多受到微小扰动的物理体系, 如分子的振动、晶格的振动等, 都可以近似为谐振子体系. 在量子场论中, 将场量子化时也常采用谐振子模型.

若选取平衡位置为坐标原点, 并选取坐标原点的势能为零, 则一维谐振子的势能可以表示为

$$V(x) = \frac{1}{2}kx^2 = \frac{1}{2}m\omega^2 x^2$$

式中, k 为劲度系数; m 是谐振子的质量; ω 是谐振子的固有角频率. 势场与时间无关, 故为定态. 谐振子的定态薛定谔方程为

$$\frac{\hbar^2}{2m}\frac{d^2\psi}{dx^2} + \left(E - \frac{1}{2}m\omega^2 x^2\right)\psi = 0$$

令

$$\xi = \sqrt{\frac{m\omega}{\hbar}}x, \quad \lambda = \frac{2E}{\hbar\omega}$$

可将定态薛定谔方程化为

$$\frac{\mathrm{d}^2\psi}{\mathrm{d}\xi^2} + (\lambda - \xi^2)\psi = 0$$

要严格解这个方程式是比较复杂冗长的, 这里我们只给出主要结论. 可以证明, 只有满足

$$\lambda = 2n + 1, \quad n = 0, 1, 2, \cdots$$

才能使波函数为有限的. 在此条件下, 有

$$E = E_n = \left(n + \frac{1}{2}\right)\hbar\omega, \quad n = 0, 1, 2, \cdots \tag{14.47}$$

上式表明, 谐振子的能量是量子化的. 谐振子的能量量子化首先是由普朗克提出的, 当时它只是一种假设. 这里谐振子的能量量子化由量子力学理论推出. 与无限深势阱中粒子的能级不同的是, 谐振子的能级都是等间距的, 如图 14-23 所示. 谐振子的最小能量, 称为零点能. 零点能不为零, 说明没有完全静止的谐振子. 这是微观粒子波粒二象性的必然体现, 没有能量为零的静止波.

对于不同的能量 E_n, 谐振子有不同的波函数 $\psi_n(x)$. 可以证明谐振子的归一化的定态波函数为

$$\psi_n(x) = \sqrt{\frac{\alpha}{2^n n! \sqrt{\pi}}}\, \mathrm{e}^{-\alpha^2 x^2/2}\, \mathrm{H}_n(\alpha x) \tag{14.48}$$

式中, $\alpha = \sqrt{m\omega/\hbar}$; $\mathrm{H}_n(\alpha x)$ 为厄米多项式.

图 14-23 中虚线给出了谐振子位置概率密度分布. 由图中可以看出, $n = 0$ 时, 在 $x = 0$ 处谐振子出现的概率最大. 按照经典力学, 谐振子在 $x = 0$ 处的势能最小, 动能最大, 因而速率最大, 所以粒子在该处停留的时间最短, 即粒子在该处出现的概率最小, 与量子力学结论正好相反. 但随着量子数 n 的增大, 经典的概率密度分布与量子的越来越相似.

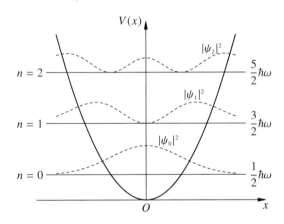

图 14-23   一维谐振子的能级和概率密度

14.5 氢原子

玻尔给出了氢原子的半经典半量子的理论, 这一理论对于核外只有一个电子的类氢离子系统有效, 而对于稍微复杂一点的有两个电子的氦原子系统就无能为力, 存在很大的局限

性. 较为圆满的氢原子理论则由量子力学给出. 在这一节里, 我们将简单介绍在量子力学中如何处理氢原子问题.

14.5.1　氢原子的定态薛定谔方程

氢原子由一个原子核和一个电子组成, 如果假定原子核固定不动, 可以认为电子在原子核的库仑势

$$V(r) = -\frac{e^2}{4\pi\varepsilon_0 r}$$

中运动, 氢原子看作是有心力场问题. 氢原子的定态薛定谔方程为

$$\nabla^2\psi + \frac{2m}{\hbar^2}\left(E + \frac{e^2}{4\pi\varepsilon_0 r}\right)\psi = 0 \tag{14.49}$$

考虑 $V(r)$ 具有球对称性(只与 r 有关, 与方向无关), 因此使用球坐标更方便. 在球坐标系中, 拉普拉斯算符有如下形式:

$$\nabla^2 = \frac{1}{r^2}\frac{\partial}{\partial r}\left(r^2\frac{\partial}{\partial r}\right) + \frac{1}{r^2\sin\theta}\frac{\partial}{\partial\theta}\left(\sin\theta\frac{\partial}{\partial\theta}\right) + \frac{1}{r^2\sin^2\theta}\frac{\partial^2}{\partial\phi^2}$$

应用分离变量法, 令

$$\psi(r,\theta,\phi) = R(r)\Theta(\theta)\Phi(\phi) \tag{14.50}$$

式中, $R(r)$ 称为径向波函数; $\Theta(\theta)$ 和 $\Phi(\phi)$ 称为角向波函数. 将上式代入式 (14.49), 并经过一系列的计算和整理, 氢原子的定态薛定谔方程变化为三个方程

$$\frac{1}{r^2}\frac{\mathrm{d}}{\mathrm{d}r}\left(r^2\frac{\mathrm{d}R}{\mathrm{d}r}\right) + \frac{2m}{\hbar^2}\left[E + \frac{e^2}{4\pi\varepsilon_0 r} - \frac{\hbar^2}{2m}\frac{l(l+1)}{r^2}\right]R = 0 \tag{14.51}$$

$$\frac{1}{\sin\theta}\frac{\mathrm{d}}{\mathrm{d}\theta}\left(\sin\theta\frac{\mathrm{d}\Theta}{\mathrm{d}\theta}\right) + \left[l(l+1) - \frac{m_l^2}{\sin^2\theta}\right]\Theta = 0 \tag{14.52}$$

$$\frac{\mathrm{d}^2\Phi}{\mathrm{d}\phi^2} + m_l^2\Phi = 0 \tag{14.53}$$

式中 l 和 m_l 是分离变量过程中出现的常数, 要使方程存在有限解, 它们必须取整数. 分别解上面这三个方程, 并将它们的解代回式 (14.50), 便得到氢原子定态薛定谔方程的解.

14.5.2　量子化条件和量子数

对氢原子的定态薛定谔方程的求解过程非常复杂, 因此我们将略去繁琐的计算过程, 只讨论求解过程中所得到的一些量子化结论.

(1) 能量量子化和主量子数

在求解与径向有关的薛定谔方程 (14.51) 的过程中, 可得到氢原子的能量是量子化的.

$$E_n = -\left(\frac{e^2}{4\pi\varepsilon_0}\right)^2\frac{m}{2n^2\hbar^2}, \quad n = 0, 1, 2, \cdots \tag{14.54}$$

式中 n 称为主量子数. 此结果与玻尔理论得到的氢原子能级公式是相同的, 但玻尔理论是人为的假设, 而上述结果是由薛定谔方程自然导出的.

(2) 轨道角动量量子化和角量子数

在求解方程 (14.52) 和 (14.53) 时, 可得氢原子中电子的轨道角动量大小的取值存在量子化

$$L = \sqrt{l(l+1)}\,\hbar, \quad l = 0, 1, 2, \cdots, n-1 \tag{14.55}$$

式中 l 称为角量子数. 微观粒子的运动无严格的轨道概念, 这里借用 "轨道", 只是描述电子在原子核外的运动, 与将要讲到的电子的 "自旋角动量" 相区别. 通常, 角量子态用一些符号来表示, 见表 14-1.

表 14-1 角量子态的符号

l	0	1	2	3	4	5
符号	s	p	d	f	g	h

(3) 轨道角动量空间量子化和磁量子数

在求解方程 (14.53) 时, 得到氢原子中电子的轨道角动量的方向在空间上的取向也不是连续的, 它在某特定方向上 (如轴方向) 的分量是量子化的, 即

$$L_z = m_l \hbar, \quad m_l = 0, \pm 1, \pm 2, \cdots, \pm l \tag{14.56}$$

整数 m_l 称为磁量子数.

通常情况下, 自由空间是各向同性的, z 轴可取任意方向, 磁量子数没有什么特殊的意义. 但如果原子处在外磁场当中, 这一特定方向就是磁场方向, 轨道角动量在外磁场方向的投影由 m_l 决定, 显示出轨道角动量的空间取向是量子化的, 这也是 m_l 被称为磁量子数的原因. 对于一定的角量子数 l, m_l 可取的值有 $2l+1$ 个, 表明角动量在空间的取向有 $2l+1$ 种可能. 图 14-24 给出 $l = 1$ 和 $l = 2$ 时的电子轨道角动量空间取向量子化的情况.

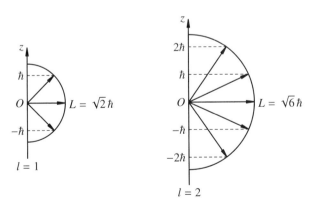

图 14-24 角动量的空间量子化

(4) 电子自旋

1921 年, 斯特恩和格拉赫为证实角动量空间量子化设计了一个实验, 实验装置如图 14-25 所示, 银原子在电炉 O 中被加热蒸发, 通过狭缝 S_1 和 S_2 后形成细束, 经过一个抽成真空的不均匀的磁场区域, 最后撞在接收板上形成沉积物.

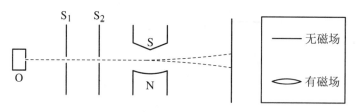

图 14-25　斯特恩 - 格拉赫实验

原子具有磁矩, 在不均匀外磁场中将受到力和力矩的作用, 该作用使得原子在外磁场方向发生偏转。如果原子的磁矩是空间量子化的, 原子会在接收板上形成若干分立的沉积. 由于原子磁矩和角动量的方向相同 (或相反), 说明其角动量也是空间量子化的.

实验结果显示, 如果不加外磁场, 在接收板上出现一条正对狭缝的沉积带, 如果加上外磁场, 在接收板上呈现对称的两条沉积带. 银原子束在不均匀的外磁场作用下分成了两束, 这一结果证实了原子具有磁矩, 并且银原子的磁矩在外磁场中的取向只有两个. 此结果也就说明了原子角动量的空间指向是量子化的. 上述原子磁矩显然不是电子的轨道磁矩, 这是由于按照角动量空间量子化理论, 当 l 一定时, m_l 有 $2l + 1$ 个离散值, 轨道磁矩在外磁场方向应该有奇数个分量值, 因而原子束通过不均匀外磁场后就应该分裂成奇数束, 而实验中却显示银原子分成了两束. 为了解释斯特恩 - 格拉赫实验出现偶数分裂的事实, 1925 年, 两位年轻的荷兰学者乌仑贝克和古兹米特提出了电子自旋的假说. 他们认为电子除了具有轨道运动之外, 电子内部还存在一个转动自由度, 即电子的自旋运动, 电子具有自旋角动量和自旋磁矩, 自旋角动量以及其在空间的取向也是量子化的. 上述实验中, 银原子处于基态, $l = 0$, 银原子的轨道角动量和相应的磁矩均为零, 只有自旋角动量和自旋磁矩, 自旋角动量在外磁场方向上的取向有两个, 一个平行于磁场, 另一个与磁场反平行.

根据量子力学的计算, 电子的自旋角动量为

$$S = \sqrt{s(s+1)}\,\hbar \tag{14.57}$$

式中 s 称为自旋量子数, $s = 1/2$. 电子自旋角动量在外磁场 z 方向上的分量为

$$S_z = m_s \hbar, \quad m_s = \pm \frac{1}{2} \tag{14.58}$$

式中 m_s 称为自旋磁量子数, 只有两个可能的取值.

电子自旋的概念一开始并不被人们所接受, 运用经典物理学理论, 人们无法理解任何电子都具有相同的自旋角动量, 而且空间取向只有两个. 尤其当把电子看成是电荷均匀分布的小球, 绕其自身的轴旋转时, 自旋角动量为 $\hbar/2$ 的电子, 其表面的速度要达到光速的 10 倍, 这是违反相对论的. 但物理学界还是很快接受了电子自旋的概念, 因为这一假说成功地解释了许多复杂的光谱结构, 其中之一, 就是碱金属原子光谱的精细结构. 对碱金属原子的光谱, 如

果用高分辨率光谱仪进行观察时, 会发现每一条光谱线不是简单的一条线, 而是由二条或三条线构成, 这称作光谱线的精细结构. 碱金属的精细结构可以利用电子自旋来解释. 碱金属原子中的价电子绕原子实运动. 如果在以电子为静止的坐标系上, 带正电的原子实是绕着电子运动的, 电子会感受到一个磁场的存在. 电子具有自旋角动量、自旋磁矩, 电子的自旋磁矩受到磁场的作用, 会引起附加能量, 我们称之为自旋 – 轨道相互作用. 在此作用下, 原来由量子数 n, l 决定的能级发生双层分裂.

需要指出, 狄拉克由他所提出相对论量子力学从理论上导出了电子自旋, 表明电子自旋是电子的固有内在属性, 并不能简单地把它理解为电子绕自身轴旋转, 电子自旋没有经典的对应量.

总结前面的讨论, 原子中电子的状态应由四个量子数 n, l, m_l 和 m_s 来描述. 主量子数 n 决定了电子的能量; 角量子数 l 决定了电子的轨道角动量; 磁量子数 m_l 决定了轨道角动量在外磁场方向的分量; 而自旋磁量子数则决定了自旋角动量在外磁场方向的分量.

14.5.3　氢原子中电子的概率密度分布

对氢原子的定态薛定谔方程求解, 一旦解出定态波函数

$$\psi_{n,l,m_l}(r, \theta, \phi) = R_{n,l}(r)\Theta_{l,m_l}(\theta)\Phi_{m_l}(\phi)$$

便可获知电子在空间 (r, θ, ϕ) 点附近体积元 $\mathrm{d}V = r^2 \sin\theta \, \mathrm{d}r \, \mathrm{d}\theta \, \mathrm{d}\phi$ 内的概率为

$$|\psi_{nlm_l}(r, \theta, \phi)|^2 r^2 \sin\theta \, \mathrm{d}r \, \mathrm{d}\theta \, \mathrm{d}\phi = |R_{n,l}(r)|^2 |\Theta_{l,m_l}(\theta)|^2 |\Phi_{m_l}(\phi)|^2 r^2 \sin\theta \, \mathrm{d}r \, \mathrm{d}\theta \, \mathrm{d}\phi$$

其中 $|R_{n,l}(r)|^2 r^2 \, \mathrm{d}r = |\chi_{n,l}(r)|^2 \, \mathrm{d}r$ 表示电子出现在 $r \sim r + \mathrm{d}r$ 中的概率, $|\chi_{n,l}(r)|^2$ 叫做径向概率密度, 取决于主量子数 n 和角量子数 l. 较低的几个能级上电子的径向概率的分布曲线如图 14 – 26 所示. 可以看出, 径向波函数的节点 ($R_{n,l}(r)$ 为零的位置数目, 不包括原点与无穷

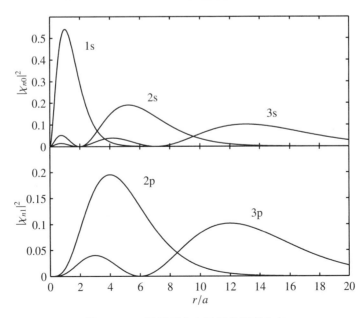

图 14 – 26　氢原子中电子径向概率分布

远处) 数目为 $n_r = n - l - 1$ 个. 例如, 对于 2s 态, $n_r = 1$, 有一个节点. 一般我们把 $n_r = 0$ 的态称为 "圆轨道", 例如 1s, 2p, 3d, $\cdots$. 圆轨道径向概率分布的极大值位置 (最概然半径) 可以通过计算 $\ln |\chi_{n,l}(r)|^2$ 的极值点位置求出, 为

$$r = n^2 a$$

式中 $a = r_1$ 为基态电子的圆轨道的最概然半径, 即玻尔半径, 这表明径向上基态电子最多出现的位置正好在玻尔半径上. 这与玻尔的氢原子的圆形轨道半径公式一致. 但这并不是说氢原子电子只处于半径为 $r = n^2 a$ 的圆形轨道上绕原子核旋转, 只是在半径为 $r = n^2 a$、厚度为 $\mathrm{d}r$ 的球壳内电子出现的概率, 比其他位置电子出现的概率要大.

从图中还可以看出, 对主量子数为 n 和角量子数为 l 的状态, $\chi_{n,l}(r)^2$ 有 $n - l$ 个极大峰值, n 值不同、l 值相同的轨道, 随 n 值增加, 主峰离核越远, 如 2p, 3p. 这说明, 主量子数越小的轨道, 越靠近原子核的内层, 能量越低.

$|\Theta_{l,m_l}(\theta)\Phi_{m_l}(\phi)|^2 \sin\theta\, \mathrm{d}\theta\, \mathrm{d}\phi = |Y_{l,m_l}|^2 \sin\theta\, \mathrm{d}\theta\, \mathrm{d}\phi$ 表示在 (θ,ϕ) 附近立体角 $\mathrm{d}\Omega = \sin\theta\, \mathrm{d}\theta\, \mathrm{d}\phi$ 发现电子的概率, 其中 $|Y_{l,m_l}|^2$ 称为角向概率密度. 该值与 ϕ 无关, 表示对 z 轴有旋转对称性. 图 14-27 示出了氢原子 s 态、p 态和 d 态角向概率分布, 所有状态的角向概率分布都与 ϕ 无关, 即角向分布相对于 z 轴具有旋转对称性. s 态的角向概率分布还与 θ 无关, 所以具有球对称性.

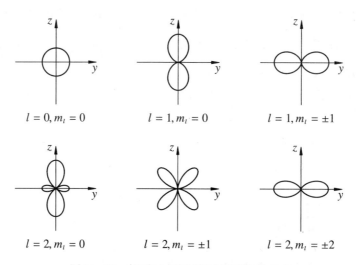

图 14-27　氢原子中电子概率密度的角分布

14.6　原子的壳层结构

自 18 世纪中叶到 19 世纪中叶的 100 年里, 不断有元素被发现, 到 1896 年, 已发现 63 种元素. 俄国科学家门捷列夫通过研究发现, 如果把这些元素按原子量的次序排列, 它们的性质呈现周期性的变化, 他由此提出了元素周期表.

按照这个周期表, 元素的化学性质和物理性质呈现明显的周期性变化. 如原子的电离能、单质的熔点、线胀系数等. 图 14–28 给出了原子的电离能随原子序数 Z 的变化关系, 充分显示元素性质的周期性变化, 碱金属元素处在曲线的最低点, 惰性气体处在顶点.

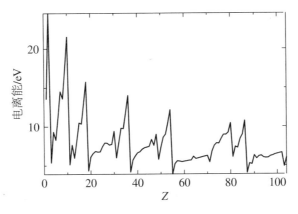

图 14–28　原子的电离能

1924 年, 玻尔第一个对周期表给予物理的解释, 他凭借物理 "直觉" 认为, 元素性质呈现出的周期性和每一周期内元素的数目, 都可以用原子内电子按一定壳层的排布来解释. 玻尔指出, 原子中主量子数相同的那些电子构成了一个壳层, 第一层的主量子数为 1, 第二层的主量子数为 2, 依次类推, 电子按一定次序排列在各个壳层上. 元素的性质主要由最外层电子的数目和排列来决定, 每一新的周期是从电子填充一个新的壳层开始的, 电子周期地填充新壳层, 使外层电子数目周期地改变, 导致元素的性质周期性改变. 第二年, 泡利发现了决定原子中电子状态的不相容原理, 使得整个壳层结构及元素周期表可以在量子论基础上来解释.

在氢原子理论的论述中, 我们了解到氢原子中, 电子的状态可以用四个量子数 (n, l, m_l, m_s) 来描述. 而对于多电子原子, 可以证明原子中电子所受到作用的平均效应, 可看作等效于一个以核为中心的有心力场. 这种近似下, 电子具有与氢原子相似的运动状况, 电子的量子状态仍由四个量子数来描述.

泡利不相容原理指出, 在同一原子中, 不可能有两个或两个以上的电子处于同一状态, 换言之, 原子中不可能有两个或两个以上的电子具有完全相同的四个量子数. 根据泡利不相容原理, 就可以决定每个壳层中电子的数目. 我们把主量子数 n 相同的电子看成处于同一壳层, 对于 $n = 1, 2, 3, 4, 5, \cdots$ 的各壳层分别用 K, L, M, N, O, P, $\cdots$ 来表示. 在同一壳层中, 又按 l 的不同划分为不同的支壳层 (或次壳层), 相应于 $l = 0, 1, 2, 3, \cdots$ 的各支壳层, 用 s, p, d, f, g, h, $\cdots$ 表示. 对于量子数 n 和 l 确定的支壳层, 用 l 的符号前加注主量子数 n 来表示. 例如 1s, 2p, 3d, 4f 等.

对于每一个 l 可以有 $2l + 1$ 个 m_l 值, 再考虑 m_s 的两个取值, 每一个 l 对应于 $2(2l + 1)$ 个不同的量子态. 根据泡利不相容原理, 我们得到一个支壳层中所能容纳的最多的电子数目为 $N_l = 2(2l + 1)$. 在一个主量子数为 n 的壳层中, 有 $l = 0, 1, 2, \cdots, n - 1$ 共 n 个支壳层, 于

是每个壳层中所容纳的最多的电子数目为

$$N_n = \sum_{l=0}^{n-1} 2(2l + 1) = 2n^2 \tag{14.59}$$

所以, K, L, M, N, O, ··· 各个壳层中所能容纳的电子数目分别为 2, 8, 18, 32, 50, ···, 而在 $l = 0, 1, 2, 3, ···$ 的各支层上, 所能容纳电子数分别为 2, 6, 10, 14, ···. 这和周期表各周期内所包含的元素个数并不相同. 事实上, 原子中电子的排布还应遵循能量最小原理, 即要求基态时原子中电子的排布应使原子的能量最低. 根据能量最小原理, 氢原子的能级顺序按 n 的大小由低到高排布. 而在多电子原子中, 电子和电子间的相互作用不容忽视, 能级的高低与 n 和 l 都有关, 有可能发生 n 较小而 l 较大的能级高于 n 较大而 l 较小的能级. 图 14-29 示出了几种原子的电子按壳层的排布.

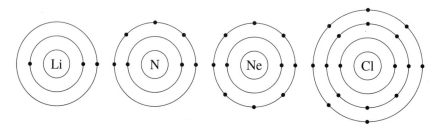

图 14-29   几种原子中电子按壳层的排布

根据上面两个原理, 电子在原子中排布时, 先占据能量最低的壳层, 而每个壳层都只包含一定数目的量子态, 只能容纳一定数量的电子, 当一个壳层的各量子态都被电子按能量最小原理填满时 (称为满壳层), 电子再依次填充能量较高的壳层.

习   题

14-1   太阳辐射到地球大气层外表面单位面积的辐射功率为 I_0, 称为太阳常量, 实际测得其值为 $I_0 = 1.35 \text{ kW} \cdot \text{m}^{-2}$, 太阳平均半径 $R = 6.96 \times 10^8 \text{ m}$, 日地相距 $r = 1.50 \times 10^{11} \text{ m}$, 把太阳近似视为黑体, 试由太阳常量估计太阳表面的温度.

14-2   有一空腔黑体, 在其壁上有小圆孔 (直径为 0.05 mm), 腔内温度为 7500 K, 求单位时间从小孔射出来的位于 500 ~ 501 nm 波长范围的光子数目.

14-3   测得从某炉壁小孔辐射的功率密度为 20 W·cm^{-2}, 求炉内温度及单色辐射出射度极大值所对应的波长.

14-4   在理想条件下, 正常人的眼睛接收到 550 nm 的可见光时, 只要每秒光子数达到 100 个就会有光的感觉, 试问与此相当的光功率是多大?

14-5   铝的逸出功 4.2 eV. 现用波长为 200 nm 的紫外光照射到铝表面上, 发射的光电子的最大初动能、遏止电压和红限波长分别是多少?

14-6   用波长为 400 nm 的紫光照射某金属, 观察到光电效应, 同时测得截止电压为 1.24 V, 求该金属的红限频率和逸出功.

14-7   波长为 4.2×10^{-3} nm 的入射光子与散射物质中的自由电子发生碰撞, 碰撞后电子的速度为 $1.5 \times 10^8 \text{ m} \cdot \text{s}^{-1}$, 求散射光子的波长和散射角.

14-8   已知入射的 X 射线光子的能量为 0.60 MeV, 在康普顿散射后波长改变了20%, 求反冲电子动能.

14-9 求下列电子的德布罗意波长:

(1) 经 206 V 的电压加速后的电子;

(2) 速度为 0.50c 的电子.

14-10 若电子和质量为 10.0 g 的子弹都以 300 m·s^{-1} 的速率运动, 并且速率的测量准确度都为 0.01%, 试比较它们的位置的最小不确定量.

14-11 设子弹的质量为 0.01 kg, 枪口的直径为 0.5 cm, 试用不确定性关系估算子弹射出枪口时的横向速度.

14-12 如果一个电子处于某能态的时间为 10^{-8} s, 这个能态的能量的最小不确定量为多少? 设电子从该能态跃迁到基态, 辐射能量为 3.4 eV 的光子, 求这个光子的波长及这个波长的最小不确定量.

14-13 设一维运动的粒子处在

$$\psi(x) = \begin{cases} Ax\,\mathrm{e}^{-\lambda x}, & x \geqslant 0 \\ 0, & x < 0 \end{cases}$$

的状态, 其中 $\lambda > 0$ 为常数. 试求:

(1) 归一化因子 A;

(2) 粒子坐标的概率分布;

(3) x 和 x^2 的平均值.

14-14 一个氧分子被封闭在一个盒子内, 按一维无限深势阱计算, 并设势阱宽度为 10 cm. 问:

(1) 该分子的基态能量为多大?

(2) 设该分子的能量等于 $T = 300$ K 时的平均热运动能量 $3kT/2$, 相应的量子数 n 的值是多少? 第 n 激发态和第 $n + 1$ 激发态的能量差是多少?

14-15 在宽度为 a 的一维深势阱中, 当 $n = 1, 2, 3$ 和 ∞ 时, 求从阱壁起到 $a/3$ 以内粒子出现的概率有多大?

14-16 设线性谐振子的势能为 $\frac{1}{2}m\omega^2 x^2$, 试证明

$$\psi(x) = \sqrt{\frac{\alpha}{3\sqrt{\pi}}}\,\mathrm{e}^{-\frac{1}{2}\alpha^2 x^2}\left(2\alpha^3 x^3 - 3\alpha x\right), \quad \alpha = \sqrt{\frac{m\omega}{\hbar}}$$

是线性谐振子的定态波函数, 并求出此波函数所对应的能级.

14-17 已知氢原子的定态波函数为 $\psi_{n,l,m}(r,\theta,\phi)$. 问:

(1) $|\psi_{n,l,m}(r,\theta,\phi)|^2$ 代表了什么?

(2) 电子出现在距核 $r \sim r + \mathrm{d}r$ 的球壳中的概率如何表示?

(3) 电子出现在 (θ,ϕ) 方向上的立体角元 $\mathrm{d}\Omega = \sin\theta\,\mathrm{d}\theta\,\mathrm{d}\phi$ 中的概率如何表示?

14-18 从氢原子的能级 $E_n = -13.6/n^2$ eV 出发, 求巴耳末系第三条谱线和莱曼系第四条谱线的波长.

14-19 假设氢原子处于 $n = 3, l = 1$ 的激发态, 则原子的轨道角动量在空间有哪些可能的取向? 计算各可能取向的角动量与 z 轴之间的夹角.

14-20 氢原子中的电子处于 $n = 5$ 的状态, 试问:

(1) 它共可有多少个量子态?

(2) 如果它又处于 $l = 2$ 的状态, 则其相应的量子态有多少? 试把它们的轨道角动量以及表征各状态的量子数按 (n, l, m_l, m_s) 的顺序分别写出来.

第 15 章　原子核与基本粒子

这一章我们进入到原子内部更深的层次——原子核. 原子核对原子性质的贡献主要是它的质量及其为核外电子提供的静电库仑力. 自从 1911 年卢瑟福的粒子散射实验, 人们已经获得了大量有关核的结构和性质、核的转化的知识, 这些知识大大促进了人类对物质世界的认识, 同时也带来了科学技术新的发展, 其中核能、放射性同位素等已得到广泛应用. 原子核更深层次的结构是粒子, 粒子物理的研究始终是物理学的前沿.

本章主要介绍原子核物理中的一些基本内容, 包括原子核的一般性质, 量子性质, 使核保持稳定的核力和结合能, 以及原子核衰变的规律及应用. 最后简单介绍粒子的分类以及它们之间的相互作用和守恒定律.

15.1　原子核的一般性质

15.1.1　原子核的组成

1911 年, 由 α 粒子的散射实验, 卢瑟福推翻了 J. J. 汤姆孙的原子 "布丁" 模型, 提出了原子结构的核式模型, 指出原子是由原子核和电子组成的, 原子核包含了原子的全部正电荷及原子的 99% 的质量, 而其线度仅为整个原子的万分之一. 1919 年, 卢瑟福用 α 粒子轰击氮核时发现有氢核存在, 于是他认为, 氢核曾经是氮核的组成部分, 他把氢核命名为质子.

在发现了质子、电子以后, 人们很自然地认为, 原子核是由质子和电子组成的, 然而这一看法很快被证明是错误的. 电子和质子的自旋量子数为 1/2, 都是费米子 (自旋量子数为半整数的粒子), 根据角动量理论, 由 14 个质子和 7 个电子组成的氮核的自旋量子数只可能是半整数的, 因此氮核应是费米子, 但实际上氮核是玻色子 (自旋量子数为整数的粒子). 卢瑟福在一次讲演中猜测 "在某种情况下, 也许有可能由一个电子更加紧密地与氢核结合在一起, 组成一种中性的双子". 他断言, "要解释重元素核的组成, 这种原子 (指质子和电子紧密结合的中性 "双子") 的存在看来几乎是必要的."

1930 年, 德国人博思和他的学生贝克尔利用钋发射的 α 粒子轰击铍等轻元素, 发现一种穿透力极强的中性射线, 他们认为是一种 γ 射线. 当时在巴黎的居里夫妇进行了类似的实验, 他们用 α 粒子轰击铍钯, 再用放出的穿透性极强的射线轰击石蜡, 结果从石蜡中飞出反冲质子, 他们把这种现象解释为一种康普顿效应, 并且也错误地认为从铍钯发出的射线是 γ 射线. 英国物理学家查德维克读了居里夫妇的论文后, 意识到反冲质子不可能被 γ 射线打出, 他又重做了实验, 得出结论, 这类辐射中含有一种质量近似于质子质量的中性物质成分, 称之为中子.

在查德维克发现中子后, 伊凡年科、海森堡等人相继提出, 原子核是由质子和中子组成的. 中子和质子质量差不多, 如果用原子质量 u (1 u= $1.660\,540\,2 \times 10^{-27}$ kg, 为同位素 ^{12}C 原子质量的 1/12) 为单位, 它们分别为: 中子 $m_n = 1.008\,665$ u, 质子 $m_p = 1.007\,277$ u.

15.1.2 原子核的电荷和质量数

对于原子核来说, 对原子性质起主要贡献的是核的电荷和质量. 质子和中子称为核子, 中子不带电, 质子带正电, 因而原子核带正电. 原子核所带电荷由它所包含的质子数 Z 所决定, 带电量为 Ze, e 为一个质子所带电量, Z 又称为核电荷数, 它是元素周期表中决定元素位置的原子序数.

原子核的质量可以用质谱仪来测量. 当用原子质量单位 u 来度量各原子核的质量时, 发现它们都近似为一整数, 这一整数叫做核质量数, 并用符号 A 表示. 因为质子和中子质量都约为 1 u, 核质量数 A 就是质子数 Z 和中子数 N 之和, $A = Z + N$. 具有相同质子数 Z 和相同核质量数 A 的原子核称为核素. 若用 X 代表与 Z 相联系的元素符号, 则用符号 $_Z^A X_N$ 来表示一个核素. 例 $_2^4 He_2$, $_7^{14} N_7$, $_8^{16} O_8$, 实际上常用简写形式 $_Z^A X$ 甚至 $^A X$. Z 相同而 N 不同的核素称为同位素, 它们在元素周期表中占据同一个位置; N 相同而 Z 不同的核素称为同中子素; A 相同而 Z 不同的核素称为同量异位素.

15.1.3 原子核的大小和形状

由卢瑟福的 α 粒子散射实验, 可以计算出原子核的大小不超过 10^{-14} m. 原子核的形状近似可看作球形, 但由于有角动量, 实际原子核形状略呈旋转椭球状. 原子核形状的非球对称会影响原子的能级结构, 使原子光谱产生细微的分裂, 这种分裂比起由于电子自旋——轨道相互作用而引起的原子光谱的精细结构还要小, 一般称为超精细结构.

如果原子核看作是球形对称的, 那么原子核半径和核质量数有如下关系:

$$R = r_0 A^{1/3}, \quad r_0 = 1.2 \times 10^{-15} \text{ m}$$

由原子核的质量和大小可以估算出它的密度为 2.3×10^{17} kg$\cdot$m^{-3}. 原子核的密度非常大, 且与核的质量无关. 这就意味着, 核物质不大可压缩, 核中的核子是紧挨着的, 如同液体中的分子, 液体中的分子也是相互紧挨着. 这也是玻尔把原子核看作一个液滴, 建立核的液滴模型的依据之一.

15.2 核 力

原子核中质子和质子之间存在很强的电磁斥力 (容易估计, 两个质子间电磁斥力大小为 230 N), 但原子核的密度却高达 10^{17} kg$\cdot$m^{-3}. 这说明原子核内存在一种特殊的作用力, 能使核子紧密地结合在一起, 我们把这种力称为核力, 它决定了原子核的结构和性质. 虽然对核力的研究取得了很大进展, 但至今还不能对核力作出全面而自洽的描述. 通过大量实验, 人们已经认识了有关核力的一些基本性质, 下面作简要介绍.

(1) 短程性

核力是一种短程强相互作用力, 核力的作用距离 (力程) 只有 fm (飞米, 1 fm = 10^{-15} m) 数量级, 超过 4～5 fm, 核力减为零; 在 0.8～2.0 fm 范围内, 核力是较强的吸引力, 比电磁大 137 倍; 在小于 0.8 fm 的范围内, 核力为强排斥力, 这个排斥力阻止了核子间的进一步靠近, 从而保证了核有一定的体积而不致"坍缩". 图 15 – 1 是核力的势能曲线.

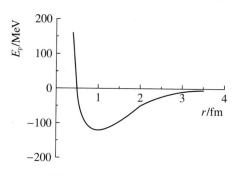

图 15 – 1　核力的势能曲线

(2) 饱和性

由实验结果显示, 核内的一个核子只能和它周围的少数几个核子有核力作用, 而不是与核内所有核子都有相互作用, 这种性质称为核力的饱和性. 它与分子结构中的分子共价键的化学键力饱和性相类似. 例如两个氢原子结合成氢分子后, 第三个氢原子就不能与它相结合了. 在分子共价键结合中, 化学键力是一种交换力, 电子起到中间交换媒介作用. 与此类似, 核力的饱和性说明核力也是一种交换力, 核力作交换的媒质不是电子而是 π 介子. 核力的饱和性必然要求核力有短程性, 短程性和饱和性是核力最重要的两个特性.

(3) 电荷无关性

实验显示质子与质子, 中子与中子或质子与中子之间的核力是近似相同的, 这说明核力近似地与电荷无关.

(4) 非有心力成分

核力除主要部分是有心力外, 还有微弱的非有心力成分. 它的强度同核子间的距离有关, 也同核子的自旋对核子间连线的倾角有关.

15.3　原子核的结合能及其利用

15.3.1　原子核的结合能

我们知道, 一个核质量数为 $A = Z + N$ 的原子核由 Z 个质子和 N 个中子组成. 但实验表明, 原子核的静质量总比组成该原子核的各核子静质量之和要小. 以氘 ($^2_1\mathrm{H}$) 核为例, 它由一个质子和一个中子组成, 其质量为 $m_\mathrm{D} = 2.013\,553\,2$ u, 又知质子和中子质量分别为 $m_\mathrm{p} = 1.007\,276\,5$ u, $m_\mathrm{n} = 1.008\,664\,9$ u, 于是 $m_\mathrm{p} + m_\mathrm{n} = 2.015\,941\,4$ u, 它与氘核的质量之差为 $\Delta m = 0.002\,388\,2$ u, Δm 是自由的质子与中子组合成氘核时质量的减少值, 称为质量亏损. 质量亏损反映了核子形成原子核的过程中要释放一定的能量, 或者, 要把原子核分解开来就需要吸收一定的外界能量.

一般情况下, 由自由的 Z 个质子与 N 个中子组成原子核时, 所发生的质量亏损为

$$\Delta m = Z m_\mathrm{p} + N m_\mathrm{n} - m_\mathrm{N}$$

$$(15.1)$$

式中 m_p, m_n, m_N 分别代表质子、中子和该原子核的静止质量. 由于数据表中一般多给出原子的质量, 所以在求质量亏损时多用下列形式

$$\Delta m = Z m_H + N m_n - m_a \tag{15.2}$$

这里 m_H, m_a 分别为氢原子质量和原子的质量. 第一项里的 Z 个电子的质量恰好和第三项里 Z 个电子的质量抵消. 严格地说, 这只是一种近似, 因为多电子原子中 Z 个电子与原子核结合时的质量亏损, 并不等于氢原子中 Z 个电子与核结合时所引起的质量亏损, 但二者差别很小, 可以忽略.

根据狭义相对论的质能关系, 质量的改变必然伴随能量的改变, 由于质量亏损, 则必有相应的能量释放出来,

$$\Delta E = \Delta m c^2 = (Z m_H + N m_n - m_a) c^2 \tag{15.3}$$

我们就把自由的静止核子结合成原子核时所释放的能量称为该原子核的结合能, 记为 E_B, 当然, 这也是将原子核分离成彼此独立的静止核子时所需的能量. 需要指出的是, 由几个自由的孤立体系组合成一个稳定的束缚体系时, 都要放出结合能. 例如, 自由电子和原子核结合成原子或由原子结合成分子时都会释放能量, 此即原子和分子的结合能, 然而它们的结合能比原子核的结合能要小得多, 常常被忽略. 原子核中平均每个核子的结合能称为平均结合能或比结合能, 用 ε 表示

$$\varepsilon = \frac{E_B}{A}$$

它表示在结合成原子核时平均每个核子所释放的能量, 或将该核分离成各个独立核子时平均每个核子所需要的能量. 原子核比结合能的大小反映了原子核结合的紧密程度, ε 越大表示该核结合得越紧密, 核越稳定. 原子核的比结合能存在下面三个特征:

(1) $A < 30$ 时, 原子核的比结合能随 A 的增大而增大; 但其中有周期性的变化, 在 ^4_2He, ^8_4Be, $^{12}_6\text{C}$, $^{20}_{10}\text{Ne}$ 和 $^{24}_{12}\text{Mg}$ 等偶偶核处有极大值, 说明这些核比较稳定.

(2) 当 $30 < A < 150$ 时, ε 基本不变, 约为 8 eV, 说明这个范围内原子核的结合能能粗略地与核子数 A 成正比. 这也说明了核力的饱和性. 在 $A > 30$ 时, 核内和一个核子紧挨的粒子数基本不变, 原子核的比结合能也就基本上不随 A 改变了.

(3) 当 $A > 150$ 时, ε 随 A 的增加而下降. 当质子数增大时, 核内质子之间的库仑斥力逐渐增大, 这种斥力作用可以减小结合能. 结合能的减小又将削弱原子核的稳定性. 要保持原子核的稳定性, 随着质子数的增大, 必须多增加不带电的中子数目. 因此当 A 很大时, 稳定核中的中子数大于质子数就是这个原因.

例 15.1 计算 ^5Li 核和 ^6Li 核的结合能, 给定 ^5Li 原子的质量为 $m_5 = 5.012\,539$ u, ^6Li 原子的质量为 $m_6 = 6.015\,121$ u, 氢原子的质量为 $m_H = 1.007\,825$ u. 比较 ^5Li 核的质量与质子及 α 粒子的质量和 ($m_{He} = 4.002\,603$ u).

解 利用 $m_n = 1.008\,665$ u, 1 u $= 931.4943$ MeV/c^2, 根据式 (15.3) 可得 ^5Li 核和 ^6Li 核的结合能

$$E_{B5} = (3 \times 1.007\,825 + 2 \times 1.008\,665 - 5.012\,539) \times 931.5 = 26.3 \text{ (MeV)}$$

$$E_{B6} = (3 \times 1.007\,825 + 3 \times 1.008\,665 - 6.015\,121) \times 931.5 = 32.0 \text{ (MeV)}$$

由于 $m_5 = 5.012\,539$ u $> m_H + m_{He} = 5.010\,428$ u, ^{5}Li 核的质量大于质子与 α 粒子的质量和, 可见 ^{5}Li 核并不稳定, 它会分裂成一个质子和一个 α 粒子并放出一定的能量, 这个能量为 $(5.012\,539 - 5.010\,428) \times 931.5$ MeV $= 2.0$ MeV.

15.3.2 结合能的释放和利用

所谓原子能, 实际是指原子核结合能发生变化时释放的能量. 中等质量核的比结合能比轻核 (A 较小) 和重核 (A 较大) 都大. 当平均结合能小的核变成平均结合能大的核时, 将会进一步产生质量亏损, 从而释放出能量. 当重核分裂为中等核 (即重核的裂变) 时将释放能量; 同样, 因为轻核的平均结合能很小, 故当它们聚合成平均结合能更大的中等质量核 (即轻核的聚变) 时也将释放能量. 人类就是通过这两条途径获得核能的.

原子核的裂变和聚变为人类提供了一种新的能源. 重核受到激发分裂为几个中等质量的原子核, 发生重核裂变, 可释放大量的能量. 1938 年哈恩和斯特拉斯曼用中子轰击铀, 被轰击的重核铀分裂为两个质量中等的核——钡和镧, 同时释放出两三个中子, 这是首次发现的核裂变现象. 一个 $^{235}_{92}$U 核发生裂变时大约可释放 210 MeV 的能量, 但仅仅一个重核裂变释放的能量是微不足道的, 必须利用重核裂变释放出的中子使裂变反应持续不断进行下去, 即产生链式反应. 要能实现链式反应, 条件是一个中子引发重核裂变后, 在放出的中子中至少有一个能引起下一次裂变. 为实现上述条件可采取以下措施: 首先使铀堆 (核燃料) 的体积大于某一临界体积, 其次在铀堆周围加上反射层, 以减少中子逃逸, 还必须尽量减少铀堆杂质含量, 采用浓缩铀以增加 $^{235}_{92}$U 的含量.

原子弹通常采用纯的 $^{235}_{92}$U 或 $^{239}_{94}$Pu 作燃料, 在其中进行的是不可控制的快中子链式反应. 1945 年在美国试爆了第一颗原子弹, 以 $^{239}_{94}$Pu 为燃料, 接着在日本广岛和长崎爆炸两颗以 $^{235}_{92}$U 和 $^{239}_{94}$Pu 为燃料的原子弹. 1964 年我国第一颗原子弹试爆成功, 这是一颗铀弹. 裂变反应堆是实现可控制的链式反应的一种装置, 也是目前世界大规模和平利用原子能的主要途径. 在这里, 链式反应的速度可按照人们的要求进行. 裂变反应堆有多种用途, 首先是作为能源, 其次是为中子活化分析和中子衍射实验提供中子源. 苏联于 1954 年建成第一座原子能发电站, 到 2007 年, 全世界约有 439 座核电站, 遍布 30 多个国家, 所提供的电量为全世界电力总量的 16%. 我国的核电站项目起步较晚, 但发展很快. 到 2013 年, 全国共建成 23 台反应堆机组, 核发电装机容量为 21 GW, 占全国发电机容量的 2%. 裂变反应堆的应用需要关注核安全, 防止核泄漏危害环境. 1986 年苏联切尔诺贝利核电站发生两次爆炸, 随风飘散的放射性核物质使得 6 万多平方公里的土地遭到直接污染, 320 多万人不同程度受到核辐射侵害. 2011 年的日本福岛核电站核泄漏事故, 对周边环境造成很大危害, 受损的反应堆和周边地区的清理预计将需要 10 年或更长的时间.

轻核聚合成较重核的反应过程中也会释放大量能量, 例如:

$$^2_1H + {}^2_1H \longrightarrow {}^3_1H + {}^1_1H + 4.0 \text{ MeV}$$

$$^2_1H + {}^2_1H \longrightarrow {}^3_2He + {}^1_0n + 3.25 \text{ MeV}$$

$$^2_1H + {}^3_1H \longrightarrow {}^4_2He + {}^1_0n + 17.6 \text{ MeV}$$

$$^2_1\text{H} + ^3_2\text{He} \longrightarrow ^4_2\text{He} + ^1_1\text{H} + 18.3\text{ MeV}$$

以上 4 个反应可以合写成一个反应式

$$6^2_1\text{H} \longrightarrow 2^4_2\text{He} + 2^1_1\text{H} + 2^1_0\text{n} + 43.15\text{ MeV}$$

在这四个反应中共用了 6 个氘 (^2_1H) 核, 共释放能量 43.15 MeV, 平均每个核子释放的能量为 3.6 MeV, 而 $^{235}_{92}\text{U}$ 裂变时, 平均每个核子所释放的能量约为 0.9 MeV, 聚变反应中每个核子比裂变反应中的每个核子放出更多的能量. 在聚变反应中所需的燃料氘可从海水中提取, 可以说是取之不尽, 用之不竭, 而核裂变就会面临铀矿枯竭的问题. 另外, 核聚变产物基本上是非放射性的, 对环境没有污染. 因此, 可控核聚变反应是一个比裂变反应更理想的核能源.

为了实现轻核聚变, 需要使氘核能够克服其间的库仑排斥力, 相互靠近, 产生核力作用. 通常采用的方法就是把反应物质加热到极高的温度, 使原子变为等离子体. 由于核聚变要在高温下进行, 因此称为热核反应. 氢弹是利用轻核聚变反应制成的爆炸武器, 在其中进行的是不可控制的热核反应. 它是利用裂变反应产生的高温点燃聚变物质重水或氘化锂, 实际上是裂变加聚变的混合体. 我国的氢弹于 1967 年 6 月爆炸成功. 为了实现自持的聚变反应, 热核反应还必须满足两个条件: 等离子体的密度必须足够大; 所要求的温度和密度要能维持很长时间. 在地球上很难找到能够约束高温等离子体的容器, 目前研究的方法是磁约束和惯性约束, 但理论和技术上还存在许多问题. 可控的热核反应聚变产生的能量可以用于和平事业, 以解决能源危机, 期望在不久的将来能够实现可控的热核反应. 值得一提的是聚变反应也是太阳及恒星释放能量的来源. 现已知道, 在太阳中主要存在着两种聚变过程, 一种是质子—质子循环, 一种是碳循环.

15.4　原子核衰变的基本规律

15.4.1　放射性衰变

在目前已知的约 2000 种核素中, 只有不足 300 种是稳定核素, 其余的都是不稳定的, 它们会自发地放出某种射线而蜕变为另一种核素. 这种现象就称为放射性衰变, 具有这种性质的原子核叫做放射性原子核. 放射性衰变分天然放射性和人工放射性两类. 放射现象最初是在具有天然放射性的铀中发现的, 1896 年, 贝可勒尔在研究铀盐的荧光现象时偶然发现铀的放射性. 60 多种天然放射性核素大多属于三个放射系, 即钍系、铀系和锕系. 人工放射性核素则是由居里夫妇发现的, 他们用天然放射性核素放出 α 的射线轰击铝钯, 便产生了第一个人工放射性核素磷 $^{30}_{15}\text{P}$. 目前, 人工放射性核素多用反应堆或加速器等方法制造, 其数目已大大超过天然放射性核素. 对放射性物质及其射线的研究发现, 它们有以下特点:

(1) 放射性物质可使气体电离, 使照相底片感光以及使某些荧光物质发光, 而且这种放射性与环境温度及物质的化学状态等因素无关, 说明放射性过程来自原子核内部.

(2) 它们放出的射线主要是 α 射线、β 射线和 γ 射线. α 射线的电离作用和感光作用最强, 但穿透本领很小, 在云室 (一种探测仪器) 中留下短而粗的径迹, β 射线和 α 射线相比, 电离作用较小但穿透本领较大, 在云室中的径迹细而长. γ 射线则有最大的穿透本领和最小的电离作用. 它在云室中常常不留任何痕迹. 进一步研究发现, α 射线就是氦核组成的粒子束, β 射线是电子束, γ 射线是波长极短的电磁波 (或者说光子束).

(3) 放射性物质放射出 α 粒子或 β 粒子后, 核素衰变为另一种核素, 衰变过程中电荷数和质量数守恒.

15.4.2 放射性衰变的规律

1. 放射性衰变的基本规律

对于同种核素的许多原子构成的系统, 哪一个原子核发生衰变完全是一种随机事件, 我们只知道它迟早要发生衰变, 但不能精确预言它发生衰变的时刻. 而大量原子核的衰变则遵从统计规律, 也就是说我们可以给出在某个微小的时间间隔内会有多少个核发生衰变. 假设在 $t \sim t + \mathrm{d}t$ 时间内发生的核衰变的数目为 $-\mathrm{d}N$, 则它必定正比于在 t 时刻尚存的原子核的数目 $N(t)$, 正比于衰变时间 $\mathrm{d}t$, 有

$$-\mathrm{d}N = \lambda N(t)\,\mathrm{d}t \tag{15.4}$$

λ 是比例系数, 称为衰变常数, 它表示放射性衰变的快慢, 不同的放射性核素有不同的 λ 值, λ 和核素的种类或性质有关. 对上式积分可得

$$N(t) = N_0\,\mathrm{e}^{-\lambda t} \tag{15.5}$$

式中 N_0 表示 $t = 0$ 时刻原子核的数目. 上式表明, 核的数目随时间按指数规律衰减, 这就是放射性衰变的基本规律. 它是统计规律, 当 N 很大时才成立, 所以必有涨落存在, 即实际测量单位时间间隔内的衰变数目并非每次都是 $\lambda N(t)$. 需要指出的是, 这个规律只对单独存放的放射性核素 (没有前一代) 适用, 而连续衰变过程中的居间核素 (如 A → B → C 中的 B) 则不服从这个规律. 因为居间核素 B 的数目一方面因自身的衰变而减少, 另一方面又因前一 "代" 核素的衰变而增加, 情况较复杂.

2. 半衰期

放射性核素衰变到其原有原子核数目一半所需的时间叫做半衰期, 记作 $\tau_{1/2}$, 由

$$\frac{N_0}{2} = N_0\,\mathrm{e}^{-\lambda \tau_{1/2}}$$

可得

$$\tau_{1/2} = \frac{\ln 2}{\lambda} = \frac{0.693}{\lambda} \tag{15.6}$$

$\tau_{1/2}$ 与 λ 一样, 是放射性核素的特征常数, 例如 $^{60}_{27}\mathrm{Co}$ 的半衰期为 5.26 a, 表示经过 5.26 年 $^{60}_{27}\mathrm{Co}$ 原子核数目就减少一半.

3. 平均寿命

根据衰变规律可知, 对于 N_0 个原子核构成的一种放射性核素系统, 它们中有的核先衰变, 有的后衰变, 每个原子核的存活时间称为寿命, 这些原子核的寿命没有上限, 在间隔 $t \sim t + \mathrm{d}t$ 内衰变掉的总寿命为

$$-t\,\mathrm{d}N = \lambda N(t)t\,\mathrm{d}t$$

则 N_0 个核的平均寿命为

$$\tau = \frac{1}{N_0} \int_0^\infty \lambda N_0 \, \mathrm{e}^{-\lambda t} t \, \mathrm{d}t = \frac{1}{\lambda} \tag{15.7}$$

于是, $\lambda, \tau_{1/2}, \tau$ 三者之间有如下关系:

$$\lambda = \frac{\ln 2}{\tau_{1/2}} = \frac{1}{\tau} \tag{15.8}$$

$$\tau_{1/2} = \frac{\ln 2}{\lambda} = \tau \ln 2 = 0.693\tau \tag{15.9}$$

这三个常数都是放射性衰变的特征量, 常用来鉴别不同的放射性核素, 但 $\tau_{1/2}$ 更为常用.

例 15.2 1.0 g 镭 $^{226}_{88}$Ra 每秒钟内有 3.7×10^{10} 个核发生衰变, 求该核的衰变常量、半衰期和平均寿命.

解 由镭的质量 $m = 1.0$ g 和镭的摩尔质量 $M = 226$ g·mol^{-1}, 可知镭核的数目为 $N = N_{\mathrm{A}} m / M$. 于是衰变常量为

$$\lambda = -\frac{1}{N} \frac{\mathrm{d}N}{\mathrm{d}t} = -\frac{M}{m N_{\mathrm{A}}} \frac{\mathrm{d}N}{\mathrm{d}t} = 1.39 \times 10^{-11} \text{ s}^{-1}$$

根据衰变常量与半衰期及平均寿命的关系, 可得

$$\tau = \frac{1}{\lambda} = 7.2 \times 10^{10} \text{ s} = 2.3 \times 10^3 \text{ a}, \quad \tau_{1/2} = 0.693\tau = 1.6 \times 10^3 \text{ a}$$

4. 放射性活度

实际上, 时刻 t 放射性原子核的数目是难于测量的, 实验中测量的是单位时间内因发生衰变而减少的数目, 即 $-\mathrm{d}N/\mathrm{d}t$, 被称为放射性活度, 用符号 A 表示.

$$A(t) = -\frac{\mathrm{d}N}{\mathrm{d}t} = \lambda N(t) = \lambda N_0 \, \mathrm{e}^{-\lambda t} = A_0 \, \mathrm{e}^{-\lambda t}$$

放射性活度的国际单位为 "贝可勒尔", 记作 Bq, 1 Bq= 1 s^{-1}, 另外还有一个常用单位——居里, 符号为 Ci. 1 Ci = 3.7×10^{10} Bq.

15.4.3 三类放射性衰变

根据衰变过程中所放出的射线种类, 原子核的衰变可分为 α 衰变、β 衰变和 γ 衰变. 无论是天然的放射性核素还是人工制造的放射性核素, 它们主要的放射性衰变方式都有这三种. 在衰变过程中电荷、核子数、动量和角动量、能量都是守恒的. 下面分别简要介绍这三种衰变方式.

1. α 衰变和衰变能

α 衰变通常发生在重核 ($Z > 83$) 的衰变中, 可表述为

$$^A_Z\mathrm{X} \longrightarrow {}^{A-4}_{Z-2}\mathrm{Y} + {}^4_2\mathrm{He} \tag{15.10}$$

其中 X, Y 分别为母核和子核, 此过程中核质量数 A, 核电荷数 Z 守恒. 原子核放射 α 粒子时, α 粒子向一个方向射出, 剩下的原子核向相反方向反冲, 那么原来的原子核要从它的

内能中分出一部分能量分给这两个粒子成为它们的动能, 这部分给出去的能量称为衰变能 $E_d = E_\alpha + E_Y$, E_α, E_Y 分别为粒子和子核的动能.

在母核处于静止的参考系中, 由能量守恒可求得

$$m_X c^2 = m_Y c^2 + m_\alpha c^2 + E_\alpha + E_Y = m_Y c^2 + m_\alpha c^2 + E_d \tag{15.11}$$

式中 m_X, m_Y 和 m_α 分别是母核、子核和 α 粒子的静质量. 根据上式, 衰变能可表示为

$$E_d = [m_X - (m_Y + m_\alpha)] c^2 \tag{15.12}$$

若衰变中的粒子速度远小于光速 c, 则可用非相对论的动能、动量公式,

$$E_X = \frac{1}{2} m_Y v_Y^2, \quad E_\alpha = \frac{1}{2} m_\alpha v_\alpha^2$$

由动量守恒, 可得

$$m_Y v_Y = m_\alpha v_\alpha$$

利用上两式有

$$\frac{E_\alpha}{E_Y} = \frac{m_Y}{E_\alpha}$$

所以有

$$E_d = E_\alpha + E_Y = E_\alpha + \frac{m_\alpha}{m_Y} E_\alpha = \frac{m_\alpha + m_Y}{m_Y} E_\alpha \approx \frac{A}{A-4} E_\alpha \tag{15.13}$$

上式已用核的质量数之比代替核的质量之比, 该做法的误差是微小的, 因此可由 α 粒子的动能直接计算衰变能.

实验中我们可以用各种能谱仪精确地测定 α 粒子的动能, 如磁谱仪、半导体探测器等. 测量表明发射的 α 粒子的能量不是单一的, 而是构成分立的能谱, 并常伴有 γ 射线发射. α 粒子能谱的分立结构显示原子核的能量也是量子化的, 原子核也存在一系列分立的能级. α 衰变过程中, 子核和母核 (一般是子核) 都可以处于不同的能级, 当母核发射 α 粒子衰变成子核时, 它既可以从母核的某个能级衰变到子核的基态, 也可先衰变成子核的激发态, 再跃迁回子核的基态, 同时发射出 γ 射线. 图 15−2 是 $^{226}_{90}$Th 的 α 衰变图, 处于基态的母核经 α 衰变生成处于不同激发态的子核 $^{222}_{88}$Ra. $^{226}_{90}$Th 衰变成 $^{222}_{88}$Ra 时共放出四组 α 粒子, 子核由激发态跃迁回基态发射五组 γ 射线.

2. β 衰变和中微子假说

β 衰变是核电荷数改变而核子数不变的核衰变, 它有三种形式, 即 β^- 衰变, β^+ 衰变和轨道电子俘获 (EC). 在每一过程中, 不是一个质子转变为一个中子, 就是一个中子转变为质子. 天然放射性核素的 β 衰变只有 β^- 衰变, 人工放射性核素还可能有 β^+ 和 EC.

放射性核素自发地放出 β^- 粒子 (高速电子) 而转变为另一种核的过程, 称为 β^- 衰变. β^- 衰变的条件是母核的静质量大于子核静质量. β^- 粒子的动能也可由磁谱仪测得, 实验显示, β^- 粒子的动能并不等于衰变能, 而是有一个从零到最大值的分布, 其最大值等于衰变能 (如图 15−3). 这个结果大大出乎了人们的预料, 按照粒子能谱和其他实验结果, 原子核的能量是量子化的, 原子核发射出的粒子的能量也是分立的. 因此, β^- 衰变时原子核发射的电子也应具有相应的分立能量, 不应得到连续的能谱分布曲线. 为了解决这个问题, 泡利在 1930 年

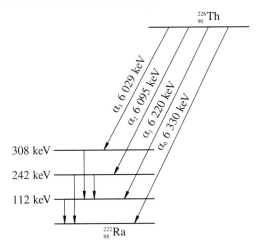

图 15-2 $^{226}_{90}$Th 的 α 衰变

提出了中微子假说, 指出衰变过程中除了放出一个电子外同时还放出一个不带电的而且质量很小的粒子, 它的自旋量子数为 1/2, 称为中微子, 记作 ν_e. β⁻ 粒子、中微子的质量远小于子核的质量, 根据能量守恒定律, 原子核的衰变能应在粒子、中微子和子核之间分配, 因为子核获得的能量几乎为零, 所以原子核的衰变能主要在 β⁻ 粒子和中微子之间分配. β⁻ 粒子的能量大小随两者能量分配比而取连续值, 形成连续谱. 后经进一步分析, 确认衰变中发射的是反中微子 $\bar{\nu}_e$. β⁻ 衰变用下式表示:

$$^A_Z X \longrightarrow ^A_{Z+1} Y + e^- + \bar{\nu}_e$$

例如 $^{60}_{27}$Co 的衰变, $^{60}_{27}$Co $\longrightarrow$ $^{60}_{28}$Ni $+ e^- + \bar{\nu}_e$, 有电子和反中微子生成.

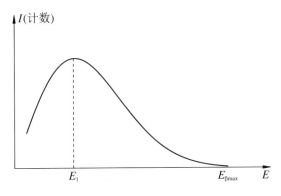

图 15-3 ^{40}K 的 β 能谱

在 β⁺ 衰变过程中, 放射性核素自发地放出正电子 e^+ 和中微子 ν_e 而转变为子核, 可表示为

$$^A_Z X \longrightarrow ^A_{Z-1} Y + e^+ + \nu_e$$

例如 $^{13}_7$N $\longrightarrow$ $^{13}_6$C $+ e^+ + \nu_e$. 正电子 e^+ 和电子是一对正反粒子, 其质量相同, 所带电荷的电量也相同, 但符号相反.

轨道电子俘获衰变则是放射性核素俘获一个核外电子 (常是 K 壳层的电子), 从而转变为子核, 同时放出一个中微子 ν_e 的过程, 可表示为

$$^A_Z X + e^- \longrightarrow ^A_{Z-1}Y + \nu_e$$

例如 $^7_4\text{Be} + e^- \longrightarrow ^7_3\text{Li} + \nu_e$.

原子核俘获了一个核外电子后, 壳层内就出现了一个空穴, 较外层电子就会来补充这一空位, 产生 X 射线的标识谱线; 另外, 伴随电子俘获还可以发生另一过程, 多余能量使原子外层电子激发发射, 形成无辐射跃迁, 被激发的电子即为俄歇电子.

对于原子核发生衰变的实质, 费米认为 β^- 衰变的本质是核内一个中子变为质子, β^+ 衰变和轨道电子俘获的本质就是核内一个质子变为中子, 而中子和质子可以看成核子的不同状态, 因此, 中子和质子之间的转变就相当于核子在不同量子态之间的跃迁, 在跃迁中放出电子和中微子, 它们事先并不存在于核内, 正像光子是原子不同量子态之间跃迁的产物, 但光子事先并不存在于原子内.

β^- 衰变	$^1_0 n \longrightarrow ^1_1 p + e^- + \bar{\nu}_e$
β^+ 衰变	$^1_1 p \longrightarrow ^1_0 n + e^+ + \nu_e$
轨道电子俘获衰变	$^1_1 p + e^- \longrightarrow ^1_0 n + \nu_e$

3. γ 衰变和穆斯堡尔效应

在原子核发生 α 衰变和 β 衰变时, 往往衰变到子核的激发态. 和原子的情况类似, 处于激发态的子核很不稳定, 会很快向低能态或基态跃迁, 同时发射 γ 射线. 由于核能级的间隔比原子能级大得多, 在 keV ~ MeV 的量级. 因此 γ 射线比 X 射线的波长还要短. 原子核的这种衰变称为 γ 衰变或 γ 跃迁.

$^{60}_{27}\text{Co}$ 是医学上用来治疗肿瘤的最常用放射源, 图 15–4 是它的衰变图. 由图 15–4 可见, 通过 β^- 衰变到的 2.50 MeV 的激发态, 该态寿命极短, 它放出能量分别为 1.17 MeV 和 1.33 MeV 的两种 γ 射线而跃迁回到基态. 医学上就是利用 $^{60}_{27}\text{Co}$ 衰变产生的 γ 射线来照射肿瘤的. 由于 $^{60}_{27}\text{Co}$ 的半衰期为 5.27 a, 医院钴源要定期更换.

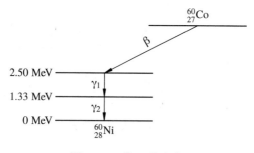

图 15–4 $^{60}_{27}\text{Co}$ 的衰变

原子中的电子有不发射光子的非辐射跃迁, 原子核也有非辐射跃迁, 其中之一就是内转换. 原子核从激发态向较低能态跃迁时不一定放出 γ 射线, 而是把这部分能量直接传递给核外电子, 使电子离开原子. 由于内转换过程使原子的内壳层出现空位, 较外层电子就会来填充, 因此, 和 β 衰变中轨道电子俘获的情况相似, 内转换也会伴随 X 射线或俄歇电子发射.

　　一般来讲, 原子核处于激发态的寿命相当短, 典型值为 10^{-14} s, 但也有少数核处在亚稳态, 寿命较长, 最长可达 $10^5 \sim 10^6$ a. 通常把这些具有长寿命的激发态称为核的同质异能态, 这种核素称为同质异能素. 同质异能素可单独通过放出 γ 射线而衰变, 不必先经过 α 衰变和 β 衰变.

　　我们知道, 原子具有强烈的共振吸收现象. 原子从一个激发态跃迁到基态发出一个光子, 这个光子可以被另一个基态的同种原子吸收而跃迁到原子原来所处的激发态. 与此类似, 原子核也应有共振吸收现象, 但是很长时间内在实验中没有发现这种现象. 后来才知道, 这是由于原子核发射和吸收 γ 光子时要受到反冲的影响. 假设原子核在发射 γ 光子时由于反冲获得动能 E_R, 则放出的 γ 光子的能量就要减小一部分, 为 $E_{re} = \Delta E - E_R$. 吸收时, 吸收核也有一个反冲, 要发生共振吸收应向吸收核提供能量 $E_{ra} = \Delta E + E_R$. ΔE 为发生共振吸收的两能级差, 于是对于同一激发态与基态之间跃迁的 γ 射线, 发射谱线与吸收谱线的能量差为 $2E_R$. 显然, 只有当发射谱与吸收谱相互重叠时, 才能发生 γ 共振吸收. 对于原子核, 由于原子核发射 γ 光子的能量大, 反冲能量 E_R 也非常大, γ 射线的谱线宽度 $\Gamma \ll 2E_R$, 如图 15-5(a) 所示, 在实验中观察不到共振吸收现象. 而对于原子来讲, 发射和吸收的光子能量小, 反冲动能比谱线宽度小, 有 $\Gamma \gg 2E_R$, 如图 15-5(b) 所示, 吸收光谱和发射光谱重叠, 因而有共振吸收.

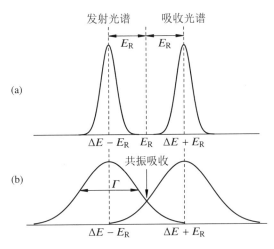

图 15-5　谱线的宽度与共振吸收

　　1958 年, 穆斯堡尔采用了一种消除反冲的巧妙方法. 他将发射和吸收 γ 射线的核置于固体晶格中, 使它们受到固体晶格的束缚而成为一个整体. 这样遭受反冲的就不是单个原子核, 而是整个晶体. 由于整块晶体的质量很大, 原子核的反冲动能 $E_R \approx 0$. 整个过程可视为无反冲过程, 从而观察到了无反冲的 γ 射线共振吸收现象, 这就是穆斯堡尔效应.

　　1960 年人们利用穆斯堡尔效应首次在地面上直接测量了 γ 射线在地球引力场中的红移量, 从而证实了广义相对论的引力红移. 只要发射核和吸收核因处于不同环境而产生极微小的变化, 共振吸收就立即减弱甚至消失, 利用穆斯堡尔效应这种极高的灵敏度, 可用它来测定核能级的自然宽度, 直接预测核能级的超精细结构. 现在, 穆斯堡尔效应几乎涉及所有的自然科学领域, 并形成了一门重要的边缘学科——穆斯堡尔谱学. 穆斯堡尔谱仪已是研究原子核结构、原子的化学键、价态等常用的工具.

15.4.4　放射性的应用

放射性在工业、农业、医学、科学研究等各个方面都有着广泛的应用, 其应用可归纳为如下三个方面:

(1) 示踪原子的应用. 放射性核素能放出某种射线, 利用这个特点, 可以用探测仪器对它们进行 "追踪". 因而可利用它们作为显示踪迹的工具. 例如在农业上曾用放射性磷 $^{32}_{15}P$ 研究磷肥对植物的作用, 把少量 $^{32}_{15}P$ 加在肥料中, 可用仪器监测被植物吸收后在体内输运的情况, 从而了解磷对植物的作用, 改进施肥方法; 工业上可以用来研究磨损量, 半导体制造工艺上, 可以用放射性物质代替杂质扩散到半导体中, 然后逐层磨下, 通过测量放射强度, 研究半导体中的杂质扩散. 医学上可利用放射性核素来提供生物机体内生理生化过程的动态信息, 反映组织器官的整体或局部的功能, 作无损伤的疾病诊断等.

(2) 射线的应用. 通过放射性辐射对物质产生各种作用, 用以达到不同的目的. 例如, 工业上利用 γ 射线的穿透性可以无损害地检查金属部件内部的缺陷, 即所谓 γ 探伤, 利用 α 和 β 射线对空气的电离作用来消除静电积累, 以避免印刷、造纸、纺织、火药、胶片等工艺中废品或事故的发生. 农业上常用 γ 射线照射农作物, 以刺激其生长, 另外还利用射线照射作物种子, 以改良品种; 用射线照射粮食、水果、蔬菜等食品可防止发芽、腐烂. 医学上常用 γ 射线治疗恶性肿瘤, 还可进行医疗器械和医用材料的灭菌消毒.

(3) 放射衰变规律的应用. 在地质和考古工作中, 常利用放射衰变规律来推断地层或古代文物的年代. 例如 $^{238}_{92}U$ 在岩石中经过一系列的衰变, 最后的稳定产物为 $^{206}_{82}Pb$, 若测定某岩石中 $^{238}_{92}U$ 的原子数为 N_U, $^{206}_{82}Pb$ 的原子数为 N_{Pb}, 则有

$$N_U = N_0 e^{-\lambda t} \tag{15.14}$$

$$N_{Pb} + \sum_i N_i = N_0 - N_U \tag{15.15}$$

式中, N_0 是形成此岩石时 $^{238}_{92}U$ 的原子数; λ 是它的衰变常量; $\sum\limits_i N_i$ 是该放射系的中间产物的数量和. 因年代久远, $\sum\limits_i N_i$ 量很少, 可忽略. 由以上两式消去 N_0 可得

$$t = \frac{1}{\lambda} \ln\left(1 + \frac{N_{Pb}}{N_U}\right) \tag{15.16}$$

由于 λ 是已知的, 所以只要知道目前岩石中 $^{238}_{92}U$ 和 $^{206}_{82}Pb$ 的含量比, 即可测出该地层形成的年代. 在考古工作中, 可以利用 $^{14}_6C$ 推算年代, 这种方法称为 $^{14}_6C$ 鉴年法. $^{14}_6C$ 的半衰期为 5600 年, 空气中 $^{12}_6C$ 和 $^{14}_6C$ 含量之比是 $10^{12} : 1.2$, 植物吸收空气中的 CO_2, 动物又吃植物, 所以活的生物体中碳的这两种同位素含量之比同空气中的比值相同. 死后的生物体不再吸收碳, 其体内的 $^{14}_6C$ 因衰变而逐渐减少, 测出古生物遗骸中 $^{12}_6C$ 与 $^{14}_6C$ 的含量比, 同空气中的比值相比, 就可推断古生物死亡的年代.

15.5 基本粒子

基本粒子是指组成物质的不能被分割的最小单元. 人们对基本粒子的认识随着物理学的发展逐渐走向深入. 早期, 原子被认为是物质的基本单元, 随着原子核和中子的发现, 人们认识到原子是由质子、中子和电子构成的, 这些粒子加上光子被认为是最基本的单元. 此后又陆续发现了正电子、中微子、介子等粒子, 这使得人们认识到基本粒子是复杂的, 它们还有更深层次的内部结构. 因此, 基本粒子实际上已经失去了"基本性". 早期宇宙大爆炸所产生的宇宙射线成为研究粒子的重要手段. 加速器发明之后, 通过带电粒子加速, 与原子核的碰撞实验以及粒子的衰变, 发现了越来越多的新粒子. 至今发现的粒子总数已达上千种.

15.5.1 粒子间的四种相互作用

研究表明, 在粒子之间存在的相互作用有四种: 引力相互作用、电磁相互作用、弱相互作用和强相互作用. 这些相互作用决定了粒子间的转化过程, 包括粒子 – 反粒子的湮灭和产生, 不稳定粒子的衰变, 夸克结合成强子, 以及各种反应.

(1) 引力相互作用

一切具有质量的粒子之间都存在的相互作用, 表现为吸引力, 是一种长程力. 理论上认为传递引力作用的是引力子, 但实验上并没有证实引力子的存在. 引力相互作用是四种相互作用中最弱的, 因此粒子物理学研究中, 常常忽略此作用. 但当研究粒子聚集所形成的天体时, 引力相互作用起到决定性的作用.

(2) 电磁相互作用

带电粒子或具有磁矩的粒子间的相互作用, 也是一种长程力. 在强度上仅次于强相互作用. 电磁相互作用的理论较为完善, 称为量子电动力学. 宏观领域的理论总结于麦克斯韦方程组和洛伦兹力公式中. 粒子物理中, 电磁相互作用是必须考虑的作用因素.

(3) 强相互作用

最早认识到原子核内核子之间的核力就是强相互作用, 是一种短程力, 核子间的相互作用是由 π 介子来传递的. 强相互作用是四个相互作用当中最强的. 后来进一步认识到强相互作用的根源是构成核子的夸克系统之间的色相互作用, 当两个核子靠近时, 构成它们的夸克之间发生强相互作用, 从而引起核子之间的相互作用. 色相互作用的媒介粒子是胶子.

(4) 弱相互作用

弱相互作用存在于原子核的 β 衰变过程中, 此外, 还普遍地存在于有中微子参与的各种过程中. 弱相互作用只在微观尺度内起作用, 其力程较短. 强度比强相互作用弱 10^{14} 倍.

1967 年, 格拉肖、温伯格和萨拉姆提出了电弱统一理论, 并指出弱相互作用是通过交换中间玻色子 W^+、W^- 和 Z^0 来实现的. 他们认为在约 1 TeV 或更高的能量时, 电磁相互作用和弱相互作用的差异开始减少, 最终合并为一种相互作用. 1983 年, 鲁比亚实验组在 540 GeV 高能质子 – 反质子对撞实验中发现了 W^+、W^- 和 Z^0, 该结果给电弱统一理论提供了有力的支持.

电弱统一理论的进展, 使得一些物理学家考虑建立一个将四种相互作用统一在一起的大统一理论. 许多物理学家认为, 在宇宙诞生的大爆炸之后的瞬间只存在一种基本的相互作用, 随着宇宙的冷却和膨胀, 引力和强相互作用先后分离出来, 形成了三种相互作用 (引力、强和电弱相互作用). 最终, 电弱相互作用分离形成电磁和弱两种相互作用. 1970 年以后, 国际上提出了许多大统一的理论方案, 但至今没有一个得到实验的验证.

15.5.2 粒子的分类

根据粒子的质量、电荷、自旋以及它们参与的相互作用, 可以对粒子进行分类. 最早认为粒子的质量决定了其基本性质, 因此按质量大小将粒子分为三类: 重子 (质量较大, 如质子、中子), 轻子 (质量较小, 如中微子), 介子 (质量在重子和轻子之间). 后来发现此类分法并不科学, 如轻子的质量比质子的质量大. 如今通常采用粒子的自旋和参与相互作用对粒子进行分类. 但当初所使用的名称仍保留下来.

1. 按自旋分类

(1) 玻色子. 自旋为整数的粒子, 如光子 γ、π 介子、K 介子、η 介子、J/ψ 粒子、希格斯粒子. 不满足泡利不相容原理, 即在一个原子系统内, 处于同一状态的粒子可以任意多个.

(2) 费米子. 自旋为 1/2, 3/2, $\cdots$ 等半整数的粒子, 如电子和重子等, 满足泡利不相容原理, 即在一个原子系统内, 不可能有两个或两个以上的粒子处于同一状态.

2. 按参与的相互作用分类

(1) 强子. 直接参与强相互作用, 也参与弱相互作用和电磁相互作用的粒子. 现已发现的大多数粒子都是强子. 强子又分为两类: 介子和重子. 介子包括 π 介子、K 介子、η 介子等, 介子是玻色子. 重子包括核子 (p, n), 超子 ($\Lambda, \Sigma, \Xi, \Omega$) 等 800 多种粒子, 重子是费米子.

(2) 轻子. 不参与强相互作用, 只参与弱相互作用和电磁相互作用的粒子. 轻子是费米子. 现已发现的轻子有 12 个, 包括电子 (e^+, e^-)、μ 子 (μ^+, μ^-)、τ 子 (τ^+, τ^-) 和各自的中微子 (ν_e^+, $\nu_e^-, \nu_\mu^+, \nu_\mu^-, \nu_\tau^+, \nu_\tau^-$).

(3) 玻色子. 包括规范玻色子和希格斯粒子. 规范玻色子是传递相互作用的粒子, 其中传递引力相互作用的是引力子, 传递电磁相互作用的是光子 γ, 传递弱相互作用的是 W^+、W^- 和 Z^0, 传递强相互作用的是胶子. 由于以上玻色子的拉格朗日函数在规范变换中都不变, 因而这些玻色子就被称为 "规范玻色子". 还有一种玻色子——希格斯粒子, 负责引导规范变换中的对称性自发破缺, 并将质量赋予规范玻色子和费米子.

为便于查阅, 将粒子分类列于表 15-1 中.

15.5.3 守恒定律

在粒子的相互作用和转化过程中, 必然会遵循一些守恒定律. 在前面我们已经学习了能量守恒、动量守恒、角动量守恒、质量守恒和电荷守恒. 在粒子世界里, 这些守恒定律依然存在. 除此以外, 还存在一些新的守恒定律, 其中有些是普适的, 有些不是普适的. 在粒子物理中, 又定义了一些新的量子数, 重子数、轻子数、奇异数、同位旋和宇称. 有些量子数在所有过程中都守恒, 但有些量子数在一些过程中不守恒.

表 15-1 粒子的分类

种 类		粒 子	相互作用	统 计
强子	介子	$\pi^{\pm}, \pi^0, K^0$ 等	强、弱、电磁	玻色子
	重子	$p, n, \Lambda, \Sigma, \Xi, \Omega$ 等	强、弱、电磁	费米子
轻子	带电	$e^{\pm}, \mu^{\pm}, \tau^{\pm}$	弱、电磁	玻色子
	中微子	$\nu_e^{\pm}, \nu_\mu^{\pm}, \nu_\tau^{\pm}$	弱	费米子
规范玻色子		$\gamma, W^{\pm}, Z^0$, 引力子, 胶子	弱	玻色子

实验中发现, 重子族的粒子在各种反应中, 存在一个重要的特性: 除重子和反重子对的产生和湮灭外, 反应前后重子的种类虽有变化, 但重子的数目保持不变. 这里定义重子的重子数为 $B = +1$, 反重子的重子数 $B = -1$, 其余各种粒子的重子数为零. 迄今为止的实验表明, 在所有的粒子反应过程中, 反应前后重子数的代数和保持不变, 重子数守恒. 例如, 粒子的衰变过程中, 衰变前后的重子数的代数和都为 1.

类似的, 给每个粒子引入称为轻子数的量子数, 轻子数分为电子轻子数 L_e、μ 子轻子数 L_μ 和 τ 子轻子数 L_τ. 规定电子 e^- 和电子型中微子 ν_e 的轻子数为 1, μ^- 和 μ 子型中微子的轻子数为 1, τ^- 和 τ 子型中微子的轻子数为 1, 它们的反粒子的轻子数为 -1, 其他粒子的轻子数为零. 迄今为止的实验表明, 在所有的粒子反应过程中, 反应前后轻子数的代数和保持不变, 轻子数守恒. 例如, β^- 粒子的衰变过程中, 衰变前后的轻子数的代数和都为 0.

除了重子数守恒和轻子数守恒外, 还存在一些守恒定律, 奇异数守恒定律、同位旋守恒定律和宇称守恒定律, 只是这几个守恒定律并不是普遍守恒定律. 例如, 实验发现, 强相互作用和电磁相互作用下, 宇称守恒. 然而, 物理学家李政道和杨振宁经过详细研究得出, 在弱相互作用中宇称是不守恒的. 表 15-2 给出了各种相互作用和守恒定律的关系, 其中, "+" 表示守恒定律成立, "−" 表示守恒定律不成立.

15.5.4 夸克层次的粒子分类

到目前为止, 没有结果显示轻子有内部结构, 也没有实验探测到轻子的大小. 但对强子, 则情况大不相同. 1932 年, 斯特恩测得质子和中子都具有磁矩, 这显示其内部有电流, 结构比预想的复杂. 1963 年, 盖尔曼等人提出强子由夸克 (quark) 组成的模型, 几乎在同时, 我国的物理学家也提出了类似的层子模型. 不久, 模型得到实验上的验证. 1967 年, 以弗里德曼、肯德尔和泰勒为核心的实验小组在美国斯坦福大学直线加速器中心, 进行高能电子被质子和中子散射的实验, 实验表明, 质子和中子内部存在很多的点状物, 电子被这些点状物散射, 证明强子内部还有结构. 盖尔曼的夸克模型指出强子由三种夸克组成, 上夸克 (u)、下夸克 (d) 和奇异夸克 (s).

1974 年, 美籍华裔物理学家丁肇中和美国物理学家里希特分别发现了 J/ψ 粒子, 该粒子的特性不能用原有的夸克模型来解释, 而只能由一种新夸克 c(称粲夸克) 和其反夸克 $\bar{c}$ 来解

表 15-2　基本相互作用和守恒定律的关系

守恒量	强相互作用	弱相互作用	电磁相互作用
能量	+	+	+
动量	+	+	+
角动量	+	+	+
电荷	+	+	+
轻子数	+	+	+
重子数	+	+	+
同位旋	+	−	−
同位旋 z 分量	+	−	+
奇异数	+	−	+
宇称	+	−	+

释. 后来的实验表明, 还存在两种夸克, 底夸克 (b) 和顶夸克 (t). 以上六种夸克被称作具有六种 "味道" 的夸克. 每种夸克又有对应的反夸克. 反夸克符号是在夸克符号上加一横杠, 例如, u 夸克的反夸克写成 ū. 强子的夸克模型认为所有重子均由三个夸克构成, 所有介子均由一个夸克和一个反夸克构成. 例如质子由 (uud) 构成, 中子由 (udd) 构成. 一般将夸克分为三代 (由罗马数字表示), 表 15-3 给出三代夸克的性质.

表 15-3　夸克的性质

性质 ＼ 代 ＼ 味	u	d	s	c	b	t
	I		II		III	
电荷/e	2/3	−1/3	−1/3	2/3	−1/3	2/3
质量/MeV	5.6	10	200	1.35	5.0	174
自旋	1/2	1/2	1/2	1/2	1/2	1/2
重子数	1/3	1/3	1/3	1/3	1/3	1/3
同位旋 I	1/2	1/2	0	0	0	0
同位旋分量 I_z	1/2	−1/2	0	0	0	0
奇异数	0	0	−1	0	0	0
粲数	0	0	0	1	0	0
底数	0	0	0	0	−1	0
顶数	0	0	0	0	0	1

在夸克模型提出时, 人们就发现一个问题. 夸克都是费米子, 由它们组成一个系统时, 应该满足泡利不相容原理, 同种夸克应该不在同一状态. 例如质子 (uud) 中两个 u 夸克就不能处于同一状态. 为了解决这个问题, 物理学家又提出了每个夸克应有一个新的量子数——色量子数, 用颜色来表示, 即每种夸克有红 (R)、绿 (G)、蓝 (B) 三色. 夸克之间由强相互作用结合在一起构成强子, 相互作用的传播子是胶子.

自从夸克模型提出至今, 人们还没有发现自由的单个夸克, 被称为存在 "夸克禁闭". 美国物理学家威尔切克、格罗斯和波利策提出了 "渐进自由理论", 对 "夸克禁闭" 做出解释. 该理论认为, 当夸克之间距离很小时, 它们之间的色相互作用很弱, 是近乎自由的, 但当它们之间距离增大时, 色相互作用会随着距离的增大而增大. 因此, 没有夸克能从强子中拉出, 成为自由夸克.

15.5.5 标准模型

20 世纪 60 年代以来, 粒子物理学在寻找基本粒子和粒子之间的相互作用方面取得了很大进展, 并形成了有关粒子物理的标准模型, 该模型指出, 构成物质的基本粒子是轻子和六种夸克, 它们之间存在四种相互作用: 引力相互作用、电磁相互作用、弱相互作用和强相互作用, 传递四种相互作用的是各种传播子. 标准模型中包含 62 种基本粒子: 玻色子 13 种 (8 种胶子、W^+、W^-、Z^0、光子和希格斯粒子); 夸克 36 种 (夸克有六种味, 三种色, 加上各自对应的反粒子); 轻子 12 种. 在上述的 62 种粒子中实验上已经肯定存在的有 61 种, 只有引力子还没有找到. 四种相互作用在更高的对称性下可能统一. 目前, 把电磁相互作用和弱相互作用统一在一起的电弱统一理论较为成功.

从现有的实验结果看, 标准模型比较好地解释了粒子物理学的主要规律, 且对许多粒子物理的实验结果进行了预测, 被认为是较为成功的模型. 在 W^+、W^-、Z^0、光子、胶子、顶夸克及粲夸克等粒子未被发现前, 标准模型已经预测到它们的存在, 而且对它们性质的估计非常精确. 例如, 欧洲核子中心 CERN 的大型电子 - 正子对撞机测试并确定标准模型有关 Z^0 衰变的预测. 值得一提的是, 原来被认为是标准模型重大缺陷的一直未被发现的希格斯粒子, 于 2012 年 7 月分别被欧洲核子中心大型强子对撞机 (Large Hadron Collider, 简称 LHC) 的两个孪生探测器——CMS 和 ATLAS 疑似观察到. 2013 年 3 月 14 日, 欧洲核子中心表示, 先前探测到的新粒子是希格斯粒子.

根据标准模型理论, 宇宙空间中的各处, 无论是真空中还是空气中, 甚至是物质的内部, 都充满了希格斯粒子 (希格斯场), 粒子通过与希格斯场相互作用而获得质量. 希格斯粒子是整个标准模型的基石, 如果希格斯粒子不存在, 将使整个标准模型失去效力. 希格斯粒子的发现完善了标准模型. 但即便如此, 标准模型本身也并不完整: 首先模型中包含了不少于 19 个待定参数, 需要由实验确定. 其次模型没有考虑宇宙中的暗物质和暗能量.

暗物质和暗能量被科学家们称为 "笼罩在21世纪物理学上的两朵乌云". 近年来, 人们已经了解到宇宙中普通物质 (构成恒星和行星) 占 5%, 暗物质占 23%, 暗能量占 72%. 暗物质是指无法通过电磁波观测到的物质. 根据大量的天文观测, 已经发现有大量的暗物质存在. 暗物质究竟是什么, 现在仍然是个谜. 国际上通常采用地下和空间探测两种方法研究暗物质. 如在意大利格兰萨索有地下暗物质实验室, 我国四川锦屏山有地下暗物质实验室, 已在空间运行的探测卫星有 FGST 和 PAMELA, 国际空间站也有探测设备. 2016 年 3 月 17 日, 中国发射了暗物质粒子探测卫星 "悟空". 在圆满完成三个月的在轨测试任务后, 顺利交付中国科学院紫金山天文台, 标志着中国空间科学研究迈出重要一步. 暗能量是近年来宇宙学研究中的一个新课题. 通过对遥远的超新星的观测, 发现宇宙在加速膨胀. 按照爱因斯坦引力场方程, 宇宙加速膨胀表明宇宙存在着压强为负的暗能量. 此外, 通过对宇宙微波背景辐射的研究可以测得宇宙中物质的总密度, 研究表明除了普通物质和暗物质, 还存在占 2/3 的暗能量.

习　题

15-1　求 ^{197}Au, ^{4}He 和 ^{20}Ne 核的半径.

15-2　计算 $^{239}_{94}$Pu 中的每个核子的结合能. 所需质量为 $m_a = 239.052\,16$ u, $m_H = 1.007\,83$ u, $m_n = 1.008\,76$ u.

15-3　$^6_2$He 核的质量是 $6.017\,79$ u, $^6_3$Li 核的质量是 $6.013\,48$ u, 试分别计算两核的结合能和比结合能. 在 $^6_2$He $\longrightarrow$ $^6_3$Li + e$^-$ + $\bar{\nu}_e$ 衰变中, 如果 $^6_3$Li 近似不动, 则电子和反中微子所得的总能量是多少? 已知 $m_H = 1.007\,83$ u, $m_n = 1.008\,76$ u.

15-4　计算在聚变反应 $^2_1$H + $^2_1$H $\longrightarrow$ $^4_2$He 中所释放出来的能量, 分别用 J 和 MeV 为单位表示结果. 已知氘原子的质量为 $2.014\,10$ u, 氦原子的质量为 $4.002\,60$ u.

15-5　已知 ^{222}Rn 的半衰期为 3.824 天, 试求活度为 1 μCi 和 10^3 Bq 的 ^{222}Rn 的质量分别为多少?

15-6　古生物死亡时, 体内的 ^{14}C 与 ^{12}C 存量之比与空气中的比值 ρ_0 相等. 设占生物残骸中 ^{14}C 与 ^{12}C 含量比为 ρ, 古生物年龄为 t, 设 ^{14}C 的半衰期为 $\tau_{1/2}$, 证明: $t = \tau_{1/2}\dfrac{\ln(\rho_0/\rho)}{\ln 2}$.

15-7　在一岩石样品中, 测得 ^{206}Pb 对 ^{238}U 核的比为 0.65, ^{238}U 的半衰期为 4.5×10^9 年, 求此岩石的年龄.

附录 A 希腊字母表

希腊字母 (正体)	英文名称	国际音标
A α	alpha	[ˈælfə]
B β	beta	[ˈbiːtə] 或 [ˈbeɪtə]
Γ γ	gamma	[ˈgæmə]
Δ δ	delta	[ˈdeltə]
E ϵ ε	epsilon	[ˈepsɪlɔn]
Z ζ	zeta	[ˈziːtə]
H η	eta	[ˈiːtə]
Θ θ	theta	[ˈθiːtə]
I ι	iota	[aɪˈəʊtə]
K κ	kappa	[ˈkæpə]
Λ λ	lambda	[ˈlæmdə]
M μ	mu	[mjuː]
N ν	nu	[njuː]
Ξ ξ	xi	[ksi] 或 [ksaɪ]
O o	omicron	[əʊˈmaɪkrən] 或 [ˈɔmɪˌkrɔn]
Π π	pi	[paɪ]
P ρ	rho	[rəʊ]
Σ σ	sigma	[ˈsɪgmə]
T τ	tau	[tɔː] 或 [taʊ]
Υ υ	upsilon	[ˈʌpsɪlɔn] 或 [ˈɪpsɪlɔn]
Φ ϕ φ	phi	[faɪ]
X χ	chi	[kaɪ]
Ψ ψ	psi	[psaɪ]
Ω ω	omega	[ˈəʊmɪgə] 或 [əʊˈmegə]

附录 B 基本物理常量和保留单位

基本物理常量表 1998 年推荐值

物 理 量	符 号	数 值
真空中光速	c	$299\,792\,458$ m·s^{-1}
真空磁导率	μ_0	$4\pi \times 10^{-7} = 12.566\,370\,614 \times 10^{-7}$ N·A^{-2}
真空电容率	ε_0	$8.854\,187\,817 \times 10^{-12}$ F·m^{-1}
万有引力常量	G	$6.673(10) \times 10^{-11}$ m^3·kg^{-1}·s^{-2}
普朗克常量	h	$6.626\,068\,76(52) \times 10^{-34}$ J·s
元电荷	e	$1.602\,176\,462(63) \times 10^{-19}$ C
磁通量子	Φ_0	$2.067\,833\,636(81) \times 10^{-15}$ Wb
玻尔磁子	μ_B	$9.274\,008\,99(37) \times 10^{-24}$ J·T^{-1}
核磁子	μ_N	$5.050\,783\,17(20) \times 10^{-27}$ J·T^{-1}
里德堡常量	R_∞	$10\,973\,731.568\,548(83)$ m^{-1}
玻尔半径	a_0	$0.529\,177\,208\,3(19) \times 10^{-10}$ m
电子质量	m_e	$9.109\,381\,88(72) \times 10^{-31}$ kg
电子磁矩	μ_e	$-9.284\,763\,62(37) \times 10^{-24}$ J·T^{-1}
质子质量	m_p	$1.672\,621\,58(13) \times 10^{-27}$ kg
质子磁矩	μ_p	$1.410\,606\,633(58) \times 10^{-26}$ J·T^{-1}
中子质量	m_n	$1.674\,927\,16(13) \times 10^{-27}$ kg
中子磁矩	μ_n	$-0.966\,236\,40(23) \times 10^{-26}$ J·T^{-1}
阿佛伽德罗常数	N_A	$6.022\,141\,99(47) \times 10^{23}$ mol^{-1}
摩尔气体常量	R	$8.314\,472(15)$ J·mol^{-1}·K^{-1}
玻耳兹曼常量	k	$1.380\,650\,3(24) \times 10^{-23}$ J·K^{-1}
斯特藩常量	σ	$5.670\,400(40) \times 10^{-8}$ W·m^{-2}·K^{-4}

保留单位和标准值

名 称	符 号	数 值
电子伏特	eV	$1.602\,176\,462(63) \times 10^{-19}$ J
原子质量单位	u	$1.600\,538\,73(13) \times 10^{-27}$ kg
标准大气压	atm	$101\,325$ Pa
标准重力加速度	gn	$9.806\,65$ m·s^{-2}
康普顿波长	λ_C	$2.426\,310\,58(22) \times 10^{-12}$ m